教育部大学计算机课程改革项目规划教材

C++ 编程基础及应用

Fundamentals and Applications of C++ Programming

主　编　陈　波　孔艳林

副主编　葛　亮　陈恒鑫　刘慧君　杨广超

中国教育出版传媒集团

高等教育出版社·北京

内容提要

本书是作者在总结20年实际工程应用和教学经验的基础上编著而成，是一本为零基础读者准备的C++程序设计课程教材。通过阅读本书，读者可以掌握C++语言的主要语法，了解基础的算法及计算思维，并通过书中大量的实践案例，获得将语法及算法理论应用于工程实践的切身体验。

本书共分为23章，第1章简述计算机的基本组成及工作原理、集成开发环境的搭建和简单使用方法；第2～11章主要讨论结构化程序设计方法；第12章简述了C++程序的编译及构建过程；第13～21章则聚焦于面向对象程序设计内容；第22、23章以递归分形树、全唐诗数据分析两个案例为基础，讲授Qt平台下C++图形界面程序设计方法、树形数据结构、关系数据库访问等技术内容。受限于篇幅，本书第10章、第11章和第23章以网络形式提供。

本书可作为高等学校计算机相关专业的教学用书，也可作为广大使用C++语言的工程实践者的自学和参考用书。

图书在版编目(CIP)数据

C++编程基础及应用/陈波，孔艳林主编；葛亮等副主编. --北京：高等教育出版社，2024.9（2025.5重印）

ISBN 978-7-04-061992-8

Ⅰ. ①C… Ⅱ. ①陈… ②孔… ③葛… Ⅲ. ①C++语言-程序设计 Ⅳ. ①TP312.8

中国国家版本馆CIP数据核字(2024)第052444号

C++ Biancheng Jichu ji Yingyong

策划编辑 刘 娟　责任编辑 武林晓　封面设计 李卫青　版式设计 李彩丽
责任绘图 邓 超　责任校对 吕红颖　责任印制 刘弘远

出版发行 高等教育出版社
社 址 北京市西城区德外大街4号
邮政编码 100120
印 刷 北京宏伟双华印刷有限公司
开 本 850mm×1168mm 1/16
印 张 30.25
字 数 710千字
购书热线 010-58581118
咨询电话 400-810-0598
网 址 http://www.hep.edu.cn
http://www.hep.com.cn
网上订购 http://www.hepmall.com.cn
http://www.hepmall.com
http://www.hepmall.cn
版 次 2024年9月第1版
印 次 2025年5月第2次印刷
定 价 58.90元

物 料 号 61992-00

新形态教材网使用说明

C++ 编程基础及应用

主　编　陈　波　孔艳林
副主编　葛　亮　陈恒鑫
　　　　刘慧君　杨广超

1　计算机访问https://abooks.hep.com.cn/1865468或手机微信扫描下方二维码进入新形态教材网。

2　注册并登录后，计算机端进入“个人中心”，点击“绑定防伪码”，输入图书封底防伪码（20位密码，刮开涂层可见），完成课程绑定；或手机端点击“扫码”按钮，使用“扫码绑图书”功能，完成课程绑定。

3　在“个人中心”→“我的学习”或“我的图书”中选择本书，开始学习。

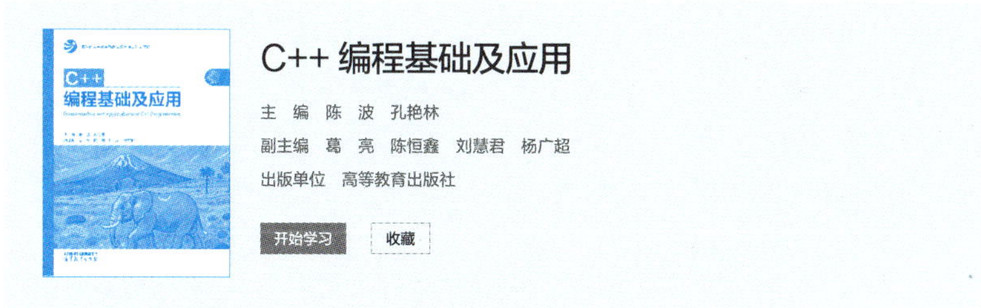

绑定成功后，课程使用有效期为一年。受硬件限制，部分内容可能无法在手机端显示，请按照提示通过计算机访问学习。

如有使用问题，请直接在页面点击答疑图标进行咨询。

https://abooks.hep.com.cn/1865468

前　言

从 1983 年本贾尼·斯特劳斯特卢普发明的“带类的 C 语言”被正式命名为 C++算起，C++语言已诞生四十多年。作为整个程序设计领域最重要的基础工具，C 语言和 C++语言为人类技术进步做出了巨大贡献。与此同时，讲授 C 语言以及 C++语言的教科书也汗牛充栋，国内外的教育工作者们编写了大量的 C/C++语言程序设计教材，其中的大部分都昙花一现，迅速淹没在历史洪流之中，甚至未曾掀起一丝波澜。

多乎哉？不多也。从数量上看，高等学校的师生们绝不缺乏 C++程序设计教材，但从质量及适应教学和工程实践的角度看，优秀的 C++程序设计教材依然稀缺。笔者在重庆大学讲授程序设计基础、算法设计与分析课程已近 20 年，在此期间，亦一直以 C 语言和 C++语言为工具，在医疗电子、工业自动化等领域进行程序设计实践，未曾间断。在多年的教学实践中，笔者选用过国内外多本著名 C++语言教材，均不甚满意，而**不满意，是人类进步的阶梯。**编写一本适合普通高校一年级学生认知规律、篇幅适中、编码规范、与工程实践紧密结合的 C++语言程序设计教材，是笔者植根心中多年的愿望。奈何，青年时代的笔者怀揣成就一番事业的梦想，长期困于世俗经济的泥潭，一直分身乏术。直到最近 5 年，人到中年的笔者才得以卸下梦想的镣铐，将编写一本自己满意的 C++程序设计教材的愿望付诸实践。

对于本书，作者团队试图达成如下目标：

● 提供一本真正的教科书而不是 C++语法大全。按照 80/20 原则，我们对 C++语言的语法内容进行了梳理，大刀阔斧地删减了：① 工程实践中较少用到的语法；② 虽然语言标准中有定义，但从软件工程角度不推荐使用的语法。

● 内容兼顾 HOW & WHY。读者只有将抽象的语法与 CPU、内存层面的具体行为关联起来时，才能真正理解语法本身。书中的语法讨论总是在内存模型的基础上展开，并结合依据真实运行结果绘制的内存地图加以解释，力图让读者不光知其然，还知其所以然。

● 程序设计能力训练和软件工程习惯养成并举。我们力求在书中提供整齐有序、符合工程实践规范的代码示例，摈弃不规范的“教学代码”风格，潜移默化中向读者传递“优美、良好编程风格”的理念。

● 案例设计贴近工程实践并富有趣味性。书中的教学案例来自经济学、数学、美术、管理学、工业自动化、医学等众多学科领域。期望通过对本书的学习，读者可以获得切实的通过程序设计解决实际工程问题的体验。

● 将算法之盐融入语法之水。根据语法学习的需要，本书适当引入了一些算法和数据结构示例，包括但不限于冒泡排序、折半查找、树形数据结构与递归、链表等。此外，在这些示例的讲授过程中，本书还力图潜移默化地向读者传递程序效率、计算复杂性、松散耦合等设计思想。

树立目标仅仅是实现目标的万里长征第一步。本书自2020年初开始撰写，随即非正式应用于重庆大学计算机相关专业2019、2020、2021、2022级的教学实践，并根据教学反馈进行了多轮修改，再经专家审稿、编辑审校，终于付梓，以飨读者。

本书中部分难度较高但必要性稍低的章节使用了 * 号标识，请教学同行们结合本校实际和学生特点权衡取舍。

在本书的撰写过程中，中国石油大学（华东）李昕副教授在教学中试用了本书书稿的早期版本，反馈了诸多具有建设性的修改意见；北京航空航天大学高小鹏教授于百忙之中非常细致地审阅了书稿，并提供了翔实的审稿意见，其中，既有高屋建瓴的方向性指导，又有具体到页码和自然段的细节建议。高小鹏教授的审稿意见，让本人受益良多，并深刻影响了本书的最终面貌。值本书付梓之际，向两位老师表达感谢！

实践是检验真理的唯一标准。本书的实践价值，尚需全国同行和读者们的实践检验。笔者虽尽心竭力，但水平有限，书中难免有疏漏之处，敬请读者批评指正。笔者的邮箱是chenbo@ cqu. edu. cn。

陈　波

2023年11月于虎溪校区

目 录

第1章 学习准备

全书源代码及数据

我觉得每个人都应该学习一门编程语言。学习编程教你如何思考，就像学习法律一样。学习法律并不一定是为了成为律师，而是教你一种思考方式。学习编程也是一样，我把计算机科学看做基础教育，每个人都应该花至少一年的时间学习编程。

——史蒂夫·乔布斯

学习目标

知识目标

1. 简单了解C及C++语言的历史。
2. 简要了解计算机的组成结构和内存模型。
3. 了解编译器在程序设计领域的角色和作用。

能力目标

1. 按照操作指南完成一种C++集成开发环境的安装及配置。
2. 在操作指南的帮助下创建并尝试运行第1个C++程序。

素质目标

1. 初步理解由冯·诺依曼体系结构展示的计算模型。
2. 理解“困难和问题的解决过程，是深刻理解程序设计、真正学会编程的必由之路”。

思维导图

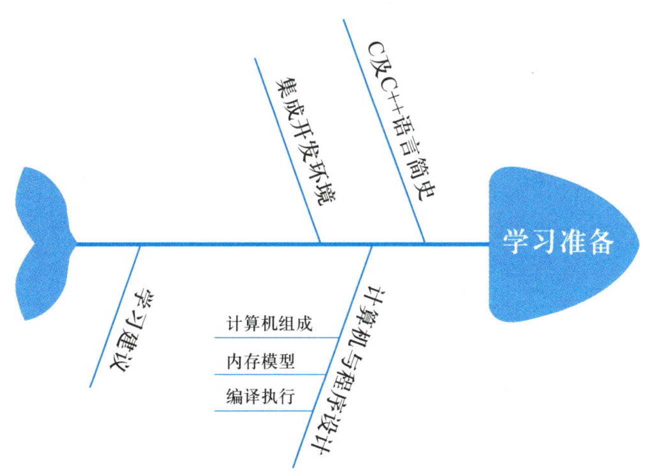

1.1　C 及 C++语言简史

1972 年，丹尼斯·里奇（Dennis M. Ritchie，1941—2011 年）在贝尔实验室以 B 语言为基础设计了一种新的语言，他取了 BCPL 语言的第 2 个字母作为这种语言的名字，即 C 语言。

1973 年初，C 语言的主体完成。肯·汤普森（Ken Thompson，1943—2019 年）和 Dennis M. Ritchie 用 C 语言重写了 UNIX 操作系统。我们后来熟知的 Linux 以及苹果的 macOS，均脱胎于 UNIX。当代手机上运行的 Android 系统，则运行在 Linux 操作系统内核之上。

1979 年，本贾尼·斯特劳斯特鲁普（Bjame Sgoustrup，1950—　）到贝尔实验室从事将 C 语言改良为带类的 C（C with classes）的工作。改进后的语言在 1983 年被正式命名为 C++。

粗略地，可以认为 C 语言是 C++语言的子集，即 C++≈C+类语法。在过去的数十年中，C/C++语言演化了多个标准版本，如表 1-1 所示。

表 1-1　C 及 C++语言标准版本演化

版本	年份	标准号	版本	年份	标准号
C89/ANSI C	1989 年	ANSI X3.159-1989	C++ 98	1998 年	ISO/IEC 14882:1998
C90	1990 年	ISO/IEC 9899:1990	C++ 03	2003 年	ISO/IEC 14882:2003
C99	1999 年	ISO/IEC 9899:1999	C++ 11	2011 年	ISO/IEC 14882:2011
C11	2011 年	ISO/IEC 9899:2011	C++ 14	2014 年	ISO/IEC 14882:2014
C18	2018 年	ISO/IEC 9899:2018	C++ 17	2017 年	ISO/IEC 14882:2017

在 2022 年 5 月发布的 TOIBE 的编程语言排行榜中，C 语言以 11.59%的市场占有率排名第 2，C++语言则以 8.83%的市场占有率排名第 4，如表 1-2 所示。要知道，C 语言已经是 50 岁高龄的老人家了，而 C++语言也 40 多岁了。

表 1-2　2022 年 5 月发布的 TOIBE 编程语言排行榜（前 5 位）

排名	编程语言	占有率
1	Python	12.74%
2	C	11.59%
3	Java	10.99%
4	C++	8.83%
5	C#	6.39%

C/C++是执行效率最高的程序设计语言，C 语言的执行速度甚至十分逼近汇编语言。天下武功，唯快不破，至少在下述领域，C/C++语言发挥着舍我其谁的重要作用：

（1）**编写操作系统**：无论是 Windows、Linux、UNIX 还是 macOS，其内核均由 C 语言混合汇编语言编写，非内核部分则会部分使用 C++语言。对于运行于底层的操作系统而言，运行速度以及与硬件打交道的便捷性均是重要的考量因素，而这些，正是 C/C++语言之所长。

(2) **编写其他高级语言的解释器、虚拟机**：Java 语言虚拟机是由 C+汇编语言编写的；Python 语言解释器(特指 CPython)是由 C 语言编写的。可以说，C 语言是各种程序设计语言之母。

(3) **高性能的系统软件**：关系数据库系统 MySQL 由 C 及 C++语言编写而成；高性能 Web 服务器软件 nginx 则由 C 语言编写。

(4) **资源耗费巨大、对速度要求高的大型工具软件**：计算机辅助设计软件 AutoCAD、集成电路设计软件 Cadence 等都是以 C/C++语言为主编写的。

(5) **单片机程序**：受限于单片机有限的计算资源和能力，目前单片机上程序的编写仍以 C 语言为主。最近几年，以 5G 及物联网为基础，大量的低功耗可编程器件被广泛使用，受限于有限的计算资源和能力，这些器件上的程序编写以 C 语言为主。

C++语言比很多读者的父辈还要年长，在数十年的发展历程中，不断丰富和发展。在语言变得更加强大和健壮的同时，其语法也变得异常复杂。同一行代码，一个有经验的程序员很容易给出 5 种以上不同的写法。从软件工程角度，这种复杂性不必要而且有害。但考虑到对遗留代码的兼容，C++不得不背负这些历史包袱。作者并不试图介绍 C++的全部语法特性，而只是介绍那些常用的、必需的语法特性。对于大多数工程实践而言，掌握这些必要特性就足够应付了。

1.2 计算机与程序设计

1.2.1 计算机组成

现代电子计算机仍然没有超出由美籍匈牙利裔科学家冯·诺依曼(von Neumann)于 1945 年提出的冯·诺依曼体系结构的范畴。在该结构中，计算机被认为由 5 大部件组成，如图 1-1 所示。

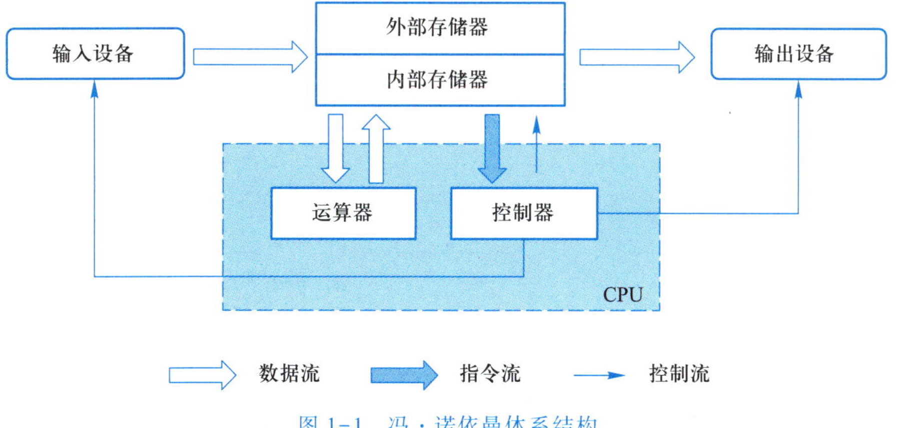

图 1-1 冯·诺依曼体系结构

其中，典型的**输入设备**包括键盘、鼠标、网卡等，它们负责从计算机外部输入数据到计算机；典型的**输出设备**包括显示器、打印机、网卡等，它们负责将计算机内部的数据输出到计算机外部。读者可能注意到了，网卡既是输入设备，也是输出设备。

中央处理单元（central processing unit，**CPU**）是计算机的核心。它由**运算器**和**控制器**组成。其中，运算器负责加、减、乘、除四则运算，与、或、非、异或等逻辑操作，以及移位、比较、传送等操作。控制器则是计算机中指令的解释和执行机构，它控制运算器、存储器、输入/输出设备等部件的协调动作。

存储器又分为内部存储器及外部存储器两个部分。其中，内部存储器简称为**内存**，通常是易失的，容量相对较小，但存取速度显著快于外部存储器。所谓易失，是指计算机断电后，内存中的数据会自动丢失。外部存储器通常指硬盘、固态硬盘、U 盘等存储设备，相对于内存，其数据可以在断电后**永久**保存，容量通常也更大，但数据存取速度通常显著慢于内存。如果把计算机看成一个完成计算任务的计算员，那么内存可以理解为计算员的草稿纸，它存储计算步骤以及临时的中间结果，而外存，则用于存储计算任务的输入以及计算的最终结果。

冯·诺依曼计算机是所谓的**存储程序计算机**，计算机处理的数据和指令（程序）一律用二进制表示，并存储于存储器中。在 CPU 内部控制器的控制下，CPU 从存储器逐条读入并执行程序的指令。每条指令执行一个单一的任务：例如将寄存器 R0 与整数 3 相加，并将计算结果存储到指定地址的内存单元中。借助跳转、逻辑判断等指令，程序员可以将各种简单的计算操作进行组合，从而让计算机完成诸如从一大堆图片中找出加菲猫等复杂任务。

计算机可以执行的原始指令的集合称为指令集。当代计算机，最主要的指令集分为两类，一类是 Intel 的 **x86** 指令集，主要用在笔记本电脑及台式计算机上；另一类则是 ARM 的 **ARM** 指令集，主要用在手机等移动终端，以及大量的嵌入式低功耗计算机上。上述两类指令集均是商业指令集，任何公司如果期望生产或使用上述指令集的计算机，需要获得相应的授权。为了实现更美好的共享的全球化的世界，另一种开源的指令集 RISC-V 近年来异军突起，得到工业界相当多的关注和支持。

图 1-2 展示了一种称为哈佛结构的计算机体系结构。不同于冯·诺依曼结构，哈佛结构将程序指令和数据分散存储在两个独立的存储器内，每个存储器独立编址、独立访问，有效打破了程序运行时的访存瓶颈。基于 ARMv8 指令集的华为鲲鹏 920 处理器就采用了哈佛结构。

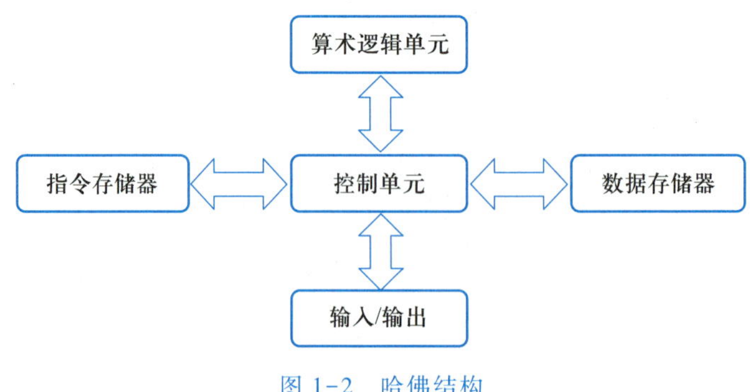

图 1-2　哈佛结构

注意

本节所描述的计算机结构是一个极简化的版本，真实的情况要复杂得多。广义地说，一台笔记本电脑、一部手机、一台洗衣机、一张使用 IC（integrated circuit，集成电路）的银行卡，都属于计算机的范畴，其具体结构差异非常大。

1.2.2　内存模型

x86 计算机的内存在逻辑上可以粗略地用图 1-3 表示。存储器的最小单位为**比特（bit）**，一个比特可以存储 0 和 1 两种状态，对应一个二进制位。每 8 个比特被组织成一个单元，称为一个**字节（Byte）**，其比特位按位权从低到高编号为第 0 位至第 7 位。一个字节的 8 个比特可以表示 2^8，即 256 种组合，当该字节被视为无符号数时，其储值范围为 0～255；当被视为有符号数时，符号位要占掉 1 位，只余 7 位表示有效值，其储值范围为-128～+127。如果要表示更大的数，则可以将 2 个、4 个或 8 个字节联合使用，其可以表达的组合数分别为 2^{16}、2^{32} 以及 2^{64}。表 1-3 总结了常用的存储容量单位及其换算关系。

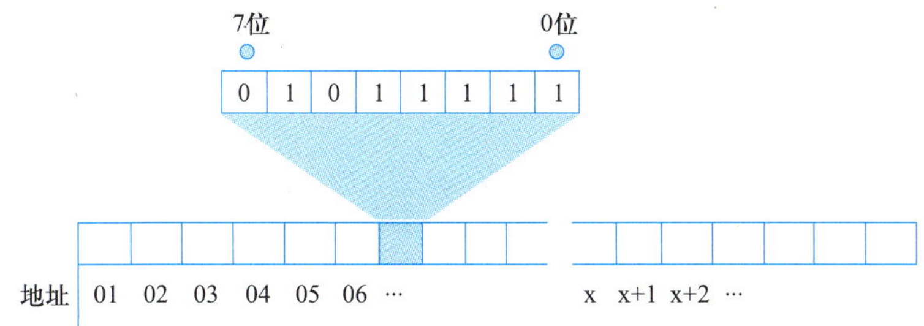

图 1-3　内存模型

表 1-3　常用存储容量单位及其换算关系

单位符号	名称	换算	单位符号	名称	换算
bit	比特	最小存储单位	Byte	字节	1 Byte = 8 bit
KB	千字节	1 KB = 1 024 Byte = 2^{10} Byte	MB	兆字节	1 MB = 1 024 KB = 2^{20} Byte
GB	吉字节	1 GB = 1 024 MB = 2^{30} Byte	TB	太字节	1 TB = 1 024 GB = 2^{40} Byte

粗略地，当一台 x86 计算机总共拥有 N 个字节容量的内存时，其每个字节存储单元的地址依次为 1～N。假设计算机安装了一根 4 GB 容量的内存条，其内存容量为 2^{32} 字节，每个字节存储单元的地址依次为 1～2^{32}。

1.2.3　编译执行

当代计算机绝大多数是数字计算机，其通过蚀刻在半导体硅片上的晶体管工作。这种数字电路中的导线或者门电路的管脚只能表达或者接受两种状态,即电平的高或低。与此对应,计算机的工作基于二进制,即计算机的 CPU 只能识别和接受由 0 和 1 构成的指令。例如,在早期的 16 位计算机中,1011011000000000 表示一条加法指令。

早期的程序员非常辛苦,因为他们只能使用机器语言编程,编程工具为穿孔纸带。当书写一个程序时,需要先详细查阅计算机的指令集,按照算法和计算过程将每个计算步骤转换成机器指令。然后,在长长的纸带上打孔,有孔代表 1,无孔代表 0,通过光电输入机将程序输入计算机并执行。

显然,人类不满足于这种低效率的工作方式,高级编程语言,典型的如 C++语言,应运而生。通过 C++语言,人类用接近自然语言和数学语言的形式,向计算机描述需要执行的工作及其步骤。比如,下述 C++语言代码应用一个 for 循环计算 1+2+3+…+100 的值并将计算结果打印输出在屏幕上。

```
#include <iostream>
using namespace std;
int main(){
    int sum = 0;
    for (int i=1;i<=100;i++)
        sum = sum + i;
    cout << "1+2+3+...+100 = " << sum;
    return 0;
}
```

相较于机器语言,C++语言更容易编写和理解。但问题是,计算机的 CPU 只接受由 0 和 1 构成的二进制指令,谁来负责翻译和转换呢?答案是编译器。图 1-4 简要介绍了编译器将源代码转换成可执行程序的过程。

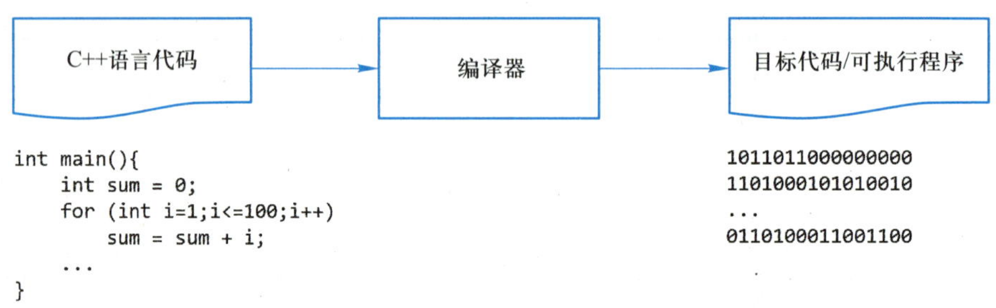

图 1-4 编译器将源代码转换成可执行程序

编译器接受由 C++语言书写的源代码作为输入,经过各种预处理、编译和链接工作,输出由二进制机器指令构成的可执行程序文件。最后这些可执行文件随数据一起,作为软件被安装到用户的计算机上,如 Microsoft Office。编译器的工作原理和过程十分复杂,将在本书第 12 章进一步讨论。表 1-4 列出了当前较常用的 C++编译器。

表 1-4　常用的 C++编译器

名称	主导方	说明
gcc	GNU 计划/自由软件基金会	常在 Linux 系统下使用，是 Linux 下的 C++标准编译工具
clang	苹果公司	近年来表现出超越 gcc 的趋势
Visual C++	微软公司	通常与 Microsoft Visual Studio 一起使用
mingw	MinGW 项目	gcc 的 Windows 迁移版以及一些工具

1.3　集成开发环境

本书中的全部代码均在 Windows 11 下由 Qt Creator 编写，并由 mingw 编译器编译。受益于对 C++标准的严格遵守，除使用了 Qt 专有特性的少部分程序之外，本书的多数程序均可在 gcc、clang、Visual C++等其他编译器下正常工作。本书第 22 章、第 23 章的示例以 Qt 框架为基础，必须在 Qt Creator 环境下编写。

Qt 是一个跨平台的 C++集成开发环境及 GUI(**g**raphics **u**ser **i**nterface)应用程序框架。按照 Qt 的 GUI 框架规范编写的应用程序，可以十分容易地在 Linux、Android、Windows 等操作系统间移植。

Qt Creator 是 Qt 工具集中的 IDE(**i**ntegrated **d**evelopment **e**nvironment，集成开发环境)，其角色大致相当于 Microsoft Visual Studio 或者 Dev C++。Qt Creator 自身不是编译器，其工作依赖于编译器的支持。它可与 mingw、gcc、clang 等编译器配合使用。

如果读者习惯于 Microsoft Visual Studio、Dev C++、CodeBlocks、Visual Studio Code 等开发环境，也可以沿用熟悉的环境来学习本书除第 22 章、第 23 章之外的全部内容。

操作指南 1-1：Qt 的安装与配置

操作指南 1-2：Qt Creator 的简单使用

操作指南 1-3：Visual Studio Code 安装配置及应用

操作指南 1-4：Dev C++ 安装配置及应用

操作指南 1-5：Visual Studio 安装配置及应用

操作指南 1-6：CodeBlocks 安装配置及应用

1.4 学习建议

编程是学习编程的唯一正确方法,仅仅阅读教科书不足以让读者成为一名合格的程序员,甚至无法真正理解何为程序设计。如果读者是零基础的初学者,那么逐一录入、调试、运行本书中的大部分示例是必须的。除此之外,读者还应尝试完成书中的大部分练习。在练习中,读者肯定会遇到困难,而困难和问题的解决过程,正是读者深刻理解程序设计,真正学会编程的必由之路。

读者如果没有足够多的时间预算,那么趁早放弃也不失为明智之选。如果读者仅仅是期望体验一下程序设计的基本过程,那么 Python 语言或许是一个更容易的选择。

第 2 章　变量及简单数据类型

不要轻视简单，简单意味着坚固，整个数学大厦，都是建立在这种简单到不能再简单，但在逻辑上坚如磐石的公理的基础上。

——刘慈欣《三体》

学习目标

知识目标

1. 理解变量/对象在程序中的作用，掌握变量的使用方法及命名规则。
2. 掌握字符、整数、浮点数、布尔型等基本数据类型。
3. 掌握各类型字面量的使用方法。

能力目标

1. 从无到有创建、编辑、运行仅有计算及输出功能的控制台应用程序。
2. 编程对数据进行简单计算，对结果进行格式化输出。

素质目标

1. 初步体会编程解题与数学解题过程的异同。
2. 体会将数学计算步骤映射为程序步骤，编程解决实践问题的过程。

思维导图

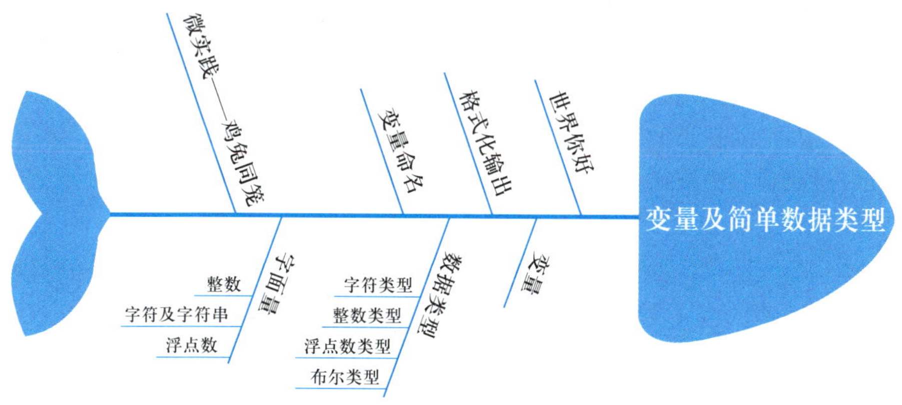

2.1 世界你好

编程教材的通俗写法是先打印输出一个"Hello World",向世界问好。按照1.3节操作指南中介绍的方法在Qt Creator中创建一个Non-Qt Project/Plain C++ Application,可在其项目主程序文件main.cpp中看到下述代码:

```
1  #include <iostream>
2  using namespace std;
3
4  int main(){
5      cout << "Hello World!" << endl;
6      return 0;
7  }
```

注意

为了描述方便,本书总是在代码前提供行号,大多数集成开发环境亦如此。读者请注意,行号不是源代码的构成部分,如果录入代码,请不要录入行号!

单击Qt Creator左下角的运行(run)按钮(或按Ctrl+R组合键),构建(build)并运行程序,可得如图2-1所示的运行结果。

图2-1 "Hello World"运行结果

按Enter键或者单击该窗口右上角的×按钮,可关闭上述结果窗口。

说明

上述显示程序执行结果的窗口称为终端(terminal)。在某些版本的Qt Creator中,控制台应用程序的执行结果默认显示在IDE的输出框,而不是在终端中。通过在项目选项中,勾选Run in terminal复选框,可切换至终端运行模式。具体细节见1.3节中的操作指南。

- 第4~7行:main()是一个标准C++程序的入口**函数**(function),即程序启动后会从main()函数开始执行。main为其函数名,()里提供的是这个函数的**参数**(parameter),函数收到参数并执行特定任务后返回一个整数(int)。这个返回的整数可以帮助操作系统判断程序的执行过程是否正常。图 2-2 描绘了该函数的结构。

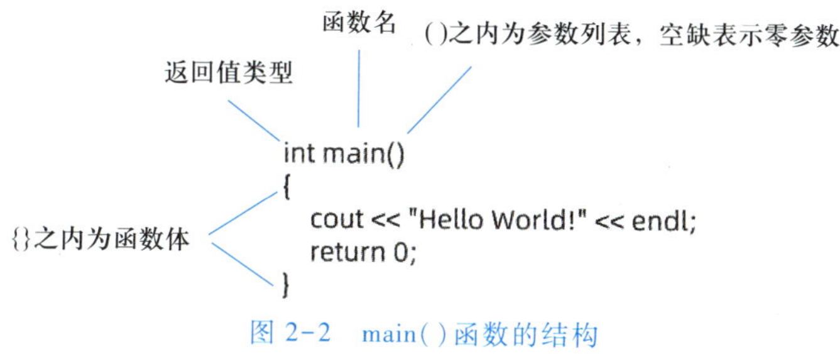

图 2-2　main()函数的结构

- ▶ 第 1 行:这是一行预处理指令(preprocessor directive),该行代码将输入输出流头文件(header file)iostream **包含**至 main. cpp 程序文件内。对于上述代码而言,该头文件引入了控制台输出对象 cout。换言之,如果期望在代码中使用 cout 向控制台终端输出信息,必须包含 iostream 头文件。
- ▶ 第 2 行:此行代码涉及读者在当前阶段难以理解的概念,本书将在后续阶段做出解释。当前,读者如实抄录即可。
- ▶ 第 5 行:通过插入操作符<<向 cout,即控制台(console)输出对象输出字符串"Hello World"以及一个换行符(endl)。在 C++里,每一个完整的指令称为一个**语句(statement)**,语句总是以";"号分隔。容易看出,<<操作符可以串联使用,从而在一个语句中向控制台依次输出多项内容。由于向控制台输出了一个换行符 endl,因此图 2-1 中表示当前输出位置的光标(白色短横线)位于第 2 行的开头,而不是第 1 行的末尾。
- ▶ 第 6 行:return 语句返回整数 0 作为 main()函数的执行结果。在操作系统看来,0 值表示该程序的执行没有发生异常。return 语句的执行意味着 main()函数的运行结束,也意味着整个程序运行的终止。

操作系统以及诸如 Qt Creator 这样的集成开发环境通过文件的扩展名来识别文件的类型。表 2-1 总结了 C/C++开发过程中常用的文件类型。

表 2-1　C/C++开发过程中常用的文件类型

扩展名	文件类型	扩展名	文件类型
.h	C/C++的头文件	.o	编译过程中生成的可重定位目标文件▲
.hpp	C++的头文件	.exe	Windows 操作系统下的可执行文件
.c	C 语言程序文件	.pro	Qt Creator 项目文件(使用 qmake 时)
.cpp	C++语言程序文件		

▲符号说明

兼顾初学者的学习曲线和知识内容的结构是一件不太容易的事,读者在阅读过程中有时会遇到一些暂时无法理解的内容,比如上述表格中的目标文件。不用担心,随着内容的逐步展开，我们会在后续章节中进行讨论。我们给此类内容加上▲符号，便于读者在恰当时间进行回顾。

2.2 变 量

计算机在进行计算和数据处理的过程中必然会产生大量的计算结果以及中间结果。程序通常使用**变量(variable)**来存储上述计算结果以及中间结果。根据语言规范，变量必须先定义，后使用。

图 2-3 以一个类型为整数(int)、名称为 a 的变量的定义为例，展示了变量定义的基本语法格式。其中的变量名由程序员根据规则取名，而类型则应从系统提供的众多类型中选取一个。数据类型决定了变量在内存中的尺寸数据编码格式、储值范围等参数。上述变量 a 的类型为整数，说明在程序运行的过程中，变量 a 预期应该用于存放整数，而不是小数或者文字。

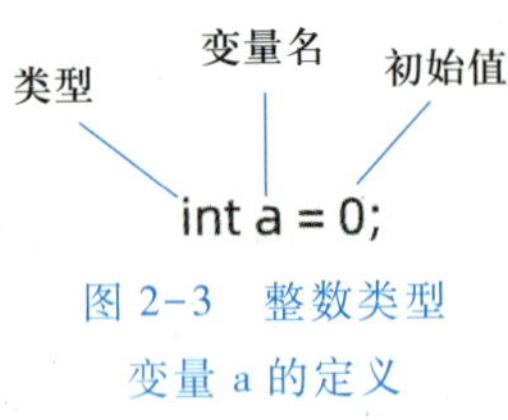

图 2-3 整数类型变量 a 的定义

C++允许定义变量时不提供初始值，即在上述变量定义过程中，a 的初始值 0 以及紧邻的=号可以略去。如果定义变量时不提供初始值，则变量的值是不确定的，建议总是在定义变量时为变量提供确定的初始值，以减少潜在的出错可能。

为便于理解变量在程序中的用法，请读者考虑下述计算问题：环保志愿者朵朵在阿拉善腾格里沙漠里工作了一整天，种下了 8 行 7 列的梭梭树，问这些梭梭树共有多少棵？新建一个 C++程序，将程序文件修改如下：

```
1  //Project - Trees
2  #include <iostream>
3  using namespace std;
4  
5  int main(){
6      int r = 8;          //类型为整数的变量 r 表示行数
7      int c = 7;          //类型为整数的变量 c 表示列数
8      int n = r * c;      //类型为整数的变量 n 表示梭梭树的总数
9      cout << n;          //将变量 n 的值输出至终端屏幕
10     return 0;           //函数返回 0 表示正常运行结束
11 }
```

上述代码的执行结果为：

```
56
```

上述代码的第 1 行以“//”开头，为**注释(comment)**。注释是程序员写给自己或者同事看的，编译器在编译过程中会自动忽略注释。

说明

示例代码的首行注释提示了该代码文件在随书代码目录中的位置。本例中的 Project-Trees 提示该代码文件位于随书代码第 2 章名为 Trees 的项目(Project)里。

上述代码中的 r、c、n 都是整数类型变量,每个变量存储一个整数。在程序运行过程中,变量的值可以随时修改。

本例中的程序是顺序执行的,即程序入口 main( ) 函数开始运行后,第 6 行代码最先执行,接下来是第 7 行、第 8 行,直至第 10 行。

- 第 6 行:代码完成了两个任务,定义了一个名为 r 的变量,其类型为整数;将这个变量的值初始化为 8。后续 c、n 等变量的定义和初始化过程与此类似。
- 第 8 行:定义变量 n,其中 n 的初始值为变量 r 和 c 的乘积。* 号代表乘法操作,由于 r 和 c 在先前的代码中分别被"赋值"为 8 和 7,所以在本行代码被执行时,r * c 的结果为 56,这个结果将通过赋值操作符,也就是等号,传递给变量 n 保存。
- 第 9 行:通过插入操作符<<将变量 n 输出给 cout。本行代码被执行时,n 的值为 56,因此,56 被打印在终端屏幕上,如执行结果所示。

在计算问题中,除了整数变量,必然还有小数变量。为了探讨整数及小数变量的应用,考虑一个稍复杂一点的计算问题:买 3 个苹果,每个 3.6 元,付给老板 20 元,应该找回多少钱? 新建一个 C++程序,将程序文件修改如下:

```
//Project - Variable
#include <iostream>
using namespace std;

int main(){
    int n = 3;
    float fPrice = 3.6;                     //float 为浮点数类型
    float fAmount = n * fPrice;
    float fMoney = 20;
    fMoney = fMoney - fAmount;
    cout << n << " apples," << fPrice << " for each,"
         << fAmount << " in total.\n";
    cout << "20 - " << fAmount << " = " << fMoney;
    return 0;
}
```

上述代码的执行结果为:

```
3 apples,3.6 for each,10.8 in total.
20 - 10.8 = 9.2
```

同样的,上述代码中的 n、fPrice、fAmount 和 fMoney 都是变量。其中,n 为整数类型,

fPrice,fAmount,fMoney 为浮点数(float)类型,浮点数即俗称的小数。

▶ 第 6、7 行:分别定义并初始化了变量 n 和 fPrice。其中,n 为整数类型,代表苹果的数量;fPrice 为浮点数类型,代表单个苹果的价格。

上述代码还使用了几个**操作符(operator)**,表 2-2 列出了几个最常用的 C++操作符及其使用示例。

表 2-2　常用 C++操作符及其使用示例

操作符	说明	示例
=	赋值(assignment),通常用于将右方的值传递给左方的变量	n=3
+	加(add)	b+c
-	减(substract)	fMoney-fAmount
*	乘(multiply)	n * fPrice
/	除(divide)	30/2.3

▶ 第 8 行:先将 n 与 fPrice 相乘,再将积赋值给变量 fAmount,该变量表示金额。

▶ 第 10 行:先将 fMoney 减去 fAmount,再将差赋值给变量 fMoney。本行代码执行前,fMoney 表示付给老板的钱数,本行代码执行后,fMoney 存储的是应找回的钱数。

▶ 第 11~13 行:通过一连串的<<操作符将各变量的值以及一些字符串从左至右依次输出至终端。其中,第 11、12 行在形式上分属于两行,但事实上它们属于同一条语句。代码中以双引号包裹的内容称为字符串,第 12 行的字符串中的"\n"为换行符,其实际效用与 endl 相当。读者容易从执行结果中看出"\n"的换行效果,第 13 行代码所对应的输出是另起一行的。

通过 cout 向终端输出文字内容的一般语法格式为:

```
cout << 值 1 << ...  << 值 n;
```

其中,值可以有任意多项,且可以为 cout 接受的任意类型,比如字符串、整数、浮点数。

2.3　格式化输出

在向终端输出程序执行结果时,可以通过<cstdio>头文件中的 printf()函数进行精细的输出格式控制。我们对前一节的程序进行了简单修改:

```
//Project - FormattedPrint
#include <cstdio>
using namespace std;
```

```
4
5  int main(){
6      int n = 3;
7      float fPrice = 3.6, fMoney = 20;  //一个语句定义两个变量,用逗号分隔
8      float fAmount = n * fPrice;
9      fMoney = fMoney - fAmount;
10     printf("%d apples, %.1f for each, %.2f in total.\n",n,fPrice,fAmount);
11     printf("20 - %.2f = %.2f.",fAmount,fMoney);
12     return 0;
13 }
```

上述代码的执行结果为:

```
3 apples, 3.6 for each, 10.80 in total.
20 - 10.80 = 9.20.
```

上述代码的功能和结构与 2.2 节基本一致,主要区别在于向终端输出执行结果的方式。

- ▶ 第 2 行:将标准输入输出头文件<cstdio>包含在 main. cpp 程序文件内。对于上述代码而言,该头文件引入了 printf( ) 函数。
- ▶ 第 7 行:使用一个语句一次性定义并初始化两个变量,这里的 fPrice 和 fMoney 都是浮点数类型。
- ▶ 第 10 行:通过 printf( ) 函数向屏幕输出结果。

printf( ) 函数使用一种称为占位符替换的技术来实现字符串的格式化输出。如图 2-4 所示,本行的 printf( ) 函数共有 4 个参数,其中,第 1 个参数由双引号包裹,是一个字符串,其中的逗号属于字符串自身,不具备语法含义。该字符串中包含了三个**占位符(place holder)**,依次是%d、%. 1f 和%. 2f。在格式化输出过程中,这些占位符将依次由后续参数的值替换。

就本例而言:第 1 个占位符%d 表示一个十进制格式的整数,在最终输出至屏幕的字符串中,该占位符被参数 n 的值所替代,变成了"3";第 2 个占位符%. 1f 表示一个保留 1 位小数的浮点数,在最终结果中,该占位符被参数 fPrice 的值所替代,变成了"3. 6";第 3 个占位符%. 2f 表示一个保留 2 位小数的浮点数,在最终结果中,该占位符被参数 fAmount 的值所替代,变成了"10. 80"。

printf( ) 函数将第 1 个参数字符串中的全部占位符进行替换后,得到一个不含占位符的普通字符串,然后将其输出至屏幕。图 2-4 展示了该行的各占位符、参数与输出文本之间的对应关系,表 2-3 列出了几个最常用的 C++占位符。

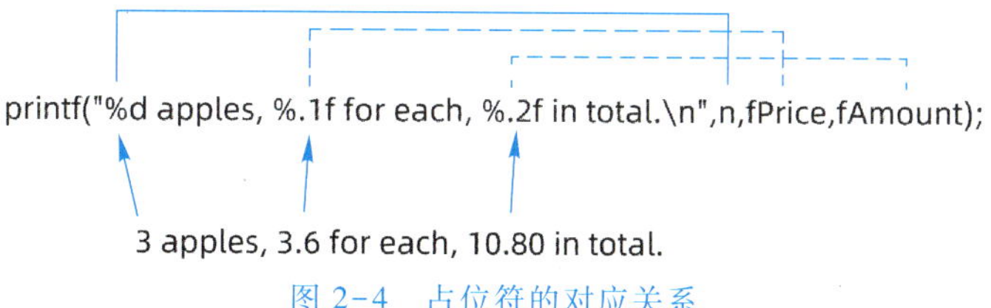

图 2-4　占位符的对应关系

printf( )函数调用的一般形式为(<>内为可选项):

```
printf(格式字符串 <, 值 1, 值 2, 值 3, ...>);
```

容易看出,printf( )函数可以接受大于或等于1的任意多个参数,其第1个参数预期为一个格式字符串,该字符串中的占位符个数以及要求的类型应与后续其他参数相匹配,否则会产生错误。

表 2-3 最常用的 C++占位符

占位符	说明	占位符	说明
%d	以十进制格式显示的整数	%c	字符
%f	浮点数(小数),%.1f 表示精确到小数点后一位的浮点数,依此类推	%o	以八进制格式显示的整数
%s	字符串	%x	以十六进制格式显示的整数
%p	指针(地址)▲		

扩展阅读 2-1:printf 格式化输出

printf( )函数提供丰富的占位符参数以便精细地控制输出格式。这些精细的控制在日常编程中用得不多,毕竟大部分应用程序都是基于图形界面,而不是终端的。

扩展阅读 2-2:cout 复杂格式输出

通过 cout 也可以进行复杂的输出格式控制。这些精细的输出格式控制在日常编程中用得很少,读者可以在需要时再扫码阅读。其中,关于 cout 工作原理的内容在当前阶段读者还无法理解,建议在学习完本书前 17 章后再行阅读。

练习巩固

习题讲解 2-1:火车相遇

2-1 (火车相遇)请将程序补充完整并上机运行,以解决下述问题:甲列火车长 150 m,速度为 15 m/s;乙列火车长 200 m,速度为 12 m/s。两列火车相向而行,从车头相遇开始至两车车尾分离,共需要多少时间?请编程求解,执行结果保留两位小数,以秒为单位。

```
#include <cstdio>
int main(){
    float l1 = 150;              //甲列火车长度
    _____ l2 = 200;              //乙列火车长度
    float s1 = 15;               //甲车速度
    float s2 = ____ ;            //乙车速度
```

```
    float t = (l1+l2)______ (s1+s2);    //时间 = (长度和) / (速度和)
    printf("______ seconds.",t);
    return 0;
}
```

2.4　数据类型

从面向对象程序设计的观点来看,**变量(variable)**也称为**对象(object)**,每个对象都有特定的**数据类型(type)**,数据类型有时也称为**类(class)**。在本书的后续部分,变量、对象等术语将会混用。

每个对象都有特定的数据类型,对象的数据类型决定了:① 对象占据的内存空间大小;② 对象的储值范围。C++语言本身提供了很多原生的数据类型,包括字符、整数、浮点数、布尔型等。

2.4.1　字符类型

每个字符类型的对象占据 1 个字节的存储空间。如图 2-5 所示,1 个字节由 8 个比特(bit)构成,这 8 个比特编上序号,分别为第 0 位至第 7 位,其中第 7 位为最高位。每个比特可以存储一个为 0 或 1 的二进制位,故 1 个字节可以表达 2^8 共 256 种不同的状态。

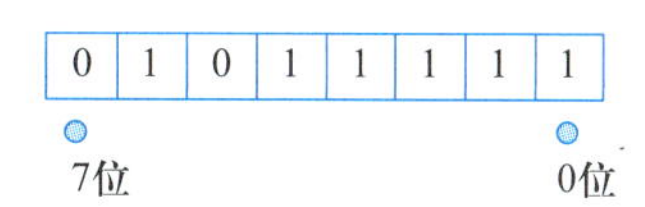

图 2-5　一个字节的存储结构

为便于解释,我们创建了下述程序:

```
//Project - CharType
#include <iostream>
using namespace std;

int main(){
    char c = 'c';
    cout << "ASCII code of 'c': " << (int)c << endl;
    c = c + 1;
    cout << "'c' + 1 = " << c << endl;

    c = 250;
    cout << "signed char with value 250: " << int(c) << endl;

    unsigned char uc = 250;
    cout << "unsigned char with value 250: " << int(uc) << endl;
    return 0;
}
```

上述程序的执行结果为：

```
ASCII code of 'c': 99
'c' + 1 = d
signed char with value 250: -6
unsigned char with value 250: 250
```

上述代码中的 char 类型，事实上是 **signed char（有符号字符）** 的简写形式，由于需要大约 1 个比特来表示值的正负，所以只余下 7 个比特来表示值的大小。因此，signed char 的取值范围为 $-2^7 \sim 2^7-1$，即 $-128 \sim +127$。**无符号字符（unsigned char）** 类型只表达非负值，故能充分利用 8 个比特的全部 256 种状态，其取值范围为 $0 \sim 2^8-1$，即 $0 \sim 255$。

▶ 第 6 行：将小写的英文字符' c' 赋值给了变量 c，请注意，单个的字符应使用单引号包裹。根据**美国标准信息交换代码（ASCII）**，char 类型取值的正值部分与英文字符可以一一对应。表 2-4 即为 ASCII 码表。查表可知，小写字母 c 对应码值 99。

表 2-4　美国标准信息交换代码表（32～127 字符编码部分）

十进制	十六进制	符号	十进制	十六进制	符号	十进制	十六进制	符号
32	20	(space)	55	37	7	78	4E	N
33	21	!	56	38	8	79	4F	O
34	22	"	57	39	9	80	50	P
35	23	#	58	3A	:	81	51	Q
36	24	$	59	3B	;	82	52	R
37	25	%	60	3C	<	83	53	S
38	26	&	61	3D	=	84	54	T
39	27	'	62	3E	>	85	55	U
40	28	(	63	3F	?	86	56	V
41	29	)	64	40	@	87	57	W
42	2A	*	65	41	A	88	58	X
43	2B	+	66	42	B	89	59	Y
44	2C	,	67	43	C	90	5A	Z
45	2D	-	68	44	D	91	5B	[
46	2E	.	69	45	E	92	5C	
47	2F	/	70	46	F	93	5D	]
48	30	0	71	47	G	94	5E	^
49	31	1	72	48	H	95	5F	_
50	32	2	73	49	I	96	60	`
51	33	3	74	4A	J	97	61	a
52	34	4	75	4B	K	98	62	b
53	35	5	76	4C	L	99	63	c
54	36	6	77	4D	M	100	64	d

续表

十进制	十六进制	符号	十进制	十六进制	符号	十进制	十六进制	符号
101	65	e	110	6E	n	119	77	w
102	66	f	111	6F	o	120	78	x
103	67	g	112	70	p	121	79	y
104	68	h	113	71	q	122	7A	z
105	69	i	114	72	r	123	7B	{
106	6A	j	115	73	s	124	7C	|
107	6B	k	116	74	t	125	7D	}
108	6C	l	117	75	u	126	7E	~
109	6D	m	118	76	v	127	7F	(del)

注:(space)表示空格,(del)为删除符。

关于 ASCII 码表,请读者注意如下事实:

- 英文字母 a-z、A-Z 以及数字 0-9 的编码是连续的。b 的编码比 a 大 1,c 的编码比 b 大 1,依此类推。这种英文字符编码的连续性构成了对字符串进行比较运算▲的数学基础。
- 字符'0'的 ASCII 码值为 48,即如果一个 char 类型变量,其存储空间所存值等于 48,则这个变量存储的是字符'0'。
- ASCII 码值 0 表示空字符(NULL)。如果一个 char 类型变量,其存储空间所存值为数值 0 时,并不意味着这个变量存储着字符'0'。相反,0 值的 char 被 C++用于表示一个字符串的结尾。▲

char 类型事实上就是 8 比特的有符号整数,它有如下特性:

- 当把一个字符赋值,例如将'c'赋值给一个 char 类型变量时,事实上存入该变量的是'c'字符的 ASCII 码值。
- 可以直接把整数赋值给 char 类型变量,也可以把一个 char 类型变量直接赋值给一个整数类型变量。
- char 类型变量可以作为一个整数参与加减乘除等数学运算。
- 当把 char 类型变量输出给 cout 或者替换 printf()中的占位符%c 时,计算机会输出与变量内所存整数对应的 ASCII 码字符。

▶ 第 7 行:(int)c 是 C 语言进行类型转换的格式,转换的目标类型置于变量/值前的括号中。这种转换形式存在错误转换的风险,较新的 C++标准不建议使用这种转换形式。在 Qt Creator 中,可以看到 IDE 环境对该行代码给出了警告信息。此处,先将 char 类型的变量 c 转换为 int,然后再交给 cout 输出得到'c'的 ASCII 码值 99。如果直接把 c 提供给 cout,则会在屏幕上得到输出的字符 c。

请注意,变量的类型转换并不会改变变量本身的类型。通常,编译器会创建一个用完即弃的目标类型的临时变量,并尽量让这个临时变量的值与原变量的值一致。第 7 行代码中的(int)c 被执行后,c 的类型仍为 char,其值未变。

▶ 第 8 行:将 c 和 1 相加,再把和值赋值给变量 c。该行执行后,c 变量的“整数”值由 99 变成了 100,第 9 行将 c 变量输出给 cout,cout 按照 ASCII 码对 c 变量进行解释输出,得到字符 d。

扩展阅读 2-3:完整 ASCII 表

表 2-4 只列出了 ASCII 中的可见字符部分,其取值范围为 32~127。在完整的 ASCII 码中,<32 的编码被用于控制字符,>127 的部分则属于扩展码。

变量 c 的类型为 char,实为 signed char,其取值范围为-128~+127。第 11 行试图给 c 赋值 250,这显然超出了 signed char 类型的储值范围,这种情况称为**溢出**。当溢出发生时,程序会错误解读变量的值,从 12 行代码的输出结果看,250 的正值被解读为-6。程序员在编程时,应注意避免溢出。庆幸的是,现代计算机的内存资源已相对宽松,本书的读者大概用不着跟二十年前的前辈一样在内存的使用上锱铢必较了。

▶ 第 12 行:int(c)达成了与第 12 行类似的变量类型转换效果。类似地,如果要把变量 c 转换为浮点数,相应代码为 float(c)。

▶ 第 14~15 行:代码及其输出结果证明了一个 unsigned char 类型的变量,能够存储和正确处理整数 250。

练习巩固

习题讲解 2-2:英文字母

2-2 (英文字母)在计算机内部,英文字母依 ASCII 码分别由连续的整数来表示。比如,大写的英文字母 A 的 ASCII 码值为 65,B 的码值为 66,然后依次递增,Z 的码值为 90。请编程计算:Q 是字母表中的第几个字母(从 1 开始计数,即 A 为第 1 个字母)? 字母表中的第 15 个字母(从 1 开始计数)是什么?

2.4.2 整数类型

除了 int 之外,short、long、long long 都是整数类型,它们之间的区别仅在于存储空间的字节数,以及由此导致的储值范围的差异。

下面以 int 类型为例,说明全部整数类型的存储结构。如图 2-6 所示,一个 int 类型的对象由相邻的 4 个字节组成,每个字节 8 比特,共 32 比特。其中,第 0 位为最低位,第 31 位为最高位。这 32 比特以二进制补码▲形式存储一个整数。由于需要使用大约 1 个比特来表示整数的正负,有符号整数(signed int)的储值范围为 $-2^{31} \sim +2^{31}-1$;无符号整数(unsigned int)的储值范围为 $0 \sim 2^{32}-1$。

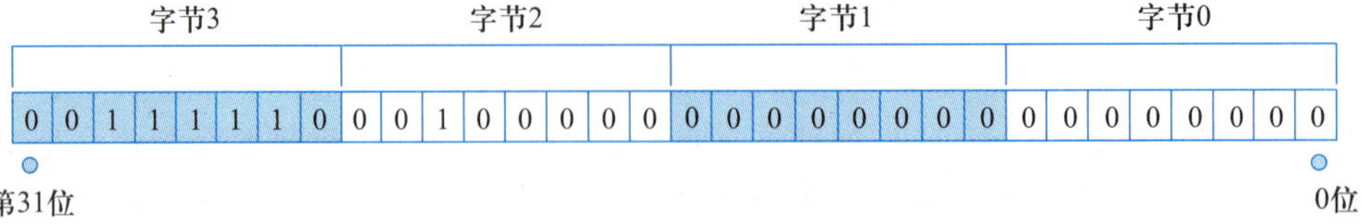

图 2-6 int 类型的存储结构

类似地，short、long、long long 类型默认为有符号类型，可以存储正整数及负整数；在类型名前加一个 unsigned，如 unsigned short，即为对应的无符号类型，仅可存储非负值。

下述程序演示了上述几种整数类型的用法并输出了不同整数类型变量所占据的内存空间尺寸。

```
1  //Project - IntType
2  #include <iostream>
3  using namespace std;
4
5  int main() {
6      short si = 2194;
7      cout << "short si = " << si << ", size = " << sizeof(si) << " bytes." << endl;
8
9      int i {12};     #{12}将 i 初始化为整数 12
10     cout << "int i = " << i << ", size = " << sizeof(i) << " bytes." << endl;
11
12     long li = 298289282;
13     cout << "long li = " << li << ", size = " << sizeof(li) << " bytes." << endl;
14
15     long long ll = 28929829982892;
16     cout << "long long ll = " << ll << ", size = "
17         << sizeof(long long) << " bytes." << endl;
18
19     return 0;
20 }
```

上述程序的执行结果为：

```
short si = 2194, size = 2 bytes.
int i = 12, size = 4 bytes.
long li = 298289282, size = 4 bytes.
long long ll = 28929829982892, size = 8 bytes.
```

第 9 行使用了一种新的变量初始化语法。大体上，“int i {12}”等价于“int i = 12”，{}中包含了变量的初始值。

上述代码中的 sizeof()在使用形式上很像函数，但它事实上是一个操作符，用于计算一个特定类型的变量所占据的存储器字节数。在该操作符的括号内，既可以提供变量，如 sizeof(i)，又可以提供数据类型，如 sizeof(int)。由于编译器“知道”每个对象的类型，所以当编译器遇到代码 sizeof(i)时，会自动推断出实际需要被计算的是 sizeof(int)。

从执行结果可以看出，在作者的开发环境下，short 变量占据 2 个字节的存储空间；与直觉相反，long 变量跟 int 变量一样，都占据 4 个字节的空间，至少在作者的开发环境下，int 和 long 事实上等同；long long 类型的变量占据 8 个字节的空间。显然，变量占据的内存空间越大，其储值范围也越大。表 2-5 总结了不同整数类型的内存大小及储值范围。

表 2-5　不同整数类型的内存尺寸及储值范围

类型	字节数	储值范围	类型	字节数	储值范围
char	1	$-2^{7}\sim+2^{7}-1$	short	2	$-2^{15}\sim+2^{15}-1$
unsigned char	1	$0\sim+2^{8}-1$	unsigned short	2	$0\sim+2^{16}-1$
int	4	$-2^{31}\sim+2^{31}-1$	long	4	$-2^{31}\sim+2^{31}-1$
unsigned int	4	$0\sim+2^{32}-1$	unsigned long	4	$0\sim+2^{32}-1$
long long	8	$-2^{63}\sim+2^{63}-1$	unsigned long long	8	$0\sim+2^{64}-1$

注:表中的各类型字节数代表了大多数编译器/平台的情况,在部分平台环境下,长度可能会不同;char 类型也可以视作整数类型。

2.4.3　浮点数类型

浮点数就是所谓的小数,一个 float 类型的浮点数对象占据 4 个字节共 32 比特的存储空间。相对于 float,double 类型使用 8 个字节来存储一个浮点数,它的储值范围以及精度都会高一些。习惯上,称 float 为**单精度浮点数**,double 为**双精度浮点数**。所有的浮点数类型都是有符号的。

受限于有限的存储空间比特数,浮点数的精度受到限制,会存在微小的误差。为了观察 float 与 double 的精度差异及其存储误差,我们创建了如下程序:

```
//Project - FloatError
#include <iostream>
#include <cstdio>
using namespace std;

int main(){
    printf("sizeof(float) = %d, sizeof(double) = %d\n",
           sizeof(float),sizeof(double));

    float f = 0.00001;
    printf("The stored value of 0.00001 with float:   %.30f\n",f);

    double d = 0.00001;
    printf("The stored value of 0.00001 with double:   %.30f\n",d);

    f = f * 99000;
    if (f==0.99)
        printf("f * 99000 == 0.99");
    else
        printf("f * 99000 <> 0.99");

    return 0;
}
```

上述代码的执行结果为：

```
1  sizeof(float) = 4, sizeof(double) = 8
2  The stored value of 0.00001 with float:   0.000009999999747378751635551453
3  The stored value of 0.00001 with double:   0.000010000000000000000818030539
4  f * 99000 <> 0.99
```

- 第 7~8 行：通过 sizeof 操作符获取 float 和 double 对象的内存字节数并打印出来。执行结果第 1 行显示，float 占 4 个字节，double 占 8 个字节。
- 第 11、14 行：保留 30 位小数打印 float 类型对象 f 和 double 类型对象 d 的值。理论上，f 和 d 均被初始化为 0.00001，但执行结果的第 2、第 3 行显示，0.00001 存储至 float 和 double 对象内，均有微弱误差，double 双精度浮点数的误差显然比 float 要小。
- 第 16 行：将值为 0.00001 的浮点数对象 f 乘以整数 99000。该行执行结束后，f 的值理论上应为 0.99。但如上所述，由于浮点数对象无法精确地存储浮点数，上述计算结果与 0.99 之间存在微小误差。
- 第 17~20 行：涉及后面章节要讨论的条件分支语句▲，其语义可以简单理解为“如果……则……否则……”。当 17 行括号内的条件判断成立时，执行第 18 行，否则，执行第 20 行。(f==0.99) 中的 == 号用于判断两端的值是否相等，如果相等，表示逻辑真，否则为逻辑假。从执行结果可以看出，由于浮点数存储误差的原因，结果与预期不符，上述相等判断被认为是假的，第 20 行代码被执行。

注意

一般不要对浮点数进行逻辑相等判断，误差的存在会导致意料之外的结果。很多 IDE 环境会对上述代码的第 17 行发出警告：浮点数之间进行 ==，!=（不等于）判断▲是危险的。

扩展阅读 2-4：如何用 32 个比特表示一个单精度浮点数？

一个 float 类型的对象占据 4 个字节共 32 比特的存储空间。按照 IEEE 754 标准，这 32 个比特被拆分成符号位、阶码、尾数码三个部分，并使用二进制版本的科学记数法。

2.4.4　布尔类型

```
bool b = 3 < 2;
```

3<2 显然不成立，这种不成立的结果逻辑上称为假（false）。这个值被赋值给了变量 b，b 的类型为布尔型（bool），值为 false。相对于假，表示一个命题成立或者正确的值称为真（true）。布尔型只有 true 和 false 两个取值。一个布尔类型的对象仅占据 1 个字节的空间。

为了更好地理解 bool 型，我们创建了如下程序：

```
1  //Project - BoolType
2  #include <iostream>
3  using namespace std;
4
5  int main(){
6      bool a = 3 > 2;
7      bool b = false;
8
9      cout << "value of a: " << a << ",value of b: " << b << endl;
10     cout << "int(true): " << int(true) << ",int(false): " << int(false) << endl;
11
12     if (-0.00000012)     //非零即真,为真
13         cout << "-0.00000012 is true." << endl;
14
15     if (2*2-4)           //零为假
16         cout << "2*2-4 is true." << endl;
17     else
18         cout << "2*2-4 is false." << endl;
19
20     return 0;
21 }
```

上述代码的执行结果为:

```
value of a: 1,value of b: 0
int(true): 1,int(false): 0
-0.00000012 is true.
2*2-4 is false.
```

显而易见,a 被赋值为 true,b 为 false。从第 9 行代码的输出结果可以看到,当 a 被输出给 cout 时,得到 1,b 被输出给 cout 时,得到 0。第 10 行代码中的 int(true)将 bool 型的 true 值转换成整数,int(false)则将 bool 型的 false 值转换成整数,同样,从输出结果可以看到,true 对应整数 1,false 对应整数 0。

第 12、15 行分别将一个浮点数和一个整数表达式当成布尔型看待,从输出结果看,-0.000 000 12 作为逻辑判断其结果为真,2*2-4 作为逻辑判断其结果为假。事实上,绝大多数编程语言都执行**非零即真**的原则,当一个值被视作布尔型时,只要该值不是 0,就视为逻辑真。此处,-0.000 000 12 不是 0 为真,表达式 2*2-4 的计算结果是 0 为假。

2.5 变量命名

前述示例中的变量取名都是程序员决定的,当程序员给变量取名时,应符合下述规则:

- 变量名只能包含字母、数字和下画线,且不能以数字开头;

- 变量名不能包括空格;
- 不能将 C++关键字和函数名用作变量名;
- 慎用小写字母 l 和大写字母 O,容易误看成数字 1 和数字 0;
- C++的命名是大小写敏感的,也就是说 cat 跟 Cat 对于编译器而言,是两个不同的名字。

表 2-6 列举了一些变量命名的示例。

表 2-6　变量命名示例

变量名示例	评价
iCount, sStudentNo, fPrice	正确并且好的命名
A9, a678, U21	正确但不好的命名,不具备恰当的描述性
9B	错误,不能以数字开头
$y7	错误,不能以特殊符号开头
for, printf	错误,与关键字或者函数名冲突
MA U2	错误,包含空格
lO2	正确但不好的命名,字母 l 及字母 O 易被错误看成数字 1 和 0

扩展阅读 2-5:程序中的命名规则

符合语言命名规则的命名都是正确的,但正确并不等于好。我们总结了本书程序中的命名规则,读者可以在阅读完本书的大部分内容后再阅读。零基础的初学者,现在还无法理解其中的内容。

2.6　字　面　量

所谓**字面量(literal)**,就是在程序代码中显式给出的值,比如 199、0.127、'c' 等。

2.6.1　整数

整数字面量默认以十进制方式提供,程序员也可以使用十六进制、八进制和二进制方式提供整数字面量。详见下述 C++代码:

```
//Project - HexOct
#include <iostream>
#include <cstdio>
using namespace std;
```

```
5
6  int main(){
7      int b = 0x17;             //十六进制 hexadecimal
8      int c = 017;              //八进制 octal
9      int d = 0b01111110;       //二进制 binary
10
11     cout << "0x17 = " << b << ", 017 = " << c << ", 0b01111110 = " << d << endl;
12     printf("17: %x, %d, %o\n", 17, 17, 17);
13     cout << "17: " << hex << 17 << ", " << dec << 17 << ", " << oct << 17 << endl;
14     return 0;
15 }
```

上述代码的执行结果为:

```
0x17 = 23, 017 = 15, 0b01111110 = 126
17: 11, 17, 21
17: 11, 17, 21
```

0x17 表示十六进制的 17,以数字 0 打头的 017 表示八进制的 17,以 0b 开头的是二进制字面量。

- 第 11 行:输出结果证实,0x17 对应十进制的 23,017 对应十进制的 15,0b01111110 对应十进制的 126。
- 第 12 行:通过占位符,将十进制的整数 17 分别以十六进制(%x)、十进制(%d)和八进制(%o)形式输出。
- 第 13 行:通过 cout 实现与第 12 行类似的功能。

```
cout << hex;
```

上述代码并不会在屏幕上显示任何内容。事实上,操作算子(manipulator)hex 是一个函数▲,它定义在 iostream 头文件中。上述代码相当于改变了 cout 的内部状态,使 cout 在接下来的整数输出中使用十六进制格式。同理,dec 指示 cout 以十进制形式输出整数,oct 指示 cout 以八进制形式输出整数。

注意

代码以及输出内容中的进制,只是一种表达和解释数据的方式。事实上,数据在计算机存储器中的存储永远是二进制的。

操作指南:调整 C++版本

需要注意的是,二进制形式的整数字面量是 C++ 14 版本引入的新特性,而多数 IDE 环境默认执行 C++ 11 甚至更早的标准。为了使上述程序可以正确地编译和运行,读者需要调整 C++的版本。

对于整数字面量，还可以在末尾添加后缀来表明其类型，具体细节请见表 2-7。

表 2-7　整数字面量的后缀

后缀	说明	示例
l,L	long 类型	512l,512L
u,U	unsigned int 类型	1230u,82882U
ul,UL	unsigned long 类型	1230ul,82882UL
ll,LL	long long 类型	8282ll,2828LL
ull,Ull,uLL,ULL	unsigned long long 类型	9272733ULL

正如读者看到的那样，小写字母 l 很容易与整数 1 混淆。建议在使用后缀标识整数字面量类型时，使用大写字母 L。

练习巩固

2-3　（猴子吃桃）一只猴子在树上摘了若干个桃，当即吃了一半，觉得不过瘾，又多吃了一个；第二天它吃了剩下桃子的一半加一个；第三天它又吃了剩下桃子的一半加一个，此时，只剩下一个桃子。请编程求解：猴子第一天从树上摘了多少个桃子？

习题讲解 2-3：猴子吃桃

2.6.2　字符及字符串

单个字符的字面量用单引号包裹（参见表 2-8），由多个字符所构成的字符串字面量用双引号包裹。

表 2-8　字符字面量示例

字面量	ASCII 码值	含义	字面量	ASCII 码值	含义
'D'	68	大写字母 D	'd'	100	小写字母 d
'0'	48	阿拉伯数字 0	' '	32	空格
'?'	63	问号	'@'	64	@ 符号

但计算机里存在这样一些特殊符号，难以在字面量中表达。比如下述示例中的单引号和双引号，由于其同时具备语法意义，编译器在编译时无法区分它是语法符号还是字面量的构成部分。

```
'''                              //单引号字符，存在语法歧义
""C/C++ is terrible.""           //包含双引号的字符串，存在语法歧义
```

为了解决上述问题，C++引入了**转义字符（escape character）**，如表 2-9 所示。

表 2-9 C++转义字符

转义字符	ASCII 码	说明	转义字符	ASCII 码	说明
\n	10	换行符	\t	9	水平制表符 Tab
\v	11	垂直制表符	\b	8	回退删除符(backspace)
\r	13	返回行首	\a	7	发生警告声
\\	92	反斜杠	\'	39	单引号
\"	34	双引号			

下述 C++程序部分展示了上述转义字符的用法：

```
//Project - CharLiteral
#include <iostream>
using namespace std;

int main(){
    cout << "I told you, \"C/C++ is hard to learn\"." << '\n';
    cout << "When you need a \\ in string, put \\\\ in your code." << "\n";
    cout << "Popular languages:\n\tJavaScript\n\tPython\n\tC++\n\tRuby";
    return 0;
}
```

上述代码的执行结果为：

```
I told you, "C/C++ is hard to learn".
When you need a \ in string, put \\ in your code.
Popular languages:
        JavaScript
        Python
        C++
        Ruby
```

上述代码及其输出结果证实，\"生成了字面量内部的一个双引号；\\生成了字面量内部的一个反斜杠；'\n'以及"\n"输出给 cout 都可以获得类似于 endl 的换行效果；\t 构成了大概 8 个空格(部分平台上可能是 4 个空格)的间距，直观上达到了将输出内容像表格一样对齐的目的，故得名“制表符”。

2.6.3 浮点数

除了 3.14 这种形式的传统小数写法外，也可以使用科学记数法来表达浮点数。此外，通过给浮点数字面量增加恰当的后缀，可以指定字面量的类型。详见下述 C++代码示例：

```
//Project - FloatLiteral
#include <iostream>
```

```
3  using namespace std;
4
5  int main(){
6      auto a = 3;             //int
7      auto b {3.0};           //double,{3.0}指明了 b 的初始值
8      auto c = 1.2E-5;        //double
9      auto d = 1.2E+5L;       //long double
10     auto e = -3.01e+12f;    //float
11
12     cout << "Name:\ta\tb\tc\td\te\n";
13     cout << "Type:\t" << typeid(a).name() << "\t" << typeid(b).name() << "\t"
14         << typeid(c).name() << "\t" << typeid(d).name() << "\t" << typeid(e).name();
15
16     return 0;
17 }
```

上述代码的执行结果为:

```
Name:  a    b    c    d    e
Type:  i    d    d    e    f
```

auto 关键字指示编译器根据后方初始值的类型来推断变量的类型,即上述变量 a、b、c、d、e 的类型均与后方字面量的类型相同。

同 sizeof( )一样,typeid( )也是一个操作符。typeid(a)返回一个类型为 type_info▲的对象,该对象包含了变量 a 的类型信息。执行该对象的 name( )成员函数▲可以获得 a 的类型名称字符串(简写形式)。

从输出结果可以看出,第 6 行的字面量 3 被编译器认为是 int 类型(简写为 i)。第 7 行的 3.0 被编译器认为是 double 类型(简写为 d)。第 8~10 行使用了科学记数法,1.2E-5 等价于 1.2×10^{-5},-3.01e+12 等价于 -3.01×10^{12}。当使用科学记数法时,e 和 E 通用。此外,还可以通过在浮点数字面量后添加后缀来指明浮点数类型,其中,f 或 F 为 float 类型(简写为 f),l 或 L 为 long double 类型(简写为 e),当没有后缀时,为 double 类型。上述程序所用到的浮点数字面量示例在表 2-10 中。由于小写字母 l 不易被正确识别,当使用 long double 类型的字面量时,作者总是使用后缀 L。

表 2-10　浮点数字面量示例

字面量	说明	字面量	说明
3	int 类型,简写为 i	3.0	double 类型,简写为 d
1.2E-5	double 类型,简写为 d,等价于 1.2×10^{-5}	1.2E+5L	long double 类型,简写为 e,等价于 1.2×10^{5}
-3.01e+12f	float 类型,简写为 f,等价于 -3.01×10^{12}		

▶ 第 14 行：事实上是第 13 行的后半部分，为了阅读和印刷方便分成了两行，在语法意义上两行为一个整体。

微实践——鸡兔同笼

鸡兔同笼是中国古代的数学名题之一。大约在 1500 年前，《孙子算经》中就记载了这个有趣的问题。书中是这样叙述的：今有雉兔同笼，上有三十五头，下有九十四足，问雉兔各几何？这四句话的意思是：有若干只鸡兔同在一个笼子里，从上面数，有 35 个头，从下面数，有 94 只脚。问笼中各有多少只鸡和兔？

分析问题，一只鸡有一个头和两只脚，一只兔有一个头和四只脚。假定笼中全部是鸡，每个头对应两只脚，35 个头对应 70 只脚。但总共有 94 只脚，多出脚的原因是因为有一部分是兔子，多余的脚就是兔子的另外两只脚，只需要将剩余的脚除以 2 就可以得到兔子的数量。有了兔子的数量就可以计算出鸡的数量。

解决本问题的 C++程序如下：

```
//Project - ChickenRabbit
#include <iostream>
using namespace std;

int main(){
    int iHeads = 35;                        //头的数量
    int iFeet = 94;                         //脚的数量
    int a = iFeet - 2 * iHeads;             //假设全部是鸡，余下的脚的数量
    int iRabbits = a / 2;                   //兔的数量等于余下的脚数/2
    int iChicken = iHeads - iRabbits;       //鸡的数量=头的数量 - 兔的数量
    cout << "Number of chicken = " << iChicken
         << ", Number of rabbits = " << iRabbits << endl;

    if (iFeet == iChicken * 2+iRabbits * 4)     //验证脚数 = 鸡数 * 2 + 兔数 * 4
       cout << "The answer is right.";
    else
       cout << "The answer is wrong.";

    return 0;
}
```

上述代码的执行结果为：

```
Number of chicken = 23, Number of rabbits = 12
The answer is right.
```

- ▶ 第 9 行:/是除法运算符,将整数 a 除以整数 2,虽然理论上有除不尽的可能,但除法运算的结果仍然是整数。所以,第 9 行等号左端的变量与右端的运算结果的类型都是 int。
- ▶ 第 14 行:代码进行验算,==操作符判断两边的数字是否相等,返回一个布尔型。从输出结果可以看到,验算通过,答案是正确的。

注意

一个整数除以另外一个整数的结果为整数。当除不尽时,商中的小数部分会被舍弃。对于代码 float r=5/3,r 值将为 1.0 而不是 1.666 666 67。

练习巩固

2-4　(中秋月饼圆)中秋佳节吃月饼是中华民族的传统习俗。请编程计算,制作 15 个符合下述尺寸及参数要求的月饼需要使用多少克面粉?假设月饼是规则的圆柱体。

说明:月饼半径为 5 cm,高为 2.5 cm,平均密度为 1 500 g/dm^3,面粉含量占月饼总质量的 82%。

习题讲解 2-4:中秋月饼圆

第3章 语法基础

汉语、英语和法语都有自己的语法，C++也有。语法定义了使用这种语言必须遵守的规则，掌握这些语法规则，是编写“正确有用”程序的第一步。

——编者

学习目标

知识目标

1. 掌握常见的操作符的使用方法。
2. 理解各种场景的隐式类型转换的理论，掌握显式类型转换的语法。
3. 理解地址的概念及取得对象地址的方法。
4. 了解名字空间的概念。
5. 掌握程序注释的语法。

能力目标

1. 在程序设计过程中注意良好的编码风格，并能识别和排除简单的程序错误。
2. 在程序中定义和使用简单的自定义函数解决实践问题。
3. 在程序中读取操作者输入，并根据操作者输入定制程序行为。

素质目标

1. 体会以函数为主导的模块化程序设计思想。
2. 了解程序设计中的团队协作思维。

思维导图

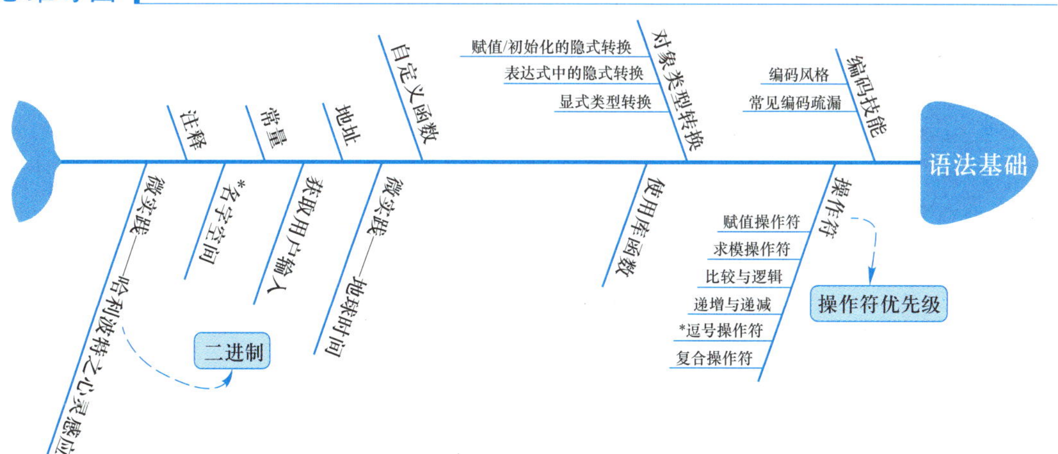

3.1 编码风格

下述 C++代码完全“正确”：

```
#include <iostream>
using namespace std;   int
    main() {
cout<< "Working codes, but in chaos." ;return 0
; }
```

C++对语法格式的要求极低。上述程序虽然能够得到正确的执行结果，但在视觉上十分混乱，不利于代码的维护和阅读。因此，强烈建议读者在程序设计过程中使用与本书代码类似的组织风格，示例如下：

```
1  #include <iostream>
2  using namespace std;
3  int main()
4  {
5      cout<< "Working codes, but in chaos.";
6      return 0;
7  }
```

需要说明的是，为了节约纸张，作者经常会把第 4 行的“{”上移至 main()的后方。同时，为了在视觉上更好地分隔代码块，比如将一个工作过程的几个步骤分隔开，作者会添加一些空行。调整后的代码如下：

```
1  #include <iostream>
2  using namespace std;
3  
4  int main(){
5      cout<< "Working codes, but in chaos.";
6      return 0;
7  }
```

上述代码的第 5 行向右缩进了 4 个空格。书写代码时，如果需要向右缩进行，按 Tab 键比空格键更高效。幸运的是，大多数现代的集成开发环境都会帮助编码者缩进和优化代码显示，编码者只要不“主动”破坏，代码排列不太可能很差。

3.2 常见编码疏漏

请找出下述 C++代码的错误：

```
1  #include <cstdio>
2
3  int main() {
4      int iNumber = 3;
5      printf("There are %d stars surrounding three body planet.”, inumber）;
6      return 0;
7  }
```

上述代码有至少三个错误：第 5 行的变量名 inumber 与第 4 行的变量名 iNumber 不一致；第 5 行最右端的括号是中文全角的括号，不是英文括号；printf( )的参数字符串中，右方的双引号是中文的双引号，不是英文双引号。为了让读者看得更清楚，作者把修改正确的代码列在下面：

```
1  #include <cstdio>
2
3  int main() {
4      int iNumber = 3;    //" vs ”     ）  vs )
5      printf("There are %d stars surrounding three body planet.", iNumber);
6      return 0;
7  }
```

请注意第 4 行的注释，在某些特定字体下，中文符号与英文符号很难用肉眼区分。除了注释和字符串字面量内部，C++代码不允许使用中文以及中文符号。对于初学者，建议刚开始练习时关闭中文输入法，以免意外录入中文符号。

注意

程序设计是严谨的科学，任何微小的错误或者疏忽都可能导致失败。

3.3 操　作　符

3.3.1 赋值操作符

a = 3 中的赋值（assignment）操作符除了将 3 传递给变量 a 之外，还有其他额外功能。请先看下述程序：

```
1  //Project - Assignment
2  #include <iostream>
3  using namespace std;
4  
5  int main(){
6      int a, b;
7      a = b = 3;
8      cout << "a = " << a << ", b = " << b << endl;
9  
10     if (a=4)                              //如果
11         cout << "a is equal to 4.";       //输出 a 等于 4
12     else                                  //否则
13         cout << "a is not equal to 4.";   //输出 a 不等于 4
14 
15     return 0;
16 }
```

上述代码的执行结果为：

```
a = 3, b = 3
a is equal to 4.
```

第 7 行 a=b=3 的执行过程如下：

- b=3 是一个表达式，该表达式中的赋值操作符将 3 赋值给变量 b，同时返回整数 3 作为表达式的值。
- a=b=3 也是一个表达式，子表达式 b=3 的值作为右值(right value)被第 1 个赋值操作符赋值给变量 a。

第 10~13 行代码的本意是判断变量 a 是否等于 4。显然，a 的值为 3，代码预期应输出 "a is not equal to 4."，但实际的输出结果却是"a is equal to 4."。问题出现在第 10 行，判断两个值是否相等，应使用双等号，即(a==4)。(a=4)对于编译器而言，是完全正确的表达。这个表达式除了将 4 赋值给变量 a 之外，还会返回整数 4 作为表达式的值。对于 if 条件语句，非零即真，因此，(a=4)被视为逻辑真，第 11 行代码被执行。

类似于上述代码第 10 行的错误很多初学者都犯过。在早期的编译器里，上述代码被“愉快”地接受。可能是意识到第 10 行的写法多半是个错误，作者注意到 mingw 编译器会在第 10 行代码处给出一个警告。

习题讲解 3-1：温度单位转换

练习巩固

3-1　(温度单位转换)编写程序实现华氏温度到摄氏温度的转换，转换公式为：$C=5(F-32)/9$，其中 F 表示华氏温度，C 表示摄氏温度。

3.3.2　求模操作符

a % b 称为 a 对 b 求模(modulus),简言之就是求 a 除以 b 的余数。下述程序演示了求模操作符的用法:

```
//Project - Modulus
#include <iostream>
using namespace std;

int main(){
    int a = 10;
    int b = a % 7;
    cout << b << " is an " << (b%2==0?"even":"odd") << " number.";
    return 0;
}
```

上述代码的执行结果为:

```
3 is an odd number.
```

可以看到,10 % 7,即 10 除以 7 的余数为 3。通过求模运算,可以判断一个数是否能被另一个数整除。b % 2 的结果如果是 0,说明 b 能被 2 整除,它是一个偶数,否则为奇数。

```
b%2==0?"even":"odd"
```

这是一个条件表达式(conditional expression),其格式为 a? b:c,其中,a 通常为一个逻辑判断。当 a 为真时,表达式返回 b 作为结果,否则返回 c。在上述程序中,b%2==0 为假,故该条件表达式的整体结果为"odd"。

下述代码中的 retired 变量将被赋值为 1,因为 a>=60 成立,条件表达式取冒号左边的值。

```
int age = 63;
int retired = age >= 60 ? 1: 0;
```

练习巩固

3-2　(分苹果)现有 17 个苹果,平均分给 5 位同学,剩下的苹果交还给老师。请编写程序,解决下述问题:每位同学能分到几个苹果?一共分出去多少个苹果?交还老师的苹果有几个?

习题讲解 3-2:分苹果

3.3.3 比较与逻辑

下述程序展示了 C++中的比较及逻辑运算符：

```
1   //Project - CompLogic
2   #include <iostream>
3   using namespace std;
4   
5   int main(){
6       int a = 10;
7       cout << "a>5: " << (a>5) << endl;
8       cout << "a<20 and a>=10: " << (a<20 && a>=10) << endl;
9       cout << "a==9: " << (a==9) << endl;
10      cout << "a!=3: " << (a!=3) << endl;
11      cout << "a>100 or a<20: " << (a>100 || a<20) << endl;
12      cout << "not a>=10: " << (!(a>=10)) << endl;
13      return 0;
14  }
```

上述代码的执行结果为：

```
a>5: 1
a<20 and a>=10: 1
a==9: 0
a!=3: 1
a>100 or a<20: 1
not a>=10: 0
```

上述代码中的>、>=、<、<=与小学数学的用法相同。a>5 成立时，该表达式的值为 true，否则为 false。!=是==的反操作符，用于判断左右两端的值是否相等，不相等时返回 true，否则返回 false。第 10 行中的 a!=3 成立，返回 true。当把布尔型的值输出给 cout 时，true 被转换成 1，false 被转换成 0。所以，输出结果中的 1 表示 true，0 表示 false。

上述代码中的逻辑表达式，例如 a==9，都用( )括号包裹起来了，括号用于确保括号内的表达式先进行计算，得到结果后再通过<<操作符输出给 cout。

上述代码还用到下述逻辑运算符，详见表 3-1。

表 3-1 逻辑运算符

运算符	说明
&&	逻辑与，第 8 行中 a<20 为真，a>=10 也为真，逻辑与的结果为真
||	逻辑或，第 11 行中 a>100 为假，a<20 为真，逻辑或的结果为真
!	逻辑非，第 12 行中，a>=10 为真，逻辑非的结果为假

注意

逻辑与是 &&，逻辑或是||，不是 & 或者|。单个的 & 和|符号在 C++语言中具有完全不

同的用途，详见本书第 9 章。

扩展阅读 3-1：布尔运算的短路

对于表达式 a && b，当 a 为假时，整个逻辑表达式的结果必为假，评估表达式 b 的值是不必要的。同样的情况也发生在表达式 c || d 中，当 c 为真时，d 的真假不影响整个表达式的值。在上述情形下，编译器会略过表达式 b 和 d 的运算，这种行为就好比电路"短路"时，电流总是沿阻抗最低的"近路"行进，称为"布尔运算的短路"。

练习巩固

3-3　（绩点计算）某大学的 GPA（绩点）计算规则如下：

1. 课程百分制成绩 90 分对应绩点 4.0，超过 90 分的，按 90 分计；如不足 90 分，则课程绩点 = 4.0 * 分数/90。

2. 学生综合绩点按该生已修的各门课程绩点结合学分加权平均而得。

现有步步同学入学后的已修课程成绩表如下，请编程计算其 GPA。

习题讲解 3-3：绩点计算

课程名称	百分制成绩	学分
大学英语	78	3
高等数学	91	5
大学物理	65	4
高等代数	95	3
程序设计基础	60	2

3.3.4　递增与递减

```
a++;
```

此行代码中的++称为递增操作符，它完成两项任务（假设该行执行前 a 值为 10）：① 将变量 a 的值增加 1，该行代码执行后，a 值变为 11；② 作为一个表达式，它返回 a 被递增之前的值，即 10，作为表达式的值。这种置于变量之后的++操作符的执行过程可以总结为：**先取值，后递增**。

```
++a;
```

此行代码中的++也是递增操作符，区别是它位于变量名之前。它也完成两项任务（假设该行执行前 a 值为 11）：① 将变量 a 的值增加 1，该行代码执行后，a 值变为 12；② 作为一个表达式，它返回 a 被递增之后的值，即 12，作为表达式的值。这种置于变量之前的++操作符的执行过程可以总结为:**先递增,后取值**。

```
a--;  --a;
```

同理,上述代码中的--为递减操作符,它们都将 a 的值减 1,同时作为表达式返回一个值。区别在于,前者是**先取值,后递减**,后者是**先递减,后取值**。

下述程序演示了递增及递减操作符的应用,请留意代码中的注释。

```
//Project - IncDec
#include <iostream>
using namespace std;

int main(){
    int a = 10, b, c;
    b = a++;     //先取值,后递增,a 改为 11,b 得递增之前的值 10
    c = ++a;     //先递增,后取值,a 改为 12,c 得递增之后的值 12
    cout << "a = " << a << ", b = " << b << ", c = " << c << endl;

    float f = 10.1f, g, h;
    g = f--;     //先取值,后递减
    h = --f;     //先递减,后取值
    cout << "f = " << f << ", g = " << g << ", h = " << h << endl;

    return 0;
}
```

上述代码的执行结果为:

```
a = 12, b = 10, c = 12
f = 8.1, g = 10.1, h = 8.1
```

上述代码及执行结果证实,除整数外,浮点数也可以进行递增及递减操作,效果相同。

扩展阅读 3-2:危险的递增和递减操作符

多年的实践证明,递增和递减操作符的不恰当使用是诸多软件缺陷的来源。这里试图通过一个不太容易的案例向读者发出友善的警告。

*3.3.5 逗号操作符

电子正文:逗号操作符

在整数 a、b 已经被定义的前提下,a=(b++,a*2)是合法的 C++代码,其中的逗号是一个操作符。在作者看来,C++中的逗号操作符是一项非常反直觉并且容易导致错误的语法特性,建议读者非必要不使用。

3.3.6 复合操作符

在编程中，常用+、-、*、/来分别执行加、减、乘、除数学运算，用=来执行赋值操作。下述示例中的第6~7行代码运用了=及+运算符。若期望在进行数学运算的同时也进行赋值操作，可用复合运算符+=、-=、*=、/=来实现，如下述示例中的第11行。

```
1  //Project - CompoundOperator
2  #include <iostream>
3  using namespace std;
4  
5  int main() {
6      int a = 3;
7      a = a + 2;
8      cout << "a = " << a << endl;
9  
10     int b = 3;
11     b += 2;        //复合运算符,等价于 b = b + 2
12     cout << "b = " << b << endl;
13 
14     return 0;
15 }
```

上述代码的执行结果为：

```
a = 5
b = 5
```

不难看出，b+=2就是b=b+2的简写形式；该行执行前，b值为3，b+=2先从b取得值3，然后把3与2相加，结果为5，接下来把5赋值给b。同理，b-=2等价于b=b-2；b*=2等价于b=b*2；b/=2等价于b=b/2。

3.4 操作符优先级

在同一个表达式中，经常存在多个操作符。此时，运算的最终结果与操作符的顺序有关。请看如下代码：

```
//Project - Precedence
#include <iostream>
using namespace std;

```

```
5  int main(){
6      int n = 3 + 2 * 6 / 3;           //先乘,后除,然后加
7      cout << n << endl;
8  
9      n = (3 + 2) * 6 / 3;             //先计算括号中的 3+2
10     cout << n << endl;
11     return 0;
12 }
```

上述代码的执行结果为:

```
7
10
```

C++中的四则混合运算依然遵循**先乘除,后加减**的规则,对于相同的优先级,例如乘法和除法,按从左往右的顺序执行。如果期望某些运算先执行,与数学中的方法类似,将这些运算用括号括起来即可,如上述代码中的第 9 行。

再考虑如下示例:

```
1  //Project - ChangePrecedence
2  #include <iostream>
3  using namespace std;
4  
5  int main(){
6      int r = 3 + 2 && 0;
7      cout << "3 + 2 && 0 = " << r << endl;
8  
9      r = (3 + 2) && 0;
10     cout << "(3 + 2) && 0 = " << r << endl;
11 
12     r = 3 + (2 && 0);
13     cout << "3 + (2 && 0) = " << r << endl;
14     return 0;
15 }
```

上述代码的执行结果为:

```
3 + 2 && 0 = 0
(3 + 2) && 0 = 0
3 + (2 && 0) = 3
```

对于表达式 3+2 && 0,其中有+及 && 两个操作符。根据规定,+的优先级高于 &&(逻辑与),故该表达式事实上等价于(3+2) && 0。因此,第 7 行与第 10 行的输出结果相同。在该表达式中,3+2 等 5,逻辑与操作符将 5 和 0 作为左操作数及右操作数,5 为真,0 为假,

结果为逻辑假,即整数 0。

对于表达式 3+(2 && 0),由于括号的存在,2 && 0 先计算,2 为真,0 为假,2 && 0 为假。显然,编译器无法把整数 3 与逻辑假相加,所以编译器选择先将逻辑假转换成整数,其值为 0,3+0 等于 3,故第 13 行的输出结果为 3。

当读者读到 3+2 && 0 时,多半不知道+与 && 谁的优先级高,作者也不知道。C++有着数量众多的操作符,全部的操作符及其优先级可以列出一个长长的表格。试图记忆这些操作符的优先级是徒劳的,因为会忘。所以,本书选择不提供这个优先级列表,而是慎重建议:**在凡是存在优先级疑惑的表达式里,使用括号消除疑惑**。如上述代码的第 9 行及第 12 行。这样做,写代码和读代码的人都会感到愉快。

3.5　隐式类型转换

在下述三种情况下,C++会进行隐式类型转换(implicit type cast):① 变量初始化或者赋值时,值与变量的类型不同;② 表达式中不同类型的变量/值进行运算时;③ 函数参数传递▲时。

3.5.1　赋值/变量初始化

我们通过对下述程序及其执行结果的分析来解释赋值/变量初始化时的隐式类型转换及其影响:

```
//Project - AssignType
#include <iostream>
using namespace std;

int main(){
    bool a = 3.0;              //转换为 bool 类型:0 为 false,非 0 为 true
    float b = -99999.2301;     //double 转 float,精度降低,可能超出储值范围
    int c = b;                 //float 转 int, 小数部分丢失,可能超出储值范围
    unsigned int d = c;        //int 转 unsigned int,负值被错误解释
    short e = d;               //unsigned int 转 short,可能超出储值范围
    double f = b;              //float 转 double,安全

    cout.setf(ios_base::fixed, ios_base::floatfield);
    cout << "a = " << a << "\nb = " << b << "\nc = " << c
         << "\nd = " << d << "\ne = " << e << "\nf = " << f;
    return 0;
}
```

上述代码的执行结果为：

```
a = 1
b = -99999.226562
c = -99999
d = 4294867297
e = 31073
f = -99999.226562
```

▶ 第 6 行：任意值赋值给布尔型变量，按非 0 即真原则，0 值转换为 false，非 0 转换为 true。double 类型的字面量 3.0 赋值给布尔类型的变量 a，被转换成 true。true 输出给 cout，结果为 1。

▶ 第 7 行：double 类型转换为 float 类型时，可能会发生精度损失。因为 double 类型对象由 64 个比特组成，而 float 类型只有 32 个比特。如果 double 类型的值超过 float 的储值范围，转换结果将是不确定的。本行进行了此类转换，可以看到转换后的 float 类型变量 b 丢失了精度（值不等于-99 999. 230 1）。如果把 b 的类型改为 double，则可以保持更高的精度。

▶ 第 8 行：float 类型转换为 int 类型时，小数部分丢失。当超出储值范围时，结果不确定。输出结果证实，这种转换只保留了整数部分-99 999。

▶ 第 9 行：int（有符号）类型转换为 unsigned int 类型时，如果原值为负数，则结果不确定，因为无符号整数只能存储非负值。输出结果中，可以看到 c 值-99 999 被错误转换成了 4 294 867 297。

▶ 第 10 行：unsigned int 类型转成 short（有符号）类型，是从 32 位无符号整数到 16 位有符号整数的转换，如果超出储值范围，则结果不确定。输出结果中，可以看到无符号整数 d 值 4 294 867 297 被错误转换成了有符号短整数 31 073。

▶ 第 11 行：float 类型转换为 double 类型则是安全的，因为 double 的储值范围更大，精度也更高。输出结果证实，double 类型变量 f 完美复制了 float 类型变量 b 的值。同理，short 类型到 int 类型，int 类型到 long long 类型也是安全的。

▶ 第 13 行：对 cout 输出浮点数的格式进行了设置：按定点小数（相对于科学记数法）输出，保留 6 位小数。具体细节请参考本书 2.3 节中的拓展阅读内容。

将储值范围和精度较低的对象赋值给储值范围更大、精度更高的对象是安全的，反之则不然。程序员应尽量避免将储值范围大/精度高的对象赋值给储值范围小/精度低的对象。如果因为某些原因不得不这么做，则需要反复确认两件事：① 精度损失在可接受的范围内；② 源对象的值不会超过目标对象的储值范围。

使用**列表初始化（list initialization）**可以避免变量初始化过程中不恰当的隐式类型转换所带来的差错。如下述 C++代码所示：

```
//Project - ListInit
#include <iostream>
using namespace std;

int main(){
    char c = 712;           //允许，但会溢出
    char d {66};            //允许，66 在 char 的储值范围内
    char e {712};           //不允许，712 超过 char 的储值范围
```

```
9       unsigned int f {-1};    //不允许,unsigned int 只能存非负整数
10      int g {3.12};           //不允许,收窄会导致精度丢失
11
12      return 0;
13  }
```

与第 6 行使用=号指定变量的初始值不同,上述代码的第 7~10 行使用了列表初始化语法来指定变量的初始值。初始值字面量,如 66,被置于{}内。

与传统的赋值初始化不同,列表初始化不允许收窄(narrowing),当被初始化的变量无法准确表达{}内的字面量时,编译器会报错,拒绝编译。

- 第 6 行:char 类型对象 c 只有 8 个比特的存储空间,由于是有符号字符,其储值范围为 -128~+127。显然,字面量 712 超过了 c 的储值范围。但由于这是传统的赋值初始化,编译器将放任这种情况的发生,至多给出一个警告。
- 第 7 行:字面量 66 在 d 的储值范围内,该行代码会被编译器所接受。
- 第 8~10 行的变量不能准确表达{ }内的字面量,编译器将报错拒绝。

3.5.2　表达式

在表达式 a/b 中,a、b 称为**操作数(operand)**,/称为**操作符(operator)**。当算术运算发生时,如果参与运算的操作数具有不同的类型,则编译器会生成额外的代码将其转变成相同类型后再进行运算。因为,绝大多数的 CPU 指令集均只支持同类型对象之间的算术运算,比如两个有符号 32 位整数之间的运算。显然,算术运算的结果类型也受上述操作数类型转换的影响。

下述 C++代码以除法运算为例,研究算术运算过程中的类型转换:

```
//Project - DivisionOperator
#include <iostream>
using namespace std;

int main(){
    int i = 3;                      //有符号整数

    auto a = 10 / i;                //整数 / 整数 = 整数
    cout << "10/3 = " << a << ", type = " << typeid(a).name() << endl;

    auto b = double(10.0) / i;      //浮点数 / 整数 = 浮点数
    cout << "10.0/3 = " << b << ", type = " << typeid(b).name() << endl;

    auto c = i / double(10.0);      //整数 / 浮点数 = 浮点数
    cout << "3/10.0 = " << c << ", type = " << typeid(c).name() << endl;
```

```
16
17      auto d = double(10.0) / 3.0f;    //双精度浮点数 / 单精度浮点数 = 双精度浮点数
18      cout << "10.0/3.0f = " << d << ", type = " << typeid(d).name() << endl;
19
20      auto e = (unsigned int)10 / i;   //无符号整数 / 有符号整数 = 无符号整数
21      cout << "unsigned 10/3 = " << e << ", type = " << typeid(e).name() << endl;
22
23      auto f = 10 / (unsigned int)3;   //有符号整数 / 无符号整数 = 无符号整数
24      cout << "10/unsigned 3 = " << f << ", type = " << typeid(f).name() << endl;
25
26      return 0;
27  }
```

上述代码的执行结果为：

```
10/3 = 3, type = i
10.0/3 = 3.33333, type = d
3/10.0 = 0.3, type = d
10.0/3.0f = 3.33333, type = d
unsigned 10/3 = 3, type = j
10/unsigned 3 = 3, type = j
```

▶ 第 6 行：为了便于解释，此处显式定义了一个值为 3 的整数 i，根据前述章节的描述，它事实上是一个有符号整数（signed int）。在接下来的代码里，使用 auto 来推断商的结果类型，并使用 typeid( ) 操作符及其 name 成员函数▲将商的类型打印出来。

▶ 第 8~9 行：输出结果证实，整数/整数的结果类型为整数，商的小数部分被舍弃。请学习过 Python 语言的读者注意，这与 Python 语言不同。

▶ 第 11~12 行：输出结果证实，浮点数/整数的结果类型为浮点数，此处的浮点数类型为 double。请读者注意，字面量 10.0 的类型也是 double。作者在这里有意写成 double(10.0)，通过一个显式类型转换将 10.0"转换"成一个 double 类型，是因为担心读者无法正确识别 10.0 字面量的类型而产生疑惑。

▶ 第 14~15 行：输出结果证实，整数/浮点数的结果类型为浮点数。

▶ 第 17~18 行：输出结果证实，双精度浮点数/单精度浮点数的结果类型为双精度浮点数。3.0f 中的后缀 f 表明该字面量为 float 类型。

▶ 第 20~24 行：输出结果证实，有符号整数与无符号整数进行除法运算的结果为无符号整数。输出结果 type=j 中的 j 指无符号整数。

当表达式中两种不同类型的对象进行算术运算时，编译器总是将较小的类型转换为较大的类型再进行计算。第 11 行中，一个 double 类型变量除以一个 int 类型变量，编译器会先将整数 i 转换成 double 类型，再进行除法运算。两个 double 类型变量相除，其结果自然是 double 类型。

需要注意的是，这种形式的隐式类型转换只是创建一个被转换对象的副本，不会改变被转换对象自身。比如第 11 行的 i 被转成 double 类型，编译器只是创建了一个 double 类型的用完即弃的临时对象，其值与 i 相同。第 11 行代码执行前后，对象 i 不会有任何变化。

3.6　显式类型转换

有的编译器会对有风险的隐式类型转换给出警告。程序员可以通过**显式类型转换**(**explicit type cast**)告知编译器,这些转换是有意为之且经过复核的。请阅读下述代码:

```
1  //Project - TypeCast
2  #include <iostream>
3  using namespace std;
4
5  int main(){
6      char c = 'K';
7      cout << "c = " << c << endl;
8      cout << "ASCII code for 'K': " << (int)c << endl;
9      cout << "ASCII code for 'K': " << int(c) << endl;
10     cout << "ASCII code for 'K': " << static_cast<int>(c) << endl;
11     return 0;
12 }
```

上述代码的执行结果为:

```
c = K
ASCII code for 'K': 75
ASCII code for 'K': 75
ASCII code for 'K': 75
```

- 第 7 行:直接把 char c 输出给 cout,会得到字符 K。
- 第 8 行:(int)c 将 c 对象显式类型转换为 int 类型,然后再输出给 cout,得到 K 的 ASCII 码值 75。这种转换形式是传统风格的语法,其通用格式为:

```
(目标类型名)值
```

- 第 9 行:int(c)是新的类型转换格式,其通用格式为:

```
目标类型名(值)
```

- 第 10 行:C++认为传统风格的类型转换没有进行恰当的合法性检查,存在较大风险。因此,C++额外定义了 4 种强制类型转换操作符,代码中的 static_cast<int>(c)是其中一种,另外三种将在本书第 18 章中讨论。static_cast 操作符的通用格式为:

```
static_cast<目标类型名>(值)
```

3.7 使用库函数

前述章节中多次用到的 printf( ) 就是一个函数。函数接受用户提供的 0 个或多个参数，执行特定任务后返回运行结果。除了 printf( ) 函数之外，C++的标准库提供了数量众多的函数供用户使用。请见下述示例：

```
1  //Project - UseFunc
2  #include <cstdio>
3  #include <cmath>
4  #include <cstdlib>
5  
6  int main(){
7      double x = 2, y = 8;
8      printf("2^8 = %f\n", pow(x,y));                //x 的 y 次方
9      printf("round(25.51) = %f\n", round(25.51));   //四舍五入
10     printf("floor(25.997) = %f\n",floor(25.997));  //下取整
11     printf("ceil(25.01) = %f\n", ceil(25.01));     //上取整
12     printf("sqrt(5) = %f\n",sqrt(5));              //平方根
13 
14     int r0 = rand();                               //0 ~ RAND_MAX 之间的随机整数
15     int r1 = rand() % 100;                         //0 ~ 99 之间的随机数
16     double r2 = 0.1 + 0.1 * rand()/RAND_MAX;       //0.1 ~ 0.2 之间的随机浮点数
17     printf("r0 = %d, r1 = %d, r2 = %f\n",r0,r1,r2);
18     printf("RAND_MAX = %x",RAND_MAX);
19 
20     return 0;
21 }
```

上述代码的执行结果为：

```
1  2^8 = 256.000000
2  round(25.51) = 26.000000
3  floor(25.997) = 25.000000
4  ceil(25.01) = 26.000000
5  sqrt(5) = 2.236068
6  r0 = 41, r1 = 67, r2 = 0.119330
7  RAND_MAX = 7fff
```

说明：因为随机数的存在以及开发环境的差异，读者计算机上运行结果的第 6~7 行可能与作者的结果不同。

▶ 第 3~4 行：cmath 头文件引入 C 语言的数学函数库，cstdlib 头文件引入 rand( ) 函数及其相关的 RAND_MAX 常量▲。表 3-2 总结了本例中使用到的库函数。

表 3-2 UseFunc 项目中使用的库函数

函数	说明
pow(x,y)	计算 x 的 y 次方,x、y 以及返回值都是 double 类型
round(x)	计算 x 的四舍五入值,x 以及返回值都是 double 类型。如果期望获得 int 类型的结果,则需要进行类型转换
floor(x)	计算 x 的下取整,x 以及返回值都是 double 类型。同上,如果期望获得整型结果,需要类型转换。注意 25.997 的下取整结果是 25.0,转换成整数后即为 25
ceil(x)	计算 x 的上取整,x 以及返回值都是 double 类型。同上,可以通过类型转换获得整型结果。注意 25.01 的上取整结果是 26.0,转换成整数后即为 26
sqrt(x)	计算 x 的平方根。x 以及返回值都是 double 类型
rand()	生成 0~RAND_MAX 之间的伪随机整数(pseudo-random integral number)。RAND_MAX 是由 cstdlib 头文件引入的常量▲,在作者的开发环境中,其值为 0x7fff,即短整型(signed short)所能存储的最大正数

读者可能期望 round()、floor()、ceil()等函数返回一个整数类型的结果,但事实上不是。在多数集成开发环境里,都会给出函数的原型以提示函数的参数个数、类型以及返回值类型。在图 3-1 中可以看到 round()函数接受一个 double 类型的参数,返回一个 double 类型对象。数学上,读者会期望四舍五入的结果是整数,为达到该目的,可以通过下述格式进行类型转换:int(round(25.51))。

```
int main(){
    double x = 2, y = 8;
    printf("2^8 = %f\n", pow(x,y));        double round(double) x的y次方
    printf("round(25.51) = %f\n", round()); //四舍五入    o too few arguments to function call,
    printf("floor(25.997) = %f\n",floor(25.997));//下取整
```

图 3-1 集成开发环境的提示

- ▶ 第 15 行:将 rand()函数的返回值对 100 求模,即可得取值范围为 0~99 的随机整数。
- ▶ 第 16 行:将 rand()函数的返回值/RAND_MAX,可得取值范围为 0~1 的随机浮点数,该浮点数乘以 0.1,可得取值范围为 0~0.1 的随机浮点数,再加上 0.1,即得取值范围为 0.1~0.2 的随机浮点数。

细心的读者可能会发现,在上述程序的多次运行中,执行结果中的 r0、r1 和 r2 的值是固定不变的。这是因为 rand()函数所生成的随机数是伪随机数,即从一个确定的随机数种子(通常是一个整数)出发,通过迭代计算生成随机数。也就是说,从相同的随机数种子出发,总能得到相同的随机数序列。如果期望得到不一样的随机数序列,则需要在 rand()函数被使用前借助 srand()函数初始化随机数种子。

```
srand(time(NULL));      //time 函数需要从 ctime 头文件引入
```

简单地说,上述 time()函数将返回一个代表系统时间的整数。由于程序每次启动的时

间几乎不太可能一样,从而保证程序每次运行时,可以从不同的随机数种子出发,得到不同的随机数序列。代码中的 NULL 表示空指针▲。

简单地总结,使用 C++的某些库函数或者第三方库函数,需要这样几个步骤:① 查询文档及资料,了解函数的定义及包含它的头文件名称。② 通过#include 预处理指令包含相应的头文件,有些时候,还需要在编译时链接相应的库文件(扩展名可能为 lib、dll 或者 so)▲。③ 在代码中调用该函数。

3.8 自定义函数

C++提供的库函数并不能满足全部需要。此时,可以自定义函数。请先阅读下述代码:

```
1   //Project - DefFunc
2   #include <iostream>
3   using namespace std;
4
5   //电费计算:(期末读数 - 期初读数) * 单价
6   float costCompute(int iStart, int iEnd)
7   {
8       int iConsume = iEnd - iStart;
9       return iConsume * 0.85f;
10  }
11
12  int main(){
13      float fElecFee1 = costCompute(1201,1786);
14      cout << "Electronic Power Cost of Mr Zhang: " << fElecFee1 << endl;
15
16      float fElecFee2 = costCompute(1322,1423);
17      cout << "Electronic Power Cost of Mr Lee: " << fElecFee2 << endl;
18
19      return 0;
20  }
```

上述代码的执行结果为:

```
Electronic Power Cost of Mr Zhang: 497.25
Electronic Power Cost of Mr Lee: 85.85
```

▶ 第 6~10 行:定义了一个名为 costCompute 的电费计算函数。由于是用户自己定义的,故称为自定义函数(user defined function)。该函数的结构如图 3-2 所示。

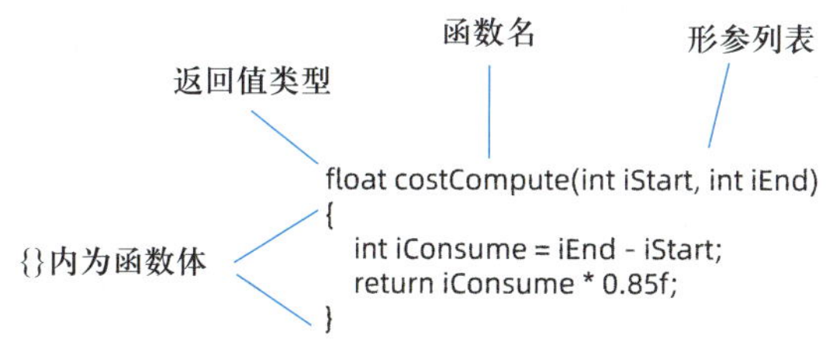

图 3-2　costCompute 函数的结构

costCompute 是函数名,函数名后的括号里是以逗号分隔的**形式参数**列表。函数接受 0 至多个形式参数作为输入,当形参的数量为 0 时,包含形参列表的括号可以为空。{ }内的部分为函数体(function body),函数体内的代码为函数的实际执行部分。这个部分通常会使用形参进行一些计算或者处理,然后通过 return 语句返回一个值。

costCompute 函数的返回值类型为 float 类型,这意味着,该函数的函数体必须使用 return 语句返回一个 float 类型的对象。当一个函数没有返回值时,其返回值类型用 void 代替。此时,其函数体内如果有 return 语句的话,只能是:

```
return;
```

这表示不带返回值的"返回"。

- 第 8 行:用期末读数(iEnd)减去期初读数(iStart),得到当月用电度数(iConsume)。
- 第 9 行:用电度数与 0.85 f 的单价相乘,然后用 return 语句返回。

函数的定义用于向编译器介绍函数的接口及实现▲,它并不会导致函数的执行。上述代码中的第 14 行、第 17 行两次调用执行了该函数。

我们借助图 3-3 来解释函数调用的过程:① CPU 依次执行函数调用前的代码。② 函数调用点,跳转至函数执行。本例中,跳转过程伴随参数传递,1322 传递给了 iStart,1423 传递给了 iEnd。③ 函数体内的代码依次执行。④ 执行到函数体内的 return 语句,从函数跳转回调用点。本例中,跳转过程"携带"着函数的返回值,该值作为赋值操作符的右值被传递给了 fElecFee2 变量。⑤ CPU 继续执行函数调用后的代码。

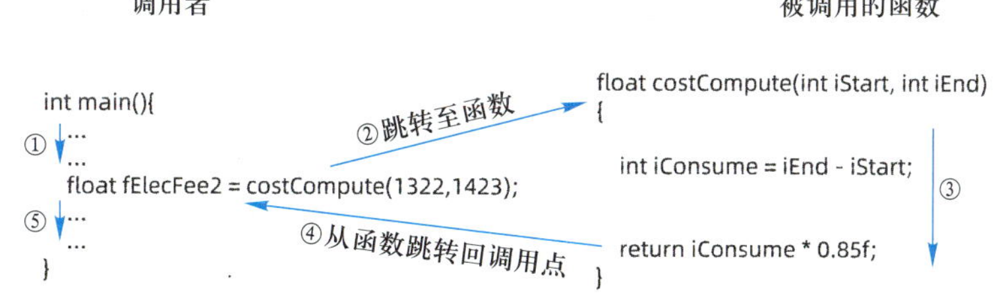

图 3-3　函数调用的过程

可以看出,一个函数可以一次定义,多次执行,每次执行时可传递不同的参数。本例中出现在函数定义中的参数 iStart、iEnd 称为**形式参数**,简称形参。函数调用过程中实际提供的参数,如 1 322,称为**实际参数**,简称实参。

为什么要定义这么一个简单的函数？直接用 fElecFee=(1 786-1 201)*0.85 难道不是更简单吗？不，适时的舍简求繁实际是删繁就简！① costCompute 被抽象成函数以后，读者一看便知这个函数是在计算费用，程序可读性更好。② 如果有一天要实施阶梯电价或者电价变更，用户只需修改 costCompute 函数即可完成升级；如果使用直接计算的方案，假设在程序当中有 n 处电费计算的话，就需要修改 n 处，如果遗漏了一处，就是程序缺陷，即我们所熟知的 Bug。

3.9 地 址

程序中的每个变量/对象都会占据存储空间，而存储空间是有地址(address)的。下述程序演示了如何获得并打印对象的地址。

```
//Project - GetAddr
#include <cstdio>

int main(){
    int i = 1, j = 2;
    char c = 'c';
    long double ld = 0.0;

    printf("&i=%p, &j=%p, &c=%p, &ld=%p",&i,&j,&c,&ld);
    return 0;
}
```

上述代码的执行结果为：

```
&i=000000000061FE1C, &j=000000000061FE18, &c=000000000061FE17,
&ld=000000000061FE00
```

注：读者在自己计算机上的运行结果不太可能与上述结果相同。计算机上的内存分配是一个受诸多因素影响的复杂过程，这些因素包括硬件差异、操作系统与编译器版本、当前计算机的内存占用情况等。

表达式 &a 表示获取对象 a 在内存中的存储地址。该表达式中的 & 操作符仅有一个操作数(operand)，即对象 a。printf()中的占位符%p 表示输出一个指针▲，也就是地址。显然，这个被输出的地址是以十六进制显示的。

上述输出结果中，i 的地址是 0x000000000061FE1C，这说明对象 i 存储在地址 0x000000000061FE1C 开始的连续 4 个字节的存储空间内。根据上述输出，作者绘制了内存地图，如图 3-4 所示。

从图 3-4 中可以看到，对象 i、j、c、ld 按定义顺序**从高地址往低地址方向**分配存储空间。其中，i、j 各占 4 个字节，ld 占 16 个字节。比较令人费解的是字符 c，它事实上只占据地址为

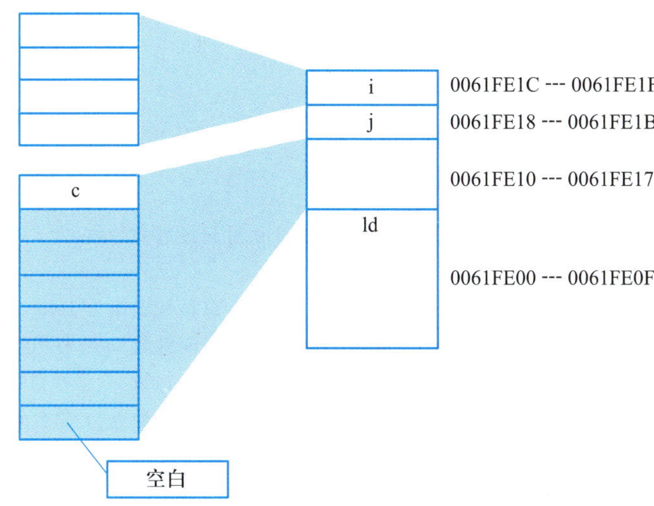

图 3-4　内存地图

0x000000000061FE17 的 1 个字节的空间，程序却事实上为其留出了 8 个字节的连续空间，并将其余 7 个字节的空间空置。这是编译器数据对齐（data alignment）的结果，作者的计算机是 64 位，即计算机一个指令可以处理的“最大”数据量是 8 个字节。编译器在分配空间时，会“尽量”以 8 个字节为“单位”。

再次说明，最终的内存分配结果与编译器、计算机、操作系统密切相关。在读者的计算机上所看到的情况不太可能与上述内存地图完全一致。

微实践——地球时间

现代计算机内部均安装有 RTC（real time clock）芯片或者其 CPU 具备 RTC 功能。RTC 芯片内部有一个计数器，通常用于记录从 GMT 时间（格林尼治时间）1970 年 1 月 1 日 0 时起，总共流逝的滴答（tick）个数。RTC 芯片会按照固定的节拍增加这个计数器的值，以达到计时的目的。至于一个 Tick 是何种精度，则取决于计算机的工作频率及 RTC 的能力，大部分都在微秒级。RTC 芯片工作是需要消耗电能的，那么计算机断电时计时会停止吗？不会，读者可以在自己的计算机主板甚至手机主板上找到用于给 RTC 供电的纽扣锂电池。

有的读者可能还会想到，北京和东京分处不同时区，计算机显示日期时间时是否还需进行时区转换呢？是的，在操作系统中可以设置时区，设置完成后，操作系统会自动完成从 RTC 内部计数器计数值到特定时区的时间转换。顺便提一句，现代计算机大部分会联网，在连上 Internet 时，操作系统很可能会自动从网上刷新时间，以消除 RTC 的计时误差。

下述程序获取并打印了系统当前的格林尼治时间，以及自 1970 年 1 月 1 日 0 时起至现在，总共流逝的秒数。

```
1  //Project - EarthTime
2  #include <cstdio>
3  #include <ctime>
4
5  int main() {
6      time_t t;
7      time(&t); //获取当前时间,从 1970 年 1 月 1 日 0 时起经过的秒数
8
9      long long totalSeconds = (long long)t;        //总秒数转换为 long long 类型
10     long long curSecond = totalSeconds % 60;      //当前秒数 = 总秒数对 60 取余
11     long long totalMinutes = totalSeconds / 60;   //总分钟数 = 总秒数除 60
12     long long curMinute = totalMinutes % 60;      //当前分钟数 = 总分钟数对 60 取余
13     long long totalHours = totalMinutes / 60;     //总小时数 = 总分钟数除 60
14     long long curHour = totalHours % 24;          //当前小时数 = 总小时数对 24 取余
15
16     printf("格林尼治时间 %lld 时 %lld 分 %lld 秒,1970 年 1 月 1 日 0 时起到现在经过了 %lld 秒.",curHour,curMinute,curSecond,totalSeconds);
17
18     /* printf()的英文版本
19     printf("%lld:%lld:%lld, %lld seconds after 1970/1/1 00:00:00",
20            curHour,curMinute,curSecond,totalSeconds);
21     */
22
23     return 0;
24 }
```

上述代码的执行结果为:

```
格林尼治时间 6 时 50 分 54 秒,1970 年 1 月 1 日 0 时起到现在经过了 1581835854 秒.
```

注:读者运行上述程序得到的时间肯定与上述结果不同。此外,上述时间总是与读者计算机里的北京时间差 8 个小时,因为北京位于东八区。

- 第 3 行:ctime 引入了 time( ) 函数及 time_t 类型。在作者的开发环境中,time_t 事实上是 long long 类型,表示自 1970 年 1 月 1 日零时起到现在经过了多少秒。
- 第 7 行:获取当前时间,即从 1970 年 1 月 1 日零时起至现在经过的秒数。这里涉及以后要学习的知识,当前阶段可简单理解为:将 t 的地址传递给函数,让 time( ) 函数的执行部分把从 RTC 获取的值存在 t 变量里。

获得 t 之后,先将其转换成 long long 类型的总秒数(totalSeconds),然后借助求模和整数除法,计算出当前的小时数、分钟数和秒数。

- 第 16 行:%lld 表示输出 long long 类型的整数,如果写成%d,则该行代码需要隐式地将 long long 类型的值转换成 int 型,再输出,可能会因超范围而出错。

扩展阅读 3-3：中文输出问题

第 16 行的输出使用了中文，在某些开发环境的默认配置下，控制台输出中文可能会乱码。此时，读者可以使用第 19 行的英文输出版本。读者也可以参照本文进行环境设置，以便得到正确的中文输出。

扩展阅读 3-4：更简单的获取系统日期时间的方法

读者可能觉得上述计算过程非常麻烦。事实上，这只是为了找一个题目给读者练习求模及除法操作符。对这些常见的问题，C++肯定有更快更好的解决方案。

3.10　获取用户输入

C++语言控制台应用中获取用户输入主要靠 cin 对象来进行。cin 由 iostream 头文件引入，即所谓控制台输入流（console input stream）。请见如下示例程序：

```
//Project - CppInput
#include <iostream>
#include <math.h>
using namespace std;

int main() {
    int iAge {}, iHeight {};         #空的{}代表初始值为 0
    float fWeight {};                #空的{}代表初始值为 0

    cout << "Please input your age, weight(kg):" << endl;
    cin >> iAge >> fWeight;

    cout << "Please input your height(cm):\n";
    cin >> iHeight;

    float fBMI = fWeight / pow((iHeight/100.0),2);
    cout << "Age = " << iAge << ", Weight(kg) = " << fWeight
       << ", Height(cm) = " << iHeight << ", BMI = " << fBMI;

    return 0;
}
```

上述代码的执行结果为：

```
1  Please input your age, weight(kg):
2  52 102.24
3  Please input your height(cm):
4  168
5  Age = 52, Weight(kg) = 102.24, Height(cm) = 168, BMI = 36.2245
```

注：执行结果中的第 2 行和第 4 行需要操作者输入并按下 Enter 键。请注意第 2 行的两个数之间使用空格进行分隔。

- 第 7～8 行：iAge、iHeight、fWeight 之后的{}是空的，意为将相关变量初始化为 0。
- 第 11 行：从控制台依次接受两个变量输入，默认以空格进行分隔。请注意与 cin 配用的>>操作符和与 cout 配用的<<操作符方向相反。关于这行代码背后的工作原理，要到本书的后半部分才能讲清楚。当前阶段，读者参照使用即可。
- 第 16～18 行：计算并打印了人体质量指数（**b**ody **m**ass **i**ndex），其值为体重（kg）除以身高（m）的平方。

扩展阅读 3-5：C 语言中通过 scanf( )函数获取用户输入

C 语言控制台应用中获取用户输入主要靠 scanf( )函数。在这本以 C++作为主线的程序设计教材里，scanf( )函数并非必须介绍的内容，故以在线拓展阅读的形式提供。

练习巩固

习题讲解 3-4：和与平均

习题讲解 3-5：菲姐游泳

习题讲解 3-6：对角线长度

习题讲解 3-7：海伦-秦九韶公式

3-4 （和与平均）编写程序，从键盘读入 3 个整数，输出它们的和与平均值。

3-5 （菲姐游泳）游泳奥运冠军菲姐刻苦训练，从早上 a 时 b 分开始下水训练，直到当天的 c 时 d 分结束。请编程计算：菲姐当天一共训练了多少小时多少分钟？

输入格式：一行之内输入以空格分隔的 4 个非负整数，分别对应 a、b、c、d。其中，0≤a<c≤24；b 和 d 均不大于 60。

输出格式：h:m。其中，整数 h 表示小时数，整数 m 表示分钟数，m 应小于 60。

3-6 （对角线长度）编写程序，计算矩形的对角线长度：① 从键盘读入矩形的长，以厘米为单位，应为小数；② 从键盘读入矩形的宽，以厘米为单位，应为小数；③ 使用勾股定理计算对角线的长度并输出，保留 1 位小数。

3-7 （海伦-秦九韶公式）编写程序，输入三角形三条边的边长，并使用海伦-秦九韶公式求三角形的面积，其中面积计算应通过自定义函数来实现。如果输入的三条边长不能构成合法的三角形，打印错误提示信息。

3.11 常　量

常量(constant)是相对于变量而言的。变量的值可以在程序运行过程中反复修改,但常量不允许修改,为固定值。在 C++中,有两种定义常量的方法,请见下述示例:

```
1  //Program - Constant
2  #include <iostream>
3  using namespace std;
4  
5  #define PI 3.1415926
6  int main(){
7      float r = 2;
8      const float CPI = 3.1415926f;
9      //CPI = 4;        //常量不能修改
10 
11     cout << "Area of circle = " << PI * r * r << endl;
12     cout << "Area of circle = " << CPI * r * r << endl;
13     return 0;
14 }
```

上述代码的执行结果为:

```
Area of circle = 12.5664
Area of circle = 12.5664
```

- 第 5 行:使用预处理指令#define 定义了常量 PI,其值为 3. 141 592 6。在编译器开始编译前,预处理器▲会将程序中的 PI 替换为 3. 141 592 6,编译器并不知晓 PI 的存在。
- 第 8 行:在类型名前加上 const 修饰,表明 CPI 是类型为 float 的常量,其值为 3. 141 592 6。常量定义时,可以提供初始值,定义之后便不可修改。
- 第 9 行:如果试图修改常量,编译器会拒绝。

相对于预处理指令定义的 PI,作者更建议使用 const 修饰符来定义常量,因为后者定义的常量有明确的类型。除非必要,编译器不会为常量分配内存空间以节约资源。

*3.12 名 字 空 间

到目前为止,代码行“using namespace std;”多次出现在示例程序中,但我们尚未做出解释。一个实用的应用程序通常由数十甚至数千个源程序文件组成,其中必然包含无数的变

量及函数名。为了避免重名冲突,C++引入了名字空间(namespace)的概念,请见下述示例:

```
1  //Project - NameSpace
2  #include <iostream>
3  using namespace std;
4  
5  namespace Rocket {
6      int n {2};
7  }
8  
9  int main(){
10     int n {1};
11     cout << "n = " << n << ", Rocket::n = " << Rocket::n;
12     return 0;
13 }
```

上述代码的执行结果为:

```
n = 1, Rocket::n = 2
```

▶ 第 5~7 行:定义了一个名为 Rocket 的名字空间,其中包含变量 n。这个变量 n 和第 10 行的变量 n 显然是两个各自独立的对象,在名字空间的管理下,前者的完整名称应该是 Rocket::n,而后者属于所谓的全局名字空间,其名称就是 n。

Rocket::n 中间的::称为域解析符,读者可以将其形象理解为“Rocket 内的 n”,以区别于全局的 n。从执行结果容易看出,借助名字空间 Rocket,两个 n 对象被正确区分。

▶ 第 3 行:using namespace std 意为将 std 名字空间下的全部名称引入当前名字空间。std 即所谓的标准名字空间,C++里很多库函数以及公共对象比如 cout,均定义在该名字空间之下。

作者把上述代码的第 3 行删去,得到下述错误信息:use of undeclared identifier 'cout',意为无法使用未声明的标识符 cout。这是因为,cout 名称位于标准名字空间 std 之下,其完整名称应为 std::cout,除非通过 using namespace std 将 std 名字空间之下的所有名称引入当前名字空间,否则就只能通过 std::cout 来使用这个对象。请读者自行尝试。

3.13　注　　释

注释是程序员写给明天的自己或者同事看的,解释器执行时会自动忽略注释。

```
/*
The following program was written by Alex, all rights reserved.
```

```
I hope that this book can lead you into the fantastic world of programming.
Loving Alex   chenbo@ cqu.edu.cn
*/

//iostream 头文件将 cout 对象引入本文件
#include <iostream>
int main() {
    std::cout << "Hello World! \n";   //cout 位于标准名字空间之下
    return 0;
}
```

单行注释以//打头；多行注释则用/ * * /包裹。在代码中书写**简洁、有意义的注释**十分重要。

微实践——哈利·波特之心灵感应

哈利·波特之心灵感应魔法是一种常见的儿童益智游戏。表演者首先会要求观众在心中默想一个 60 以内的整数，然后依次将下述卡片 1 到卡片 6 出示给观众看，并询问观众他所默想的数字是否在卡片上。在卡片出示的过程中，卡片是背对表演者的，即表演者是看不到卡片的。在听完观众的 6 个回答之后，表演者即可“猜”出观众默想的数字，仿佛掌握了“读心术”。哈利·波特魔法卡片如图 3-5 所示。

1	11	21	31	41	51
3	13	23	33	43	53
5	15	25	35	45	55
7	17	27	37	47	57
9	19	29	39	49	59

卡片1

2	11	22	31	42	51
3	14	23	34	43	54
6	15	26	35	46	55
7	18	27	38	47	58
10	19	30	39	50	59

卡片2

4	13	22	31	44	53
5	14	23	36	45	54
6	15	28	37	46	55
7	20	29	38	47	60
12	21	30	39	52	*

卡片3

8	13	26	31	44	57
9	14	27	40	45	58
10	15	28	41	46	59
11	24	29	42	47	60
12	25	30	43	56	*

卡片4

16	21	26	31	52	57
17	22	27	48	53	58
18	23	28	49	54	59
19	24	29	50	55	60
20	25	30	51	56	*

卡片5

32	37	42	47	52	57
33	38	43	48	53	58
34	39	44	49	54	59
35	40	45	50	55	60
36	41	46	51	56	*

卡片6

图 3-5　哈利·波特魔法卡片

表演者显然没有“读心术”，他通过观众关于数字在不在卡片上的 6 个回答来计算答案。解题思路与二进制有关。一个 6 位的二进制数，其可以表达的最大数字是 $2^6-1=63$。所以，任意 60 以内的整数，都可以用不超过 6 位的二进制数来表达。比如 41，其二进制值如表 3-3 所示。

表 3-3　41 的二进制表示（41=32+8+1）

位号	6	5	4	3	2	1
位值	1	0	1	0	0	1
位权	32	16	8	4	2	1

我们以十进制整数$(4\,321)_{10}$来说明表 3-3 中的位号、位值及位权。位值 1、2、3、4 从低到高，分别处于位号 1（个位）到位号 4（千位）。而$(4\,321)_{10}=4\times10^3+3\times10^2+2\times10^1+1\times10^0$，这里的$10^3$为位号 4 的位权，$10^0$为位号 1 的位权。同理，$(41)_{10}=(101001)_2$中，位号 6 处的位值为 1，其对应的位权为$2^5=32$；位号 2 处的位值为 0，其对应的位权为$2^1=2$。

每一个 60 以内的整数，均可转换成一个 6 位二进制数。如果对应的二进制数的第 1 位（最低位）为 1，该数包括在卡片 1 中，同理，二进制第 2 位为 1 的数包括在卡片 2 中，…，二进制第 6 位为 1 的数包括在卡片 6 中。上述数字 41，其二进制的第 1、4、6 位为 1。读者可以看到，41 只出现在卡片 1、4、6 中，卡片 2、3、5 里没有 41。所以，观众每回答一个按顺序给出的问题，其实就告诉了表演者该数字 6 位二进制数中的其中一位是 0 还是 1。

我们用数字 58 来模拟一下。卡片 1、3 里没有 58，卡片 2、4、5、6 里有 58。所以表演者从观众那里得到的 6 个回答依次是：无、有、无、有、有、有。将上述回答换成二进制数就是 111010。按照对应的位权把 0b111010 换成十进制就是 32+16+8+2=58。

现在我们知道表演者是如何表演的了。他一直在做加法，从 0 值开始。如果卡片 1 的回答是有，加 1，卡片 2 的回答是有，加 2，卡片 3 有，加 4，…，卡片 6 有，加 32。最后直接报出和数即可。

读者可以运行下述 C++程序来模拟执行上述游戏过程：心里先默想一个数，然后运行程序，通过输入 y 或者 n 来回答 6 个问题。看看计算机能否猜出你默想的数，是否跟你有心灵感应。

```
//Project - NumMagic
#include <iostream>
#include <string>
using namespace std;

int main() {
    string sCard1 = "Card 1: \n \
    1 11 21 31 41 51 \n \
    3 13 23 33 43 53 \n \
    5 15 25 35 45 55 \n \
    7 17 27 37 47 57 \n \
    9 19 29 39 49 59 \n";

```

```
    ...

    string sCard6 = "Card 6:\n \
    32 37 42 47 52 57\n \
    33 38 43 48 53 58\n \
    34 39 44 49 54 59\n \
    35 40 45 50 55 60\n \
    36 41 46 51 56 * \n";

    string sQuestion = "Is your number in this card? y for yes, n for no:";
    string sInput {};

    cout << sCard1 << sQuestion;
    cin >> sInput;
    int b1 = sInput == "y"? 1:0;
    cout << sCard2 << sQuestion;
    cin >> sInput;
    int b2 = sInput == "y"? 1:0;
    cout << sCard3 << sQuestion;
    cin >> sInput;
    int b3 = sInput == "y"? 1:0;
    cout << sCard4 << sQuestion;
    cin >> sInput;
    int b4 = sInput == "y"? 1:0;
    cout << sCard5 << sQuestion;
    cin >> sInput;
    int b5 = sInput == "y"? 1:0;
    cout << sCard6 << sQuestion;
    cin >> sInput;
    int b6 = sInput == "y"? 1:0;

    cout << "Binary answer: " <<b6<<b5<<b4<<b3<<b2<<b1<< endl;
    cout << "The number is: " << b6 * 32 + b5 * 16 + b4 * 8 + b3 * 4 + b2 * 2 + b1 * 1;

    return 0;
}
```

上述代码的执行结果为(输入依次为 n、n、n、y、y、n):

```
...
Card 6:
    32 37 42 47 52 57
    33 38 43 48 53 58
    34 39 44 49 54 59
```

```
    35 40 45 50 55 60
    36 41 46 51 56 *
Is your number in this card? y for yes, n for no:n
Binary answer: 011000
The number is: 24
```

注:上述输入 y、n 要小写,且不要有多余的空格。

- 第 3 行:string 头文件引入了 string 类型,该类型可以存储一个字符串。其工作原理将在本书的后续部分逐步讨论。
- 第 7~21 行:定义了 sCard1~6 共 6 个多行字符串。第 14 行的省略号代表此处有删节(节省篇幅),具体代码以网络下载的随书代码为准。在这些由双引号包裹的多行字符串里,\n 表示换行,每行末尾的\称为**续行符**,它表明下行代码的内容是本行字符串的后续部分。

在输出了卡片字符串之后,程序向用户提问:数字是否在卡片中。用户的回答保存在 sInput 字符串中。

- 第 28 行:条件语句,如果 sInput 的值为"y",b1 赋值为 1,否则赋值为 0。
- 第 45 行:上述提问重复 6 次后,b6、b5、b4、b3、b2、b1 分别对应数字的 6 个二进制位,使用 cout 将数字的二进制形式打印出来。
- 第 46 行:通过对各二进制位的加权求和,得到猜测数,并输出给 cout。

练习巩固

习题讲解 3-8:最短跑道长度

3-8 (最短跑道长度)假设某飞机的加速度是 a,起飞速度是 v,该飞机起飞所需的最短跑道长度 $L=v^2/(2a)$。编写程序,提示用户输入起飞速度 v(m/s)和加速度 a(m/s²),计算并打印飞机起飞的最短跑道长度,计算过程应封装成一个函数。

习题讲解 3-9:捏橡皮泥

3-9 (捏橡皮泥)将两块球形橡皮泥揉在一起,捏成一个正方体。请编程完成下述功能:从键盘读入第 1 个球形橡皮泥的直径,该直径为浮点数;从键盘读入第 2 个球形橡皮泥的直径,该直径仍为浮点数;求正方体的边长,并保留两位小数输出$\left(\text{圆球的体积公式为 } V=\frac{4}{3}\pi r^3\right)$。

第 4 章　分支与循环

计算机只能完成赋值、输入/输出、逻辑判断、分支、循环等基本任务。借助软件，软件工程师可以将这些基本任务进行组合，在计算机极高运算速度的加持下，完成诸如“在一堆动物照片里找出加菲猫”等复杂任务。软件工程师的角色类似上帝，他们赋予机器灵魂。

——编者

学习目标

知识目标

1. 掌握程序分支语法。
2. 掌握程序循环语法。
3. 了解 goto 语句。

能力目标

1. 在程序中使用分支及循环语法解决初等难度的计算问题。
2. 在操作指南的帮助下使用断点调试观察程序行为、调试软件缺陷。

素质目标

1. 体会：“程序设计是一门严谨的科学，微小的失误也可能导致失败”。
2. 建立指数增长的概念，消除错误的“直觉和经验”。
3. 感悟：“起点低没关系，努力和坚持可以带来变化”。

思维导图

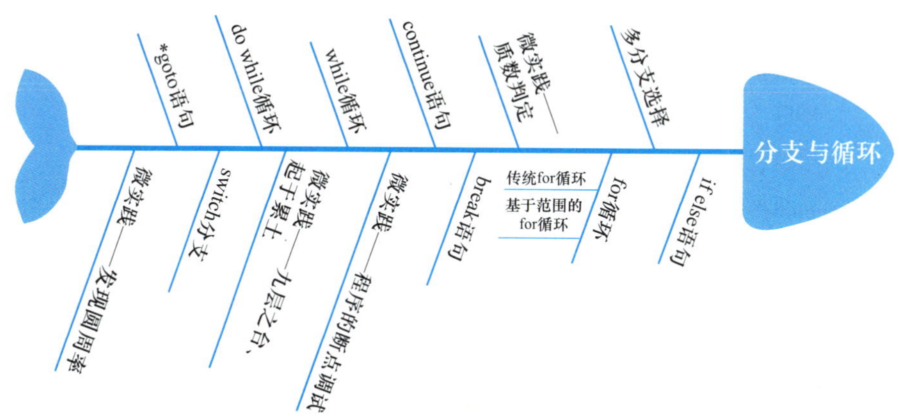

4.1　if else 语句

本书前 3 章中的程序都是笔直的不用拐弯的大道，所有的语句从前往后顺序执行。然而，作为浩瀚人生的一部分，岔路口如影随形，而在每一个岔路口，都需要做出选择，程序也是。C++使用 if 语句做选择，它就是程序中的“如果……就……”，其通用语法格式为：

```
1  if (表达式)
2      语句;
3

4  if (表达式) {
5      语句;
6      ...
7      语句;
8  }
```

if 关键字后的**括号**内包含一个表达式，这个用于包裹表达式的括号是必须的。当该表达式的结果为真时，if 语句的下层代码会被执行。当下层代码的语句多于 1 条时，需要用{ }包裹，如上述格式中的第 4~8 行所示。if 语句的执行流程如图 4-1 所示。

下述代码演示了 if 语句的使用方法：

```
//Project - IfStatement
#include <iostream>
using namespace std;

int main(){
    int iAge = 0;
    cout << "Hey, how old are you ? boy. \n";
    cin >> iAge;

    if (iAge>=18)    //括号()为必须
        cout << "You are legally an adult. \n";

    if (iAge>=22){
        cout << "Congratulations, son!  \n";
        cout << "You are of legal age for marriage. \n";
    }

    return 0;
}
```

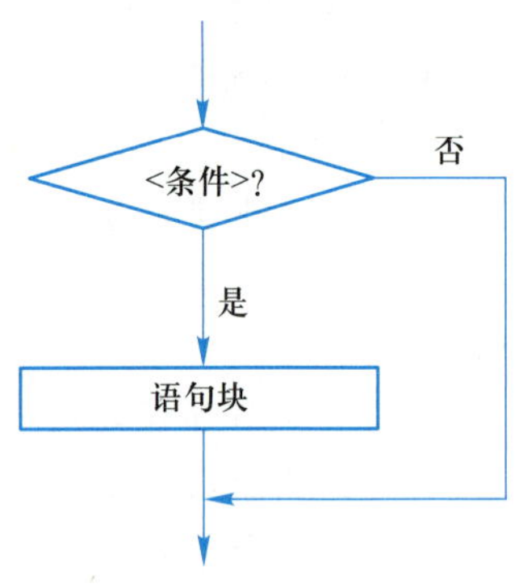

图 4-1　if 语句的执行流程

上述代码的执行结果为（输入为 23）：

```
Hey, how old are you ? boy.
23
```

```
You are legally an adult.
Congratulations, son!
You are of legal age for marriage.
```

▶ 第 10 行：iAge 的输入值为 23，if 后括号内的表达式成立，第 11 行被执行。
▶ 第 13 行：同理，if 后括号内的表达式成立，{ } 内的第 14~15 行被顺序执行。

相较于 if 语句，if else 语句是程序中的“如果…否则…”，它增加了当表达式/条件不成立时的选项。其通用语法格式为：

```
if (表达式)
    语句;
else
    语句;

if (表达式) {
    语句;
    ...
    语句;
}
else {
    语句;
    ...
    语句;
}
```

当 if 关键字后括号内的表达式/条件成立时，执行 if 语句的下层代码，否则执行 else 语句的下层代码。同样地，当下层代码多于 1 行时，需要用 { } 包裹。if else 语句的执行流程如图 4-2 所示。

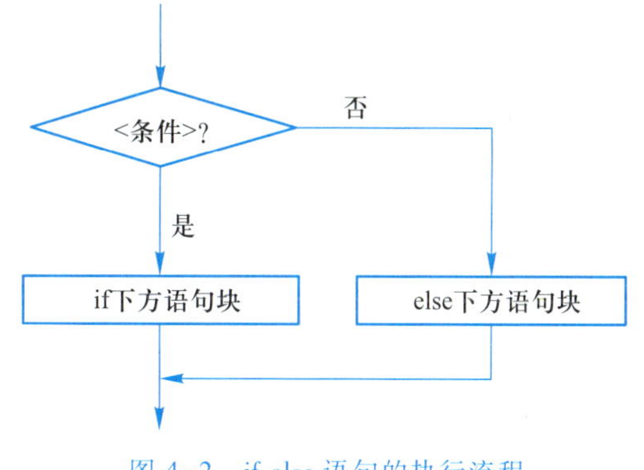

图 4-2　if else 语句的执行流程

接下来借助闰年（leap year）判断问题来解释 if else 语句的使用方法。一般年份的 2 月只有 28 天，闰年的 2 月则多一天，为 29 天。公历里，闰年的判断口诀如下：四年一闰，百年不闰，四百年再闰。具体地，年份满足下述条件之一，即为闰年：① 能被 4 整除且不能被 100 整除；② 能被 400 整除。

根据上述条件，编写了下述程序用于闰年判断：

```
//Project - IfElseStatement
#include <iostream>
using namespace std;

int main() {
    int iYear {};

    cout << "Please enter the year:" << endl;
    cin >> iYear;
```

```
10
11     if ((iYear%4==0 && iYear%100!=0) || (iYear%400==0)){
12         cout << iYear << " is leap year." << endl;
13         cout << "There are 29 days in February of " << iYear << ".\n";
14     }
15     else
16         cout << iYear << " is not leap year." << endl;
17
18     return 0;
19 }
```


上述代码的执行结果为(输入为 2021):

```
Please enter the year:
2021
2021 is not leap year.
```

上述代码的执行结果为(输入 2020):

```
Please enter the year:
2020
2020 is leap year.
There are 29 days in February of 2020.
```

可以看出,当 if 语句后的表达式成立时,if 的下层代码第 12~13 行被顺序执行;当 if 语句后的表达式不成立时,else 的下层代码第 16 行被执行。图 4-3 解释了 if 语句之后的闰年判定表达式结构。

图 4-3 闰年判定表达式

流程图(flow chart)4-4 解释了上述代码的执行过程。其中,菱形框表示条件判断,箭头表明程序执行的顺序。根据条件判断的结果不同,程序走向两个不同的分支。

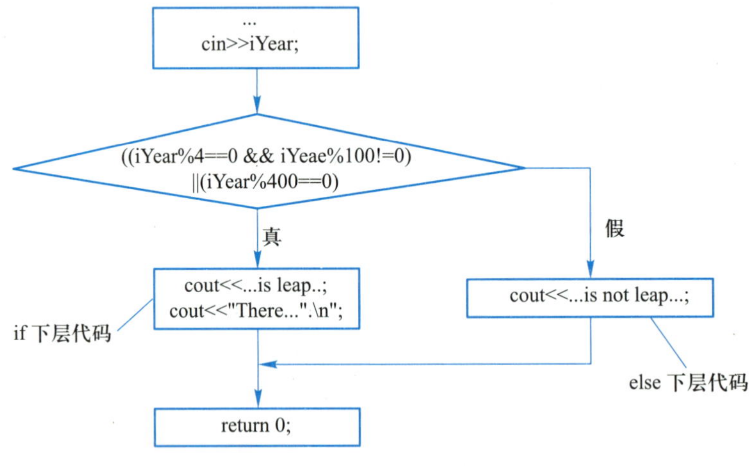

图 4-4 闰年判断流程图

练习巩固

习题讲解 4-1：印第安男孩

习题讲解 4-2：3、5、7 的倍数

4-1　(印第安男孩)朵拉编程的时候想顺便练习英语。她编程从键盘读入一个整数 n,如果 n 值为 0 或者 1,向屏幕输出“0 Indian boy.”或“1 Indian boy.”;如果 n 大于 1,比如 9,则输出“9 Indian boys.”。请你也编写一个这样的程序。

4-2　(3、5、7 的倍数)编写程序实现功能:输入一个整数,判断其是否能同时被 3、5、7 整除。如果能,输出“Yes”,否则输出“No”。

4.2　多分支选择

在浩瀚的人生中,选择并不一定是非此即彼的,程序也是。else if 语句可以帮助实现程序的多分支结构。通过下述示例来解释多分支结构的实现。

为鼓励节约用电,某地制定了如下阶梯电价政策:以家庭为计价单位,每位家庭成员享有 50 kW·h/月的基准用电量。

- 人均月用电量≤50 kW·h,电价按 0.7 元/kW·h 执行;
- 50 kW·h<人均月用电量≤100 kW·h,基准用电量部分按 0.7 元/kW·h 执行,超出部分按 1.0 元/kW·h 执行;
- 100 度<人均月用电量≤200 kW·h,基准用电量部分按 0.7 元/kW·h 执行,超出部分按 1.5 元/kW·h 执行;
- 人均月用电量>200 kW·h,基准用电量部分按 0.7 元/kW·h 执行,超出部分按 2.0 元/kW·h 执行;

显然,上述计价规则涉及多个分支。下述程序给出了解决方案:

```
//Project - ElseIfStatement
#include <cstdio>

float feeCompute(float fAmount, int iPersonCount){
    float fAverage = fAmount / iPersonCount;       //人均用电量
    float fFamilyBaseAmt = iPersonCount * 50.0F; //家庭基准用电量
    float fFee = 0;                                //家庭电费

    if (fAverage <=50.0F)
        fFee = fAmount * 0.7F;
    else if (fAverage <= 100.0F)
        fFee = (fAmount - fFamilyBaseAmt) * 1.0F + fFamilyBaseAmt * 0.7F;
    else if (fAverage <= 200.0F) {
        printf("Inside function feeCompute: 100 < Average <= 200.\n");
        fFee = (fAmount - fFamilyBaseAmt) * 1.5F + fFamilyBaseAmt * 0.7F;
```

```
16         }
17         else
18             fFee = (fAmount - fFamilyBaseAmt) * 2.0F + fFamilyBaseAmt * 0.7F;
19
20         return fFee;
21     }
22
23     int main(){
24         float fFee = feeCompute(768.1F, 4);
25         printf("Energy used: %.2f kWh, Person count: %d, Electricity bill: %.2f\n",
26                768.1F,4,fFee);
27         return 0;
28     }
```

上述代码的执行结果为:

```
Inside function feeCompute: 100 < Average <= 200.
Energy used: 768.10 kWh, Person count: 4, Electricity bill: 992.15
```

为了**简化**代码的结构,定义了一个名为 feeCompute 的函数。该函数接受用电量(fAmout)及家庭人数(iPersonCount)两个参数,然后根据阶梯计费规则计算并返回该户的电费总额。

在该函数内部,使用了 else if 语句来实现多分支结构。如流程图 4-5 所示,如果第 9 行的条件成立,执行第 10 行(然后第 20 行);如果第 9 行的条件不成立,则检查第 11 行的条件,如果成立,执行第 12 行(然后第 20 行);如果第 11 行的条件不成立,则检查第 13 行的条件,如果成立,执行第 14~15 行(然后第 20 行),否则执行第 18 行(然后第 20 行)。

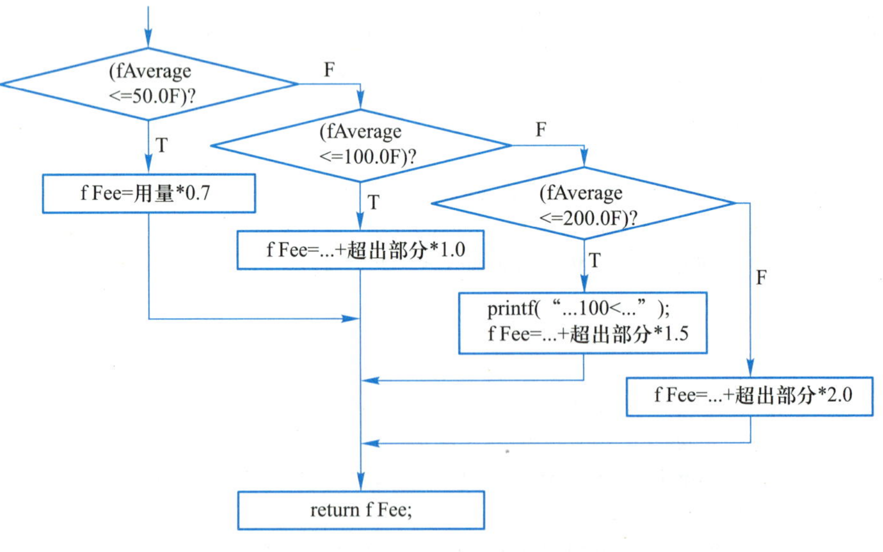

图 4-5 阶梯电费计算的多分支流程图

综上所述，流程图 4-5 中的 4 个方框（分别对应 1 个 if 语句的下层代码，2 个 else if 语句的下层代码，1 个 else 语句的下层代码），依据依次进行的条件检查，有且只有一个方框内的代码会被执行。

请读者揣摩一下第 7 行，该行把 fFee 的初始值设定为 0。从程序逻辑上看，这个值在后续多分支语句中肯定会被覆盖（再次赋值），定义 fFee 变量时如果不赋初值，也不会有什么影响。但从软件工程的角度看，一个变量如果定义时不赋初值，其值是不确定的，有软件缺陷的风险。我们的建议是：总是在变量定义时给其赋一个确定的初始值。初学者在当前阶段很难理解这是为什么，所谓老马识途，照做即可。

练习巩固

4-3　（超速罚款）开车超速是要罚款的，某国相应法律如下：

习题讲解 4-3：超速罚款

表 4-1　超速罚款条款

情况	处罚	情况	处罚
车速≤限速	程序输出：未超速	20%<超速比≤50%	程序输出：罚款 500 元
超速比≤10%	程序输出：超速警告	50%<超速比≤100%	程序输出：罚款 1 000 元
10%<超速比≤20%	程序输出：罚款 100 元	超速比>100%	程序输出：罚款 2 000 元

请编写程序，程序从输入的第 1 行读取车速（整数），从输入的第 2 行读取限速值（整数），然后使用条件分支语句进行判断，输出如表 4-1 所示的处罚结论。

习题讲解 4-4：象限判定

4-4　（象限判定）从键盘读入不为 0 的两个坐标 x 和 y（浮点数），注意两个坐标值应使用英文逗号分隔；结合图 4-6，判定点(x,y)所在的象限。

习题讲解 4-5：三个数排序

4-5　（三个数排序）从键盘读入三个整数 a、b 和 c（0≤a，b，c≤100）；要求这三个整数从同一行录入，以逗号分隔；参考图 4-7，仅使用分支语句（不允许交换）确定三个数的顺序，并将三个数从小到大输出，数间以逗号分隔。

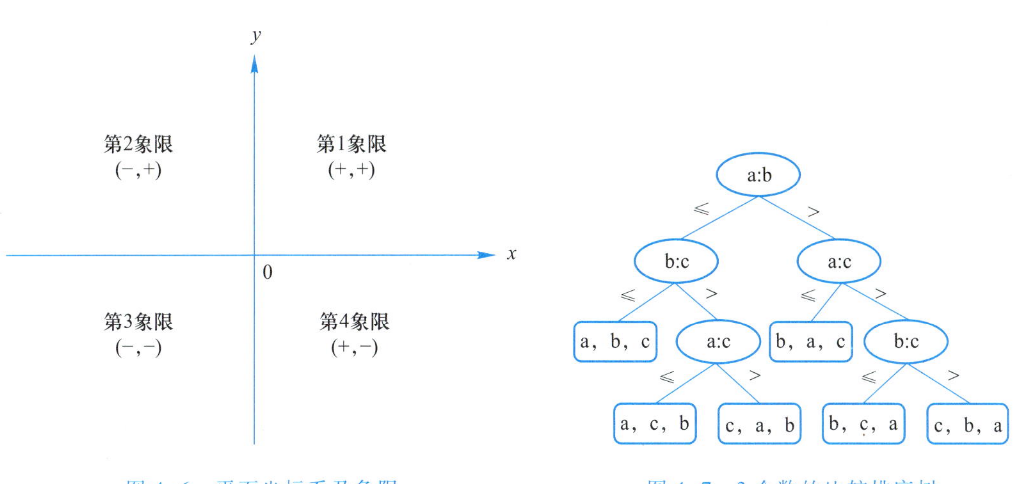

图 4-6　平面坐标系及象限　　图 4-7　3 个数的比较排序树

4.3 for 循环

天下武功，唯快不破。相对于人脑，计算机最大的优势是速度快而且几乎不犯错。工作与生活中，经常要进行一些重复的工作，比如生产口罩的口罩机需要不停地将无纺布分段切割，群发垃圾邮件的“机器人”将邮件一封一封地发往一个又一个的收件人邮箱。从事这些重复的工作，是计算机的优势，而计算机做这些重复工作的方法，就是**循环**。C++里有 for 循环、while 循环及 do while 循环语句。本节讨论 for 循环。

4.3.1 传统 for 循环

for 循环的基本语法格式为：

```
1  for (初始化;测试;更新)
2      语句;
3

4  for (初始化;测试;更新) {
5      语句;
6      ...
7      语句;
8  }
```

for 关键字后面的括号里包括以下三个部分，依次是：

- 初始化语句（initialization）：初始化用于循环控制的变量。
- 测试表达式（test expression）：进行循环测试，一般为一个逻辑判断表达式。
- 更新表达式（update expression）：修改用于循环测试的变量。注意该表达式尾部没有分号。

for 语句的下层语句称为循环体（loop body），当构成循环体的语句多于 1 条时，需要使用{ }括起来。如上述语法格式的第 4～8 行所示。

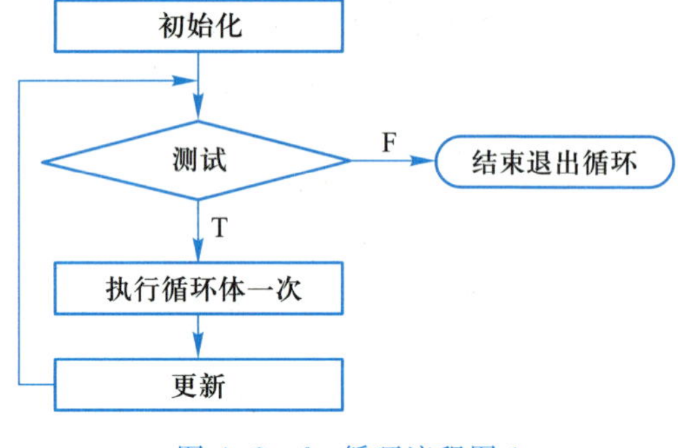

图 4-8 for 循环流程图 1

流程图 4-8 简洁地描述了 for 循环的执行过程，我们结合下述程序进行说明：

```
//Project - SimplestFor
#include <iostream>
using namespace std;

int main() {
    int iSum = 0;

```

```
8       for (int i=0;i<3;i++){
9           cout << "loop i = "  << i << endl;
10          iSum += i;
11      }
12
13      cout << "sum = " << iSum;
14      return 0;
15  }
```

上述代码的执行结果为：

```
loop i = 0
loop i = 1
loop i = 2
sum = 3
```

我们借助流程图 4-9 来说明上述程序的执行过程及其用途。

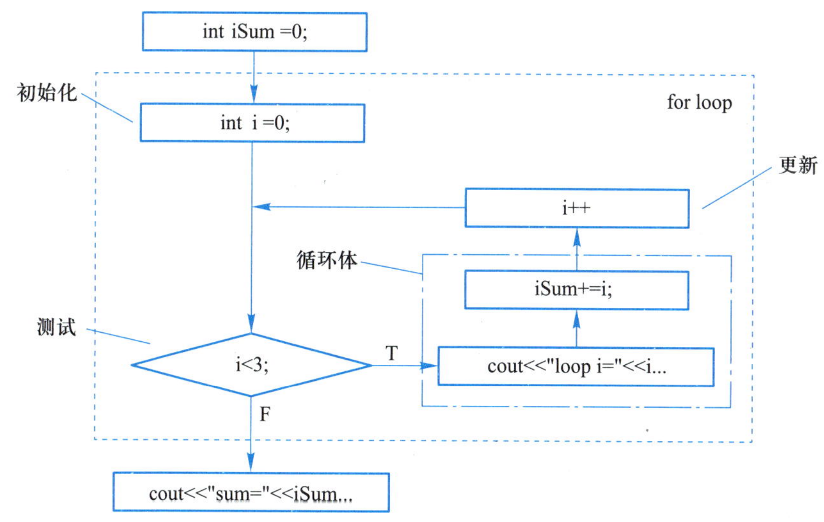

图 4-9　for 循环流程图 2

步骤号	说明
1	执行第 6 行，iSum = 0。
2	执行循环的初始化语句，i = 0。
3	检查循环测试表达式 i<3，此时 i 值为 0，故该表达式为真，允许执行循环体。
4	顺序执行循环体，即第 9～10 行：打印当前 i 值(0)，把当前 i 值累加进 iSum。
5	执行循环更新表达式 i++，i 值变为 1。
6	检查循环测试表达式 i<3，此时 i 值为 1，故该表达式为真，允许执行循环体。
7	顺序执行循环体，即第 9～10 行：打印当前 i 值(1)，把当前 i 值累加进 iSum。

续表

步骤号	说明
8	执行循环更新表达式 i++,i 值变为 2。
9	检查循环测试表达式 i<3,此时 i 值为 2,故该表达式为真,允许执行循环体。
10	顺序执行循环体,即第 9~10 行:打印当前 i 值(2),把当前 i 值累加进 iSum。
11	执行循环更新表达式 i++,i 值变为 3。
12	检查循环测试表达式 i<3,此时 i 值为 3,故该表达式为假,结束并跳出循环。
13	执行第 13 行,打印 iSum 的值;接下来继续执行其他后续代码。

▶ 第 8~11 行:变量 i 是在 for 关键字后面的括号内定义的,这提示 i 是该 for 循环内部的局部变量(local variable)▲,它只能在 for 循环内部被使用,也就是上述程序的第 8~11 行。

扩展阅读 4-1:程序调试

借助于程序调试可以帮助读者更好地理解上述 for 循环执行过程。

下述程序试图计算 1+2+…+99+100 的和:

```
1  //Project - Sum100
2  #include <iostream>
3  using namespace std;
4  int main(){
5      int iSum = 0, i = 0;
6      for (i=1;i<100;i++)
7          iSum += i;
8
9      cout << "sum = " << iSum << ", i = " << i;
10     return 0;
11 }
```

上述代码的执行结果为:

```
sum = 4950, i = 100
```

程序的执行结果是错误的,1 加到 100 的和应为 5 050,而答案是 4 950,差了 100。原因在于该 for 循环的测试表达式为 i<100,当 i 因为更新表达式 i++的执行变成 100 后,for 循环要先测试,后执行循环体,显然,100<100 不成立,第 100 次的循环未能执行。第 9 行的输出结果证实,循环结束后,i 值确为 100。

如果希望上述循环能从 1 到 100(包含 100)执行 100 次,其测试表达式应改为 i<=100 或者 i<101。

请注意,上述程序中的变量 i 是在 for 循环之外,即第 5 行中定义的,这说明 i 是 main()

函数内的局部变量▲,这使得我们可以在整个 main( )函数内部(含第 9 行)使用变量 i。

扩展阅读 4-2:不必要且“复杂”的 for 循环示例

上述 for 循环的初始化语句、测试及更新表达式可以是任意合法的语句/表达式,甚至可以空缺。灵活运用上述特性,可以写出很“复杂”的 for 循环。从软件工程的角度看,不必要地使用“技巧”会使程序难以理解和维护,实践中,应该避免这种过分依赖技巧的程序写法。

4.3.2　基于范围的 for 循环

基于范围的 for 循环比传统 for 循环的语法简单得多。

假设某商店有 4 种商品,其 2 月 18 日的价格依次为 1 030. 23f、2 828. 12f、76. 0f 和 992. 0f,2 月 19 日统一加价 10%。现要求使用表格打印上述商品在 2 月 18 日和 19 日的价格变化。程序如下:

```
1  //Project - RangeFor
2  #include <iostream>
3  using namespace std;
4
5  int main() {
6      float fPrices[] {1030.23f, 2828.12f, 76.0f, 992.0f}; //2 月 18 日的商品价格
7
8      int idx = 0;
9      cout << "idx \t2/18 \t2/19 \n";
10     cout << "-----------------------------\n";
11     for (auto x:fPrices)
12         cout << ++idx << "\t" << x << "\t" << x * 1.1f << endl;
13
14     return 0;
15 }
```

上述代码的执行结果为:

```
idx     2/18      2/19
-----------------------------
1       1030.23   1133.25
2       2828.12   3110.93
3       76        83.6
4       992       1091.2
```

▶ 第 6 行:fPrices 变量名后增加了一个方括号,这表明 fPrices 不是 float 类型的变量,而是一个数组▲,这个数组可以存储多个 float 类型的值。{ }包裹的部分称为初始化列表(initializer list)，编译器会自动统计其中的元素个数以便为 fPrices 数组分配恰当的存储空间。

▶ 第 11~12 行：auto x：fPrices 以冒号为界，分为两部分。冒号之后为被遍历的数据集，此处为 fPrices 数组，它表明了循环的范围。冒号之前为循环取值变量。由于 C++的数组只能存储同一类型的值，即 fPrices 数组内部元素全部为 float 类型，所以此处使用 auto 进行类型推断，编译器会推断确定 x 变量的类型，结果为 float。被遍历的数据集有多少个元素，循环体代码（第 12 行）就会执行多少次，每次循环开始前，x 会自动从 fPrices 数组中按顺序取值。

++idx 是第 3 章中讨论过的递增操作符，它先递增，后取值。在循环过程中，idx 表示输出数据的行号。每执行一次循环体，idx 的值都会增加 1。

程序的执行结果证实，for 循环遍历了 fPrices 数组，依次打印了其中的原价格及加价后的价格。

此外，C++也允许直接把初始化列表放在基于范围的 for 循环的冒号后面，示例如下：

```
for (int x:{1,3,5,7,9})
    cout << x << " ";
```

练习巩固

习题讲解 4-6：三天打鱼，两天晒网

4-6 （三天打鱼，两天晒网）郭、王两位大侠同上终南山习武，两人最初的战力值均为 100。王大侠骨骼清奇，天赋较高，每练功一天，战力增加 2‰，郭大侠比较愚笨，每练功一天，战力增加 1‰。如果休假一天不练，两人的战力均减少 1‰。相较于王大侠，郭大侠更加勤奋，日日练功，从不休息，而王大侠，则三天打鱼，两天晒网，也就是每 5 天的前三天练功，后两天休假。

请编写程序，分别计算第 1 年、第 2 年一直到第 10 年年终时两位大侠的战力值，然后使用 printf( ) 函数精细控制输出格式，得到两位大侠的战力值对照表格。

微实践——质数判定

质数是指在大于 1 的自然数中，除了 1 和它本身以外不再有其他因数的自然数。根据这一数学定义，我们设计了 isPrime( ) 函数及其测试代码如下：

```
//Project - IsPrime
#include <iostream>
using namespace std;

bool isPrime(int);              //函数的声明

int main(){                     //下述代码涉及条件表达式，请回顾 3.3.2 节
    cout << "isPrime(-2):\t" << (isPrime(-2)?"Yes":"No") << endl;
```

```
9       cout << "isPrime(3):\t" << (isPrime(3)?"Yes":"No") << endl;
10      cout << "isPrime(4):\t" << (isPrime(4)?"Yes":"No") << endl;
11      cout << "isPrime(117):\t" << (isPrime(117)?"Yes":"No") << endl;
12      cout << "isPrime(131):\t" << (isPrime(131)?"Yes":"No") << endl;
13      return 0;
14  }
15
16  bool isPrime(int n) {      //函数的定义
17      if (n<=1)
18          return false;
19      for (int i=2;i<n;i++)
20          if (n % i == 0)
21              return false;
22
23      return true;
24  }
```

上述代码的执行结果为：

```
isPrime(-2):    No
isPrime(3):     Yes
isPrime(4):     No
isPrime(117):   No
isPrime(131):   Yes
```

第 16~24 行**定义**了函数 isPrime()，请注意，这个定义位于 main() 函数之后。为了在 main() 函数中使用 isPrime() 函数，第 5 行代码给出了 isPrime() 函数的**声明**：

```
5   bool isPrime(int);          //函数的声明
```

该声明提供了如下信息给编译器：函数的名称，函数的返回值类型，函数的参数个数及类型。对于编译器而言，上述信息已经足以判定第 8 行的函数调用 isPrime(-2) 在形式上是合法的，所以编译器会愉快地通过对第 8 行代码的审查。请读者注意上述函数声明中参数列表省略了形式参数的名称，这是允许的。

▶ 第 16~24 行：isPrime(n) 函数用于判定 n 是否是质数，是则返回 true，否则返回 false。
▶ 第 17~18 行：排除 n 小于等于 1 的情况，如果成立，返回假。
▶ 第 19~21 行：通过 for 循环逐一考查 2~n-1(不包含 n)的整数 i，如果 n 能被 i 整除，说明 n 不是质数，返回假。请注意，第 19~21 行的循环体虽书写成两行，但可以认为第 21 行是第 20 行 if 语句的下层代码。在逻辑上，第 20~21 行是一条语句，所以在该 for 循环中，作为循环体的第 20~21 行没有用{ }包裹。
▶ 第 23 行：如果在前述 for 循环中没有发现除 1 及 n 自身外的其他因数，说明 n 为质数，返回真。

在 isPrime() 函数定义中有 3 个 return 语句，这意味着根据 n 值的不同，isPrime() 函数可能从这 3 个 return 语句的其中 1 个返回。请注意这三个 return 语句返回的对象都是布尔型，与函数声明相符。

练习巩固

习题讲解 4-7：质数判定

习题讲解 4-8：验证哥德巴赫猜想

4-7 （质数判定）假设一个合数 $n=pq$ 且 $p \leqslant q$，则一定有 $p \leqslant \sqrt{n}$。请根据这一理论，修改本章介绍的 isPrime( ) 函数，使其可以更快地完成质数判定。

4-8 （验证哥德巴赫猜想）数学领域著名的“哥德巴赫猜想”的大致意思是：任何一个大于 2 的偶数总能表示为两个质数之和。比如：24＝5+19，其中 5 和 19 都是质数。请设计一个程序，验证 20 亿以内的偶数都可以分解成两个质数之和。

输入格式：在一行中给出一个(2,2 000 000 000]范围内的偶数 N。

输出格式：在一行中按照格式“$N=p+q$”输出 N 的质数分解，其中 $p \leqslant q$ 均为质数。又因为这样的分解不唯一（例如 24 还可以分解为 7+17），要求必须输出所有解中 p 最小的解。

4.4 break 语句

为了理解 break 语句的作用，我们讨论下述任务：找出大于等于 10 000 的第 1 个质数。

分析：在得到结果之前，我们并不知道大于或等于 10 000 的第 1 个质数是什么，因此，从 10 000 开始，逐一交给“微实践——质数判定”中定义的 isPrime( ) 函数进行判定。当发现第 1 个质数后，任务达成，后续的检查没有继续进行的必要，程序应停止。

基于上述分析，实现了下述程序：

```
//Project - BreakExample
#include <iostream>
Using namespace std;

bool isPrime(int n) {            //函数的定义
    ...                          //详见微实践——质数判定
}

int main(){
    cout << "Try to find first prime number(>=10000): \n";

    int iPrime = -1;
    for (int i=10000;;i++){      //测试表达式空缺
        if (isPrime(i)){
            iPrime = i;
            break;
        }
        cout << i << " checked, not prime number.\n";
    }
```

```
20
21      cout << "First prime number(>=10000) is: " << iPrime;
22      return 0;
23  }
```

上述代码的执行结果为：

```
Try to find first prime number(>=10000):
10000 checked, not prime number.
10001 checked, not prime number.
10002 checked, not prime number.
10003 checked, not prime number.
10004 checked, not prime number.
10005 checked, not prime number.
10006 checked, not prime number.
First prime number(>=10000) is: 10007
```

▶ 第 12 行：iPrime 变量用于保存找到的质数，初始值定为-1。初值定为-1 的理由是负数明显不是质数，当程序编写错误导致错误结果时，容易通过该变量的初值-1 发现错误。

▶ 第 13 行：for 关键字后面的括号内给出了初始化语句和更新表达式，但测试表达式空缺。这说明 for 循环没办法通过测试表达式终止。

▶ 第 14～17：将循环变量 i 交给 isPrime( ) 函数进行判定，如果是质数，首先将 i 赋值给 iPrime 保存，然后使用 break 语句终止并跳出循环。本程序中，当 break 语句执行后，程序的执行点将由第 16 行直接跳至循环外的第 21 行。

▶ 第 21 行：输出找到的质数 iPrime。

在上述 for 循环中，我们之所以敢于放弃测试表达式，是基于数学知识：10 000 之后一定会有质数，即第 16 行的 break 语句一定会执行并导致循环终止。因程序编写错误导致循环无法终止时，称程序陷入“死循环”。

从执行结果可以看出，上述程序依次检查了 10 000～10 006，均不是质数。在检查 10 007 时，isPrime( ) 返回真，执行 break 语句结束了循环。

图 4-10 展示了本程序中当 break 语句执行时的执行点跳转。可以看到，**break 语句跳出循环，程序执行点跳转到循环后语句**。

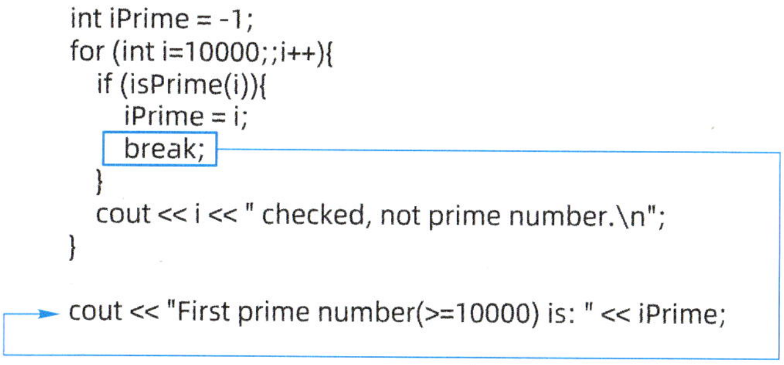

```
int iPrime = -1;
for (int i=10000;;i++){
    if (isPrime(i)){
        iPrime = i;
        break;
    }
    cout << i << " checked, not prime number.\n";
}

cout << "First prime number(>=10000) is: " << iPrime;
```

图 4-10　break 跳转示意

扩展阅读 4-3:双重循环中的 break

break 语句的执行只会导致其所在层的循环被中止。在一个嵌套的双重循环中,处于内层循环内的 break 语句被执行时,只会导致内层循环的终止,外层循环不受影响。

练习巩固

习题讲解 4-9:格雷戈里法求 π

4-9　(格雷戈里法求 π)使用下述格雷戈里公式求圆周率 π。从左往右累加,当累加项的绝对值小于 10^{-8} 时终止计算并输出结果。

$$\frac{\pi}{4}=1-\frac{1}{3}+\frac{1}{5}-\frac{1}{7}+\cdots$$

4.5　continue 语句

为了理解 continue 语句的作用,我们讨论下述任务:找出并打印 100 以内的全部质数。

分析:将整数 2~100 逐一交给 isPrime( )函数进行判定,如果是,则打印出来。用下述程序实现:

```
//Project - ContinueExample
#include <iostream>
using namespace std;

bool isPrime(int n) {      //函数的定义
    ...                    //详见微实践——质数判定
}

int main(){
    cout << "Try to find all prime number(<=100):\n";

    int iFound = 0;        //发现的质数个数
    for (int i=2;i<=100;i++){
        if (! isPrime(i))
            continue;
        iFound++;
        cout << i << ",";
    }

    cout << "\n" << iFound << " prime numbers have been found.";
    return 0;
}
```

上述程序的执行结果为：

```
Try to find all prime numbers(<=100):
2,3,5,7,11,13,17,19,23,29,31,37,41,43,47,53,59,61,67,71,73,79,83,89,97,
25 prime numbers have been found.
```

- 第 12 行：iFound 变量存储发现的质数个数。
- 第 14～15 行：在循环体内，对 i 进行质数判定，如果不是（注意逻辑非操作符！），执行 continue 语句，该语句的执行导致本次循环的剩余代码，即第 16～17 行被跳过，直接尝试下一轮循环。当然，按照 for 循环自身的流程，会先执行更新表达式（i++），然后再测试（i<=100），测试通过则再次执行循环体。
- 第 16～17 行：由于前述 if 判断及 continue 语句的存在，程序执行点到达第 16 行即意味着当前轮循环中的 i 是一个质数。这两行代码将 iFound 递增 1，并将质数 i 打印出来。
- 第 20 行：当 for 循环因测试（i<=100）失败终止后，程序执行点到达第 20 行，该行负责打印发现的质数的总个数（iFound）。

图 4-11 展示了本程序中 continue 语句执行时的执行点跳转。可以看到，**continue 的执行并不会结束整个循环，它只是略过本轮循环体的剩余代码，直接跳转至下一轮循环**。本例中，按照 for 循环自身的机制，continue 执行后，下一条被执行的语句应该是更新表达式（i++），然后再根据测试表达式（i<=100）的结果来决定是否再次执行循环体。

```
int iFound = 0;

for (int i=2;i<=100;i++){
  if (!isPrime(i))
    continue;
  iFound++;
  cout << i << ",";
}

cout << "\n" << iFound << " prime numbers been found.";
```

图 4-11 continue 跳转示意

微实践——程序的断点调试

操作指南 各种 IDE 环境下的程序断点调试

在程序有缺陷并需要修复时，断点调试是发现缺陷的重要方法。对于初学者，断点调试还有另外一个用途：帮助理解程序背后的逻辑。

微实践 4-1：使用 Qt Creator 进行断点调试

微实践 4-2：使用 Visual Studio Code 进行断点调试

微实践 4-3：使用 Dev C++ 进行断点调试

微实践 4-4：使用 Visual Studio 进行断点调试

微实践 4-5：使用 CodeBlocks 进行断点调试

4.6 while 循环

while 循环的基本语法格式为：

```
while (测试表达式)
    语句;

```

```
while (测试表达式)  {
    语句;
    ...
    语句;
}
```

while 关键字之后的括号内包含一个测试表达式。当循环体的构成语句多于 1 条时，循环体部分需要用{ }包裹。while 循环先检查测试表达式的值，如果为真，执行循环体；如果为假，结束循环。每执行完一轮循环体代码，会再次检查测试表达式，为真继续，为假结束。

为便于解释，编写了下述程序：

```
//Project - Parrot1
#include <iostream>
#include <string>

int main(){
    using namespace std;

    cout << "I am a parrot, say something to me." << endl;
    string s = "";
    while (s!="q"){
        getline(cin,s);
        cout << s << endl;
    }

    cout << "Bye, see you later." << endl;
    return 0;
}
```

上述程序的执行结果为：

```
1  I am a parrot, say something to me.
2  Good morning.
3  Good morning.
4  Run Forrest!
5  Run Forrest!
6  q
7  q
8  Bye, see you later.
```

注：第 2、4、6 行为操作者的输入。

下面对照图 4-12 来解释上述程序的执行过程及其功能。

① 第 6 行引入了 std 名字空间。作者故意将该行移至此处，以便告知读者，该行代码并不是必须出现在文件的开头处。

② 第 8 行输出了一行文字：I am a parrot, say something to me.。第 9 行定义了一个 string 类型的变量 s，并初始化其值为一个字空符串。

③ 第 10 行检查测试表达式 s != "q"，此时 s 的值为空，表达式为真，准备执行循环体。

④ 循环体执行：第 11 行 getline() 函数从 cin 读取一行输入"Good morning."，存入 s 对象。第 12 行将 s 输出给 cout，控制台输出"Good morning."。

⑤ 检查测试表达式 s != "q"，此时 s 的值为"Good morning."，表达式为真，准备执行循环体。

⑥ 循环体执行：第 11 行 getline() 函数从 cin 读取一行输入"Run Forrest!"，存入 s 对象。第 12 行将 s 输出给 cout，控制台输出"Run Forrest!"。

⑦ 检查测试表达式 s != "q"，此时 s 的值为"Run Forrest!"，表达式为真，准备执行循环体。

⑧ 循环体执行：第 11 行 getline() 函数从 cin 读取一行输入"q"，存入 s 对象。第 12 行将 s 输出给 cout，控制台输出"q"。

⑨ 检查测试表达式 s != "q"，此时 s 的值为"q"，表达式为假，退出循环。

⑩ 第 15 行，输出道别字符串。

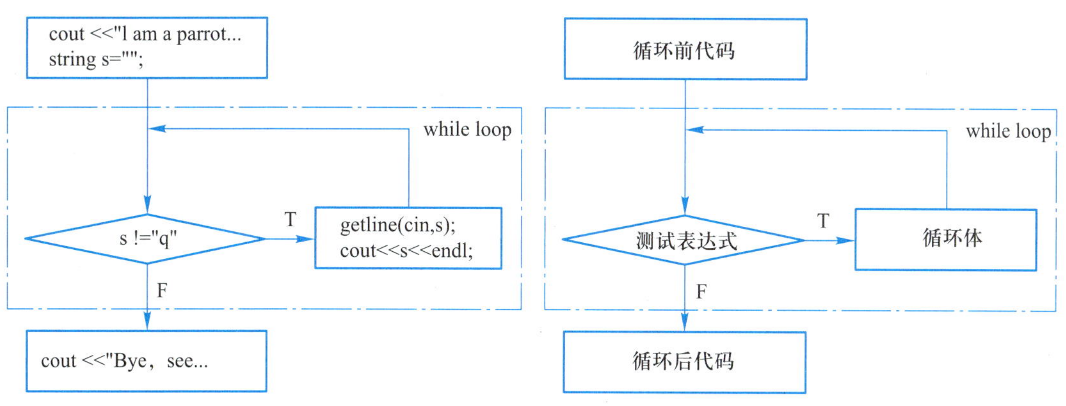

图 4-12　while 循环的结构

综上，上述程序通过 while 循环不断读取输入，并将得到的输入字符串输出给控制台，就像鹦鹉重复主人的话一样。如果操作者输入 q，则循环测试失败，程序结束退出。

请读者注意观察图 4-12 的流程，while 循环**先检查（测试表达式），后执行（循环体）**，在极端情况下，循环体有可能执行 0 次。

对上述程序略做修改，可以避免"鹦鹉"重复主人的命令 q，代码如下：

```
//Project - Parrot2
#include <iostream>
#include <string>

```

```
5  int main(){
6      using namespace std;
7
8      cout << "I am a parrot, say something to me." << endl;
9      string s = "";
10     while (true){
11         getline(cin,s);
12         if (s=="q")
13             break;
14         cout << s << endl;
15     }
16
17     cout << "Bye, see you later." << endl;
18     return 0;
19 }
```

- ▶ 第 10 行:测试表达式恒为真,这意味着放弃了对循环测试表达式的检查。
- ▶ 第 12~13 行:当输入字符串为"q"时,执行 break 语句结束并跳出循环。这同时意味着第 14 行的代码只有当 s 不为"q"时才有机会执行。

事实上,while 循环只是 for 循环的一个简化版本。上述鹦鹉程序(Parrot1),也可以用 for 循环实现:

```
for (; s!="q"; ){
    ...
}
```

这个 for 循环,没有初始化语句,也没有更新表达式,只有测试表达式。它的执行过程与程序 Parrot1 中的 while 循环完全相同。

微实践——九层之台,起于累土

"九层之台,起于累土"出自春秋·楚·李耳《老子》第 64 章:"合抱之木,生于毫末;九层之台,起于累土;千里之行,始于足下"。不论起点有多低,只要不断成长,假以时日,终有所成。

一张厚度为 0.1 mm 的足够大的纸,每对折一次,厚度翻倍。问:这张纸对折多少次后可以达到珠穆朗玛峰的高度?如果凭直觉,作者觉得再怎样也要上千次对折才行。

我们编写了下述程序:

```
//Project - Everest
#include <iostream>
using namespace std;
```

```
4
5  int main() {
6      int iCounter = 0;                 //对折次数
7      float fThickness = 0.0001F;       //纸的厚度,单位为米
8
9      while (true){
10         if (fThickness > 8844.43F)    //超过珠峰高度就停止循环
11             break;
12         else{
13             fThickness * = 2;         //对折一次厚度翻倍
14             iCounter++;               //对折次数加 1
15         }
16     }
17
18     cout << "Thickness = " << fThickness << " after "
19         << iCounter << " folds, exceeding Everest.";
20     return 0;
21 }
```

上述程序的执行结果为:

```
Thickness = 13421.8 after 27 folds, exceeding Everest.
```

- 第 6~7 行:iCounter 记录纸的对折次数;fThickness 记录对折后的纸的厚度。
- 第 9~16 行:通过一个 while 循环确定超过珠峰高度所需要的最小对折次数。
  - while(true)中的测试表达式总是真,执行一个“死”循环。
  - 循环内将对折后纸的厚度与珠峰高度比较,如果大于珠峰高度,break 跳出循环。
  - 每次对折,纸的厚度翻倍,iCounter 计数器加 1。

输出结果显示所需对折次数为 27 次。你没有看错,作者也没有算错,就是 27 次!上述代码使用循环,完全出于教学目的。显然,求超过珠峰高度的最小对折次数,下述代码更直接:

```
//Project - EverestSimple
#include <iostream>
#include <cmath>     //引入 log2()函数
using namespace std;

int main(){
    double t = log2(8844.43/0.0001);
    cout << t;

    cout << endl << 0.0001 * pow(2,27);
    return 0;
}
```

上述代码的执行结果为：

```
26.3983
13421.8
```


log2(x)函数计算并返回x的以2为底的对数。如代码第7行所示，通过log2()函数，可以计算出达到珠峰高度的理论对折次数为26.398 3次。

代码第10行计算并输出了27次对折后的纸厚度，为13 421.8米，这就是0.1mm厚的纸对折27次之后的厚度。实践中，这个不太可能做到，对折半个珠峰高度厚的纸，人类的体力或者机械都办不到，奥特曼估计也不行。

练习巩固

习题讲解4-10：猜数游戏

习题讲解4-11：穷举法求最大公约数

习题讲解4-12：欧几里得法求最大公约数

4-10 （猜数游戏）想个数给你猜，只提示猜大了或者猜小了，看看多少次能猜对？

编写一个程序，产生一个1~1 000之间的随机整数，然后请用户猜这个数字。如果用户输入的数字太大，则打印“猜大了”；如果用户输入的数字太小，则打印“猜小了”；如果用户猜对了，则打印“恭喜你，猜对了！”。上述猜数过程循环进行，当用户猜对后，退出循环，并打印用户的总猜测次数。

4-11 （最大公约数）两个正整数的最大公约数(greatest common divisor)是指两个正整数的公有约数中最大的一个。即如果 $GCD(x,y)=k$，则 k 是能同时整除 x 和 y 的最大除数。请编写程序，从键盘读取两个正整数 x 和 y，然后分别使用穷举法及辗转相除法计算并打印两者的最大公约数。其中，穷举法逐一考察从 $\min(x,y)$ 到1的全部可能“因数”；辗转相除法见于欧几里得的《几何原本》，其数学表达式为：

$$GCD(x,y)=GCD(y,x\%y) \text{ 设 } x \geq y$$

4.7 do while 循环

下面通过do while版本的鹦鹉程序来说明do while与while循环的异同，代码如下：

```
//Project - Parrot3
#include <iostream>
#include <string>

int main(){
    using namespace std;

    cout << "I am a parrot, say something to me." << endl;
    string s = "";
```

```

    do {
        getline(cin,s);
        cout << s << endl;
    }
    while (s!="q");

    cout << "Bye, see you later." << endl;
    return 0;
}
```

上述代码的执行结果为：

```
1  I am a parrot, say something to me.
2  Good morning.
3  Good morning.
4  Run Forrest!
5  Run Forrest!
6  q
7  q
8  Bye, see you later.
```

注：第 2、4、6 行为操作者的输入。

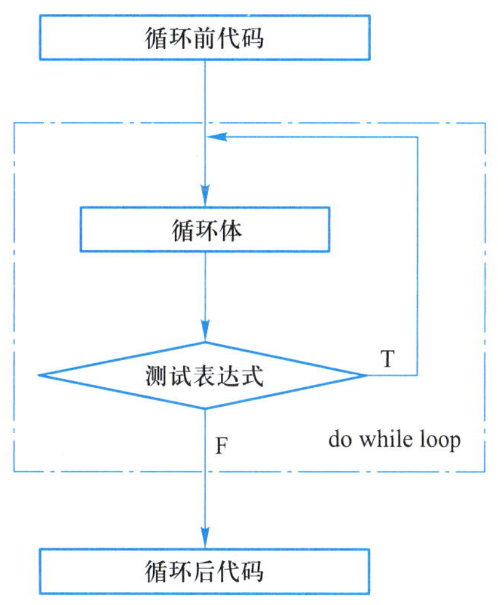

图 4-13　do while 循环的结构

如图 4-13 所示，do while 循环与 while 循环的主要区别是**先执行（循环体），后检查（测试表达式）**。也就是说，无论测试表达式真假，循环体至少会被执行一次。上述程序的执行过程请读者参照流程图，自行模拟。

对于程序设计而言，do while 循环并不是必须使用的技术。其相关功能完全可以通过 while 或者 for 循环来实现。坦率地讲，作者上一次使用 do while 循环，大概是作为学生参加 C++语言考试的时候。

练习巩固

4-12　（考拉慈猜想）又名奇偶归一猜想，是指对于每一个正整数，如果它是奇数，则对它乘 3 再加 1，如果它是偶数，则对它除以 2，如此循环，最终都能得到 1。请编写一个程序，输入一个正整数，验证考拉慈猜想并打印考拉慈序列，例如，从 5 开始的考拉慈序列为 5、16、8、4、2、1。

习题讲解 4-13：考拉慈猜想

4.8 switch 分支

除了 else if 语句外，switch 语句也可以实现多分支程序结构。switch 语句的基本语法形式如下：

```
switch (整数表达式) {
case 标签 1:
    ...
case 标签 k:
    语句(一条或多条);
    break;
...
case 标签 n:
    语句(一条或多条);
    break;
default:
    语句(一条或多条);
}
```

switch 关键字之后的括号内应包含一个整数表达式(integer—expression)。所谓整数表达式，是指该表达式的值必须是整数或者可以转换成整数的类型，包括但不限于 char、int、short、long long 以及以后要讨论的枚举型▲。

接下来的{ }内包裹了 1 个到多个以冒号结尾的 case 子句，子句中的标签也必须是整数或者可以转换成整数的字符、枚举或其他类型。程序执行时，将从上到下将整数表达式的值与 case 后面的标签进行比较，如果相等，则执行后续代码，直至遇到 break 语句跳出 switch 结构或者遇到右花括号(})为止。如果检查完所有的标签，都不相等，则执行 default 子句之后的代码。在上述语法格式中，default 子句是可选的(optional)。

为向读者解释 switch 分支语句的使用方法，编写了下述程序，它要求操作者输入表示月份的整数(1~12)，然后输出该月的天数。

```
//Month
#include <iostream>
using namespace std;
int main() {
    int iMonth = 1;
    cout << "Please input month number(1~12):";
    cin >> iMonth;

    switch (iMonth){
    case 1:
    case 3:
    case 5:
    case 7:
    case 8:
    case 10:
```

```
16        case 12:
17            cout << "There are 31 days in " << iMonth << "th month.\n";
18            break;
19        case 2:
20            cout << "There are 28 or 29 days in " << iMonth << "th month.\n";
21            //break;  //break 缺失
22        case 4:
23        case 6:
24        case 9:
25        case 11:
26            cout << "There are 30 days in " << iMonth << "th month.\n";
27            break;
28        default:
29            cout << "Wrong month number.\n";
30        }
31
32        return 0;
33    }
```

显然,不同的输入值将导致不同的执行结果。当输入为 7 时,上述程序的执行结果如下:

```
Please input month number(1~12):7
There are 31 days in 7th month.
```

执行过程:switch 语句从上到下检查 case 标签,在第 13 行(case 7)成功匹配,执行后续代码第 17 行,第 18 行(break)。break 语句的执行使程序跳出 switch 结构至第 32 行(return 0)。

当输入为 2 时,上述程序的执行结果如下:

```
Please input month number(1~12):2
There are 28 or 29 days in 2th month.
There are 30 days in 2th month.
```

执行过程:switch 语句从上到下检查 case 标签,在第 19 行(case 2)成功匹配,执行后续代码第 20 行、第 26 行和第 27 行(break)。break 语句的执行使用程序跳出 switch 结构至第 32 行(return 0)。显然,第 26 行的执行(表示该月有 30 天)是多余而且错误的。作者有意构造了这一错误,请读者注意,第 21 行的 break 语句被注释掉了。

当输入 19 时,上述程序的执行结果如下:

```
Please input month number(1~12):19
Wrong month number.
```

执行过程:19 无法匹配所有的 case 子句,程序执行 default 子句后的第 29 行。

建议读者执行并尝试输入其他值,如 1、6、12 等,体会 switch 语句的程序分支功能。

*4.9　goto 语句

电子正文:goto 语句

C++中的 goto 语句用于跳转程序的执行点至指定位置。从效率上看,goto 语句很高效,从软件工程角度看,goto 语句的使用容易导致程序逻辑混乱、变得难以理解和维护。

微实践——发现圆周率

微实践 4-6:发现圆周率

除了祖冲之的割圆法和格雷戈里公式,借助循环和随机数,还可以通过一种特别有趣的方法来估算圆周率。

第 5 章　数组及字符串

下面的大地上，方阵均匀的色彩开始出现扰动，复杂精细的回路结构浮现出来，并渐渐充满了整个方阵，十分钟后，大地上出现了一块三十六平方千米的计算机主板。

——刘慈欣《三体》

学习目标

知识目标

1. 掌握一维及二维数组的定义及使用方法，了解三维数组的定义及使用方法。
2. 掌握以 0 结尾的字符数组的使用方法。
3. 掌握 C++字符串的定义及使用方法。

能力目标

1. 在程序中使用二重、三重循环并结合数组解决简单的计算问题。
2. 掌握冒泡排序算法。

素质目标

1. 初步体会分而治之的算法思想。
2. 体会：程序设计过程中处处面临软件安全风险问题。

思维导图

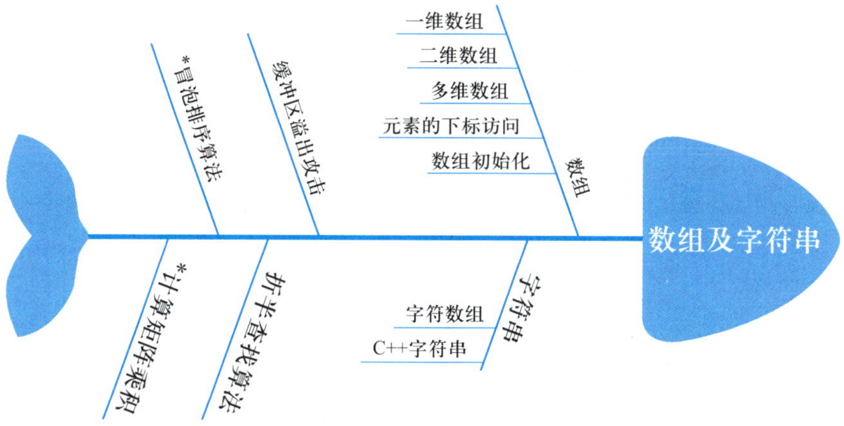

5.1 一维数组

数组(array)可以在连续的空间里存储相同类型的多个对象。当定义一个数组时，需要提供下述信息：

- 数组内元素(element)的数据类型；
- 数组的名称；
- 数组内的元素个数。

定义一个数组的通用语法格式如下：

```
元素类型 数组名[元素个数];
```

通过下述示例来初步理解一维数组的定义和使用方法：

```cpp
//Project - Scores
#include <iostream>
using namespace std;

int main() {
    float scores[5] = {77,92.5,68,99,100};
    scores[0] = 88;

    cout << "sizeof(scores) = " << sizeof(scores) << endl;
    cout << "scores = " << scores << endl;
    cout << &scores[0] << " - " << &scores[1] << " - " <<
           &scores[2] << " - " << &scores[3] << " - " << &scores[4] << endl;

    float fSum  = 0;
    for (int i=0;i<5;i++)
        fSum += scores[i];

    float fAverage = fSum / 5;
    cout << "Average score = " << fAverage;

    return 0;
}
```

上述代码的执行结果为：

```
sizeof(scores) = 20
scores = 0x61fe00
```

```
3  0x61fe00 - 0x61fe04 - 0x61fe08 - 0x61fe0c - 0x61fe10
4  Average score = 89.5
```

注:读者在自己计算机上的运行结果中的第 2~3 行很可能与本书不同。

▶ 第 6 行:定义了一个名为 scores 的数组,该数组有 5 个元素,元素的类型为 float。等号之后的初始化列表给出了 5 个元素的初始值。本例中,假设 scores 数组存储了某位同学某学期所修的 5 门课程的成绩。

图 5-1 给出了 scores 数组在内存中的布局图。从该图中可以看到,数组由 5 个 float 对象构成,每个 float 对象占据 4 个字节,**从内存低地址往内存高地址方向依次排列**。整个数组占据 4×5=20 个字节的内存空间。给数组的 5 个元素依次编号为 0、1、2、3、4,这个编号称为数组元素的**下标(subscript)**或**索引(index)**。请读者注意,同大多数程序设计语言一样,C++中对数组元素的下标计数从 0 开始。

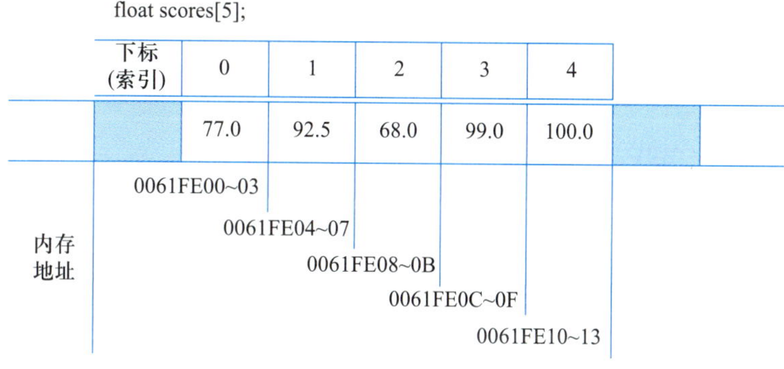

图 5-1　数组的内存布局

说明:数组的内存地址是在运行时刻由操作系统分配的,所以读者在自己计算机上获得的 scores 数组的内存地址很可能与图 5-1 不同。图 5-1 中的每个单元格表示 4 个字节的内存空间,每 4 个字节正好可以存入一个 float 类型的对象。

▶ 第 7 行:使用[ ]操作符访问 scores 数组下标为 0 的元素,通过赋值操作符将其值修改为 88。

▶ 第 9 行:打印通过 sizeof 操作符获取的 scores 数组的大小,如输出结果所示,其值为 20 个字节。刚好等于单个元素大小×元素个数,即 4×5。

▶ 第 10 行:输出数组名 scores 的"值"。

▶ 第 11~12 行:通过 &scores[0]取得数组第 0 个元素的地址并打印出来,类似的,其余 4 个元素的地址也被打印出来。

从输出结果第 2~3 行可以看到,数组名 scores 与 &scores[0]的输出值都是 0x61fe00。请读者记住下述规则:**数组名==数组中首元素的地址**。输出结果的第 3 行同时印证了图 5-1 中的内存布局,scores 数组的 5 个元素是从低地址往高地址方向依次连续存储的。

▶ 第 14~19 行:通过 for 循环对 scores 全部数组元素求和,再除以 5,得到平均分数并打印出来。其中,scores[i]获取 scores 数组下标为 i 的元素值。

习题讲解 5-1：大月与小月

练习巩固

5-1 （大月与小月）定义一个长度为 12 的整数数组 days，其中 days[i]表示 i+1 月的天数（平年）。编写一个程序，从键盘读入月份，然后从 days 数组查得该月天数并打印。

5.2 元素的下标访问

通过 a[i]可以访问 a 数组的第 i 个元素。当计算机试图访问一个存储在内存中的对象时，必须先知晓该对象的存储地址。那么，计算机是如何获得 a 数组第 i 个元素的存储地址的呢？请见下述公式：

$$
\begin{aligned}
\text{a[i]的地址} &= \text{首元素的地址} + \text{i} \times \text{单个元素的尺寸} \\
&= \text{a} + \text{i} \times \text{sizeof(ElementType)}
\end{aligned}
$$

为了解读方便，准备了如下程序：

```
//Project - Subscript
#include <cstdio>

int main() {
    int a1[5] = {11,11,11,11,11};
    int a2[5] = {0,1,2,3,4};
    int a3[5] = {33,33,33,33,33};

    printf("%p - %p - %p\n",a1,a2,a3);
    printf("%d,%d,%d,%d,%d\n",a2[0],a2[1],a2[2],a2[3],a2[4]);
    printf("a2[-4] = %d\n",a2[-4]);
    printf("a2[8] = %d\n",a2[8]);

    return 0;
}
```

上述程序在作者计算机上的执行结果为：

```
000000000061FE00 - 000000000061FDE0 - 000000000061FDC0
0,1,2,3,4
a2[-4] = 33
a2[8] = 11
```

注：不同平台在局部变量及数组的内存布局上会有异差，在读者的计算机上，输出结果很可能与本书不同。

根据上述程序的输出，绘制了 a1、a2、a3 三个数组的内存布局，见图 5-2。上述三个数组均包含 5 个 int 类型的元素，1 个 int 类型元素占 4 个字节，故三个数组的大小均为 5×4 = 20

(字节)。如图 5-2 所示,a3 占据了从 0x0061FDC0 开始的连续 20 个字节的空间,a2 占据了从 0x0061FDE0 开始的连续 20 个字节的空间,a1 占据了从 0x0061FE00 开始的连续 20 个字节的空间。编译器出于某些特殊的理由(比如内存对齐或调试需要),在 a3、a2 和 a1 三个数组间空出了 12 个字节的空间,对应图中数组间的灰色单元。图 5-2 中,每个单元代表 4 个字节,一个单元正好可以存入一个 int 类型的元素。此外,从图 5-2 中还可以看到,定义在先的对象 a1 位于较高的内存地址段,定义在后的对象 a3 位于较低的内存地址段,对象 a2 夹在中间。

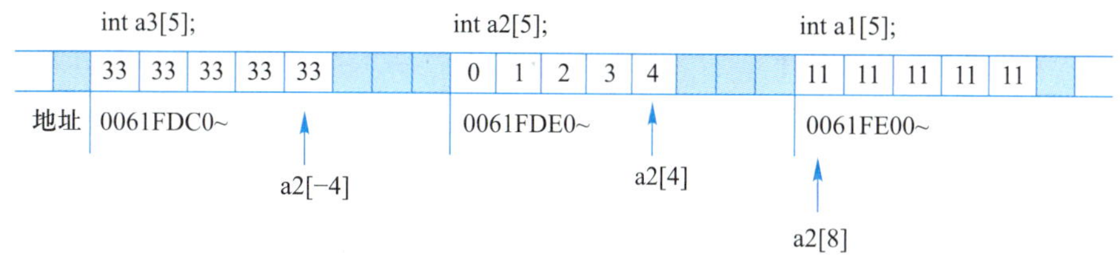

图 5-2　3 个数组的内存布局

说明:图 5-2 中的每个单元格代表 4 个字节的存储空间,每 4 个字节正好可以存入一个 int 类型的对象。

- 第 5~7 行:定义并初始化了 a1、a2 和 a3 三个数组,每个数组都包含 5 个 int 类型的元素。
- 第 9 行:将三个数组名按地址输出,根据前节所述,数组名即数组首元素的地址。该行的输出结果已反应在图 5-2 当中。
- 第 10 行:依次打印 a2[0]~a2[4]的值。从数组元素的取值过程中,应用到了本节开头处给出的元素地址计算公式计算相应元素的内存地址。可以看到,当给出合法的下标 0~4 时,程序正确输出了 a2 的全部元素。
- 第 11 行:打印 a2[-4]的值,根据元素地址计算公式,相应元素地址为:

  `a2+(-4)×sizeof(int)=0x0061FDE0-16=0x0061FDD0`

  该地址正好对应 a3[4],其值为 33。输出结果中的第 3 行证实了这一判断。
- 第 12 行:打印 a2[8]的值,根据元素地址计算公式,相应的元素地址为:

  `a2+8×sizeof(int)=0x0061FDE0+32=0x0061FE00`

  该地址正好对应 a1[0],其值为 11。输出结果中的第 4 行证实了这一判断。

警告

出于执行效率的考虑,C++不会对数组下标进行越界检查,而只是机械地使用本节介绍的元素地址计算公式计算出元素地址,然后访问。本例中,a2[-4]和 a2[8]事实上已经超出了 a2 数组的存储范围,但编译器最多给一个警告,不会拒绝。如果对 a2[-4]或 a2[8]进行赋值,则事实上修改了 a2 数组之外的对象,这十分危险!用 C++编程,就像是闪电侠快速奔跑在布满地雷的雷区,又快又危险。

再次说明,不同的编译器会对上述 a1~a3 数组的内存布局做出不同的安排。在读者的计算机上,运行结果很可能会与本书不同。读者可能需要研究调整 a2[-4]和 a2[8]当中的下标值,才能观察到与本书类似的结果。

练习巩固

习题讲解 5-2：找最小元素

5-2 （找最小元素）对于给定的包含10个元素的浮点数数组，设计一个函数，从数组给定的下标范围[i,j]里找到值最小的元素，返回其下标。该函数的原型可以是 int findMin(float a[ ],int i,int j)，参数 float a[ ]代表被搜索的数组。

以这个函数为基础，可以演化出一种称为选择排序的算法。该算法从 a[0..N]中找出最小元素并与 a[0]交换，然后再从 a[1..N]中找出最小元素并与 a[1]交换，然后再从 a[2..n]中找出最小元素并与 a[2]交换……最终得到一个递增有序的数组。

习题讲解 5-3：数组累积和

5-3 （数组累积和）对于给定的包含N个元素的浮点数数组a，请编写程序求数组a的累积和数组b，数组b也应包含N个元素，其中b[i]等于sum(a[0..i])。

举例：数组{0.01,0.07,0.07,0.85}的累积和数组为{0.01,0.08,0.15,1.0}。

5.3 数组初始化

当数组的初始化列表中给出的初始值个数N少于元素个数时，则数组的前N个元素会被赋予指定值，其余元素则被初始化为0。对于下述dummy数组，其前2个元素的值分别被初始化为1和2，其余8个元素则被初始化为0。

```
short dummy[10] = {1,2};   //前两个元素初始化为1和2,其余元素初始化为0
```

事实上，下述两种写法都可以导致dummy数组的全部元素被初始化为0：

```
short dummy[10] = {};       //元素值全部初始化为0
short dummy[10] = {0};      //元素值全部初始化为0
```

如果数组定义时不对数组进行初始化，则数组的元素值是不确定的。下述dummy数组的元素值取决于数组分配前相应内存单元的当前状态。

```
double dummy[1000];         //元素值不确定
```

数组定义时，如果将[ ]内的元素个数留空，编译器会通过初始化列表中的元素个数来确定数组的大小。下述示例中，dummy数组的元素个数将为4。

```
1  double d[] = {1.2,3.2,888,99.12};
2  printf("%d",sizeof d / sizeof(double));  //元素个数 = 数组尺寸 / 元素尺寸
```

上述代码第2行的sizeof d等价于sizeof(d)。当对对象/变量而不是数据类型应用sizeof操作符时，括号可以省略。对于数组，有下述等式成立：

元素个数=数组大小(字节数)/元素大小(字节数)

初始化数组时，初始化列表前的等号可以省略，如下述代码所示：

```
1   char d1[5] {'a',120,'K',',','? '};
2   char d[] {12.0,'L',250}; //报错:250 超出储值范围,12.0 类型收窄
```

上述代码的第 2 行会被编译器拒绝。C++会对初始化列表中的值进行检查，其中，250 超出了 char 的储值范围，12.0 属于 double 类型的字面量，将其转换成 char 类型存在类型收窄（narrowing）。

算法——折半查找

到目前为止，对于程序设计，我们还只是刚刚入门，所以作者不得不举一个看起来没什么用处还略显奇怪的例子来讨论折半查找算法。

假设数组 h[N]依学号存储了全班 N 位同学的身高（以 cm 为单位的整数），想知道班级中有没有身高为 173cm 的同学，通常只能对数组 h[N]进行遍历并逐一检查其元素值是否等于 173。这种通过遍历数组来查找指定元素的方法称为顺序查找法，详见如下代码。

```
//Project - SeqSearch
#include <iostream>
using namespace std;

int main() {
    const int N = 30;
    int h[N] = {175,161,162,169,147,170,170,152,171,155,
                157,166,157,158,160,161,161,163,164,165,
                173,175,165,166,166,168,168,147,169,170};

    int iSearchValue = 173;     //需要查找的值
    int iIndex = -1;            //结果下标, <0 表示未找到
    for (int i=0;i<N;i++){
        if (h[i] == iSearchValue){
            iIndex = i;
            break;
        }
    }

    if (iIndex<0)
        cout << "Not found.";
```

```
22      else
23          cout << "h[" << iIndex << "] = " << iSearchValue;
24      return 0;
25  }
```

上述代码的执行结果为：

```
h[20] = 173
```


- 第 6 行：定义值为 30 的常量 N，N 在本例中代表数组长度。
- 第 7~9 行：为简便起见，直接给 h[N]数组初始化填值。
- 第 12 行：变量 iIndex 表示查找的结果下标。如果顺序查找成功，iIndex 存储了目标元素在数组中的下标，其值应大于等于 0，否则，iIndex 保持初始值-1。
- 第 13~18 行：对下标 i 进行 for 循环，逐一比对数组元素的值，如果等于 iSearchValue（即 173），将元素的下标 i 赋值给 iIndex，然后 break 跳出循环。
- 第 20~23 行：如果 iIndex 的值小于 0，说明未找到目标元素，输出“Not found.”；否则，打印输出查找结果。

简单分析可以看出，在最好情况下，上述程序中的 for 循环只需要进行一次比较就可得到结果，比如在数组中查找 175；在最坏情况下，程序中的 for 循环则需要遍历完数组的全部元素才能得到结果，比如在数组中查找不存在的 191。

要点

在分析程序（算法）的执行效率时，通常考虑所有合法输入中导致计算量最大的那个输入，即“最坏情况计算复杂性”。对于上述顺序查找算法，在问题的规模为 N 时，该算法在最坏情况下需要进行 N 次比较才能得到结果，称该算法的最坏情况计算复杂性为 $\theta(N)$ ▲。

当 h[N]数组中的元素无序时，不太容易找出比顺序查找更好的算法。当数组中的元素有序时，可以通过折半查找显著地降低算法的计算复杂性。当 h[N]数组递增有序时，折半查找过程可简述如下：

① 首先找出当前查找范围的中位元素，就本例而言，应为数组 h 中下标为 14 的元素；

② 然后将中位元素与查找关键字进行比较；如果中位元素小于关键字，说明目标元素只能在中位元素的右边；如果中位元素大于关键字，则说明目标元素只能在中位元素的左边；如果中位元素恰好等于关键字，那说明直接找到了目标元素。

③ 上述过程每进行一次，至少能将目标元素的搜索范围减小一半，复述上述过程，直到搜索范围为空，或者找到目标元素为止。

折半查找算法的具体实现请见下述程序。

```
//Project - BinarySearch
#include <iostream>
using namespace std;
```

```
4
5  int binarySearch(const int a[], int left, int right, const int key){
6      while (left<=right){
7          int mid = (left+right)/2;
8          if (a[mid]<key)
9              left = mid + 1;
10         else if (a[mid]>key)
11             right = mid - 1;
12         else
13             return mid;   //在下标 mid 处找到 key,返回 mid
14     }
15     return -1;            //未找到,返回负数下标
16 }
17
18 int main() {
19     const int N = 30;
20     int h[N] = {145,147,147,152,155,157,157,158,160,161,
21                 161,161,162,163,164,165,165,166,166,166,
22                 168,168,169,169,170,170,170,171,173,175};
23     int iSearchValue = 0;
24
25     cout << "Input the number to search:";
26     cin >> iSearchValue;
27     int r = binarySearch(h,0,N-1,iSearchValue);
28
29     if (r<0)
30         cout << "Not found.";
31     else
32         cout << "h[" << r << "] = " << iSearchValue;
33     return 0;
34 }
```

上述程序的执行结果为(第 1 行行末的 173 为操作者输入):

```
1  Input the number to search:173
2  h[28] = 173
```

- 第 20~22 行:定义并初始化身高数组 h[N],请注意该数组是递增有序的。
- 第 25~26 行:请操作者输入查找值 iSearchValue。
- 第 27 行:执行 binarySearch()函数在 h 数组下标 0 至下标 N-1 的范围内查找 iSearchValue。该函数使用折半查找算法完成检索过程,如果找到目标元素,就返回其下标,否则返回负数下标表示未找到。请读者注意,此处将数组名 h 作为实参传递给 binarySearch()函数的形参 a,事实上其传递的是数组名,即数组首元素的地址,而不是整个数组。

▶ 第 29~32 行:根据 binarySearch( ) 函数的返回值 r 打印查找结果。

▶ 第 5~16 行:定义了名为 binarySearch 的折半查找函数。该函数在数组 a 从下标 left 至下标 right 的范围内查找值 key,如果找到,就返回目标元素的下标,否则返回负数下标。在整个函数的执行过程中,[left,right]代表了目标元素的当前查找范围,当 right 大于等于 left 时,说明该范围内有 1 个以上的元素。

▶ 第 5 行:形式参数 a 后面跟了一个[ ],这表明参数 a 应被视为一个整数数组的数组名,其元素个数不确定。再次强调,在第 27 行将实参 h 传递给形参 a 时,实际被传递的只是数组名,即 h 数组的首元素地址。由于数组名 a 所关联的地址值与 h 相同,所以函数内对 a 数组的访问,事实上是对外部 h 数组的访问。在函数内部,预期不应修改被查找的数组,因此,将 a 的元素类型定为 const int。

▶ 第 6~14 行:当[left,right]所表示的查找范围至少包含 1 个元素时,循环进行折半查找。如果当前查找范围已无元素,说明找不到目标元素,结束循环并返回-1(第 15 行)。

▶ 第 7 行:根据 left 和 right,计算中位元素的下标。根据本书 3.5.2 节的讨论,整数除以整数的结果为整数,商的小数部分被舍弃。

▶ 第 8~9 行:如果中位元素小于关键字 key,则目标元素在中位元素的右边,将搜索范围修改为[mid+1,right]。

▶ 第 10~11 行:如果中位元素大于关键字 key,说明目标元素在中位元素的左边,将搜索范围修改为[left,mid-1]。

▶ 第 12~13 行:如果程序的执行点到达此处,说明中位元素既不大于也不小于 key,其正好等于 key,直接返回中位元素的下标 mid 作为结果。

要点

binarySearch( ) 函数每进行一"轮"最多两次的比较,在最好情况下,可以直接找到目标元素,在最坏情况下,可将搜索范围缩小一半。容易看出,在问题的规模为 N 时,该算法在最坏情况下需要进行 $\log_2 N$"轮"比较就能得到结果,称该算法的最坏情况计算复杂性为 $\theta(\log_2 N)$。

数学常识告诉我们,即便 N 十分大,$\log_2 N$ 的值也是很小的。折半查找算法的代码和逻辑都远较顺序查找复杂,但其解决查找问题的效率却远高于顺序查找算法。

*算法——冒泡排序

当水里有气泡时,气泡的密度比水小因而上浮,而水面的石头则注定下沉。冒泡排序(bubble sort)即由此得名。请注意,所谓浮、沉、轻和重只是形象化的描述,不能机械理解。

如图 5-3 所示的序列包含 9 个整数,现在要进行非递减,也就是递增排序。我们从前(下标 0)往后两两比较,如果左边的元素大于右边的元素,就两两交换。如图 5-3 所示,9 与 3 比较,9>3,交换;9 与 1 比较,9>1,交换;9 与 4 比较,9>4,交换,……,最后 9 与 5 比较,9>5,交换。

经过这一轮共 8 次的两两比较以及次数不确定的交换，发现序列中的最大元素 9 到了序列的尾部，即下标 8 的位置，请参见图 5-4，而这正好是元素 9 在排序后的目标位置。

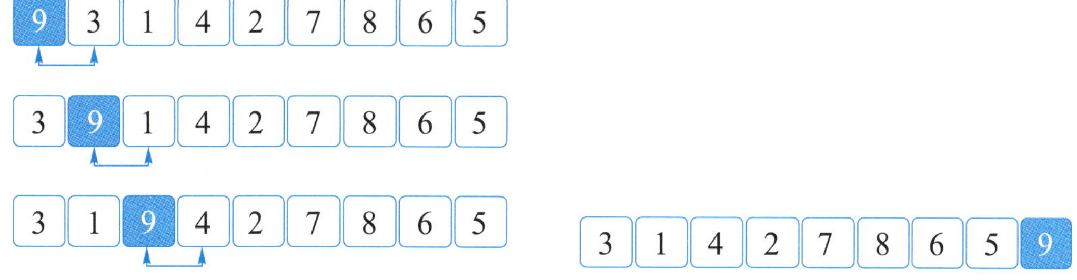

图 5-3　第 1 轮冒泡排序过程（前 3 次比较/交换）

图 5-4　第 1 轮冒泡后的序列

此时，可以认为 9 个元素中的前 8 个是无序的，而最后一个元素无须参与后续的排序。所以把前 8 个元素构成的子序列再来一轮从左至右的冒泡。在这一轮里，总共进行 7 次两两比较。最后，子序列中最大的元素 8 也到达了目标位置，即子序列的最后端，如图 5-5 所示。

同样，可以把前 7 个元素构成的子序列再来一轮冒泡……把前 2 个元素构成的子序列再来一轮冒泡。最后，全部元素都达到了目标位置，排序完成，如图 5-6 所示。

图 5-5　第 2 轮冒泡后的序列

图 5-6　完成冒泡排序后的序列

总结：对于由 n 个元素组成的序列，如果进行冒泡排序，总共要进行 $n-1$ 轮的冒泡。第一轮的冒泡执行 $n-1$ 次比较，第二轮冒泡执行 $n-2$ 次比较……最后一轮冒泡执行 1 次比较。故，比较运算的总次数为 $n-1+n-2+n-3+\cdots+2+1$，这是一个等差数列，其和等于 $n(n-1)/2$。如果以后读者学习算法或者数据结构课程，会进一步地将该式简化成仅评估 n 的阶，用符号表达为 $\Theta(n^2)$。在算法分析的术语里，称冒泡排序的计算复杂性为 $\Theta(n^2)$。

下面是冒泡排序的示例代码：

```
//Project - BubbleSort
#include <iostream>
using namespace std;

void bubbleSort(int a[], const int n){
    for (int i=n-1;i>0;i--)
        for (int j=0;j<i;j++){
            if (a[j] > a[j+1]){
                int t = a[j];
                a[j] = a[j+1];
                a[j+1] = t;
            }
        }
}

```

```
16 int main() {
17     int data[] = {3,9,1,4,7,6,5,8,2};
18     bubbleSort(data,9);
19 
20     cout << "Sorted array: ";
21     for (int i=0;i<9;i++)
22         cout << data[i] << ",";
23 
24     return 0;
25 }
```


上述程序的执行结果为:

```
Sorted array: 1,2,3,4,5,6,7,8,9,
```

▶ 第 5~14 行:定义了一个名为 bubbleSort 的函数。该函数接受一个整数数组 a,以及一个整数 n 作为参数。其中,n 代表参数数组 a 内的元素个数。该函数对 a 数组内的元素进行冒泡非递减排序。

- 形式参数 a 的后面加了一个方括号,这种形式表示参数 a 实际为一个整数数组。请注意,当第 17 行将实参 data 传递给 bubbleSort( )的形参 a 时,并不是将整个数组传递过来,实际被传递的是数组名,即 data 数组首元素的地址。由于数组名 a 所关联的地址值与 data 相同,所以,bubbleSort( )函数内对 a 数组元素的修改,事实上就是对外部的 data 数组的修改。
- 形式参数 n 的类型为 const int,系常量型整数。相较于变量,除了初始化赋值之外,常量型对象是不可以被修改的。将形参 n 设定为常量型是有好处的。按照程序逻辑,bubbleSort( )函数预期不应修改代表数组元素个数的对象 n,如果不小心在 bubbleSort( )函数内错误修改 n 的值,编译器会报错。
- bubbleSort( )函数内进行了双重循环。其中,外层循环中的 i 表示进行本轮冒泡排序的元素范围为 a[0]~a[i],本例中,取值依次为 8、7、6、5、4、3、2、1(不含 0)。内层循环中的 j 表示从左到右两两比较的左元素的下标,右元素的下标为 j+1。本例中,当 i=8 时,(j,j+1)依次取(0,1)、(1,2)、(2,3)、(3,4)、(4,5)、(5,6)、(6,7)和(7,8)。
- 当进行非递减排序时,元素比较使用>操作符,否则使用<操作符。
- 第 8~10 行交换 a[j]和 a[j+1]的值,引入了一个临时变量 t。t 负责保存 a[j]在被覆盖赋值之前的值,以便稍后传递给 a[j+1]。

▶ 第 17 行:定义并初始化了 data 数组。

▶ 第 18 行:调用执行 bubbleSort( )函数对 data 数组进行了非递减冒泡排序。再次强调,data 实参传递给 bubbleSort( )函数的形参 a 时,只传递了数组名,即数组的首元素地址。

▶ 第 20~22 行:打印输出排序后的 data 数组的全部元素。输出结果证实,排序正确无误。

如果读者还是不太明白,那么拿出一支笔和一张纸,把自己当成一台计算机,来一次上述程序的模拟执行,或许有用。

5.4　字符数组

在前述章节中,已经无数次使用过用双引号包裹的字符串字面量,比如"Hello World"。下述程序有助于理解字符串的本质,即**元素类型为字符的一维数组**。

```
//Project - CStyleString
#include <cstdio>

int main() {
    char s1[] = "hello";
    printf("s1 = %s, addr = %p, sizeof s1: %lld\n", s1, s1, sizeof s1);
    printf("s1 = %d %d %d %d %d %d\n",s1[0],s1[1],s1[2],s1[3],s1[4],s1[5]);

    char s2[256] = "forrest";
    int i = 0;
    while (s2[i]!=0){
        s2[i] = s2[i] + ('A' - 'a');
        i++;
    }
    printf("s2 = %s, addr = %p, sizeof s2: %lld\n", s2, s2, sizeof s2);

    printf("'A' = %d,  'a' = %d",'A','a');
    return 0;
}
```

上述程序的执行结果为:

```
1  s1 = hello, addr = 000000000061FE06, sizeof s1: 6
2  s1 = 104 101 108 108 111 0
3  s2 = FORREST, addr = 000000000061FD00, sizeof s2: 256
4  'A' = 65,  'a' = 97
```

说明:在读者的计算机上,输出结果中的地址很可能与本书不同。

结合图 5-7 来解读上述程序中关于字符串 s1 的部分。如执行结果的第 1 行所示,在作者的计算机上,由 5 个字符构成的"hello"占据了从地址 0x0061FE06 开始的连续 6 个字节的内存空间,其中每个字节存储一个字符。多出来的一个字节是由编译器自动添加的,其值为整数 0,用于表示字符串的终止。

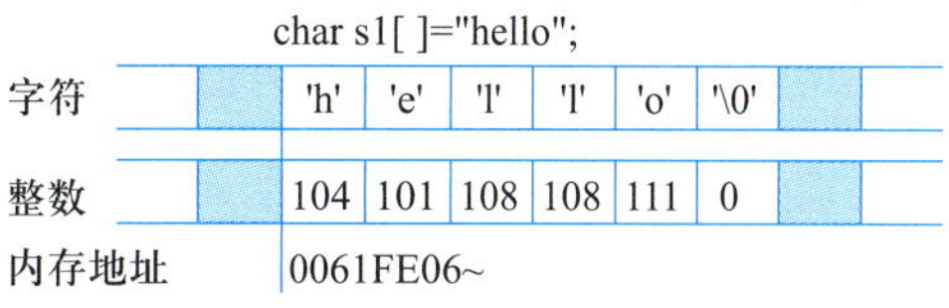

char s1[ ]="hello";

字符			'h'	'e'	'l'	'l'	'o'	'\0'	
整数			104	101	108	108	111	0	
内存地址		0061FE06~							

图 5-7　s1 的存储结构

如第 2 章所述,char 类型的实质是单字节的有符号整数。图 5-7 的第 2 行显示了 s1 的

6 个字节的整数值，第 1 行则显示了这些整数值对应的 ASCII 码字符。需要注意的是，最后 1 个字节存储的是整数 0，其对应的转义字符为'\0'，它并不是字符'0'，字符'0'的 ASCII 码值为 48。

- 第 5 行：定义了字符数组 s1，元素个数从字符串字面量统计而得，编译器会主动添加 1 个字节并将其赋值为整数 0，以表示字符串的终止。
- 第 6 行：占位符%s 按字符串方式输出 s1，可以想象，printf( )在执行占位符替换的过程中，会逐一考察构成 s1 数组的每一个元素，如果其值不为 0，则转换输出其对应的 ASCII 字符，如果等于 0，则终止。占位符%p 按地址/指针形式输出 s1，按本章稍早的讨论，数组名 s1 即为该数组首元素的地址。sizeof s1 取得 s1 数组的内存空间大小，为 6 个字节。
- 第 7 行：使用下标获得 s1 每个元素的值，并按照整数输出。所得即为 s1 存储空间内 6 个字节的整数值。其结果与图 5-7 的第 2 行相符。

我们结合图 5-8 来解读上述程序中关于字符串 s2 的部分。如执行结果的第 3 行所示，在作者的计算机上，s2 占据了从地址 0x0061FD00 开始的连续 256 个字节的内存空间。其中，前 7 个字节存储了 7 个字符，剩余的字节全部被初始化为整数 0，用于表示字符串的终止。

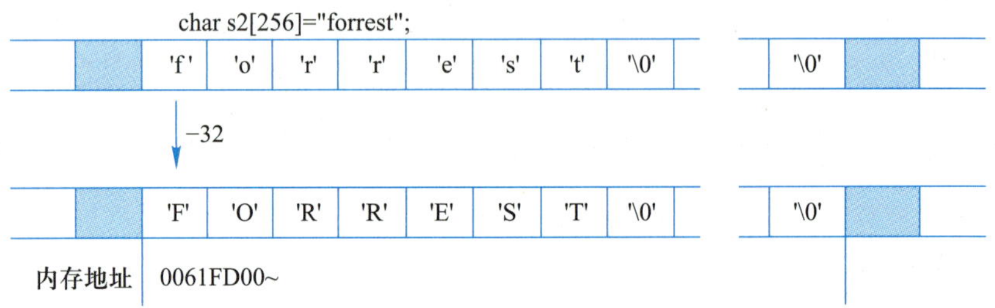

图 5-8　s2 的存储结构

- 第 9 行：定义并初始化了字符数组 s2，除了前 7 个字符，后续的 256-7 个字节的空间都被初始化为整数 0 值。
- 第 10~14 行：通过 while 循环从头开始逐字节遍历 s2，如果其值不为 0，则将其值加上-32（减去 32）。上述过程一直持续到遇到 0 为止。直观上，该 while 循环将字符串内的全部小写字符转换成对应的大写字符。读者如果翻看 ASCII 码表，即可发现小写字母与其对应的大写字母的码值正好差 32。但作者在编写上述代码时，并不记得小写字母与大写字母的码值差为 32，就顺手通过'A'-'a'来获得上述码差。
- 第 15 行：输出 s2 字符串和 s2 的地址，以及 s2 的大小。
- 第 17 行：通过%d 占位符输出字符'A'及'a'的 ASCII 码值，执行结果可见，'A'和'a'的 ASCII 码值分别是 65 和 97，码值差为-32。

区别于 C++标准模板库中的 string 类型，上述以字符数组形式实现的字符串称为 **C 风格的字符串**。需要注意的是，C++用单引号包裹单个字符，用双引号包裹字符串，不可混淆使用，参见下述代码及其注释。

```
char c = 'c';     //正确:单引号包裹单个字符
char d = "d";     //错误:双引号包裹字符串,字符串不可以赋值给 char 类型变量
char e[] = "e";  //正确,字符串可以只包含单个字符
char f[] = 'f';  //错误,单个字符不能构成字符串,不能赋值给字符数组
```

扩展阅读 5-1:基于字符数组的字符串运算

C 风格的字符串就是以 0 结尾的字符数组。通过 cstring 头文件,可以引入一系列的字符串运算函数,以完成字符串比较、拼接、复制等操作。

微实践——缓冲区溢出攻击

缓冲区(buffer)是计算机里的一块连续内存区域,通常用于存储同一数据类型的多个实例,比如下述程序中的字符数组 sActualPass。如果程序向缓冲区里填充数据时没有进行恰当的容量检查,就可能发生**缓冲区溢出**,溢出的数据可能会非法覆盖其他合法数据。

恶意的攻击者可以利用缓冲区溢出漏洞来展开攻击,其中一个最简单的途径就是故意输入“超长”的数据,通过多余的数据来修改程序内的合法数据,比如密码,从而获取操作权限。

下述程序模拟了缓冲区溢出攻击的最简单情形。字符数组 sActualPass 存储了真正的登录密码“secret”。程序通过 scanf()-->cin 读取操作者输入的密码存入字符数组 sInputPass,然后再将 sInputPass 和 sActualPass 进行比较,两者一致则允许登录。

```
//Project - CrackPassword
#include <iostream>
#include <cstring>
using namespace std;

int main(){
    char sActualPass[8] = "secret";
    char sInputPass[8] = "";

    while (1){
        cout << "Enter your password:";
        cin >> sInputPass;
        if (strcmp(sInputPass,sActualPass)==0){
            cout << "Login sucessfully.\n";
            break;
        }
        else
```

```
18            cout << "Wrong password.\n";
19        }
20
21        cout << "Start using the system...\n";
22        return 0;
23    }
```

上述程序的执行结果为(第 1 行的 12345678crack 为操作者输入):

```
1  Enter your password:12345678crack
2  Wrong password.
3  Enter your password:crack
4  Login sucessfully.
5  Start using the system...
```

第 13 行的 strcmp( )函数源自头文件 cstring,它用于比较两个字符串的大小,当且仅当两个字符串的长度和内容完全一致时,该函数返回 0 值。

如执行结果的第 1 行所示,不知道登录密码的“恶意”使用者在录入密码时故意输入了超长密码 12345678crack,成功地将系统密码修改为“crack”,然后通过新密码 crack 成功登录了系统。

图 5-9 为缓冲区溢出攻击示意图,展示了程序中两个字符数组 sActualPass 和 sInputPass 的内存分布,两个字符数组的内存区域紧邻,且 sInputPass 位于 sActualPass 之前。读者可以在程序中加入下述代码,打印两个字符数组的地址来证实。

```
printf("addr of sInputPass,sActualPass:%p,%p\n",sInputPass,sActualPass);
```

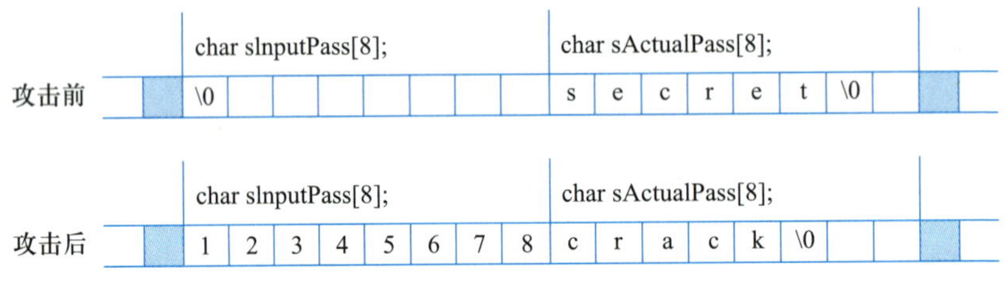

图 5-9 缓冲区溢出攻击示意图

从图 5-9 可见,由于 cin>>sInputPass 没有进行输入容量检查,当操作者输入超长密码时,12345678 的部分填入了 sInputPass,而超长的 crack 部分则填入了 sActualPass。这事实上“破解”了程序密码,使得攻击者可以在第二次尝试中成功登录。

建议

C++的标准库里有数量众多的函数、类型、算法等内容,了解其用法的最佳途径是查询 C++的参考文档。互联网上有诸多网站提供上述内容,在搜索引擎中以关键字 C++ Reference 搜索可得。

练习巩固

习题讲解 5-4：回文数

习题讲解 5-5：进制转换

5-4　（回文数）数字 121 从左往右读与从右往左读是一样的，这种数被称为回文数。请使用 for 循环以及字符数组设计一个程序，找出 100 000 以内的所有回文数。

5-5　（进制转换）从键盘读入一个表示十六进制整数的字符串，逐一将全部十六进制位乘以其位权并求和，将该字符串转换成整数并按十进制输出其值。

输入输出示例：

```
Enter a hexadecimal integer: 7Ba1
Decimal value: 31649
```

5.5　C++字符串

C 风格字符串本质上是字符类型的一维数组，而数组的长度是在定义时就确定且在程序运行过程中无法修改的。如果试图往字符数组中复制超过其容量的字符串，会导致越界访问问题。C++引入了新的 string 类型，该类型对象的“大小”可以根据需要自动变化。

下述程序可以帮助我们了解 string 类型的使用方法：

```
//Project - CppString1
#include <iostream>
#include <string>
using namespace std;

int main() {
    string s1 {"hello"};
    for (unsigned int i=0;i<s1.size();i++)
        s1[i] += ('A' - 'a');
    cout << "s1 = " << s1 << ", size = " << s1.size()
        << ", sizeof(s1) = " << sizeof(s1) << endl;

    string s2 = " World!";
    string s3 = s1 + s2;
    s1 += s2;
    s2 = "Hello" + s2;
    cout << "s1 = " << s1 << " s2 = " << s2 << " s3 = " << s3 << endl;

    string s4 = "Life is a box of chocolates, you...";
    cout << "s4.substr(17,10) = " << s4.substr(17,10) << endl;

    auto iPos = s4.find("chocolates");
    cout << "s4.find(\"chocolates\") = " << iPos << endl;
```

```
24
25      s4.replace(iPos,10,"CHOCOLATES");
26      cout << "s4 after replace = " << s4 << endl;
27
28      return 0;
29  }
```

上述代码的执行结果为：

```
1  s1 = HELLO, size = 5, sizeof(s1) = 32
2  s1 = HELLO World! s2 = Hello World! s3 = HELLO World!
3  s4.substr(17,10) = chocolates
4  s4.find("chocolates") = 17
5  s4 after replace = Life is a box of CHOCOLATES, you...
```

说明：在不同开发环境下，第一行 sizeof(s1)的输出结果可能与本书不同。

- ▶ 第 3 行：string 头文件引入了 string 类型。同 int、float 这些内置类型一样，string 也属于一种数据类型。区别在于，int、float 是 C++原生的，而 string 是由 string 头文件定义并介绍给编译器的。
- ▶ 第 7 行：定义了 string 类型的对象 s1，并使用一个 C 风格的字符串字面量初始化了 s1。
- ▶ 第 8~9 行：通过 for 循环遍历并修改了 s1 内的每个字符，将其由小写变为大写。
    - s1.size()是 s1 对象的成员函数(member function)，它返回 s1 对象内包含的字符个数。该函数的返回类型为 size_t，即 unsigned long long，与之匹配，循环变量 i 的类型设定为 unsigned int。如果按照常规将 i 的类型定义为 int，即有符号整数，编译器可能会给出“有符号整数与无符号整数比较”的警告。使用一个对象的成员函数的语法是：对象名.函数名(<实参列表>)。
    - s1[i]用于访问 s1 字符串内的第 i 个字符。与 C 风格的字符串数组不同，s1[i]在语法上类似于访问数组元素，但实质上是一次“操作符函数调用”▲。
- ▶ 第 10~11 行：从输出结果的第 1 行可见，s1 被成功转换成了大写形式。size()函数返回值为 5，与实际情况相符。sizeof(s1)返回值为 32，这表示 s1 对象的内存尺寸。
- ▶ 第 13~17 行：通过+操作符可以实现 string 字符串的拼接。同时，还应注意到，+操作符既可以拼接两个 string 对象，也可以将一个 string 对象与一个 C 风格字符数组相加，均返回拼接好的新 string 对象。在第 15 行，还看到了+=操作符的使用，容易看出，s1+=s2 的实际作用是将 s2 的内容附加在 s1 字符串的后面。以后我们会学到，这里的+以及+=并不是普通的操作符，其实质是**重载的操作符函数**▲。请结合输出结果的第 2 行理解上述代码。
- ▶ 第 19~20 行：s4.substr(17,10)截取 s4 字符串中从第 17 个字符开始的连续 10 个字符，并返回截取的**子串**，类型为 string。请注意，所谓第 17 个字符，是从 0 开始计数的。输出结果的第 3 行可见截取出来的子串为"chocolates"。
- ▶ 第 22~23 行：s4.find("chocolates")函数返回"chocolates"子串在 s4 中出现的位置(下标)。输出结果的第 4 行证实，其位置下标为 17。

▶ 第 25～26 行：s4. replace(iPos,10,"CHOCOLATES")将 s4 中从 iPos 下标(即 17)开始的连续 10 个字符替换成"CHOCOLATES"，输出结果的第 5 行证实了上述操作成功完成。

当使用 string 类型的对象来存储字符串时，完全不用担心容量问题。在现代计算机上，往一个 string 类型的对象 s 内存入一套四库全书毫无压力。事实上，无论给 string 对象 s 装入多大长度的字符串，sizeof(s)均为固定值，即 s 对象的内存尺寸不会变大。那么字符串存在哪里？string 对象是如何管理字符串的存储空间的？这些问题需要到本书靠后部分才能解释清楚。

扩展阅读 5-2：UTF-8 编码及非英文字符的处理与显示

char 类型只包含 1 个字节的存储空间，而 1 个字节最多能表达 256 种不同的值。如果只表达英文字符及其标点符号，1 个字节足够。但其他文字，比如中文，其“字符”有数万之多。在编码其他语言文字时，可能会使用到不同的多字节编码方案。

练习巩固

5-6　凯撒密码是一个简单的替换加密技术，它简单地将明文字符串中的全部字母在字母表上偏移 n 项。当 n 大于 0 时，表示向后偏移，小于 0 则表示向前偏移。当 n 为 2 时，字母 A 变 C，c 变 e，y 变 a，Z 变 B；当 n 为-2 时，字母 A 变 Y，c 变 a，y 变 w，Z 变 X。请编写程序，依次读入明文字符串及整数偏移量 n，然后输出加密后的密文字符串。提示：C 语言可用 gets()函数，C++语言可用 getline()函数读入整行字符串。

习题讲解 5-6：凯撒密码

输入输出示例：

```
Input a message:No One Can Stop Us
Enter offset:2
Encrypted message:Pq Qpg Ecp Uvqr Wu
```

5-7　(字符串匹配)函数 findSubStr()用于从以 0 结尾的字符数组 s 中查找其子串 s1 的位置，如果找到，返回起始下标，否则返回-1。请实现该函数并编写合适的代码测试它。

习题讲解 5-7：字符串匹配

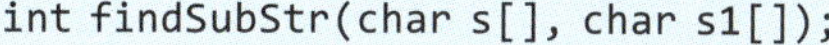

```
int findSubStr(char s[], char s1[]);
```

举例：字符串'tri'在字符串'string'中的起始下标为 1；在字符串'tom&jerry'中找不到子串'jack'，函数应返回-1。

5.6　二维数组

在日常工作生活中，经常会遇到二维的数据表格。比如，某学业导师指导了 4 位学生，每位学生都在 2022 年春季学期选修了相同的 5 门课。到期末，导师可能会汇总出表 5-1 所示的成绩单：

表 5-1　成　绩　单

学生	课程 0	课程 1	课程 2	课程 3	课程 4
学生 0	67	98	77	80	86
学生 1	56	89	45	76	63
学生 2	78	69	96	67	99
学生 3	88	19	78	55	68

在 5.1 节中，使用一维数组 float scores[5]来表示一位学生 5 门课程的成绩。那么要表示上述 4 位同学的成绩，应该如何表达呢？其中一种解决方案是使用 4 个一维数组：

```
float scores0[5] = {67, 98, 77, 80, 86};    //学生 0 的成绩
float scores1[5] = {56, 89, 45, 76, 63};    //学生 1 的成绩
float scores2[5] = {78, 69, 96, 67, 99};    //学生 2 的成绩
float scores3[5] = {88, 19, 78, 55, 68};    //学生 3 的成绩
```

如果只有 4 位学生，使用上述方法或许是可行的，那如果有 5 万学生呢？使用 5 万行代码定义 5 万个一维数组？这显然不是个好主意。

既然平面表格可以是二维（行+列两个维度）的，那么计算机内的数组也可以是二维的。下述程序演示了二维数组的定义和使用方法：

```
//Project - TwoDim
#include <cstdio>

int main() {
    float scores[4][5] = {
        {67, 98, 77, 80, 86},
        {56, 89, 45, 76, 63},
        {78, 69, 96, 67, 99},
        {88, 19, 78, 55, 68}
    };
    scores[1][2] = 100;

    printf("scores = %p, sizeof(scores) = %lld\n",scores, sizeof(scores));
    printf("scores[0~3] = %p %p %p %p\n",
           scores[0],scores[1],scores[2],scores[3]);
    printf("&scores[1][0~2] = %p %p %p\n",
           &scores[1][0],&scores[1][1],&scores[1][2]);
    printf("&scores[1~2][1] = %p %p\n",&scores[1][1], &scores[2][1]);

    float fSum = 0;
```

```
21      for (unsigned int j=0;j<5;j++)
22          fSum += scores[1][j];
23      float fAverage = fSum / 5;
24      printf("Average of scores[1][0~4] = %.2f",fAverage);
25
26      return 0;
27  }
```

上述程序的执行结果为:

```
scores = 000000000061FDC0, sizeof(scores) = 80
scores[0~3] = 000000000061FDC0 000000000061FDD4 000000000061FDE8 000000000061FDFC
&scores[1][0~2] = 000000000061FDD4 000000000061FDD8 000000000061FDDC
&scores[1~2][1] = 000000000061FDD8 000000000061FDEC
Average of scores[1][0~4] = 76.80
```

说明:在读者的计算机上,输出结果中的地址很可能与本书不同,但其分布规律应与本书相同。

- 第 5~10 行:定义了名为 scores 的二维数组,元素类型为 float,分 4 行 5 列。代码第 5 行的 float scores[4][5]可以简写为 float scores[ ][5],让编译器自动从初始值列表中统计行数。但是,编译器不允许列数 5 空缺。由于是二维数组,scores 的初始值列表使用了两层{ }来包裹。

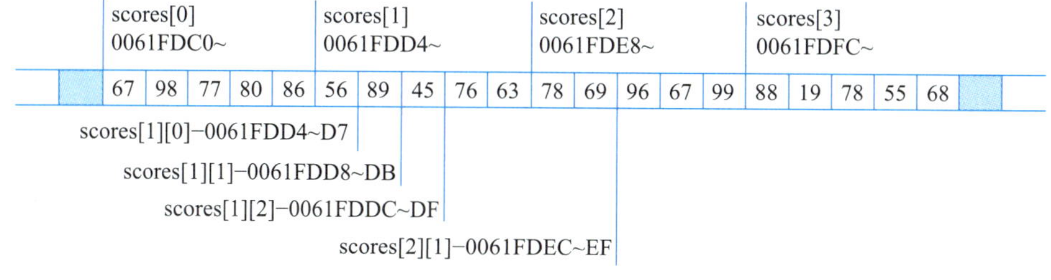

图 5-10　二维数组的内存布局

说明:数组的内存地址是在运行时刻由操作系统分配的,所以读者在自己计算机上获得的 scores 二维数组的内存地址很可能与图 5-10 不同。图 5-10 中的每个单元格代表 4 个字节的存储空间,每 4 个字节的存储空间正好可以存入一个 float 对象。

从逻辑上看,数组是二维的,但计算机的内存是一维的。图 5-10 展示了二维数组 scores 是如何布局在一维的计算机内存中的。scores 数组 4 行 5 列,共 20 个 float 元素,每个 float 元素占 4 个字节,20×4=80 字节。图 5-10 中可见,scores 数组占据了从地址 0x0061FDC0 开始的连续 80 个字节的空间,所有的元素,按照先行后列的顺序逐一排列。其中,第 1 行 scores[0]占据了从地址 0x0061FDC0 开始的连续 20 个字节的空间,第 2 行 scores[1]则占据了从地址 0x0061FDD4 开始的连续 20 个字节的空间,然后是第 3 和第 4 行。二维数组的每一行可以视为一个一维数组,在这些一维数组的内部,其元素排列与普通的一维数组完全相同。

5

- ▶ 第 11 行：scores[1][2]代表了数组第 1 行、第 2 列的元素，即表 5-1 中学生 1 的课程 2 成绩。通过赋值，程序将该值由 45 改为 100。
- ▶ 第 13 行：将二维数组名 scores 按照地址/指针格式打印，从输出结果的第 1 行可见，数组名 scores 的值仍为数组首元素，即第 0 行第 0 列元素的地址。sizeof(scores)返回该二维数组的空间大小，为 80 个字节。
- ▶ 第 14~15 行：scores[i]指二维数组的第 i 行，它可以视为一个一维数组。将 scores[0~3]以地址/指针格式打印，从输出结果的第 2 行可见，scores[i]的值为该一维数组的首元素地址。实践中，可以将 scores[i]视为该一维数组的数组名。
- ▶ 第 16~17 行：通过 & 操作符，获得了 scores[1][0]、scores[1][1]、scores[1][2]的地址并打印，输出结果的第 3 行证实，在一维数组 scores[1]中，其内部元素是依次排列的。
- ▶ 第 18 行：打印输出了元素 scores[1][1]和 scores[2][1]的内存地址，见输出结果的第 4 行。如果读者将两个地址相减，其值应为 20。这说明，在二维数组中，相邻行同列元素之间的地址差正好等于一行元素的空间大小。
- ▶ 第 20~24 行：统计并打印了学生 1，即 scores 数组第 1 行的平均值。

同一维数组一样，当通过 a[i][j]去访问二维数组 a 第 i 行第 j 列的元素时，计算机也必须先求得该元素在内存中的地址。计算公式如下：

```
a[i][j]的地址=首元素的地址+i×单行元素的尺寸+j×单个元素的尺寸
             =a+i×(单个元素的尺寸×单行元素个数)+j×单个元素的尺寸
             =a+i×(sizeof(ElementType)×列数)+j×sizeof(ElementType)
```

以上述公式为基础，尝试计算 scores[2][1]的地址：

```
scores[2][1]的地址=首元素的地址+i×单行元素的尺寸+j×单个元素的尺寸
                  =scores+i×(sizeof(float)×5)+j×sizeof(float)
                  =0x0061FDC0+2×(4×5)+1×4
                  =0x0061FDC0+40+4
                  =0x0061FDEC
```

计算结果与上例输出结果的第 4 行一致。从计算过程可知，计算机依赖于每行的元素个数，即列数来计算单个元素的存储位置，这就是二维数组 scores[4][5]被定义时，行数 4 可以省略，但列数 5 不能被省略的理由。

同样地，C++不会对二维数组的越界访问进行检查，保证只访问“属于”该数组的元素，是程序员的职责。

练习巩固

习题讲解 5-8：矩阵运算

5-8 （矩阵运算）读入一个正整数 $n(1\leqslant n\leqslant 20)$，再读入 n 行 n 列共 n^2 个整数并存入由二维数组表示的方阵 $\boldsymbol{m}$；计算并输出每一行的元素和；计算并输出每一列的元素和；计算并输出对角线上的元素和。

*算法——计算矩阵乘积

算法实践:计算矩阵乘积

矩阵运算是现代科学及工程计算的基石之一,而矩阵乘法则是其中最常见的运算。当一个 m 行 q 列的矩阵与一个 q 行 n 列的矩阵相乘时,结果矩阵包含 $m \times n$ 个元素,而每个元素的计算则依赖于 q 次乘法及加法来完成。

练习巩固

5-9 (百钱买百鸡)我国古代数学家张丘建在《算经》一书中提出了下述数学问题:鸡翁一值钱五,鸡母一值钱三,鸡雏三值钱一。百钱买百鸡,问鸡翁、鸡母、鸡雏各几何?请使用三重或者二重循环求解该问题。

习题讲解 5-9:百钱买百鸡

*5.7 多维数组

电子正文:多维数组

多维数组与二维数组本质相同,只是维度更多而已。在日常程序设计过程中,高于二维的多维数组使用得不多,故以在线方式提供给读者。

练习巩固

*5-10 (三维数组的元素地址)形状为 m×n×p 的三维数组 a[m][n][p]使用与二维数组类似的方式来计算其元素 a[i][j][k]的存储地址。请参考 5.6 节,写出元素 a[i][j][k]的存储地址计算公式。

习题讲解 5-10:三维数组的元素地址

第6章　指针及引用

这个世界是如此的残酷，却又如此的美丽。

——谏山创《进击的巨人》

学习目标

知识目标

1. 掌握指针的定义及使用方法，理解指针的工作原理。
2. 掌握引用的使用方法，了解引用的工作原理。
3. 了解通过main()函数参数为应用程序提供运行参数的方法。

能力目标

1. 在程序中合理运用指针解决实践问题。
2. 在程序中合理运用引用解决实践问题。

素质目标

通过比较指针和引用在易用性方面的优劣，体会："良好的设计应追求简洁易用的接口"。

思维导图

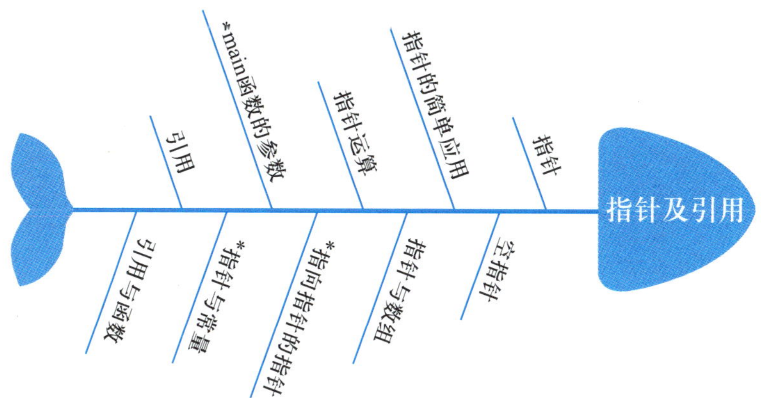

C++中的**指针(pointer)**是无数初学者的噩梦,也是造成 C++难学难用的原因之一。

6.1 指　　针

指针是一个值为内存地址的对象,它既可以是变量,也可以是常量。

```
int a;     //整数对象 a
int *p;    //指向整数的指针对象 p
```

上述代码中的变量 a 为一个类型为 int 的对象,其预期应存放一个整数;变量名 p 之前有一个 * 号,表示 p 是一个指向整数对象的指针,其预期应存放一个整数对象的内存地址,p 的类型为 int * 。

为了更好地理解指针及其应用,请阅读下述程序:

```
//Project - PointerBasic
#include <cstdio>

int main(){
    int a = 9999, *p;
    p = &a;

    printf("before: a = %d,  *p = %d\n", a, *p);
    a++;
    *p = *p + 100;
    printf("after: a = %d,  *p = %d\n", a, *p);

    printf("&a = %p, p = %p, sizeof(p) = %lld\n", &a, p, sizeof(p));
    printf("&p = %p", &p);

    return 0;
}
```

上述代码的执行结果为:

```
1 before: a = 9999,  *p = 9999
2 after: a = 10100,  *p = 10100
3 &a = 000000000061FE1C, p = 000000000061FE1C, sizeof(p) = 8
4 &p = 000000000061FE10
```

说明:在读者计算机上,第 3~4 行的地址及 sizeof(p)可能与本书不同。

▶ 第 5 行：定义了类型为 int 的变量 a，初始化其值为 9 999；变量名 p 前加了一个 * 号，该星号表明，变量 p 是一个指向 int 类型对象的指针，它预期用于存储一个 int 类型对象的内存地址，其数据类型简写为 int * 。

图 6-1 展示了标准的指针定义语法，其中的 p1 和 p2 事实上还是变量，区别于普通的变量，p1 预期用于存储一个 int 对象的内存地址，而 p2 预期用于存储一个 float 对象的内存地址。初始值 nullptr 事实上为 0，它表示一个指针对象已经存在，但尚未指向任何其他对象。请读者注意图 6-1 中 * 号的位置，从语法角度，int* p1 和 int *p1 的意义完全相同。

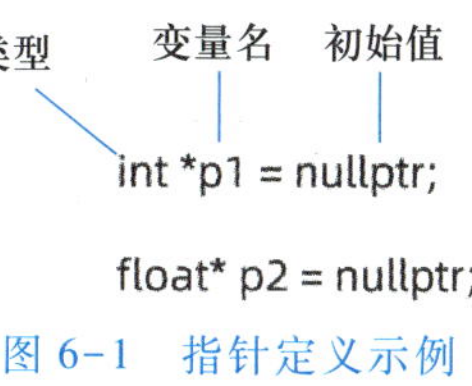

图 6-1　指针定义示例

6

▶ 第 6 行：取变量 a 的地址，赋值给指针变量 p。对一个 int 类型的变量 a 使用 & 操作符，其返回的地址为一个 int 对象的地址，简写为 int * 。同时，变量 p 的类型也为 int *，第 6 行赋值操作符两端操作数（operand）的类型相同。表 6-1 列出了本例中第 6 行执行完成后变量 a 与 p 的状态。

表 6-1　变量 a 与 p 的状态

变量名	类型	值	内存地址
a	int	9 999	0x0061FE1C
p	int *	0x0061FE1C	0x0061FE10

从表 6-1 中可见，p 的值即为 a 的地址。同时，p 作为一个变量，也有自己的内存空间以及地址。

借助于本程序的输出结果，绘制了变量 a 与 p 的内存布局图，如图 6-2 所示，a 变量占据了从地址 0x0061FE1C 开始的连续 4 个字节的空间，p 变量则占据了从地址 0x0061FE10 开始的连续 8 个字节的空间。在 64 位编译器下，指针/地址占据 8 个字节，共 64 个比特的空间。编译器出于某些考虑（比如内存对齐），在 p 和 a 的内存之间留下了一些空白内存，请见图 6-2 中两者之间的灰色单元格。

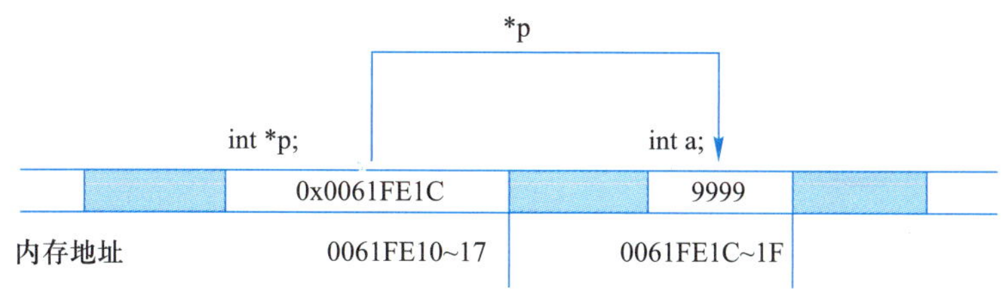

图 6-2　a 与 p 的内存布局

▶ 第 8 行：在 int * 类型的指针变量 p 前打上一个 * 号，* p，其含义为取指针 p 所指向的对象，也可称为取 p 所存地址处的对象。本例中，* p 即为对象 a，其类型为 int。此处的 * 号与作为乘法运算符的星号是不同的操作符，它称为**间接操作符（indirection operator）**，也可称为**解引用操作符（dereferencing operator）**。从输出结果的第 1 行可见，a 和 * p 的值均为 9 999，它们事实上关联同一个值。

- ▶ 第 9~10 行:先通过 a++把 a 的值增加了 1,然后通过 ∗p 把 a 值增加了 100。这两行代码执行后,a 的值预期应为 9 999+1+100=10 100。
- ▶ 第 11 行:再次输出了 a 和 ∗p 的值,同为 10 100。如前所述,∗p 事实上就是 a。
- ▶ 第 13 行:输出变量 a 的地址 &a,以及指针 p 的值,还有 sizeof(p)。从执行结果的第 3 行可见,指什 p 的值即为变量 a 的地址;在作者的计算机上,p 对象占据 8 字节内存。
- ▶ 第 14 行:既然指针变量 p 也是一个变量,那么它也有内存空间,而内存空间一定有地址。通过 &p 取得 p 的地址并输出,得执行结果的第 4 行。

6.2　空　指　针

当一个指针对象的值为 0 时,该指针事实上不指向任何对象,称该指针为**空指针(null pointer)**。在 C++中,空指针用关键字 nullptr 表示,请见下述示例程序。

```
1  //Project - NullPtr
2  #include <iostream>
3  #include <cstdio>
4  using namespace std;
5
6  int main() {
7      char c {'c'};
8      char* p {nullptr};
9      //*p = 'a';              //对一个空指针应用间接操作符会引发执行错误
10     printf("p = nullptr = %p\n", p);
11     p = &c;
12     printf("p = &c = %p, c = %c, *p = %c", p, c, *p);
13
14     return 0;
15 }
```

上述程序的执行结果为:

```
1  p = nullptr = 0000000000000000
2  p = &c = 000000000061fe17, c = c, *p = c
```

说明:在读者计算机上,执行结果第 2 行中的地址很可能与本书不同。

- ▶ 第 8 行:定义并初始化了指针 p,其为空指针。
- ▶ 第 9 行:当指针 p 为空时,∗p 表示一个并不存在的对象,会引发执行错误。
- ▶ 第 10 行:将 p 值按地址格式输出,执行结果的第 1 行可见,p 值为 0。
- ▶ 第 11 行:使用取地址操作符 & 取得变量 c 的地址并赋值给 p,赋值完成后,p 指向 c,它不再是空指针。

▶ 第 12 行:打印 p 的值,c 的值,以及 ∗ p 的值。从执行结果的第 2 行可见,p 有一个合法的地址值,∗ p 即为 c,其值为' c' 。

在 C 语言中,一般使用关键字 NULL 表示空指针。

6.3　指针的简单应用

下述程序演示了指针最基本的用途:

```
//Project - Swap
#include <iostream>
using namespace std;

void swap1(int a, int b){
    int t = a;
    a = b;
    b = t;
}

void swap2(int* a, int* b){
    int t = *a;
    *a = *b;
    *b = t;
}

int main() {
    int m = 2, n = 7;

    swap1(m,n);
    cout << "after swap1: m = " << m << ", n = " << n << endl;

    swap2(&m, &n);
    cout << "after swap2: m = " << m << ", n = " << n << endl;

    return 0;
}
```

上述程序的执行结果为:

```
after swap1: m = 2, n = 7
after swap2: m = 7, n = 2
```

上述程序中的 swap1( ) 及 swap2( ) 试图完成相同的功能:交换两个整数对象的值。

- 第 5~9 行:swap1( )函数接受 int 类型的形参 a 和 b,函数体内借助临时变量 t,交换了形式参数 a、b 的值。
- 第 11~15 行:swap2( )函数接受 int * 类型的形参 a 和 b,函数体内借助临时变量 t,交换了 a、b 指针指向的整数对象的值。
- 第 20~21 行:将 m、n 作为实参调用执行 swap1( )函数,执行完后再打印 m、n 的值,从执行结果的第 1 行可见,m、n 的值没有因 swap1( )的执行而交换。
- 第 23~24 行:取 m 和 n 的地址,并将地址作为实参调用执行 swap2( )函数。对于 swap2( )函数而言,a、b 形参的值即为 m、n 变量的地址,函数体内对 * a、* b 的修改即是对外部变量 m、n 的修改。从执行结果的第 2 行可见,借助指针,swap2( )函数成功交换了变量 m、n 的值。这种传递指针调用函数的方式,称为**传指针调用(call by pointer)**。

接下来解释为什么 swap1( )函数未能达成目标。请阅读下述程序:

```
//Project - CallByValue
#include <cstdio>

void swap1(int a, int b){
    printf("before swap in swap1: ");
    printf("&a=%p,&b=%p,a=%d,b=%d\n", &a, &b, a, b);
    int t = a;
    a = b;
    b = t;
    printf("after swap in swap1: ");
    printf("&a=%p,&b=%p,a=%d,b=%d\n", &a, &b, a, b);
}

int main() {
    int m = 2, n = 7;
    printf("before function call: ");
    printf("&m=%p,&n=%p,m=%d,n=%d\n", &m, &n, m, n);
    swap1(m,n);
    printf("after function call: ");
    printf("&m=%p,&n=%p,m=%d,n=%d\n", &m, &n, m, n);
    return 0;
}
```

上述程序的执行结果为:

```
before function call: &m=000000000061FE1C,&n=000000000061FE18,m=2,n=7
before swap in swap1: &a=000000000061FDE0,&b=000000000061FDE8,a=2,b=7
after swap in swap1: &a=000000000061FDE0,&b=000000000061FDE8,a=7,b=2
after function call: &m=000000000061FE1C,&n=000000000061FE18,m=2,n=7
```

说明:在读者的计算机上,执行结果中的地址很可能与本书不同。

在 main()函数中，分别打印了变量 m、n 在 swap1()函数执行前后的地址和值；在 swap1()函数中，打印了形参 a、b 在数据交换前后的地址和值。从执行结果可见，按照顺序，实参 m 的值 2 传递给了形参 a，实参 n 的值传递给了实参 b，但传递完成后，a 与 m，b 与 n 完全独立，它们只是 m、n 的复制品而已。从执行结果可见，a、b 与 m、n 拥有不同的内存地址。

从执行结果的第 2~3 行可以看到，在 swap1()函数内部，成功地交换了形参 a、b 的值：2，7 变成了 7，2。但对形参 a、b 的交换并不会影响外部变量 m、n，它们的值在函数执行前后完全没有变，请见执行结果的第 1 行和第 4 行。

在 swap1(m，n)的调用过程中，m、n 的值传递给了形参 a、b，这种传递参数的值调用函数的方式，称为**传值调用(call by value)**。如果期望在函数内修改外部对象的值，需要借助外部对象的地址/指针来进行。

练习巩固

6-1　(调和平均)函数 hmean()用于计算 x 和 y 的调和平均数，结果应保存在指针 r 所指向的浮点数对象中。当 x+y 等于 0 时，函数返回 0 表示无法计算，否则返回 1。请实现该函数并编写恰当的代码来测试它。

习题讲解 6-1：调和平均

```
int hmean(const int x, const int y, float * r);
```

数学上，两个数 x 和 y 的调和平均数 $z=2xy/(x+y)$。

6-2　(地球时间)以第 3 章微实践——地球时间的代码为基础，实现下述 getTime()函数，将当前小时数、分钟数和秒数写入指针 h、m 和 s 指向的整数对象。请编写合适的代码测试该函数。

习题讲解 6-2：地球时间

```
void getTime(int * h, int * m, int * s);
```

6.4　指针与数组

在第 5 章，已经知道数组名即为数组首元素的地址，而指针变量的值也是地址，数组名与指针可以相互转换。请见下述程序：

```
//Project - ArrayPointer1
#include <cstdio>
#include <cstdlib>

int main(){
    float scores[5] = {55,66,77,88,99};
    float * p1 = scores;                          //把数组名赋值给指针
    printf("sizeof(scores) = %lld,  sizeof(p1) = %lld\n",
```

```
9              sizeof(scores),sizeof(p1));
10     float * p2 = (float * )malloc(sizeof(float) * 5);  //申请分配 20 字节的内存
11     if (p2==nullptr)
12         exit(EXIT_FAILURE);
13
14     float fSum = 0;
15     for (unsigned int i=0;i<5;i++){
16         p2[i] = p1[i];                                  //指针当成数组用
17         fSum += p2[i];
18     }
19
20     printf("Average = %f",fSum/5);
21
22     free(p2);                                           //释放申请的内存
23     return 0;
24 }
```

上述程序的执行结果为：

```
1  sizeof(scores) = 20,  sizeof(p1) = 8
2  Average = 77.000000
```

▶ 第 3 行：将 cstdlib 头文件引入函数 malloc( ) 以及 free( )。

▶ 第 7~8 行：将数组名 scores 赋值给 float * 类型的指针 p1。虽然同为地址，但将数组名赋值给指针是有信息丢失的。在 Qt Creator 或者其他 IDE 环境中，将光标悬停在 scores 数组名上方，系统会提示该名称的类型为 float[5]，意为包含 5 个 float 的数组，如图 6-3 所示。

```
5 ▾ int main(){
6       float scores[5] = {55,66,77,88,99};
7       float* p1 = scores;          //把数组名赋值给指针
8       printf("sizeof( float [5]  = %lld,  sizeof(p1) = %lld\n",sizeof(scores),sizeof(p1));
```

图 6-3 数组名的类型提示

p1 的类型为 float *，在把 scores 赋值给 p1 后，虽然 p1 事实上指向了一个包含 5 个 float 元素的数组，但对于编译器而言，它就是指向一个 float 对象的指针。从执行结果的第 1 行可见，sizeof(scores) 的结果为 20，因为编译器知道 scores 的类型为 float[5]，sizeof(p1) 的结果为 8，它就是一个平凡的指针。

▶ 第 10~12 行：标准库函数 malloc(n) 用于向操作系统申请 n 个字节的存储空间，返回申请到的内存的地址，其类型为 void *。void * 表示一种特殊的指针类型，该类型指针所指向的对象类型不确定。在第 10 行中，由于 p2 是 float *，而 malloc( ) 的返回值为 void *，两者类型不一致，所以通过(float *)进行显式类型转换。向操作系统的内存申请并不总是能获得批准，在资源紧张的情况下，操作系统可能会拒绝。这时，malloc()函数将返回一个空指针。第 11 行检查 p2 的值，如果是空指针，则调用 exit()函数退出程序的执行，其参数 EXIT_FAILURE 系值为 1 为常量，该参数将被 exit()传递给操作系统，提示程序的执行过程中发生了异常。本例中，sizeof(float) * 5 = 20，申请了 20 字节的空间。此外，malloc()函数不会对申请的内存进行初始化，p2 所指向的 5 个 float 的值是不确定的。

- 第 14~20 行：float * 类型的指针 p1 和 p2 可以当成数组使用。逻辑上，可以把 p1 和 p2 视为元素类型为 float 的一维数组的数组名，p1[i]和 p2[i]计算元素地址的方式与数组完全相同。在上述程序中，通过 for 循环把 p1 数组的值逐一复制到 p2 数组，顺便把数组元素求和，再平均，再打印出来。
- 第 22 行：scores 数组、p1 指针和 p2 指针都是所谓**自动变量(automatic variable)**，它们的内存分配与回收均由编译器生成的机器指令自动处理。但是，p2 指针所指向的由 malloc()函数申请的 20 个字节不属于自动变量，需要由程序员主动释放。free(p2)函数将 p2 指针指向的内存释放给操作系统，使得操作系统可以在恰当的时候将这片内存另作他用。

对于编译器而言，p1 和 p2 指针就是平凡的指向一个 float 对象的指针。把指针当成数组名来使用时，确保下标不越界是程序员的职责。

注意

程序员必须确保申请的内存资源得到恰当的释放。未能妥善释放内存会造成系统可用内存资源的减少，影响计算机的性能。这种情况称为**内存泄漏(memory leakage)**。

练习巩固

6-3　(无符号整数的内存结构)无符号整数 v 由 4 个字节构成，请取 v 的地址并强制类型转换成 unsigned char *，然后通过该指针分别打印构成 v 每个字节的十六进制值，观察 v 的存储结构。

```
unsigned int v = 0x11223344;
```

习题讲解 6-3：无符号整数的内存结构

6-4　(字符串长度)strLength()函数用于统计指针 s 所指向的以 0 结尾的字符串的长度(字符个数)，请实现该函数，并编写合适的代码来测试它。注意不能使用原生的 strlen()函数。

```
unsigned int strLength(const char * s);
```

习题讲解 6-4：字符串长度

6-5　(字符串拼接)函数 strAppend(d,s)将以 0 结尾的字符串 s 附加到以 0 结尾的字符串 d 之后。请实现该函数，并编写合适的代码来测试它。请注意为目标字符串分配足够的内存空间，以免溢出。注意不能使用原生的 strcat()函数。

```
void strAppend(char *d, const char* s);
```

示例：指针 d 所指向的字符串"hello"在附加字符串"world"后变为"helloworld"。

习题讲解 6-5：字符串拼接

6.5 指针运算

指针对象可以与整数进行加减运算，但其实际效果与多数读者的期待不一致。请阅读下述程序：

```
1  //Project - PointerOperation1
2  #include <cstdio>
3  #include <cstdlib>
4
5  int main(){
6      float * p = (float *)calloc(10,sizeof(float));
7      if (p==nullptr)
8          exit(1);
9
10     printf("p = %p,  p + 1 = %p,  p + 3 = %p\n", p, p+1, p+3);
11
12     for (int i=0;i<10;i++)
13         *(p++) = i;              //*p++结果相同
14     p-=10;
15     printf("p[0] = %f,  p[3] = %f,  p[9] = %f\n", *p,  *(p+3), *(p+9));
16
17     free(p);                     //释放通过 calloc()申请的内存
18     return 0;
19 }
```

上述程序的执行结果为：

```
1  p = 00000000009D14A0,  p + 1 = 00000000009D14A4,  p + 3 = 00000000009D14AC
2  p[0] = 0.000000,  p[3] = 3.000000,  p[9] = 9.000000
```

说明：在读者的计算机上，执行结果第 1 行中的地址很可能与本书不同。

- ▶ 第 3 行：将 cstdlib 头文件引入函数 calloc( )及 free( )。
- ▶ 第 6 行：与 malloc(n)函数直接指定要申请空间的字节数不同，calloc(n,size)函数提供了两个参数，n 表示期望存储的元素个数，size 则表示每个元素的字节数。本例中，10 * sizeof(float) = 10 * 4 = 40，calloc( )将申请 40 个字节的内存，然后返回 void *。与 malloc( )函数保存申请内存的原始状态不同，calloc( )函数会自动将所申请的内存全部初始化为 0 值。
- ▶ 第 10 行：将指针 p、p+1、p+3 按地址格式输出。从执行结果的第 1 行可见，p+1 的结果并不是 p 值加上整数 1,而是 p 值加上 4(0x09D14A0 到 0x09D14A4),即 sizeof(float);类似的,p+3 的结果在数值上等于 p 值加 12,即 3 * sizeof(float)(0x09D14A0 到 0x09D14AC)。当 ElementType * 类型的指针 p 加上整数 i 时,其结果仍是一个 ElementType * 类型的指针,该指针的值为:

```
p+i×sizeof(ElementType)
```

直观地,可以认为指针 p 向高地址方向滑动了 i 个 ElementType,此处的 ElementType 泛指某个元素类型。本例中,p+3 得到的新指针相对于 p,往高地址方向移动了 3 个 float。类似的,ElementType * 类型的指针 p 减去整数 i,相当于指针 p 往低地址方向移动了 i 个 ElementType;p++相当于指针 p 往高地址方向移动了一个 ElementType,p--则是往低地址方向移动了一个 ElementType。

- 第 12~13 行:将第 6 行 calloc()返回的内存空间视为包含 10 个 float 的数组,通过 for 循环将数组内的元素依次设置为 0~9。请注意,对于循环体内的代码 *(p++),p++是先取值,后递增,所以 p++返回的是递增之前的指针 p,这个返回的指针再打上 * 号(间接操作符),即为数组的第 i 个元素。事实上,如第 13 行的注释所述,这里的 *(p++)也可以写成 *p++,结果完全相同。作者在这里有意加上的括号有助于改善代码的可读性。
- 第 14 行:第 12~13 行的循环共执行了 10 次 p++,指针 p 的位置已指向数组外部元素。p-=10 将指针 p 移回至数组的首元素。
- 第 15 行:打印 *p、*(p+3)和 *(p+9)的值。执行结果的第 2 行说明,*p 的值即为 p[0]、*(p+i)的值即为 p[i]。

图 6-4 展示了上述代码循环内十次执行 p++,以及 p-=10 时指针 p 在数组上的移动过程。在图 6-4 中,每个单元格代表 4 个字节,保存一个 float 型元素。每执行一次 p++,p 往高地址方向移动至下一个元素;p-=10 时,p 往低地址方向移动 10 个元素,重新指向数组的首元素。

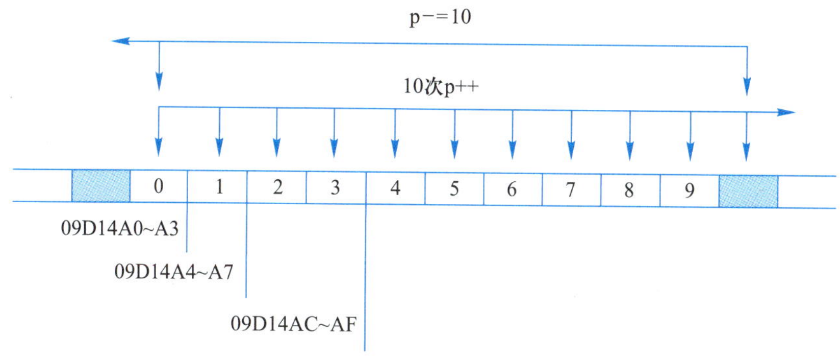

图 6-4　指针在数组上的移动

综上所述,指针 p 加减一个整数后所得到的新指针的值与该指针的类型有关。当指针 p 是一个 float * 时,p+1 事实上将相关地址增加了 4。推而广之,当指针 p 是一个 char * 时,p+1 则只将地址值加 1。借助指针在数组内的移动,下述程序将一个 C 风格字符串中的小写英文字母全部改为大写,同时保持其他字符不变。

```
1  //Project - PointerOperation2
2  #include <cstdio>
3  #include <cctype>
4  
5  int main() {
6      char s[] = "Mary has 3 lambs.";
7      char* p = s;
8  
9      while (*p!=0){       //*p!=0 等价于 (*p)!=0
10         if (islower(*p))
11             *p = *p + ('A' - 'a');
12         p++;
13     }
14 
15     printf("s = %s",s);
16     return 0;
17 }
```


上述程序的执行结果为：

```
s = MARY HAS 3 LAMBS.
```

- ▶ 第 3 行：cctype 头文件引入 islower( ) 函数，该函数接收一个字符作为参数，判断该字符是否是小写英文字母。类似的函数还有 isalpha( )、isblank( )、isupper( )、isdigit( )等，读者很容易从这些函数的函数名推断出其功能。
- ▶ 第 9~13 行：while 循环将 *p 不为 0 作为循环条件遍历整个字符数组，因为字符数组以 0 值表示终止。在循环体内，先判断 p 所指向的字符 *p 是否是小写字母，如果是，修改其值，将其转换成大写字母。在处理完当前字符后，p++将 p 移动至下一个字符。由于指针 p 的类型为 char *，所以 p++只会导致 p 的值增加 1，因为 sizeof(char)等于 1。

输出结果证实，上述转换获得了成功，所有的小写字母变成了大写，而字符串中原有的大写字母、空格及数字没有改变。

练习巩固

习题讲解 6-6：IPv4 地址

6-6 (IPv4 地址)一个 IPv4 地址可用一个 4 字节的无符号整数来表示。下述 setByte(ip,idx,v)函数负责将指针 ip 所指向的 IP 地址的第 idx 个字节修改为 v，其中，idx 取值 0 到 3。请实现该函数，并通过 4 次调用该函数将一个 ip 地址设置为 192.168.0.1，然后将整个 ip 地址的值按 16 进制格式输出。

```
void setByte(unsigned int* ip, int idx, unsigned char v);
```

*6.6　指向指针的指针

如果一个指针指向一个 int 类型的对象，那么该指针的类型为 int *。如果一个指针指向的对象不是一个平凡的对象，而是另外一个指针，那么这个指针就成为“**指向指针的指针**”。请见下述示例：

```
1   //Project - Pointer2Pointer
2   #include <cstdio>
3
4   int main(){
5       int a = 100;
6       int * p = &a;
7       int ** pp = &p;
8
9       printf("&a = %p, p = %p\n", &a, p);   //p 的值为 a 的地址
10      printf("&p = %p, pp = %p\n", &p, pp); //pp 的值为 p 的地址
11      printf("&pp = %p\n", &pp);
12      printf("before: a = %d, * p = %d, ** pp = %d\n", a, * p, ** pp);
13
14      a++;
15      (* p)++;
16      ** pp = ** pp + 1;
17
18      printf("after: a = %d, * p = %d, ** pp = %d\n", a, * p, ** pp);
19      return 0;
20  }
```

上述程序的执行结果为：

```
&a = 000000000061FE1C, p = 000000000061FE1C
&p = 000000000061FE10, pp = 000000000061FE10
&pp = 000000000061FE08
before: a = 100, * p = 100, ** pp = 100
after: a = 103, * p = 103, ** pp = 103
```

说明：在读者的计算机上，执行结果前 3 行中的地址很可能与本书不同。

▶ 第 5~7 行：定义了三个变量 a、p 及 pp。根据程序的输出值，画出了 a、p 及 pp 之间关系的示意图，如图 6-5 所示。

从图 6-5 中可以看出，a、p、pp 都是变量，只是类型各不相同，它们都有自己的存储地址和空间。p 是指向 a 的指针，p 的值即为 a 的地址；pp 则是指向 p 的指针，pp 的值即为 p 的地址。

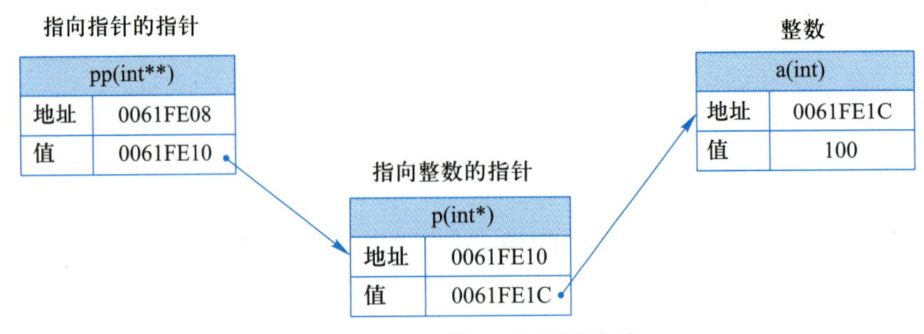

图 6-5 a、p 及 pp 之间的关系

6

- 第 9 行:输出 a 的地址及 p 的值,从执行结果的第 1 行可见,p 值即为 a 的地址,指针 p 指向 a。
- 第 10 行:输出 p 的地址及 pp 的值,从执行结果的第 2 行可见,pp 的值即为 p 的地址,指向指针的指针 pp 指向指针 p。
- 第 11 行:输出 pp 的地址。从执行结果的第 3 行可见,pp 也是一个对象,拥有自己的内存及地址。
- 第 12 行:输出 a、* p 以及 ** pp 的值。pp 是一个指向指针的指针,* pp 即为 p,** pp 等价于 * p,即为 a。由执行结果的第 4 行可见,三种途径都输出了相同的值,即 a 的值 100。
- 第 14~16 行:通过 a、* p 以及 ** pp 三种方式修改 a 的值,执行完后,a 值预期应为 103。
- 第 18 行:再次输出 a、* p 以及 ** pp 的值。由执行结果的第 5 行可见,三种途径事实上都输出了 a 值,为 103。

*6.7 main( ) 函数的参数

电子正文 6-1:main( ) 函数的参数

经由操作系统,用户可以为应用程序的运行指定额外参数,进而影响应用程序的行为。对于 C++程序而言,经由操作系统提供的运行参数可由 main( ) 函数获取并处理。

*6.8 指针与常量

电子正文 6-2:指针与常量

```
const int i = 0;
const int * const p = &i;
```

上述代码所定义的指针是常量型的,同时,该指针指向一个常量型整数。

6.9　引　　用

指针实在是太难以理解和使用了,很多试图入门的初学者止步于于“指针”。但对于编程语言而言,指针并非必须。为了降低语言的难度,**C++**使用**引用(reference)**来实现与指针类似的用途。

从应用角度出发,读者可以简单地将引用视为变量的别名;从内部实现看,引用的实质是自解析的指针。请阅读下述程序:

```
1  //Project - BasicRef
2  #include <iostream>
3  #include <cstdio>
4  using namespace std;
5
6  int main() {
7      int iRabbits = 100;
8      int& iBunnies = iRabbits;
9      printf("&iRabbits = %p, &iBunnies = %p\n", &iRabbits, &iBunnies);
10
11     iRabbits += 10;
12     iBunnies += 5;
13
14     cout << "iRabbits = " << iRabbits << ", iBunnies = " << iBunnies << endl;
15     return 0;
16 }
```

上述代码的执行结果为:

```
1  &iRabbits = 000000000061fe14, &iBunnies = 000000000061fe14
2  iRabbits = 115, iBunnies = 115
```

说明:在读者的计算机上,执行结果第 1 行中的地址很可能与本书不同。

- ▶ 第 8 行:第 8 行中的 & 符号不是取地址操作符,而是 iBunnies 的类型的一部分。iBunnies 的类型为 **int&**,它是 iRabbits 对象的别名。称 iBunnies 是对 iRabbits 的**引用(reference)**。引用关系建立起来以后,iBunnies 与 iRabbits 可以等效使用,两个名字关联了同一个对象。这就好比杜甫又称杜子美,两个名字都指的是同一个人,杜甫是本尊(被引用对象),杜子美是别名(引用)。
- ▶ 第 9 行:分别对 iRabbits 和 iBunnies 取地址并输出。执行结果的第 1 行证实,两者事实上指向同一个对象,因为地址相同。

▶ 第 11～12 行：给 iRabbits 变量加 10，通过 iBunnies 引用给 iRabbits 变量加 5。以上累计，iRabbits 变量加了 15，其值变为 115。

▶ 第 14 行：打印 iRabbits 及 iBunnies 的值。由执行结果第 2 行可见，iRabbits 和 iBunnies 的值均为 115，印证了两者事实是同一个对象的结论。

引用的实质是自解析的指针。本例中，可以想象引用 iBunnies 内部有一个指针/地址，当第 8 行代码定义 iBunnies 并将 iBunnies 引用到 iRabbits 时，程序会取得 iRabbits 对象的地址，并赋值给 iBunnies 内部的指针。

▶ 第 8 行：代码可以“形象理解”为：

```
iBunnies 的内部指针 = &iRabbits;
```

在后续代码中如果使用到 iBunnies，由于编译器知道 iBunnies 是一个引用，它会自动解引用 iBunnies 内部保存的指针/地址。所以对 iBunnies 的操作即是对 iRabbits 的操作。

▶ 第 12 行：代码可以“形象理解”为：

```
* iBunnies 的内部指针 += 5;      //iBunnies 的内部指针即为 iRabbits 的地址
```

虽然引用的实质是自解析的指针，但引用与指针存在诸多差异。

```
1  int a = 3, b = 4;
2  int * p = &a;
3  p = &b;
```

指针可以通过赋值修改其指向，比如，上述程序中的 p 在第 2 行被初始化为指向变量 a，然后第 3 行又修改了 p 的值，让其指向变量 b。

```
1  int c = 3, d = 4;
2  int& r = c;  //必须在定义时初始化 r，将其与特定的对象相绑定
3  r = d;       //不是将 r 的指向改为 d，而是把 d 赋值给 r 引用的变量 c
4  cout << "c = " << c << ", d = " << d <<", r = " << r;
```

引用必须在定义时与其他对象绑定，且不能通过赋值改变绑定关系。上述代码中第 2 行将 r 与 c 绑定，如果定义引用时不给予初始化，编译器会报错。第 3 行并不能将 r 的绑定对象从 c 迁移至 d，而是把 d 赋值给 r 的绑定对象 c。所以第 3 行执行完成后，c、d 以及 r 的值都应该是 4。

要点

引用一旦定义并初始化与其他对象的绑定关系，这种绑定关系便不可修改。从这个角度，可以认为引用内部的指针是一个常量。

也可以定义和使用常量型引用，如下述代码：

```
1   float e = 3.14f;
2   const float& f = e;
3   e += 1.0;
4   //f += 1.0;           //不可以修改常量型引用
5   cout << "e = " << e << ", f = " << f;
```

第 2 行的 f 是关于浮点数 e 的常量型引用,这意味着不能修改 f,或者说不能通过 f 修改 e。但直接修改 e 依然是合法的,如上述代码中的第 3 行。当第 3 行给 e 加上 1.0 使得 e 变成 4.14 后,第 5 行中输出的 f 值也会是 4.14。

当使用 auto 类型推断时,变量的类型默认是非引用的。比如,下述代码中的循环变量 x,其类型将被推断为 float,在循环过程中,x 将是 prices 数组中元素的复制品。第 3 行对 x 的修改,并不会导致 prices 数组元素的改变。

```
1   float prices[] {56.12f, 99.0f, 1.7f, 14.47f};
2   for (auto x:prices)
3       x *= 1.2f;
```

如果在 auto 关键字后加上 & 符号,变量将被推断为引用类型。比如,下例中的循环变量 f,将被推断为 float& 类型,在循环中对 f 的修改,即是对 prices 数组元素的修改。

```
for (auto& f:prices)
    f *= 1.2f;
```

6.10　引用与函数

由于引用的实质就是自解析的指针,所以当一个函数的形参类型定义为引用时,真正被传入函数的将是实参的地址。请见下述程序:

```
//Project - RefFunc
#include <iostream>
#include <cstdio>
using namespace std;

void swap1(float& a, float& b){
    printf("&a = %p, &b = %p\n", &a, &b);

    float t = a;
    a = b;
    b = t;
}
```

```
13
14 int main() {
15     float m = 1.1f, n = 9.9f;
16
17     printf("&m = %p, &n = %p\n", &m, &n);
18     swap1(m,n);
19
20     cout << "after swap1: m = " << m << ", n = " << n;
21     return 0;
22 }
```

上述程序的执行结果为：

```
1 &m = 000000000061fe1c, &n = 000000000061fe18
2 &a = 000000000061fe1c, &b = 000000000061fe18
3 after swap1: m = 9.9, n = 1.1
```

说明：在读者的计算机上，执行结果第 1~2 行中的地址很可能与本书不同。

- ▶ 第 6~12 行：定义了 swap1()函数，用于交换两个形参的值。请注意，形参 a 及 b 的类型为 float& 引用。
- ▶ 第 7 行：在 swap1()函数内部，打印形参 a、b 的地址。
- ▶ 第 15 行：定义了两个浮点数对象 m 及 n，初始值分别为 1.1 和 9.9。
- ▶ 第 17 行：打印了 m、n 的地址。从执行结果的第 1~2 行可见，实参 m 的地址与形参 a 相同，实参 n 的地址与形参 b 相同。证明 a 是 m 的引用，b 是 n 的引用。
- ▶ 第 18 行：以 m、n 为实参调用执行函数 swap1()，由于 swap1()的形参为引用类型，所以实际参数传递的不是 m、n 的值，而是 m、n 的地址。其中，m 的地址传递给了引用 a“内部的指针”，n 的地址传递给了引用 b“内部的指针”。在这行代码里，并没有应用 & 操作符取 m 和 n 的地址，这种取地址的操作是编译器根据 swap1()所要求的形参类型 float& 自动添加的。由于形参 a、b 是实参 m、n 的引用，所以 swap1()函数内对形参 a、b 的操作事实上就是对实参 m、n 的操作，函数执行过程中将实际交换外部变量 m、n 的值。
- ▶ 第 20 行：在 swap1()函数执行完毕后打印 m、n 的值。从执行结果的第 3 行可见，m、n 的值被成功交换。

请读者注意，本例中的函数名为 swap1，而不是 swap。在 C++的标准库中，已经存在一个名为 swap 的模板函数▲，为了避免与其重名，本例中的函数名定为 swap1。

综上所述，通过引用可以达成与指针类似的目的。但相较于指针，引用更容易理解和使用，在使用 C++编程时，作者本人坚持能用引用解决就尽量不用指针的原则。这种传递引用调用函数的方法，称为**传引用调用（call by reference）**。

当函数的形参是引用类型时，编译器对实参的类型匹配提出了更高要求。下述程序中的第 9 行、第 11 行都会被编译器拒绝（早期比较宽松的编译器可能只给出警告）。

```
1   void swap1(float& a, float& b){
2       auto t = a;
3       a = b;
4       b = t;
5   }
6   
7   int main(){
8       double m = 3.0, n = 4.0;
9       //swap1(m,n);           //错误:无法将 double 类型引用为 float&
10      float c = 3.0f;
11      //swap1(c, c+1.2f);     //错误:c+1.2f 是临时对象为常量,无法传递非常量型引用
12      return 0;
13  }
```


▶ 第 9 行:m、n 均为 double 类型,而 swap1( ) 函数要求传递 float 类型的引用。

▶ 第 11 行:c+1.2f 对于编译器而言,是一个用完即弃的临时对象。对临时对象进行修改,是没有意义的,因此 C++编译器总是将临时对象视为常量,不可以对常量对象生成非常量型的引用。

上述第 9、11 行被编译器拒绝的真正理由是:函数的形参是非常量型引用,这意味着在函数内部,可能会通过修改引用型形参来事实上改变外部对象。事实上,对于代码的第 9 行,早期不严格的编译器会通过隐式类型转换生成两个 float 类型的 m、n 复制品,然后以临时复制品变量为基础,生成形参 a、b 的引用。这样,函数对形参的修改事实上成了对用完即弃的“临时对象”的修改,这通常不是程序员的本意,常常会导致程序缺陷。所以,新的 C++标准不允许这样做。

```
1   double getCircleArea(const double& r){
2       return 3.1415926 * r * r;
3   }
4   
5   int main() {
6       double dArea = getCircleArea(7.6f);    //正确
7       return 0;
8   }
```

上述代码的第 6 行则完全没有问题。虽然,7.6f 是一个 float 类型的字面量,这意味着:

- 类型不符,getCircleArea 要求的是 double 类型的引用。
- 字面量不是一个有内存实体的对象,无法取地址。

但是,编译器会接受第 6 行的编译。原因在于 getCircleArea( ) 的形参是一个常量型引用,在函数内,不能修改形参,函数只是使用到形参的值而已。此时,编译器会为 7.6f 临时生成一个 double 类型的复制品,然后传递复制品对象的常量型引用给形参 r。既然函数只是需要这个值,那编译器想尽一切办法向它提供这个值,没什么不对。

练习巩固

习题讲解 6-7：调和平均-引用

习题讲解 6-8：地球时间-引用

6

6-7 （调和平均-引用）函数 hmean( )用于计算 x 和 y 的调和平均数，结果应保存在参数 r 所引用的浮点数对象中。当 x+y 等于 0 时，函数返回 0 表示无法计算，否则返回 1。请实现该函数并编写恰当的代码来测试它。

```
int hmean(const int x, const int y, float& r);
```

数学上，两个数 x 和 y 的调和平均数 $z=2xy/(x+y)$。

6-8 （地球时间-引用）以第 3 章微实践——地球时间的代码为基础，实现下述 getTime( )函数，将当前小时数、分钟数和秒数写入引用参数 h、m 和 s。请编写合适的代码测试该函数。

```
void getTime(int& h, int& m, int& s);
```

第 7 章　函数与抽象

“不满意”是人类进步的阶梯。

——编者

学习目标

知识目标

1. 掌握定义及使用函数的方法。
2. 理解变量的作用域。
3. 理解递归函数的定义和使用方法。
4. 了解函数指针、内联、模板等技术特性。

能力目标

1. 在程序中设计、运用函数解决计算问题。
2. 在程序中应用递归方法解决简单计算问题。

素质目标

1. 通过斐波那契数列及汉诺塔问题建立起函数增长的阶的概念。
2. 理解分治法的逻辑及其在算法解题中的运用。

思维导图

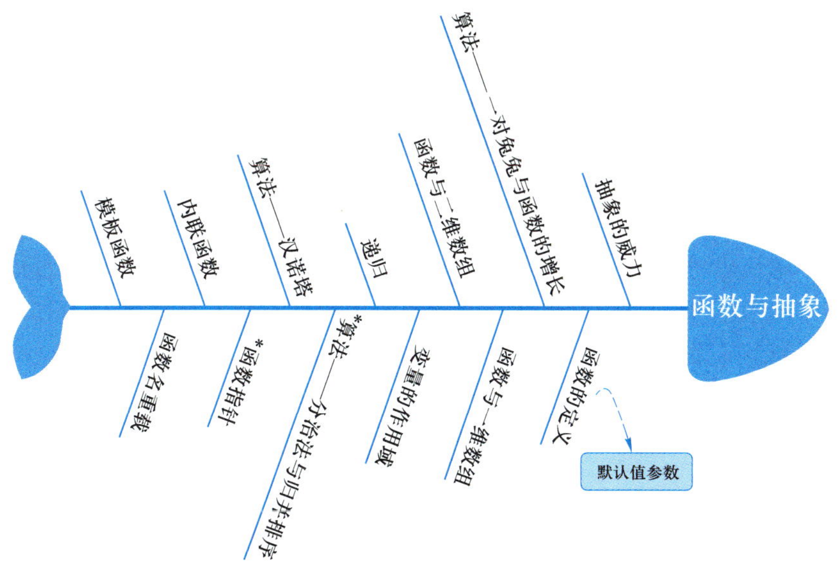

人们为了省心省力，事半功倍，努力研究工作中交叉与独立、变与不变的哲学，并将通用部分抽象出来。这种抽象反应在程序设计上，其中一个成果就是函数。

7.1 抽象的威力

作为一名司机，你只知道，把加速踏板往下踩，车就会加速。至于汽车是如何做到加速的，你几乎不用关心。如果只有了解汽车发动机、悬挂系统、控制系统全部细节的人才可以开车，那北京的三环路一定修得太宽了。

```
while (true) {
    auto cmd = fetchCommandFromQueque();
    if (cmd){
        auto resp = executeCommand(cmd);
        sendResponse(resp);
    }
    else
        sleep(0.01);
    readAndParseCommands();
}
```

一个有经验的程序员，看到上面的代码，就能够猜出来这段程序大概是在做什么：看起来，这是某个监听服务程序，程序不断地读取并分析来自网络或者其他信源的命令，如果拿到一条命令，就执行之，并且将执行结果发回。如果本轮循环没有拿到命令，还“小睡”一会儿，估计是避免不必要地过多占用 CPU 时间或者网络带宽。

之所以能在没有任何文档的情况下让程序具备一定的可读性，其中一个原因就是抽象。我们把那些需要重复执行或者多处调用的功能，如发送执行结果，抽象并封装成了函数 sendResponse()。而这些函数和变量的命名，很好地描述了其使命。作为函数的使用者，只需要知道执行 executeCommand()函数，把符合格式要求的命令 cmd 作为参数传递给它，它就会执行相应命令，并返回结果。至于函数内部执行这些命令的细节，我们可以不了解。

想象一下，如果不进行抽象并将重复子功能封装成函数，上述程序的主体代码可能长达几千行。要了解代码的梗概，估计就要读个好几天，还不一定能读得懂。如果程序员做任何事都要搞清楚全部细节，那 Windows 操作系统根本就不可能诞生。因为，没有任何正常人类可以读完并了解数千万行代码的全部细节。

本章主要讨论函数的定义与使用。而函数，是结构化编程的核心，同时也是面向对象编程的基础。关于面向对象编程，我们将在本书后半部分讨论。

7.2　函数的定义

说到函数，大家可能会想到数学中的二次函数，例如：$f(x)=x^2+3x+1$，它对应二维平面中的一条曲线，如图 7-1 所示。

当取某个指定的 x 值时，都会对应一个函数值 $f(x)$。例如 $f(0)=1$，$f(-4)=5$ 等。

相对应，可以把这样一个一元二次函数定义为一个 C++语言的函数 f。在这里，可以认为一个函数由输入、处理、输出三部分组成。函数接收的参数即是输入，例如 x，函数返回的结果是输出，例如 return y，中间的执行代码是处理过程。请阅读下述程序：

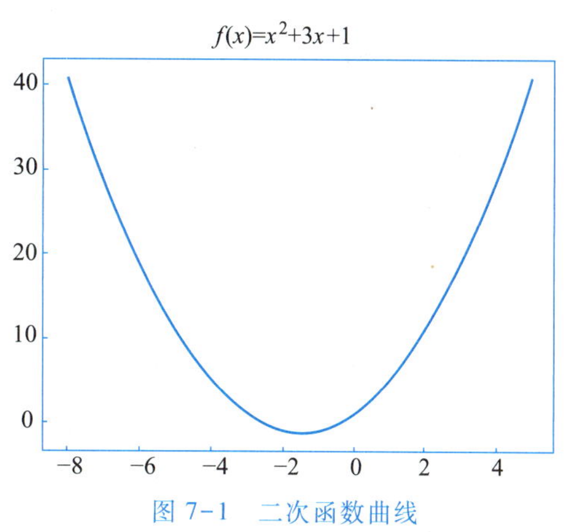

图 7-1　二次函数曲线

```
1  //Project - Quadratic
2  #include <cstdio>
3  
4  float f(float);      //函数的声明(declaration)或者原型(prototype)
5  
6  int main(){
7      printf("f(0) = %f,  f(2) = %f,  f(-4) = %f", f(0),f(2),f(-4));
8      return 0;
9  }
10 
11 float f(float x){   //函数的定义(definition)
12     float y = x * x + 3 * x + 1;
13     return y;
14 }
```

上述代码的执行结果为：

```
f(0) = 1.000000,  f(2) = 11.000000,  f(-4) = 5.000000
```

- ▶ 第 4 行：f( ) 函数的声明（declaration）或者原型（prototype）。该函数原型描述了函数的名称、函数的形式参数的个数及类型、函数的返回值类型。对于编译器而言，这些信息足够判定第 7 行的函数调用代码是合法的。
- ▶ 第 7 行：以不同参数 3 次调用执行了 f( ) 函数。在调用执行一个函数之前，必须满足下述条件之一：

- 调用点之前已经给出了函数的原型,且在调用点之后存在函数的定义,或者在同一项目的其他代码文件内存在函数的非 static 定义▲。
- 函数的定义位于调用点之前。

▶ 第 11~14 行:f( )函数的定义。

在 C++语言中,定义一个函数的通用语法格式为:

```
返回类型 函数名(形参0类型 形参0名称,形参1类型 形参1名称, ... ,形参n类型 形参n名称)
{
    语句;
    ...
    return 返回值;
}
```


其中,{ }包裹的部分称为函数体(function body)。函数名后括号内的部分为形式参数列表,当函数接受 0 个形参时,括号内可以留空或者填上一个 void 代表零参数。如果函数有多个 return 语句,则每个 return 语句后的返回值类型均应与函数的返回值类型相同,或者能够通过隐式类型转换成返回值类型。当函数没有返回值时,返回值类型用 void 代替,此时,return 语句后不应有返回值。

练习巩固

习题讲解 7-1:整数数位和

习题讲解 7-2:符号函数

7-1 (整数数位和)编写一个函数,计算一个正整数的各位数字之和。编写代码对该函数进行测试。

7-2 (符号函数)定义函数 sign(x),并编写合适的代码对其进行测试。

$$\operatorname{sign}(x)=\begin{cases}1 & x>0\\0 & x=0\\-1 & x<0\end{cases}$$

算法——一对兔兔与函数的增长

数学家列昂纳多·斐波那契研究了野外兔子的繁殖问题。一般而言,兔子出生两个月后就有繁殖能力。假设一对兔子每个月能生出一对小兔子且所有兔子都不死,如果现在往一片没有兔子的新大陆上放生一对新生兔,那么一年以后这个大陆上有多少兔子?由这个问题引申出来的数列就是著名的斐波那契数列,也称兔子数列。

第 1 月:那对兔子还没有繁殖能力,仍为幼兔。故幼兔 1 对,成兔 0 对,总对数为 1。

第 2 月:那对兔子性成熟,变成成兔。故幼兔数 0 对,成兔 1 对,总对数为 1。

第 3 月:2 月时的成兔 1 对,生了小兔 1 对。故幼兔 1 对,成兔 1 对,总对数为 2。

第 4 月:3 月时的成兔 1 对生了小兔 1 对,3 月时的幼兔 1 对长成了成兔且 3 月的成兔不死，故幼兔 1 对，成兔 2 对，总对数为 3……

月数、幼兔对数、成兔对数及总对数的对应关系如表 7-1 所示。

表 7-1　兔子对数与月数对照关系表

经过月数	幼兔对数	成兔对数	总对数
1	1	0	1
2	0	1	1
3	1	1	2
4	1	2	3
5	2	3	5
6	3	5	8
7	5	8	13
8	8	13	21
9	13	21	34
10	21	34	55
11	34	55	89
12	55	89	144

简单归纳，容易得出下述结论：

- 幼兔对数=前月成兔对数（每对成兔每月生一对小兔子）
- 成兔对数=前月成兔对数（成兔不死）+前月幼兔对数（前月的幼兔长大变成成兔）
- 总对数=幼兔对数+成兔对数

观察表 7-1，可以发现，幼兔对数从第 5 行，成兔对数从第 4 行，总对数从第 3 行开始，每一个数字都等于前两个数字之和。斐波那契对上述规律进行总结和形式化，得到关于 n 个月后兔子数量的通项公式如下，这是一个分段函数。

$$F(n)=\begin{cases}1 & n=1\\ 1 & n=2\\ F(n-1)+F(n-2) & n\geqslant 3\end{cases}$$

读者希望知道 5 年，也就是 60 个月之后的兔子数量吗？可以通过下述程序进行计算。

```
//Project - Fib
#include <iostream>
#include <iomanip>
using namespace std;

long long fib(int n){
    if (n<=2)
        return 1;
```

```
    long long a = 1, b = 1;     //最近两项的值,a 为前前项,b 为前项
    long long v = 0;
    for (auto i=3;i<=n;i++){
        v = a + b;              //当前项 = 前前项 + 前项
        a = b;  b = v;          //前前项 = 前项, 前项 = 当前项
    }
    return v;
}

int main() {
    cout << setw(4)  << left << "x"
         << setw(6) << right << "x^2"
         << setw(10) << right << "x^3"
         << setw(20) << right << "fib(x)" << endl;
    cout << "----------------------------------------" << endl;
    for (auto i=0; i<=5; i++){
        int x = i==0? 1:12*i;
        cout << setw(4)  << left << x << setfill(' ');
        cout << setw(6) << right << x*x;
        cout << setw(10) << right << x*x*x;
        cout << setw(20) << right << fib(x) << endl;
    }
    return 0;
}
```

上述程序的执行结果为：

```
1  x      x^2       x^3              fib(x)
2  ----------------------------------------
3  1        1         1                   1
4  12     144      1728                 144
5  24     576     13824               46368
6  36    1296     46656            14930352
7  48    2304    110592          4807526976
8  60    3600    216000       1548008755920
```

在上述程序中，函数 fib(x)用于计算并返回斐波那契数列的第 x 项。显然，函数 y=fib(x)以及 $y=x^2$、$y=x^3$ 都是 x 趋近于无穷大时的无穷大。为了让读者直观地了解斐波那契函数的增长速度，打印输出了 x 分别取值 1、12、24、36、48 和 60 时的 x^2、x^3 及 fib(x)的值。从执行结果可以看出，当 x 的值较小时，fib(x)相较于 x^2 和 x^3 并不明显占优；但当 x 稍稍增大(比如大于 36)后，fib(x)呈现出碾压性优势。在数学上，fib(x)、x^2 和 x^3 都是 x 趋近于无穷大时的无穷大，但 fib(x)具有更高的无穷大的阶。

由执行结果的第 8 行可见，斐波那契函数的增长速度是惊人的。如果新大陆无限大，

食物无限丰富又没有灰太狼，经过短短 60 个月，也就是 5 年之后，这片新大陆上有了 1 548 008 755 920 只兔子。

- 第 19~30 行：计算并打印 x 分别取值 1、12、24、36、48 和 60 时的 x^2、x^3、fib(x)的函数值。此处，对 cout 的输出格式进行了精细控制，以便“表格”的内容更加清晰明白。相关格式控制的细节，请参见本书 2.3 节的拓展阅读二维码。

接下来，重点讨论 fib(x)函数的实现部分。

- 第 6 行：参数 n 表示调用者需要计算并返回斐波那契数列的第 n 项。按照数学定义，一个“合法”的 n 应大于或等于 1。由于斐波那契数列增长非常快，返回值类型定为 long long，其为 8 个字节的有符号整数。即便如此，函数的计算结果也很容易溢出，即超出 long long 类型可以存储的最大值。读者可以尝试计算 fib(1)至 fib(120)，观察返回值的变化。
- 第 7~8 行：数列的第 1 项、第 2 项固定为 1，直接返回。
- 第 9~10 行：变量 v 表示正在计算的“当前”项的值，a 为 v 的前前项，b 为前项。
- 第 11~14 行：循环，从第 3 项开始计算至第 n 项。
- 第 12 行：对于循环计算的每一项，当前项等于前前项与前项的和。
- 第 13 行：当前项计算完成后，修改 a、b 的值，为计算下一项做好准备。
- 第 15 行：返回第 n 项的值 v。

请读者观察斐波那契数列的通项公式，可发现函数 F(n)是递归定义的。事实上，斐波那契数列的求解也可以通过递归函数来解决，这是本章稍后将讨论的问题。

练习巩固

7-3　(函数计算)编写函数计算 $f(i)=\frac{1}{2}+\frac{2}{3}+\frac{3}{4}+\cdots+\frac{i}{i+1}$。编写代码对该函数进行测试。

习题讲解 7-3：函数计算

7.3　函数与一维数组

在算法——冒泡排序一节中，曾经将一个数组的数组名，即首元素地址作为参数传递给 bubbleSort()函数进行排序。本节对此问题进一步展开讨论，请先阅读下述代码：

```
//Project - AverageArray1
#include <cstdio>

float average(const float a[], const unsigned int n){
    printf("a = %p\n",a);

```

```
7       float fSum = 0;
8       for (unsigned int i=0;i<n;i++)
9           fSum += a[i];
10
11      return fSum / n;
12  }
13
14  int main() {
15      float scores[5] = {50,60,70,80,90};
16      printf("scores = %p\n",scores);
17
18      float fAvg = average(scores,5);
19
20      printf("average = %f",fAvg);
21      return 0;
22  }
```


上述程序的执行结果为：

```
1   scores = 000000000061FE00
2   a = 000000000061FE00
3   average = 70.000000
```

说明：在读者的计算机上，执行结果第 1～2 行的地址很可能与本书不同。

average( )函数计算并返回参数数组内全部元素的平均值。

▶ 第 4 行：average( )函数定义。该函数有两个形式参数：

- a 为需要进行平均值计算的参数数组，其类型为 const float[ ]，意即元素类型为 const float 的数组的**数组名**。此处将 a 数组的元素类型指定为常量，是因为在计算平均值的过程中，不需要也不应该修改参数数组。
- n 表示 a 数组内的元素个数，类型为 const unsigned int。由于元素个数不可能为负，所以 n 设定为无符号整数；由于元素个数 n 不应该在函数体内修改，n 设定为常量。

▶ 第 5 行：在函数体内将参数数组名 a，即数组首元素的地址打印输出。

▶ 第 15 行：定义并初始化了 scores 数组，容易看出，数组内元素的均值应为 70。

▶ 第 16 行：将数组名 scores，即数组首元素的地址输出。从执行结果的第 1～2 行可见，scores 与 a 的值相同，它们都是 scores 数组首元素的地址。这说明，当函数调用时，实参 scores 向形参 a 的传递，事实上只传递了数组名，也就是 scores 数组首元素的地址。在函数内部对 a 数组元素的操作，事实上操作的是外部的 scores 数组。

▶ 第 18 行：调用执行 average( )函数，返回的平均值赋值给 fAvg 变量。

综上所述，当函数的形参定义为数组时，该形参实际获得的是外部数组的首元素地址。本例中，无论外部 scores 数组有多少个元素，传递给形参 a 的只是 scores 数组的数组名，也就是首元素地址，传参效率很高。同时，作为一个单纯的数组名，average( )函数无法通过参数 a 确定数组的元素个数，所以，需要一个额外的 n 参数指明数组的元素个数。

根据第 6 章的讨论，一维数组的数组名可以认为是一个指针，而指针也可以当成数组名使用。average( )函数也可以把形参 a 定义为指向 const float 的指针：

```
float average(const float * a, const unsigned int n){ ... }
```

执行效果完全相同。当 average(scores,5)被执行时，scores 数组名作为地址被传递给了作为形参的指针 a，然后，在函数体内部，把指针 a 当成数组名使用。

练习巩固

7-4　（最大子段和 * ）对于一个给定的数值序列 a，其最大子段和是指 a 的所有连续子序列中，和最大的连续子序列的和，该问题可以有穷举、动态规划和贪心等不同解法。请实现最大子段和求解函数 mis(maximum internal sum)，并设计合适的代码和数据加以验证。参数 a 表示输入数组，n 表示数组元素个数。

```
int mis(int a[], const int n);
```

举例：{-4,12,32,-5,12,6,-6}的最大子段和为 57，对应的连续子段为{12,32,-5,12,6}。

习题讲解 7-4：最大子段和

7

7.4　函数与二维数组

考虑将下述二维数组作为参数传递给 average( )函数，计算全部元素的均值：

```
float scores[2][3] = {
    {50,60,70},
    {80,90,100}
};
```

average( )函数的形参可按如下格式定义：

```
//Project - AverageArray2
float average(const float a[][3], const unsigned int n){
    float fSum = 0;
    for (unsigned int i=0;i<n;i++)
        for (unsigned int j=0;j<3;j++)
            fSum += a[i][j];

    return fSum / (n * 3);
}
```

该函数有两个形参：

- 参数 a 的类型为 const float [ ][3]，意即：a 是一个二维数组的数组名，这个数组的列数为 3,行数未指定。这个奇怪的类型定义是有原因的,回顾第 5 章可知,当函数体内访问元素 a[i][j]时,需要通过数组名 a 计算该元素的存储地址,而地址的计算,必须知道每行有多少个元素,即必须知道列数。所以,形参 a 定义时,**必须给出列数 3**。至于 a 数组的总行数,上述地址计算过程中用不到,不必给出。

- 参数 n 指二维数组 a 内的行数。

```
float fAvg = average(scores,2);
```

当发生上述函数调用时,scores 数组名传递给形参 a,被传递的只是数组的首元素地址。函数体内部依赖于下述信息计算 a[i][j]的元素地址,具体的计算方法请回顾第 5 章。

- 数组名 a,即二维数组 scores 的首元素地址;
- 数组的元素类型,const float,这意味着单个元素占 4 个字节;
- 数组的列数,依定义为 3,这意味着数组内的每行有 3 个元素,每行占 3x4=12 个字节;
- 下标 i,j。

综上,当向一个函数传递二维数组时,形参数组定义时必须给出列数。进一步,当向一个函数传递 n 维数组时,形参数组定义时,必须给出除 0 维外的所有维度,比如 const int a[][10][8][6]。

7.5 变量的作用域

变量的**作用域(scope)**描述了变量在文件里的可见范围。程序中大多数的变量都是所谓**局部变量(local variable)**,它们具有**块作用域(block scope)**。所谓块作用域,就是指该变量的可见范围为从定义处开始直至包含该变量的块的末尾。一般的,**块(block)**指一对花括号括起来的区域。通过下述程序来解释局部变量的块作用域。

```
1   //Project - BlockScope
2   #include <cstdio>
3
4   int main(int argc, char ** argv){
5       int a = 5;
6       int b = 6;
7
8       {
9           int a = 9;
10          int c = 10;
11
12          printf("a = %d, &a = %p\n", a, &a);     //第 9 行的内层 a
13          printf("b = %d, &b = %p\n", b, &b);     //第 6 行的外层 b
14          printf("c = %d, &c = %p\n", c, &c);     //第 10 行的内层 c
15      }
```

```
16
17      printf("a = %d, &a = %p\n", a, &a);          //第 5 行的外层 a
18      //b = c;                                     //错误:b 可见,但 c 不可见
19      printf("b = %d, &b = %p\n", b, &b);          //第 6 行的外层 b
20      printf("argc = %d", argc);                   //main()函数的形参
21      return 0;
22  }
```

上述程序的执行结果为:

```
1  a = 9, &a = 000000000061FE14
2  b = 6, &b = 000000000061FE18
3  c = 10, &c = 000000000061FE10
4  a = 5, &a = 000000000061FE1C
5  b = 6, &b = 000000000061FE18
6  argc = 1
```

说明:在读者的计算机上,上述执行结果中的地址很可能与本书不同。

在上述程序中,存在两个块:

- main()函数块,即第 4~22 行。在这个块内,定义了第 5 行的 a 和第 6 行的 b 两个局部变量。此外,main()的形参 argc、argv 也被编译器视为该块内的局部变量。本例中,main()函数块处于外层,简称**外层块**。
- 第 8~15 行花括号内的区域也是一个块,由于它处于 main()函数块的内层,本例简称为**内层块**。在内层块中,定义了第 9 行的 a 和第 10 行的 c 两个局部变量。

为了描述方便,让这些局部变量的初始值等于该变量定义时的行号,比如,第 5 行的 a 赋初值为 5。结合图 7-2 来解释上述代码及其执行结果。

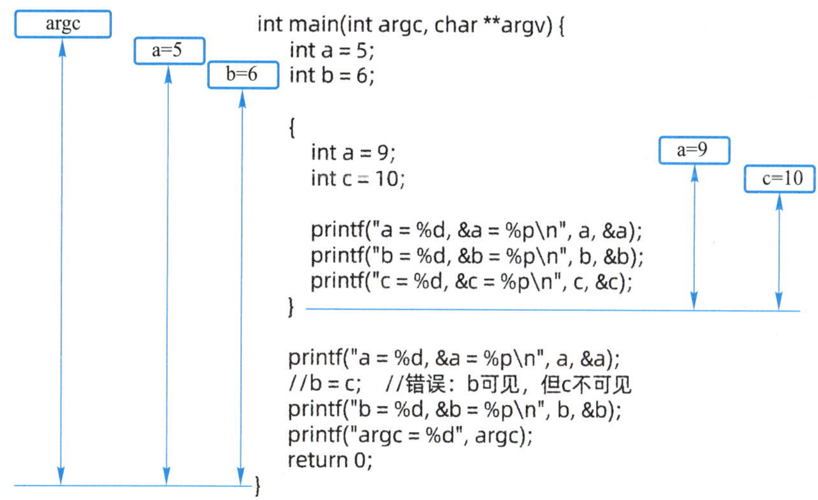

图 7-2　局部变量的块作用域

▶ 第 12 行:本行代码位于内层块。由于块内第 9 行有一个变量 a,所以此处输出的是第 9 行的内层 a 值 9 及其地址。从执行结果的第 1 行和第 4 行可以看出,内层块中的 a 与外层块中的 a 具有不同的地址,它们是**不同的对象**,只是恰好同名。

规则：**当内层代码引用的变量名同时存在于内层和外层时，使用内层变量。**

▶ 第 13 行：本行代码位于内层块。由于块内没有名为 b 的变量，所以此处输出的是第 6 行的外层 b 值 6 及其地址。见执行结果的第 2 行。

规则：**当内层代码引用的变量名在内层中不存在时，编译器会尝试在外层中查找。**

▶ 第 14 行：本行代码位于内层块。由于块内第 10 行有一个变量 c，所以此处输出的是第 10 行的内层 c 值 10 及其地址。见执行结果的第 3 行。

▶ 第 17 行：本行代码位于外层块。内层块第 9 行的 a 已超作用域，不可使用。所以此处输出的是第 5 行的外层 a 值 5 及其地址。从执行结果的第 4 行可见，外层 a 的地址与内层 a 的地址（执行结果第 1 行）不同，它们是**不同的对象**，虽然同名，但互不干涉。

▶ 第 18 行：本行代码位于外层块。在此处，第 6 行的外层 b 是可用的，但第 10 行的内层 c 已超作用域，不可使用。故该行代码错误。

▶ 第 19 行：本行代码位于外层块。此处输出的是第 6 行的外层 b 值 6 及其地址。见执行结果的第 5 行。对照执行结果的第 2 行还可以证实，本例中，无论是内层代码还是外层代码，访问的是同一个 b 对象。

▶ 第 20 行：本行代码位于外层块。argc 属于 main( ) 函数的形参，编译器将其视为外层块的局部变量。

本例向我们证明，内层变量可与外层变量同名，两个或多个同名的变量事实上是独立的不同对象。在本例中，这个同名的变量为 a，当在内层代码中使用 a 时，它指的是内层的 a 变量。正是基于这个理由，所以我们得以习惯性地在 for 循环中使用 i 作为循环变量名，而不用担心重名。

事实上，函数的实参和形参也可以重名且相互不干涉。请见下述代码：

```
//Project - FuncParameter
#include <cstdio>

float PI = 3.1415926F;

float getCircleArea(float r){
    printf("getCircleArea: &r = %p\n", &r);
    return PI * r * r;
}

int main() {
    float r = 4;
    printf("main: &r = %p\n", &r);

    float fArea = getCircleArea(r);

    printf("fArea = %f",fArea);
    return 0;
}
```

上述程序的执行结果为：

```
1  main: &r = 000000000061FE18
2  getCircleArea: &r = 000000000061FDF0
3  fArea = 50.265480
```

说明：在读者的计算机上，执行结果中的地址很可能与本书不同。

上述执行结果中的第 1 行、第 2 行证实，main( )函数内的局部变量 r 与 getCircleArea( )函数的形参 r 具有不同的内存地址，虽然重名，但互不干涉。再次重申，函数的形参应视为函数块内的局部变量。

▶ 第 4 行：定义了一个不属于任何块的变量 PI，该变量从定义行（第 4 行）开始一直到其所在文件结尾，都可见。

本节关于变量作用域的结论，同样适用于常量。

7.6 递　　归

中学数学里学过阶乘：

$$5! = 5\times4\times3\times2\times1 = 5\times(4\times3\times2\times1) = 5\times4!$$

同理，

$$n! = n\times(n-1)!$$

求 4 的阶乘同求 5 的阶乘是相同性质的问题，区别仅在于问题的规模不同（参数大小不一样）。如果定义了一个函数 *factorial*(*n*) 可以求出 *n* 的阶乘，那理论上，*factorial*(*n*) 也可以求出 $n-1$ 的阶乘。

数学上，通过函数自身来定义的函数称为递归函数。到程序设计领域，自己调用自己的函数称为**递归函数**。请阅读下述代码：

```
//Project - Factorial
#include <cstdio>

long long factorial(int n){
    printf("factorial(%d) is called, &n = %p\n", n, &n);
    if (n==1)
        return 1;
    long long r = n * factorial(n-1);
    return r;
}

int main() {
```

```
13      printf("6! = %lld", factorial(6));
14      return 0;
15  }
```

上述代码的执行结果为:

```
factorial(6) is called, &n = 000000000061FE00
factorial(5) is called, &n = 000000000061FDB0
factorial(4) is called, &n = 000000000061FD60
factorial(3) is called, &n = 000000000061FD10
factorial(2) is called, &n = 000000000061FCC0
factorial(1) is called, &n = 000000000061FC70
6! = 720
```

说明:在读者的计算机上,执行结果中的地址很可能与本书不同。

- 第 4~10 行:factorial(n)函数用于计算并返回 n!。考虑到阶乘的值通常比较大,所以返回值定义为 long long 类型。
- 第 5 行:在函数体的开始部分打印形参 n 的值和地址。
- 第 6~7 行:如果 n==1,问题足够简单,直接返回结果 1。此处,称 n==1 为递归的边界条件,这个边界条件保证了对于合法的 n 值,这个递归函数一定会运行结束。
- 第 8~9 行:factorial(n)函数调用执行了 factorial(n-1)。只有当 factorial(n-1)函数执行完并返回结果后,factorial(n)才能计算出结果 r,然后返回。

factorial()函数内部调用了 factorial()函数自身,它是一个递归函数。factorial(6)的执行过程可以这样理解:为了求 6 的阶乘,函数调用函数自身求 5 的阶乘,为了求 5 的阶乘,函数调用自身求 4 的阶乘……函数调用自身求 1 的阶乘,1 的阶乘满足边界条件,返回结果 1。得到了 1 的阶乘,factorial(2)通过 r=2*1=2 得到了 2 的阶乘并返回。得到了 2 的阶乘,factorial(3)通过 r=3*2=6 得到了 3 的阶乘并返回。依此类推,直到得到了 5 的阶乘为 120,factorial(6)通过 r=6*5!=6*120=720 得到 6 的阶乘,并返回给外部调用者。

可以想象,在 factorial(1)函数被执行时,整个解释器内实际上有 6 个 factorial()函数正在执行,分别是 factorial(6)、factorial(5)、factorial(4)、factorial(3)、factorial(2)和 factorial(1)。factorial(1)执行完毕,返回值到 factorial(2),factorial(2)得到 factorial(1)的返回值,计算后返回 factorial(3)……最终 factorial(6)在得到 factorial(5)的返回值后,再行计算返回给外部调用者。这一过程可用图 7-3 表示,读者可以顺着图中箭头的标号和指向,人工模拟一遍执行过程。

通过在程序中设置断点,然后借助程序调试方法对上述程序进行调试观察,有助于读者更好地理解递归函数的执行过程及其对内存资源的消耗。断点调试方法详见本书第 4 章。

无法在大规模问题中使用递归函数,理由如下:

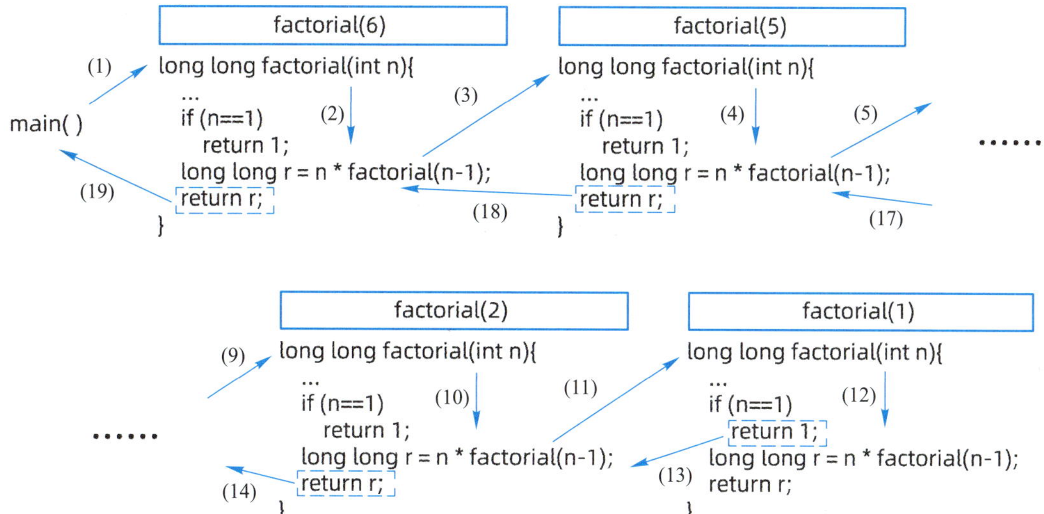

图 7-3　递归执行过程

- 本例中，形参 n 和变量 r 都是 factorial( ) 函数块的局部变量。不难看出，当上述 factorial(1) 函数在执行时，事实上有 6 个 factorial( ) 函数处于执行当中，在内存中，应该存在 6 个 n 对象和 6 个 r 对象。从执行结果第 1～6 行中的地址可以看出，这 6 个 n 具有**不同的地址**，是完全独立的对象。当 n 比较小时，计算机内存尚可应付，如果 n 很大，比如 10 000 000 000，估计还没有运行到 factorial(1)，数量众多的局部变量以及因函数调用而产生的额外内存消耗就会使栈▲空间枯竭，程序崩溃。
- 除了内存空间的占用，每次函数调用也会产生额外的运行代价：控制执行的跳转、参数传递、局部变量内存空间的准备和回收。海量次数的函数调用将产生海量的额外运算代价。

所以，实践中，递归只能解决规模很小的问题，本例中，即 n 不能太大。大多数有实际价值的算法和程序，都是非递归的。即便刚开始设计成递归的，最终也要想尽办法转换成非递归的。

*算法——分治法及归并排序

算法实践：分治法及归并排序

递归自身在数学上相当优美。现实世界中的很多问题，天生就是递归的。比如 100 个数排序，先把 100 个数分成两堆，各 50 个。两堆数分别排序，然后再顺序合并成 100 个有序的数。50 个数排序同 100 个数排序，都是排序，性质相同，区别仅在于问题的规模不同。应用排序问题的递归特性，再结合“分而治之”的算法思想，可以得到一种比冒泡排序高效得多的排序算法，即归并排序。

练习巩固

习题讲解 7-5：斐波那契递归版

7-5 （斐波那契递归版）以递归形式重写下述斐波那契数列计算函数，并使用该函数计算斐波那契数列的第 12 项。请添加合适的全局变量，递增统计在求解 fib(12) 的过程中，fib(3) 被重复计算了多少次？思考如何避免子序列问题的重复计算（提示：备忘录方法）。

```
long long fib(int n);
```

7

算法——汉诺塔

法国数学家爱德华·卢卡斯曾转述过一个印度的古老传说：在印度北部贝拿勒斯的圣庙里，一块黄铜板上插着三根金刚石柱。印度教的主神梵天在创造世界的时候，在其中一根石柱上从下到上穿好了由大到小的 64 块金盘，这就是所谓的汉诺塔（Hanoi Tower）。

按照梵天的命令，不论白天黑夜，总有一个婆罗门僧侣在按照下面的规则移动这些金盘：一次只移动一个盘，不管在哪根柱上，小盘必须在大盘上面。僧侣们预言，当所有的金盘都从梵天穿好的那根柱上移到另外一根柱上时，世界就将在一声霹雳中消灭，而梵塔、庙宇和众生也都将同归于尽。

1. 求解

如下图 7-4 所示的 5 个盘的汉诺塔问题，其**总任务是将 A 柱上的 n=5 个盘移至 C 柱**。要实现这个总任务并且保证移盘过程中小盘始终在大盘上面，整个过程分三步实现。第 1 步：必须先将 n-1=4 个黑盘从 A 柱移至 B 柱。在第 1 步的执行过程当中，为了保证规则的贯彻，显然，必须借助 C 柱作为中转柱才能完成。

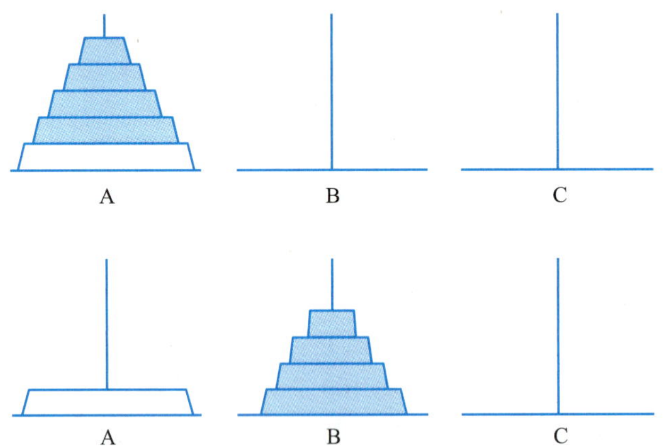

图 7-4 汉诺塔求解示意：原始汉诺塔（上），完成第 1 步后（下）

第 1 步所做的工作可描述为：**借助中转柱 C，将 n-1=4 个盘从 A 移至 B**。

现在,最大的白盘在 A 柱上,C 柱是空的。可实施第 2 步:**将 A 柱上的大盘取下,移至 C 柱**,如图 7-5 所示。

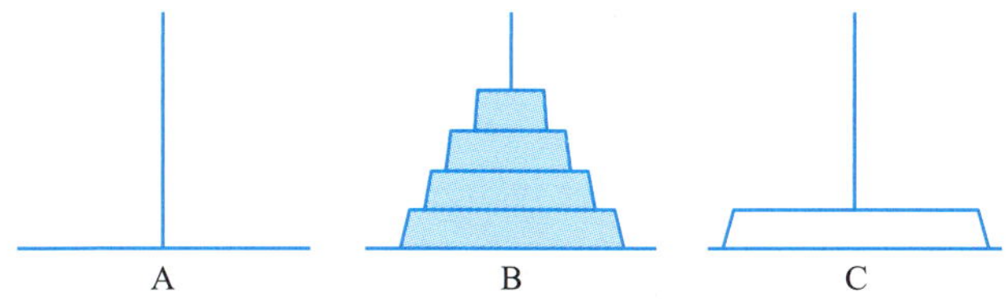

图 7-5　汉诺塔求解示意:完成第 2 步后

接下来要做的是第 3 步:**借助中转柱 A,将 B 柱上的 n-1=4 个盘移至 C 柱**,如图 7-6 所示。此时,C 柱上虽然已经有了一个盘,但由于此盘是最大的,所以只要移动过程中不搬动 C 柱上的已有大盘,可以忽略其存在。

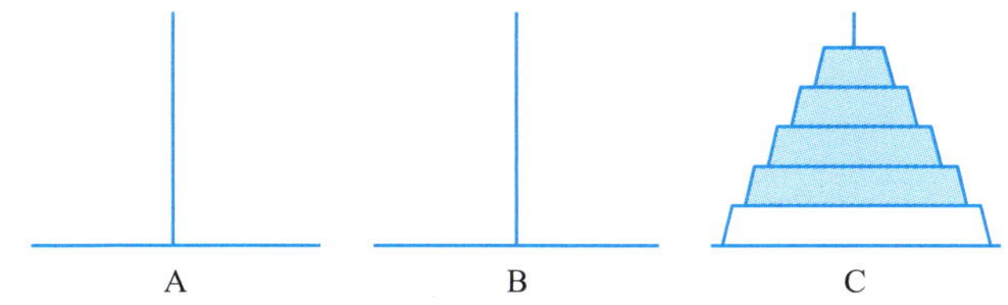

图 7-6　汉诺塔求解示意:完成第 3 步后

现在,试图总结一下总任务及其三个子任务。

- 总任务:将 n=5 个盘从 A 柱移至 C 柱,以 B 柱为中转柱。
  - ➢ 子任务 1:将 n-1=4 个盘从 A 柱移至 B 柱,以 C 柱为中转柱;
  - ➢ 子任务 2:将 A 柱上的大盘移至 C 柱;
  - ➢ 子任务 3:将 n-1=4 个盘从 B 柱移至 C 柱,以 A 柱为中转柱。

不难看出,除了柱子不同,子任务 3 同子任务 1 所做的工作是一样的,都是把 n-1 个盘从一个柱移至另一个柱。同时,子任务 1、3 与总任务之间也极其相似,除了需要移动的盘子数量差异外。

将 n-1 个盘子从 A 移至 B 的汉诺塔问题与原问题,即“将 n 个盘子从 A 移至 C 的汉诺塔问题”的性质完全相同,区别仅在于问题的规模,需要移动的盘子数量稍小。也称前者是原问题的子问题。

如果能将 n-1=4 个盘子从 A 移至 B,从 B 移至 C,那么 n=5 个盘子的汉诺塔问题可解。那么如何求解 4 个盘子的汉诺塔问题呢?聪明的读者已经有了答案。

- 子问题:将 n' =4 个盘从 A 柱移至 B 柱,以 C 柱为中转柱
  - ➢ 子子问题 1:将 n' -1=3 个盘从 A 柱移至 C 柱,以 B 柱为中转柱;
  - ➢ 简单任务:将 A 柱上的大盘移至 B 柱;
  - ➢ 子子问题 2:将 n' -1=3 个盘从 C 柱移至 B 柱,以 A 柱为中转柱。

图 7-7 展示了这一过程。

从上面的分析可以看出,5 盘汉诺塔问题可以通过求解 4 盘汉诺塔问题来解决,4 盘汉诺塔问题可以通过求解 3 盘汉诺塔问题来解决。同理,3 盘汉诺塔问题可以通过求解 2 盘汉

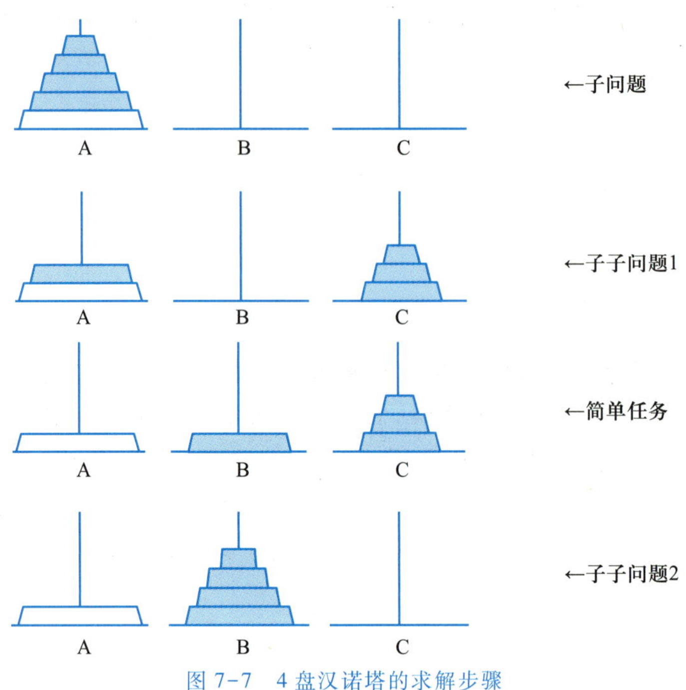

图 7-7　4 盘汉诺塔的求解步骤

诺塔问题来解决，2 盘汉诺塔问题可以通过求解一盘汉诺塔问题来解决。而一盘汉诺塔问题，由于问题的规模足够小，可直接解决：把盘从原柱搬至目标柱即可。所以在前表中，称其为“简单任务”。

2. 递归算法

根据前述算法思想，可以写出汉诺塔问题求解的递归算法。请见下述程序：

```
//Project - HanoiTower
#include <iostream>
#include <vector>
#include <string>
using namespace std;

vector<string> steps;   //用于存放移盘序列的向量

void hanoi(int n, const char* a, const char* b, const char* c) {
    if (n==1)
        steps.push_back(string(a) + " --> " + c);
    else {
        hanoi(n-1, a, c, b);
        steps.push_back(string(a) + " --> " + c);
        hanoi(n-1, b, a, c);
    }
}
```

```
18
19 int main() {
20     steps.clear();      //清空移盘序列
21
22     hanoi(5,"A","B","C");
23
24     cout << "Steps count: " << steps.size() << endl;
25     cout << "First 3 steps are: " << steps[0] << ", "
26          << steps[1] << ", " << steps[2];
27     return 0;
28 }
```


上述程序的执行结果为：

```
Steps count: 31
First 3 steps are: A --> C, A --> B, C --> B
```

函数 hanoi(n,a,b,c)用于生成以 b 为中转柱，将 n 个金盘从 a 移至 c 的移盘序列。可以看到，这个递归函数的执行过程跟前节的总任务-子任务分解完全一致。当 n==1 时，只有一个盘子，简单任务，直接移盘。如果 n>1，则分解为两个 n-1 的汉诺塔子问题，以及一个简单移盘任务。子问题的求解以函数递归调用来解决。

执行结果表明，5 盘汉诺塔问题共需要 31 次移盘。steps 向量▲按顺序存储了全部的移盘动作。

- ▶ 第 7 行：定义向量 steps 用于存放移盘序列。vector(向量)类型由 vector 头文件引入，其工作原理需要到本书的后半部分才能解释清楚。当前阶段，读者可以把 vector<string> 当成是一个容量“无限大”的超级数组，尖括号里的 string 则约定了该数组内存储的元素类型。
- ▶ 第 11、14 行：push_back( )是 steps 向量的一个成员函数▲，它将参数字符串存入向量。string(a)是 string 类型的构造函数▲，它将 char * 类型的参数 a 转换成一个 string 类型的对象。由于 steps 是个容量“无限大”的超级数组，所以程序员可以放心地通过 push_back( )函数将对象放入向量，而不必担心容量限制。
- ▶ 第 24 行：size( )也是 steps 向量的成员函数，返回 steps 向量中存储的 string 对象的个数。此处表示 n 盘汉诺塔问题的移盘总次数。
- ▶ 第 25~26 行：既然向量就是“超级数组”，则[ ]操作符对向量同样适用，它用于取向量中指定下标的元素。

关于 vector 类型的使用方法及工作原理，将在第 19 章详细讨论。

3. 计算复杂性

使用前小节中的程序，作者尝试计算了 n=5…12 汉诺塔问题的移盘过程，得到如表 7-2 所示的移盘次数。

表 7-2 不同规模汉诺塔问题的移盘次数

盘数	所需移盘次数	备注
5	31	2^5-1
6	63	2^6-1
7	127	2^7-1
8	255	2^8-1
...	…	…
12	4 095	$2^{12}-1$

看起来，似乎 n 个盘的汉诺塔问题的移盘次数为 2^n-1。事实上，对移盘次数的数学分析可以证明这个结论。n 盘的汉诺塔求解可以拆分成两个 $n-1$ 盘的汉诺塔求解再加上 1 次简单移盘。如果用 $T(n)$ 来表示 n 盘汉诺塔的移盘次数的话，函数 $T(n)$ 可使用下述递归定义。

$$T(n)=\begin{cases}1 & n=1\\ 2T(n-1)+1 & n>1\end{cases}$$

试着把递归函数消解成非递归函数。

$$\begin{aligned}T(n)&=2T(n-1)+1\\&=2(2T(n-2)+1)+1=4T(n-2)+2+1=2^2T(n-2)+2^1+2^0\\&=2^2(2T(n-3)+1)+2^1+2^0=2^3T(n-3)+2^2+2^1+2^0\\&=...\\&=2^tT(n-t)+2^{t-1}+2^{t-2}+...+2^1+2^0\end{aligned}$$

令 $t=n-1$，有：

$$\begin{aligned}T(n)&=2^{n-1}T(1)+2^{n-2}+2^{n-3}+...+2^1+2^0\\&=\sum_{t=0}^{n-1}2^t\\&=2^n-1\end{aligned}$$

故 n 盘汉诺塔共需移盘 2^n-1 次。对于梵天规定的 64 个金盘，总移盘次数为 $2^{64}-1=$ 18 446 744 073 709 551 615。如果婆罗门僧侣是个熟练工，1 秒挪一个盘，那么 1 小时可以移 3 600 个盘，1 年可移 3 600×24×365 = 31 536 000 个盘（忽略闰年误差）。那么，解 64 盘汉诺塔问题共需要$(2^{64}-1)$/31 536 000 年，即大约 5 949 亿年。按照人类当前的知识，印度的古老智慧好像高估了地球的预期寿命。

读者不要去尝试计算 hanoi(64,"A","B","C")，显然，在你有限的人生里，是无法完成这件接近“无限”的大事的。而且，因为递归所导致的内存消耗，有限的计算机内存也排除了这种可能性。

*7.7 函数指针

指针可以指向变量/常量等对象，也可以指向函数。指向函数的指针称为**函数指针**（**function pointer**）。应用程序开始执行前，其二进制代码会被操作系统调入内存。作为程序的一部分，函数当然也占据内存并拥有内存地址，该地址可以被赋值给函数指针。请阅读下述代码：

```
//Project - FuncPointer
#include <cstdio>

int add(int a, short b){
    return a + b;
}

int main() {
    float f = 3.3F;
    int c = 33;
    printf("add = %p,  &f = %p, &c = %p\n", add, &f, &c);

    int (*pf)(int, short) = NULL;
    pf = add;
    printf("pf = %p,  &pf = %p\n", pf, &pf);

    int d = pf(3,2);
    printf("3+2 = %d", d);

    return 0;
}
```

上述程序的执行结果为：

```
add = 0000000000401560,  &f = 000000000061FE18, &c = 000000000061FE14
pf = 0000000000401560,  &pf = 000000000061FE08
3+2 = 5
```

说明：在读者的计算机上，执行结果中的地址很可能与本书不同。

根据上述程序的执行结果，画出了本例中相关对象在作者计算机上的内存分布图 7-8。从图 7-8 中可以看到，操作系统对代码（程序）和数据进行了分区管理，分为代码存储区以及数据存储区。一般的，操作系统和计算机的安全机制会禁止在程序运行过程中修改代码存储区的内容，这块区域是只读的。

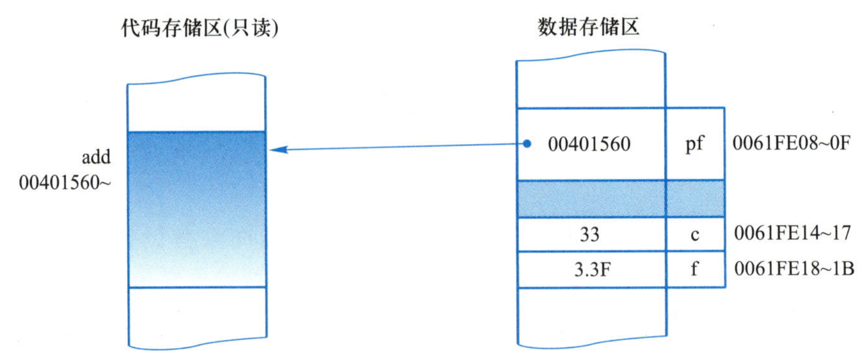

图 7-8 函数与数据的内存分区

7

- ▶ 第 11 行：将函数名 add 按地址格式输出；输出局部变量 f、c 的地址。从执行结果的第 1 行可见，函数名 add 即为相关函数代码在"代码存储区"中的内存地址。add 的地址与局部变量 f、c 的地址相差甚远，提示它们应该不在同一块内存区域。f 和 c 的地址则相差不多，它们都位于数据存储区。
- ▶ 第 13 行：定义了指向函数的指针变量，变量名为 pf，并将该指针初始化为空指针。下面给出了函数指针定义的一般格式。

```
函数返回值类型  (*函数指针名)(形参 0 的类型,形参 1 的类型,…,形参 n 的类型)
```

从该格式可以看出，一个函数指针的定义需要包含如下信息：

- 所指向的函数的返回值类型；
- 函数指针变量的名称；
- 所指向函数的形参个数、顺序及类型。

在上述格式中，包裹"*函数指针名"的括号必不可少。第 13 行中的函数指针定义如果去掉括号，就变成了：

```
int *pf(int, short)
```

这对于编译器而言，还可以解释为：一个名为 pf 的函数，该函数接受 int、short 两个形参，返回一个 int* 对象。为了确保编译器将 pf 理解为指向函数的指针，而不是函数名，上述括号必不可少。

- ▶ 第 14 行：将 add() 函数的地址赋值给函数指针变量 pf。赋值完成后，pf 指针指向 add() 函数。请读者注意，这个赋值操作能够进行的前提是 pf 与 add 拥有相同的类型。add 是函数名，即函数的地址，add() 函数接受一个 int 和一个 short 形参，返回一个 int 对象，这些事项均与 pf 的定义一致。
- ▶ 第 15 行：pf 是个函数指针，同时也是一个局部变量，它存储在数据存储区并拥有地址。从执行结果的第 2 行可见，pf 的值即为 add() 函数的地址，pf 对象自身存储在数据存储区，其地址与另外两个局部变量 c、f 很近。
- ▶ 第 17~18 行：以函数指针 pf 为基础，调用执行 add() 函数，并将结果赋值给变量 d，然后打印出来。由执行结果的第 3 行可见，d 值为 5，通过函数指针 pf，add() 函数正确执行。

比较令人烧脑的是，下述两种通过函数指针 pf 调用 add( ) 函数的方法都是正确的：

```
int d = pf(3,2);
int e = ( * pf)(3,2);
```

前者认为，pf 是一个函数地址，函数名 add 事实上也是函数地址，所以 pf 也可以视为函数名。后者认为，pf 是一个指向函数的指针，* pf 才代表它所指向的函数。两者都有道理，较新的 C++标准同时接受两种用法。

为了简要演示函数指针的应用，我们“创造”了下述问题。在一个 string 类型的数组里，存储了多个国家的英文名称：

```
string names[] {"China", "United States", "Russia", "Afghanistan"};
```


现要求使用下述两种方法对这些国家名称进行非递减排序：

- 按字母表顺序；
- 按国名长度，即按国名中包含的字符个数排序（少为先）。

在微实践——冒泡排序里，设计了 bubbleSort( ) 函数。要实现两种不同的排序策略，最直接的办法当然是设计两个版本的 bubbleSort( ) 函数来完成，但这样做会增加工作量并导致代码冗余。另外一种解决方案是把两种不种的排序策略设计为两个不同的比较函数，然后把比较函数作为函数指针传递给 bubbleSort( ) 函数。在 bubbleSort( ) 函数内部进行排序时，使用传入的函数指针调用相应的比较函数来进行元素比较。相应的程序如下：

```
//Project - FuncPointer2
#include <iostream>
#include <string>
using namespace std;

void bubbleSort(string a[],const int n,bool ( * bigger)(const string&, const string&)){
    for (int i=n-1;i>0;i--)
        for (int j=0;j<i;j++){
            if (bigger(a[j],a[j+1])){
                auto t = a[j];
                a[j] = a[j+1];
                a[j+1] = t;
            }
        }
}

bool biggerThan1(const string& a, const string& b){
    return a > b;
}

bool biggerThan2(const string& a, const string& b){
    return a.size() > b.size();
```

```
23 }
24 
25 int main() {
26     string names[] {"China", "United States", "Russia", "Afghanistan"};
27 
28     bubbleSort(names, 4, biggerThan1);
29     cout << "sorted1: " << names[0] << ", " << names[1]
30          << ", " << names[2] << ", " << names[3] << endl;
31 
32     auto pf = biggerThan2;
33     bubbleSort(names, 4, pf);
34     cout << "sorted2: " << names[0] << ", " << names[1]
35          << ", " << names[2] << ", " << names[3] << endl;
36 
37     return 0;
38 }
```


上述程序的执行结果为：

```
1 sorted1: Afghanistan, China, Russia, United States
2 sorted2: China, Russia, Afghanistan, United States
```

▶ 第 17~19 行：biggerThan1()函数返回表达式 a>b 的值，a、b 字符串的这种比较是以字母表顺序为依据的。按这种比较方式，"China">"Afghanistan"，因为在字母表中，C 排在 A 之后。

▶ 第 21~23 行：biggerThan2()函数返回表达式 a.size()>b.size()的值。其中，size()成员函数返回字符串内的字符个数。按照这种比较方式，"Afghanistan">"China"，因为前者有 11 个字符，后者只有 5 个字符。

▶ 第 6 行：改进后的 bubbleSort()函数多了一个形式参数 bigger，其类型为函数指针，其指向的函数接受两个 string 型变量作为参数，返回一个 bool 型变量。显然，bigger 的类型与 biggerThan1()、biggerThan2()函数一致。

▶ 第 9 行：冒泡排序循环中，通过函数指针 bigger 调用指定的比较函数对 a[j]和 a[j+1]进行比较。

▶ 第 28~30 行：执行 bubbleSort()函数对 names 数组进行排序，将 biggerThan1()函数传入作为比较函数。从执行结果的第 1 行可见，names 确实按照字母表顺序进行了排序，Afghanistan(阿富汗)排在 China 之前。

▶ 第 32 行：当把函数名赋值给一个函数指针时，必须确保函数指针的类型与函数相同。auto 类型推导可以省去描述函数指针类型的麻烦，在 C++ 11 及其以上版本的编译器中，pf 的类型将被推断为：

```
bool (*)(const string&, const string&)
```

▶ 第 33~35 行：将 pf 函数指针传给 bubbleSort()进行排序。由于 pf 指向 biggerThan2()函数，所以 bubbleSort()函数内的元素比较事实上执行 biggerThan2()函数，即按字符串长度排序。从执行结果的第 2 行可见，names 确实按照字符串长度进行了排序，Afghanistan 字符数多，排在 China 和 Russia 之后。

作者在第 32 行引入 pf 指针完全是为了说明 auto 类型推断在函数指针定义中的作用。

```
1  bool (*pfarray[2])(const string&, const string&);
2  pfarray[0] = biggerThan1;
3  pfarray[1] = biggerThan2;
4  pfarray[0]("China","India");
```

进一步，上述代码的第 1 行定义了一个函数指针数组 pfarray，该数组有 2 个元素，元素类型为 bool(*)(const string&,const string&)。第 2 行及第 3 行则将 biggerThan1()及 biggerThan2()函数名赋值给数组元素。第 4 行则通过 pfarray[0]对 biggerThan1()函数进行调用。


```
1  typedef bool (*biggerFunc)(const string&, const string&);
2  biggerFunc pfarray2[2];
3  pfarray2[0] = biggerThan1;
4  pfarray2[1] = biggerThan2;
```

通过 typedef(类型定义)▲语句可以简化函数指针的定义和使用过程。上述代码的第 1 行将 biggerFunc 定义为一个类型，该类型的具体内容为 bool(*)(const string&, const string&)。第 2 行则使用 biggerFunc 类型来定义函数指针数组。这里的函数指针数组 pfarray2 跟前述 pfarray 完全等价。

建议

如果作者愿意，还可以用几十页写出更加复杂的函数指针的语法和示例，但这不值得。在程序设计过程中，应尽可能使用简单的语法和易于理解的算法，尽量避免诸如上述函数指针数组等复杂特性的使用。高质量代码的一个重要特性，就是简单和易于理解。

练习巩固

7-6　(定积分求解)请编程实现下述 integrate()函数，并使用该函数计算下述定积分。

$$\int_0^2 (1+x)\,dx, \qquad \int_{-1}^1 \frac{1}{1+4x^2}\,dx$$

```
double integrate(double (*f)(double), double a,
double b, int N);
```

其中，积分计算宜采用如图 7-9 所示的梯形法，由 $x=a$、$x=b$、$y=0$ 和 $y=f(x)$ 围成的曲边四边形被分割成多个小梯形，这些小梯形的面积和即为定积分的值。参数 f 为被积分的函数的指针，a 为积分下界，b 为积分上界，N 为 x 细分数。

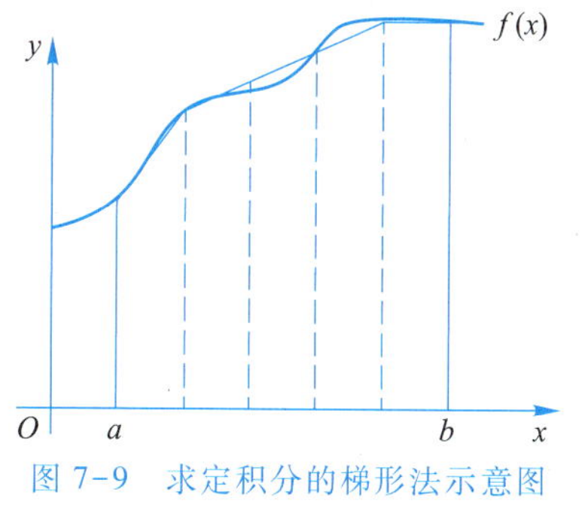

图 7-9　求定积分的梯形法示意图

习题讲解 7-6：定积分求解

7.8 默认值参数

在 C++里,可以为函数的形式参数指定默认值。请阅读下述代码,并注意其中 add( ) 函数的形式参数。

```
1  //Project - DefaultParameter
2  #include <iostream>
3  using namespace std;
4  
5  int add(int a, int b, int c = 0, int d = 0){
6      return a + b + c + d;
7  }
8  
9  int main() {
10     cout << "1+2 = " << add(1,2) << endl;
11     cout << "1+2+3 = " << add(1,2,3) << endl;
12     cout << "1+2+3+4 = " << add(1,2,3,4) << endl;
13     return 0;
14 }
```

上述代码的执行结果为:

```
1+2 = 3
1+2+3 = 6
1+2+3+4 = 10
```

- 第 5 行:区别于之前的函数定义,add( ) 函数的形参中,最后两个形参 c 和 d 给出了默认值 0。这种方式给函数的使用者带来了极大的方便,当调用函数时,如果提供的实参数量不足,编译器会尝试对形参使用默认值。
- 第 10 行:add(1,2) 只提供了两个实参,a 取 1,b 取 2,c 和 d 取默认值 0。在函数的使用者看来,这次函数调用是把 1 和 2 两个数相加,结果为 3。而在编译器看来,这次函数调用本质上是把 1、2、0、0 共 4 个数相加,结果为 3。
- 第 11 行:add(1,2,3) 只提供了 3 个实参,a 取 1、b 取 2、c 取 3、d 取默认值 0。在函数的使用者看来,这次函数调用是把 1、2 和 3 共 3 个数相加,结果为 6。而在编译器看来,这次函数调用本质上是把 1、2、3、0 共 4 个数相加,结果为 6。
- 第 12 行:add(1,2,3,4) 提供了 4 个实参,a 取 1、b 取 2、c 取 3、d 取 4。无论从使用者视角,还是从编译器视角,都是把 1、2、3、4 共 4 个数相加,结果为 10。

```
int add(int a, int b, int c = 0, int d = 0);    //函数原型

```

```
int add(int a, int b, int c, int d = 0){        //函数定义
    return a + b + c + d;
}
```

上述程序会编译出错，因为 add( ) 函数的原型和定义同时给出了形参默认值。当函数的原型与定义分离时，形参默认值只能在原型中提供。这是因为，编译器在编译阶段需要依据函数原型来确定形参的默认值。

为函数提供的形参默认值只能提供给形参列表的最后 N 个。请看下述函数声明：

```
void f1(int a, int b = -1, float c = 0);              //合法
double f2(float a, bool b = true, char c);            //非法，b 有默认值，则 c 也必须有
bool f3(char a = 'k', int b = 22, bool c = false);    //合法
```


之所以做出如上规定，是为了避免编译器在将实际参数分配给形式参数时产生歧义。

7.9 内联函数

函数调用需要花费额外的 CPU 及内存资源：① 为函数的形参分配内存空间，向函数传递参数；② 跳转至函数体；③ 从函数体跳转回调用点；④ 获取函数的返回值。

图 7-10 展示了一个非内联的普通函数 average( ) 被多次调用时的执行流程。

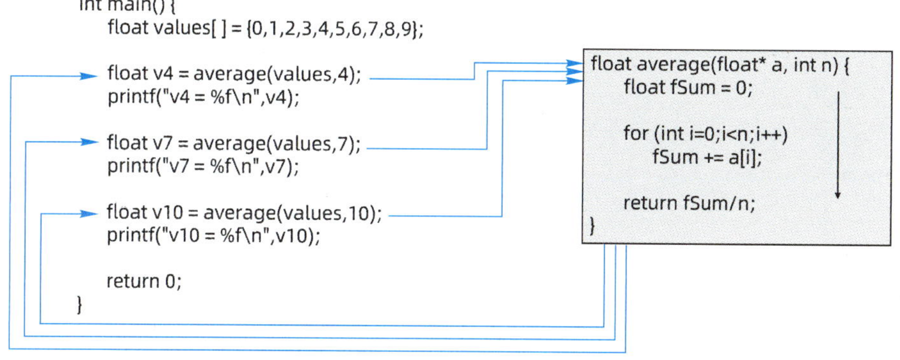

图 7-10　非内联函数调用流程图

- average( ) 函数编译后的二进制执行代码在可执行文件中只有一个副本。
- main( ) 函数多次调用执行 average( ) 函数，每次执行，都会在传参后跳转至 average( ) 函数在内存中的唯一副本处执行，再返回。

每次函数调用，都意味着额外的 CPU 及内存开销。将函数**内联(inline)**是避免上述函数调用开销的办法之一。定义一个内联函数最简单方法是在函数头前加上 inline。请阅读下述程序：

```
//Project - MultiCall
#include <iostream>
using namespace std;

inline float average(float * a, int n) {
    float fSum = 0;
    for (int i=0;i<n;i++)
        fSum += a[i];
    return fSum/n;
}

int main() {
    float values[] = {0,1,2,3,4,5,6,7,8,9};

    float v4 = average(values,4);
    cout << "v4 = " << v4 << endl;

    float v7 = average(values,7);
    cout << "v7 = " << v7 << endl;

    float v10 = average(values,10);
    cout << "v10 = " << v10 << endl;

    return 0;
}
```


上述程序的执行结果为：

```
v4 = 1.5
v7 = 3
v10 = 4.5
```

上述代码中，main( )函数三次调用 average( )函数，用于计算 values 数组前 4 个、前 7 个以及前 10 个元素的平均数。由于 average( )函数被定义为**内联函数**，所以编译器会在 average( )函数的调用点将该函数就地展开，以空间换时间：

- 如图 7-11 所示，函数展开后，average( )的函数体代码将在最终的可执行文件中出现三个副本，增加了存储空间。
- 内联函数展开后，函数调用的跳转以及传参过程被消除，节省了执行时间。

为了帮助读者理解在何种情况下应该使用内联函数，设计了如下程序：

```
int main() {
  float values[] = {0,1,2,3,4,5,6,7,8,9};
  float v4; {
    float* a = values;  int n = 4;
    float fSum = 0;
    for (int i=0;i<n;i++)                  ← average(..., 4)
      fSum += a[i];
    v4 = fSum / n;
  }
  cout << "v4 = " << v4 << endl;
  float v7; {
    float* a = values;  int n = 7;
    float fSum = 0;
    for (int i=0;i<n;i++)                  ← average(..., 7)
      fSum += a[i];
    v7 = fSum / n;
  }
  cout << "v7 = " << v7 << endl;
  float v10; {
    float* a = values;  int n = 10;
    float fSum = 0;
    for (int i=0;i<n;i++)                  ← average(..., 10)
      fSum += a[i];
    v10 = fSum / n;
  }
  cout << "v10 = " << v10 << endl;
  ...
}
```

图 7-11　内联函数的展开

```
1  //Project - InlineExample
2  #include <iostream>
3  #include <bitset>
4  using namespace std;
5
6  //将无符号整数 v 的第 bit 位设置为 1
7  inline void setBit(unsigned int& v,  int bit){
8      v |= (0x01 << bit);          //位操作语法细节在第 9 章讨论
9  }
10
11 int main() {
12     unsigned int v = 0x00000000;
13     cout << "before setBit: " << bitset<32>(v) << endl;
14
15     setBit(v,0);
16     setBit(v,31);
17     v |= (0x01 << 11);
18
19     cout << "after setBit:  " << bitset<32>(v) << endl;
20     return 0;
21 }
```

上述程序的执行结果为：

```
1  before setBit: 00000000000000000000000000000000
2  after setBit:  10000000000000000000100000000001
```

一个无符号整数由 4 个字节共 32 个比特构成。C++提供按位操作符允许直接对变量的比特位▲进行操作。setBit(v,bit)函数用于将无符号整数 v 的第 bit 位设置为 1。

- 第 7~9 行：定义了内联函数 setBit()。第 8 行代码通过位操作符将 v 的第 bit 位设置为 1，位操作的工作原理及语法细节将在本书第 9 章中讨论。
- 第 12~13 行：定义了初始值为 0 的无符号整数 v，通过 bitset 类型将其按二进制格式输出。bitset 类型是一个模板类▲，此处借助它把无符号整数 v 转换输出为二进制字符串。由执行结果的第 1 行可见，setBit()函数执行前，v 的 32 个比特全为 0（高位在前，低位在后）。
- 第 15~17 行：调用 setBit()函数两次将 v 的第 0 位（最低位）和第 31 位（最高位）设为 1。第 17 行则直接使用按位操作符将 v 的第 11 位设置为 1。
- 第 19 行：按二进制格式输出第 0 位、第 11 位、第 31 位置 1 后的 v 值。由执行结果的第 2 行可见，上述置 1 操作成功执行。

既然直接使用按位操作符（如第 17 行）可以达到目的，那为何要定义 setBit()函数呢？主要目的在于增强代码的可读性。对于代码的阅读者而言，setBit()函数更容易理解和使用。但如果 setBit( )是个普通函数,其引入也带来了负面效应:函数参数传递、跳转的额外开销。通过将 setBit( )设置为内联函数则可以兼得鱼和熊掌:既增加了代码的可读性,又避免了因函数引入带来的额外开销。

将一个函数定义为内联函数并不能保证编译器将函数内联。 至少在下述两种情况下,编译器会选择忽视 inline 关键字,不内联函数:

- 函数过于冗长和复杂。这也通常意味着相对于函数体本身的执行代价,与函数调用有关的额外开销无足轻重,将函数内联的价值很小。
- 递归函数。递归函数调用是无法展开的,其中一个理由是递归函数的递归次数在编译时无法确定。

练习巩固

习题讲解 7-7:电机启停

7-7 (电机启停)下面两行代码源于某工业自动化产品。在该产品中,CPU C 端口的第 9 脚用于控制 X0 电机的启停。GPIO_SetBits(GPIOC,GPIO_Pin_9)函数将 C 端口第 9 脚置位▲,即将该脚置为 1(高电平),从而启动电机;相应地,GPIO_ResetBits(GPIOC,GPIO_Pin_9)则将 C 端口第 9 脚复位▲,即将该脚置为 0(低电平),从而停止电机运转。

```
#define X0_ONLINE   GPIO_SetBits(GPIOC,GPIO_Pin_9)
#define X0_OFFLINE  GPIO_ResetBits(GPIOC,GPIO_Pin_9)
```

请思考作者为什么要定义上述预处理宏▲,而不是直接在代码中使用 GPIO_SetBits( )函数或者 GPIO_ResetBits( )函数?

本书第 12 章会说明使用预处理宏的风险,实践中建议初学者不要使用预处理宏。请设计恰当的内联函数替代上述两个宏。

说明:内联函数仍然通过调用 GPIO_SetBits( )和 GPIO_ResetBits( )实现相应功能;这两个函数源自某个特定的单片机共享库,在读者的计算机上肯定没有这两个函数,不要试图运行你编写的代码。

7.10 函数名重载

通常情况下,同一程序中的函数名应互不相同。

```
void swapFloat(float& a, float& b){
    auto t = a;
    a = b;
    b = t;
}

void swapDouble(double& a, double& b){
```

```
    auto t = a;
    a = b;
    b = t;
}
```

对计算机而言,“交换两个 float 对象的值”与“交换两个 double 对象的值”是不一样的操作,需要的机器指令也不相同。这意味着,需要设计两个函数,分别完成交换 float 对象和交换 double 对象的任务。在“函数名不可重复”的要求下,不得不为两个函数取不同的名称,在本例中,分别取名为 swapFloat 和 swapDouble。但从函数使用者的角度看,这会带来一些不便:根据不同的参数类型去选择“不同”的函数,会带来额外的记忆与使用成本。

C++中的**函数名重载(function overloading)**允许多个函数使用相同的函数名,前提是每个函数的形参个数、类型或顺序不同。借助于 C++的函数名重载,可以给多个函数取相同的函数名。下述程序使用了上述交换函数的函数名重载版本:


```
//Project - FuncOverloading1
#include <iostream>
using namespace std;

void swapObject(float& a, float& b){
    cout << "swapObject_float,a=" << a << ",b=" << b << endl;
    auto t = a;
    a = b;
    b = t;
}

void swapObject(double& a, double& b){
    cout << "swapObject_double,a=" << a << ",b=" << b << endl;
    auto t = a;
    a = b;
    b = t;
}

int main() {
    double d1 {1.1}, d2{9.9};
    swapObject(d1,d2);
    cout << "d1 = " << d1 << ", d2 = " << d2 << endl;

    float f1 {2.2}, f2 {8.8};
    swapObject(f1,f2);
    cout << "f1 = " << f1 << ", f2 = " << f2 << endl;

    return 0;
}
```

上述程序的执行结果为：

```
1  swapObject_double,a=1.1,b=9.9
2  d1 = 9.9, d2 = 1.1
3  swapObject_float,a=2.2,b=8.8
4  f1 = 8.8, f2 = 2.2
```

可以看到，两个交换函数现在具有完全相同的函数名（swapObject）、返回值类型（void）、形参的名称和个数（a、b），唯一的区别是形参的类型不同，一个是 double&，一个是 float&。

- 第 20~22 行：将 double 类型的 d1 和 d2 作为实参调用执行 swapObject( ) 函数，从执行结果的第 1、2 行可见，编译器依据实参 d1、d2 的类型选择执行了函数 swapObject(double&, double&)，d1 和 d2 成功交换。
- 第 24~26 行：将 float 类型的 f1 和 f2 作为实参调用执行 swapObject( ) 函数，从执行结果的第 3、4 行可见，编译器依据实参 f1、f2 的类型选择执行了函数 swapObject(float&, float&)，f1 和 f2 成功交换。

从本例可知，当函数调用时，如果存在多于一个的同名函数，C++编译器会试图通过实参的个数、类型及顺序去匹配并选择正确的函数。从函数使用者的视角，可以认为只有一个名为 swapObject 的函数，它既可以交换 float，也可以交换 double。在编译器看来，事实上有两个交换函数，一个用于交换 float，一个用于交换 double，只是这两个函数恰好同名而已。

要点

编译器通过**名字装饰**（name decoration）技术来区分两个同名的 swapObject 函数。该技术通过把形参类型附加在函数名的后面来得到不同的内部函数名。比如，本例中的函数名可能被修饰为 swapObject_Rf_Rf 和 swapObject_Rd_Rd，其中的 Rf 和 Rd 分别表示 float 的引用（Reference of float）及 double 的引用。不同的编译器会使用不同的符号来对函数名进行装饰，装饰后的函数名事实上仅用于编译器内部，程序员通常不用关心具体的装饰名是什么。

函数名重载只能依赖于形参的个数、类型及顺序，不能依赖于返回值类型。因为函数调用时，使用者可以选择不接收函数的返回值，在这种情况下，编译器无法区分仅返回值类型不同的同名函数。

```
1  int  f1(int a,   float b, char c);
2  int  f1(float a, int b,   char c);
3  char f1(char a,  int b);
4  //void f1(int a, float b, char c);//错误:函数名重载不能依赖于返回值类型
```

在上述名为 f1 的函数中，第 2 行的 f1 形参的个数、类型或顺序与其他 f1 函数不同，合法。第 3 行的 f1 形参的个数与其他 f1 函数不同，也合法。第 4 行的 f1 形参个数、类型及顺序与第 1 行的 f1 函数相同，仅返回值类型不同，不合法。

练习巩固

7-8　(名字装饰观察)首先请准备包含下述两个 add( )函数的代码文件 add.cpp。

```
float add(float a, float b){ return a + b; }
double add(double a, double b){ return a + b; }
```

然后在操作系统终端中使用下述命令将 add.cpp 编译成汇编代码▲,详细过程请参考本书 12.3 节。

```
linux> gcc -S add.cpp -o add.s
```

打开文本文件 add.s,观察编译器对函数 add( )的名字装饰。

习题讲解 7-8：名字装饰观察

7.11　模板函数

还是考虑用于交换两个同类型对象的 swapObject( )函数,已经为 double 和 float 两种类型设计了两个版本的同名函数,还有 char、string、long long、int 等多种类型的版本等待实现。这显然是个坏主意!

借助于函数模板,可以设计一个通用的 swapObject( )函数,适用于“所有”的数据类型。请阅读下述程序:

```
//Project - TemplateSwap
#include <iostream>
using namespace std;

template <typename T>
void swapObject(T& a, T& b){
    auto t = a;
    a = b;
    b = t;
}

int main() {
    char c1 {'a'}, c2 {'z'};
    swapObject(c1,c2);
    cout << "c1 = " << c1 << ", c2 = " << c2 << endl;

    double d1{1.1}, d2{9.9};
    swapObject(d1,d2);
    cout << "d1 = " << d1 << ", d2 = " << d2 << endl;

    short s1{-22}, s2{22};
```

```
22      swapObject<short>(s1,s2);
23      cout << "s1 = " << s1 << ", s2 = " << s2 << endl;
24
25      return 0;
26  }
```

上述代码的执行结果为:

```
c1 = z, c2 = a
d1 = 9.9, d2 = 1.1
s1 = 22, s2 = -22
```


- ▶ 第 5~10 行:在 swapObject( ) 函数的定义过程中,将形参的引用类型 T 抽象为一个模板参数。
- ▶ 第 13~14 行:当提供两个 char 类型的实参给 swapObject( ) 函数时,聪明的编译器会用 char 类型替换模板参数 T,“内部生成”swapObject(char&,char&)函数并使用之。
- ▶ 第 17~18 行:当提供两个 double 类型的实参给 swapObject( ) 函数时,编译器会在“内部”生成 swapObject(double&,double&)函数并使用之。
- ▶ 第 21~22 行:第 22 行尖括号内的 short 显式地指定了模板参数 T 的值,要求编译器生成函数 swapObject(short&,short&)并使用之。

当程序员试图调用执行一个函数时,编译器会“千方百计”地满足程序员的要求。比如,当函数要求一个 int 类型的传值参数,而实参是一个 short 对象时,编译器会进行类型提升,将 short 对象隐式类型转换为 int 对象并传值给函数。可以认为:只要编译器认为类型提升和转换不会带来风险,编译器会通过对实参进行类型提升或转换来尽可能满足函数形参的要求。

由于默认值参数、函数名重载、模板函数的使用,有些情况下,一行函数调用代码可能存在多个“合法”的候选函数。此时,编译器会选择最佳的可行函数来使用。显而易见,当存在多个“最佳”候选函数时,编译器会报错或者至少给出警告。实践中,程序员应尽量避免这种有歧义的情况发生。

练习巩固

习题讲解 7-9:myMax 模板函数

7-9 (myMax 模板函数)请设计合适的模板函数 myMax( ),使下述程序可以正确运行。myMax( )函数比较并返回两个同类型形参对象中的较大者。

```
int main(){
    cout << myMax(3,2) << endl;
    cout << myMax(string("hello"),string("howdy")) << endl;
    cout << myMax(3.2,0.5) << endl;
    cout << myMax(true,false) << endl;
    return 0;
}
```

第 8 章　内存模型

冯·诺依曼指着下方巨大的人列回路开始介绍："陛下，……；外围整齐的部分是内存，构建到这部分时我们发现人手不够，好在这部分每个单元的动作最简单，就训练每个士兵拿多种颜色的旗帜，组合起来后，一个人就能同时完成最初二十个人的操作，这就使内存容量达到了运行'秦 1.0'操作系统的最低要求。"

——刘慈欣《三体》

学习目标

知识目标

1. 理解编译器利用栈管理自动变量生命周期的工作原理。
2. 了解函数调用中利用栈进行参数传递、获取函数返回值等操作的过程。
3. 掌握从堆中申请、使用、释放存储空间的方法。
4. 理解静态对象的工作原理。

能力目标

1. 在程序中申请、使用、释放堆对象。
2. 在程序中合理应用静态对象。

素质目标

1. 通过堆空间的管理与分配过程从全局视角思考整个计算机系统的运行过程。
2. 体会在复杂系统协作过程中保持接口简洁的必要性。

思维导图

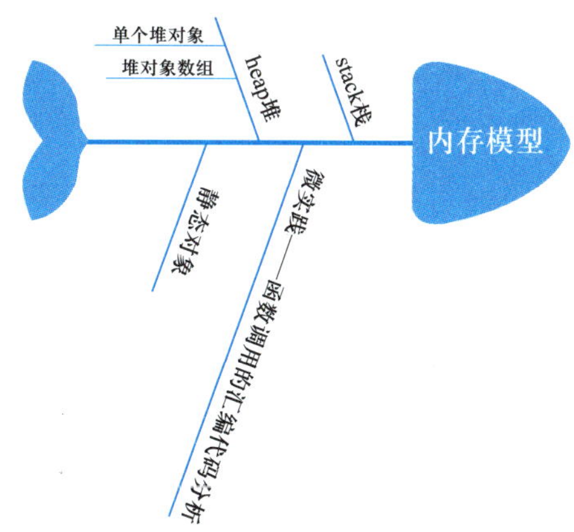

程序中的每一个对象都会占据内存空间。本章专门讨论不同类型对象的内存分配、管理及回收问题。

8.1 stack 栈

到目前为止,本书示例代码中定义的变量大多是**自动变量(automatic variable)**。比如下述程序中的 a 和 f。

```
int dummy() {
    int a = 3;
    float f = 1.2;
    //...
}
```

所有对象都会占据内存空间,自动变量所占据的内存空间的分配与回收是由编译器负责的。而容纳这些自动变量的,是一种被称为**堆栈(stack)**,简称为**栈**的数据结构。本书的大部分读者可能都不具备操作系统、CPU 体系结构方面的知识,因此只能以比较“形象”但**可能不够准确**的方式来解释编译器是如何借助栈来管理自动变量的。

应用程序的栈空间是由操作系统分配的“固定”的有限大小的内存空间,如图 8-1 所示,这个栈空间是由**栈底**开始的一段连续的内存。在多数计算机上,栈空间由高地址的栈底向低地址方向生长。除了栈底之外,计算机还会保存一个叫作**栈顶指针(stack pointer)**的地址,从栈底一直到栈顶指针之间的区域,表示已经被分配利用的栈空间(A 区域),栈顶指针之下的空白区域,则表示尚未利用的栈空间。

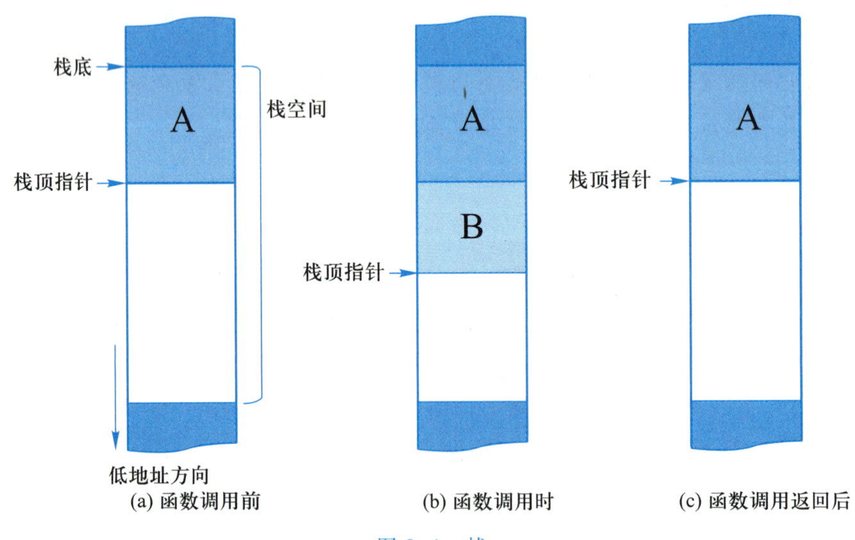

图 8-1 栈

下面结合图 8-1 来理解下述“伪代码”执行过程中的栈空间利用行为：

```
1  void func(int b1, float b2, double b3){
2      double b4 = b1 * b2 + b3;
3      //...
4  }
5
6  int main() {
7      int a1 = 1;
8      float a2 = 2.1F;
9      func(a1,a2,15.7);
10     //...
11     return 0;
12 }
```

- 第 7~8 行：编译器为自动变量 a1、a2 分配内存，它们存储在 A 区域，见图 8-1(a)函数调用前。
- 第 9 行：调用执行函数 func()，函数的形参 b1、b2、b3 以及 func()内的局部变量 b4 都需要占据内存空间，所以编译器生成的机器指令将栈顶指针下移，并将上述自动变量分配在 B 区域，见图 8-1(b)函数调用时。需要说明的是，在函数调用过程中还有一些额外的内存消耗，这些内存消耗也会使用图中 B 区域的空间。
- 第 4 行：当 func()函数执行结束后，其形参 b1、b2、b3 以及局部变量超出作用域范围。此时，编译器生成的机器指令将栈顶指针往上移，以回收栈空间。请参见图 8-1(c)函数调用返回后。此时，B 区域成为未利用的栈空间的一部分，可供后续程序使用。

不太严谨地，可以按如下方式总结 C++语言的自动变量内存管理：当一个新的代码块(比如函数调用)存在新定义的自动变量时，编译器生成代码下移栈顶指针，将新定义的自动变量安排在新开发的栈区域内。因代码块执行结束导致局部的自动变量超出作用范围时，编译器生成代码上移栈顶指针，回收内存。整个程序的执行过程伴随着无数次的栈顶指针移动，栈空间反复地生长和收缩。

我们通过执行下述程序来“印证”上述理论的正确：

```
//Project - StackExample2
#include <cstdio>

void dummy(int i, int j){
    int k = i + j;
    printf("---------------dummy-------------\n");
    printf("&i = %p, &j = %p\n", &i, &j);
    printf("&k = %p, k = %d\n",&k, k);
}

void add(int d, int e, int f){
    int g = d + e;
    int h = f;
    printf("---------------add---------------\n");
```

```
15         printf("&d = %p, &e = %p, &f = %p\n", &d, &e, &f);
16         printf("&g = %p, &h = %p, sum = %d\n", &g, &h, g + h);
17     }
18 
19     int main() {
20         int a=1,b=1,c=1;
21         printf("&a = %p, &b = %p, &c = %p\n", &a, &b, &c);
22         add(a,b,c);
23         dummy(a,b);
24         add(a,b,c);
25 
26         return 0;
27     }
```

上述代码的执行结果为：

```
1   &a = 000000000061FE1C, &b = 000000000061FE18, &c = 000000000061FE14
2   ---------------add---------------
3   &d = 000000000061FDF0, &e = 000000000061FDF8, &f = 000000000061FE00
4   &g = 000000000061FDDC, &h = 000000000061FDD8, sum = 3
5   --------------dummy-------------
6   &i = 000000000061FDF0, &j = 000000000061FDF8
7   &k = 000000000061FDDC, k = 2
8   ---------------add---------------
9   &d = 000000000061FDF0, &e = 000000000061FDF8, &f = 000000000061FE00
10  &g = 000000000061FDDC, &h = 000000000061FDD8, sum = 3
```

说明：在读者的计算机上，执行结果中的地址很可能与本书不同。

- 第 20~21 行：输出 main()函数内局部自动变量 a、b、c 的地址。从执行结果的第 1 行可见，它们位于较高的地址，比较接近栈底。
- 第 22 行：执行 add()函数。从执行结果的第 2~4 行可见，add()的形参 d、e、f 及局部变量 g、h 的地址较 a、b、c 更小，这说明栈顶指针下移，d、e、f、g、h 被分配在了新开辟的栈区域内。
- 第 23 行：在 add()函数调用返回后执行 dummy()函数。从执行结果的第 5~7 行可见，dummy()函数的形参 i、j 以及局部变量 k 被分配了与 add()函数形参及局部变量"几乎"相同的内存地址。这提示 add()函数返回时，编译器向上移动栈顶指针回收了内存，调用 dummy()函数时又再次下移栈顶指针，上述被回收的内存被再次利用。
- 第 24 行：在 dummy()函数调用返回后再次执行 add()函数。从执行结果的第 8~10 行可见，第二次调用 add()函数时，其内存分配情况与第一次调用 add()函数时完全一致。这提示，编译器借助于栈，"完美"地处理了自动变量的内存分配和回收，坏账率为 0，借出去多少，就收回来多少。

微实践——函数调用的汇编代码分析

微实践:函数调用的汇编代码分析

眼见为实。在 arm64 指令集下,使用工具将一段包含函数调用的简单代码编译成 arm64 汇编指令。在目标指令序列中,可以清楚地“看”到函数调用的参数传递、跳转以及局部变量在栈空间中的分配与回收等细节。

8.2　堆 heap

操作系统分配给应用程序的栈空间是有限且“固定”的。在作者的计算机上,下述程序会因为栈空间溢出而不能正常运行:

```
//Project - StackOverflow
#include <cstdio>

int main() {
    int a[8000][100];  //如果在你的计算机上运行正常,那试着把 100 改成 10000
    printf("a[10][2] = %d, seems ok.",a[10][2]);
    return 0;
}
```

a 数组的大小等于 8 000×100×4,大约等于 3.2 MB 的空间。这说明,自动变量不能存储大对象,如果需要在内存中保存巨量数据,还需要其他途径。这个其他途径就是**堆(heap)**。

堆也称为**自由存储区(free store)**,是由操作系统管理的公共内存区域。区别于栈,堆不属于任何应用程序。任何应用程序均可通过操作系统 API(application programming interface,应用程序编程接口)向操作系统申请指定大小的堆内存储空间,在资源允许的情况下,操作系统会尽量满足应用程序的内存需求。应用程序在使用完申请的内存后,应主动通过操作系统 API 释放该内存,以便操作系统重复利用它。

在第 6 章中,已经使用过 malloc()、calloc()函数从操作系统申请内存,使用完后再通 free()函数释放内存。事实上,malloc()、calloc()函数所申请的内存就源自堆。

练习巩固

习题讲解：
栈空间调整

8-1 （栈空间调整）对 StackOverflow 示例中数组 a 的尺寸进行调整，找出你的计算机上程序的栈空间上限。如果你的计算机运行着 Linux 系统，请尝试使用系统命令来修改程序的栈空间尺寸；如果你的计算机运行着 Windows 系统，可以尝试给编译器提供参数修改默认的栈空间大小。

8.2.1 单个堆对象

在 C++语言中，通过 new、delete 操作符来申请和释放堆内存，请阅读下述示例。

```
1  //Project - NewDelete1
2  #include <iostream>
3  #include <cstdio>
4  using namespace std;
5  
6  int main() {
7      int i = 3;
8      int* p = new int;
9      *p = 5;
10 
11     printf("i = %d, &i = %p\n", i, &i);
12     printf("p = %p, &p = %p, *p = %d\n", p, &p, *p);
13 
14     delete p;
15     printf("p = %p", p);
16 
17     return 0;
18 }
```

上述程序的执行结果为：

```
i = 3, &i = 000000000061fe1c
p = 00000000001d17a0, &p = 000000000061fe10, *p = 5
p = 00000000001d17a0
```

说明：在读者的计算机上，执行结果中的地址很可能与本书不同。

▶ 第 8 行：new int 通过操作系统 API 从堆里申请一个 int，即 4 个字节的存储空间，并返回 int*。通过指针赋值，指针 p 指向这块申请而得的堆内存。通过 new 操作符从堆里申请一个对象的存储空间的一般语法为：

```
对象类型 *指针名 = new 对象类型;
```

请注意,程序需要妥善保管 new 操作符返回的指针,这是应用程序“拥有”这块内存的标志,也是应用程序操作这块内存的唯一途径。

▶ 第 11~12 行:打印局部变量 i 的值及地址;打印指针 p 的值和地址,以及 p 所指向的整数的值。从执行结果的第 1~2 行可见,p 本身是一个自动变量,地址为 0x0061fe10,它存储在栈里,与 i 紧挨着,i 的地址为 0x0061fe1c。如果观察 p 的值,也就是申请的内存块的地址,本例中为 0x001d17a0,它同栈对象 a 和 p 相距甚远,应该在堆而非栈里。

▶ 第 14~15 行:delete p 用于释放 p 指针所指向的内存块,然后将 p 值按地址格式输出。使用 delete 释放内存块有如下注意事项:

- delete 只能用于释放通过 new 操作符申请的内存块,如果试图用 delete 释放指向栈对象的地址,会发生错误。
- new 操作符申请的内存块必须通过 delete 操作符进行释放,如果忘记释放,则在该应用程序退出前,操作系统会一直认为该块内存处于占用状态,无法将其用作其他用途。这种情况称为**内存泄漏(memory leakage)**。
- 不能对同一块内存进行两次 delete 操作,其结果是不确定的。
- delete 一个空指针是安全而又无用的,什么都不会发生。

第 15 行的输出结果告诉我们,delete p 会释放 p 所指向的内存块,但并不会把指针 p 置为空指针。

要点

当一个非空指针所指向的对象已经事实上被销毁时,该指针也称为悬空指针(dangling pointer)。及时消除悬空指针有助于减少软件的缺陷。

一个悬空指针可能会在后续代码中被误用,为了避免这种情况的发生,作者一般会在项目中定义如下名为 safe_delete 的模板函数,来解决这个问题。请见下述代码:

```
//Project - SafeDelete
#include <iostream>
using namespace std;

template <typename T>
inline void safe_delete(T& p){
    delete p;
    p = nullptr;
}

int main(){
    float* p = new float;
    cout << "before safe_delete: " << p << endl;
    safe_delete(p);
```

```
15        cout << "after safe_delete: " << p << endl;
16        return 0;
17    }
```

上述程序的执行结果为：

```
1 before safe_delete: 0xe917a0
2 after safe_delete: 0
```

说明：在读者的计算机上，执行结果第 1 行中的地址很可能与本书不同。

- 第 6~9 行：safe_delete( )函数接收一个指针的引用 p，先使用 delete p 将 p 所指向的内存块释放，然后将 p 置为空指针。请注意，safe_delete( )函数的参数为 T&，这非常重要，因为该函数需要修改形参所关联的外部对象的值。
- 第 14 行：执行 safe_delete( )函数，释放指针 p 所指向的内存块，并将 p 置为空指针(nullptr)，以避免在后续代码中误用。结合本行代码中实参 p 的类型 float *，模板函数 safe_delete( )形参 p 的类型被推断为 float * &，即指向 float 对象的指针对象的引用。相应地，模板参数 T 的类型为 float *。

执行结果证实，safe_delete(p)函数被执行后，p 成功被置为空指针。这种对 p 的 delete 操作更加安全可靠。同时，safe_delete( )函数的内联(inline)属性又避免了不必要的函数调用代价。

需要说明的是，上述 new int、new float 申请的内存块都是未经初始化的，即该 int 对象、float 对象的值不确定。如果希望 new 出来的对象具有确定的初始值，可以使用下述形式的代码：

```
int * a = new int();               //初始化为 0
float * b = new float(0);          //初始化为 0
double * c = new double(3.3);      //初始化为 3.3
```

8.2.2 堆对象数组

new int 可以申请一个 int 类型的堆对象，如果希望申请 100 个 int 类型的堆对象，可通过下述代码完成：

```
int * a = new int[100];
```

代码中的 new int[100]可按下述方式理解：

- 通过 100×sizeof(int)得到 100 个 int 对象占据的空间尺寸为 400 字节；
- new 操作符通过操作系统 API 从堆申请 400 个字节的空间，然后将该空间地址作为 int * 类型返回。

new 操作符返回的指针赋值给 a 之后，按照第 6 章的介绍，可以把 a 指针作为数组使用，下述代码演示了这种用法。

```
1   //Project - NewMany
2   #include <iostream>
3   using namespace std;
4   
5   int main() {
6       int n = 100;
7       int * a = new int[n];
8       int iSum {0};
9       for (int i=0;i<100;i++){
10          a[i] = i+1;
11          iSum += a[i];
12      }
13  
14      delete []a;  //同 delete[] a;
15      a = nullptr;
16  
17      cout << "sum = " << iSum << endl;
18      return 0;
19  }
```

上述代码的执行结果为：

```
sum = 5050
```

▶ 第 6~7 行：作者故意引入了变量 n 来表示期望的堆对象个数。这提醒读者，动态数组的元素个数并不需要在代码编译的时刻（compile time）确定，可以在运行时（run time）动态确定。

▶ 第 14 行：当指针 a 所指向的不是一个对象，而是由多个对象所构成的对象数组时，应该在 delete 与 a 之间加一个方括号。

警告

new 与 delete，new[ ]与 delete[ ]必须配对使用。经由 new[ ]申请并返回的指针预期指向的是由多个动态对象所构成的数组，必须使用 delete[ ]操作符进行释放。

▶ 第 15 行：同样的，delete[ ]a 执行后，a 并不是空指针。此时应将 a 设为空指针以避免后续代码误用。类似的，读者也可以自定义与前一小节相仿的模板函数 safe_deletearray(T & p)来实现“安全”的 delete[ ]。

同样的，new int[100]所申请的内存也是未经初始化的，如果期望申请的动态数组具有确定的初始值 0，可以使用下述格式的代码：

```
    float * a = new float[10]();            //全部初始化为 0
```

```
    int * b = new int[10]();                //全部初始化为 0
    //double * c = new double[20](3.3);     //错误,括号内不能带参数
```

无论是使用 malloc()、calloc(),还是 new 操作符,返回的内存都是由操作系统管理的堆内存。这种形式申请的内存,称为**动态分配的内存(dynamic allocated memory)**,动态内存应该在使用完毕后尽快通过 free()或者 delete、delete[]归还给操作系统。忘记归还,就会造成内存泄漏,影响整个计算机的运行甚至引发错误。

8.3 静态对象

自动变量/对象的内存被分配在栈里,其生存周期从定义开始直到作用域结束,由编译器生成代码自动管理。动态对象的内存从堆中申请,其生存周期从 new/malloc/calloc 开始直至 delete/delete[]/free 操作被执行,由程序员手动管理。

不同于自动对象和动态对象,静态对象被存储在一块称为"全局静态数据区"的内存空间内,其生命周期从程序开始运行起,一直持续到程序运行结束。

下述代码定义了三种形式的静态变量/对象:

```
int iGlobal = 11;                   //能够在整个应用程序的所有源代码文件中使用
static int iThisFileOnly = 22;      //只能在本文件中被使用

void func(){
    static int iCounter = 0;        //只能在本函数中被使用
    iCounter++;
    printf("func called: %d, &iCounter = %p\n", iCounter, &iCounter);
}
```

iGlobal 定义在任何代码块(block)及函数之外,它是静态对象的一种。相对于代码块或者函数内部的局部变量,习惯上称 iGlobal 这类变量为**全局变量**,它能够在整个应用程序的所有源代码文件中被使用。这种能够被外部源代码文件使用的性质,称为外部链接属性▲。

iThisFileOnly 也定义在任何代码块及函数之外,但其类型前加了一个 static 关键字。这种类型的静态对象,只能在本源码文件中被使用。这种只能被其所属的源代码文件使用的性质,称为内部链接属性▲。

iCounter 定义在函数代码块 func()之内,它既是一个静态对象,也是一个局部变量。作为静态对象,它具有全局生命周期;作为局部变量,它只能在 func()函数内被使用。稍后再讨论这种类型静态对象的神奇用处。

所有类型的静态对象,如果在定义时不提供初始值,编译器会主动将其初始化为 0。作者强烈建议,即便期望的初始值是 0,也应在代码中给静态变量显式地给出初始值 0,这样可以提高代码的可读性,避免阅读者疑惑。因为大多数的代码阅读者,不会记得标准中关于静

态对象默认初始值为 0 的规定。

静态对象的初始化赋值只会执行一次，即便该初始化赋值的代码位于函数体内。对于上述 func( ) 函数内的 static int iCounter = 0，iCounter 被赋值为 0 的操作只会发生一次，这项赋值操作是在程序最初启动时完成的。

下述完整的代码可以帮助读者更好地理解静态对象：

```
1  //Project - StaticObject
2  #include <cstdio>
3  
4  int iGlobal = 11;                      //能够在整个应用程序的所有源代码文件中使用
5  static int iThisFileOnly = 22;         //只能在本文件中被使用
6  
7  void func(){
8      static int iCounter = 0;           //只能在本函数中被使用
9      iCounter++;
10     printf("func called: %d, &iCounter = %p\n", iCounter, &iCounter);
11 }
12 
13 int main() {
14     int iLocal = 33;
15     printf("&iLocal = %p, iLocal = %d\n", &iLocal, iLocal);
16     printf("&iGlobal = %p, iGlobal = %d\n", &iGlobal, iGlobal);
17     printf("&iThisFileOnly = %p, iThisFileOnly = %d\n",
18             &iThisFileOnly, iThisFileOnly);
19 
20     for (int i=0;i<5;i++)
21         func();
22 
23     return 0;
24 }
```

上述代码的执行结果为：

```
&iLocal = 000000000061FE18, iLocal = 33
&iGlobal = 0000000000403010, iGlobal = 11
&iThisFileOnly = 0000000000403014, iThisFileOnly = 22
func called: 1, &iCounter = 0000000000407030
func called: 2, &iCounter = 0000000000407030
func called: 3, &iCounter = 0000000000407030
func called: 4, &iCounter = 0000000000407030
func called: 5, &iCounter = 0000000000407030
```

说明：在读者的计算机上，执行结果中的地址很可能与本书不同。

▶ 第 14 行：为对照方便，在 main( ) 函数内定义了自动变量 iLocal。

- ▶ 第 15~18 行:输出了自动变量 iLocal、具有外部链接属性的静态对象 iGlobal、具有内部链接属性的静态对象 iThisFileOnly 的地址及值。从输出结果可见,自动变量 iLocal 的地址 0x0061FE18 与其他静态对象的地址相去甚远,它应该处于“栈”内。同时,静态对象 iGlobal 的地址 0x00403010、iThisFileOnly 的地址 0x00403014 则紧紧相邻,且与 func( ) 函数内的静态对象 iCounter 的地址 0x00407030 相去不远,它们都位于全局静态数据区。
- ▶ 第 7~11 行:函数内的 iCounter 如果是个普通的局部自动对象,则对于每次函数调用,该变量都会重新在栈内分配空间且被初始化为 0。如果是这样的话,第 10 行 printf( ) 输出的 iCounter 值固定为 1。

但这里的 iCounter 是一个静态局部对象,它的空间位于全局静态数据区,且其被赋值为 0 的初始化仅会被执行一次。这导致了下述两个结论:

- 对于每次的 func( ) 调用,函数内部操作的 iCounter 均是同一个对象;
- iCounter 可以在多次函数调用间保存其值。

- ▶ 第 20~21 行:循环执行了 func( ) 函数 5 次。从执行结果可见,iCounter 成功记录了该函数被调用执行的次数 1,2,3,...

下述代码没有使用函数内的局部静态对象,而使用全局变量 iCounter 来记录 func( ) 函数执行的次数:

```
int iCounter = 0;
void func(){
    iCounter++;
...
}
```

这种实现方式实现了相同的功能,但代码质量要差很多:函数外部的 iCounter 变量成为 func( ) 函数接口的一部分,这使得该函数的使用和维护都变得更加复杂;同时,全局变量 iCounter 的存在也“污染”了全局名字空间。

第 9 章 位操作

道生一，一生二，二生三，三生万物。

——老子《道德经》

学习目标

知识目标

1. 掌握二进制及十六进制的数学原理。
2. 掌握按位取反、按位与、按位或、移位操作符的使用方法。
3. 了解按位异或操作符的使用方法及用途。

能力目标

1. 在程序中应用位操作对无符号整数的特定比特进行操作。
2. 应用位操作解决简单的实践问题。

素质目标

体会程序设计在工业自动化中的应用。

思维导图

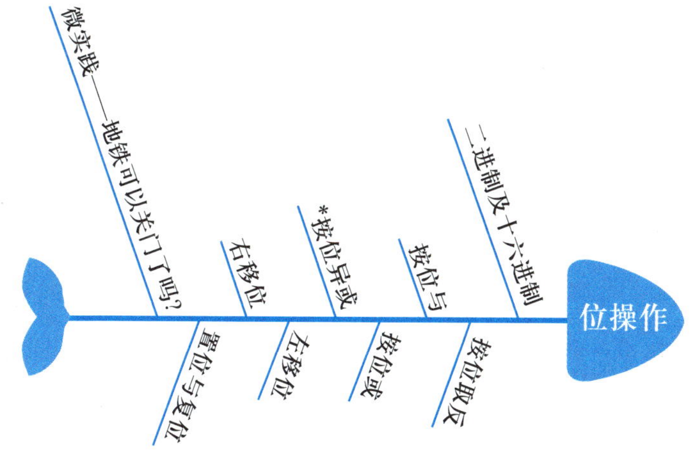

计算机内的数据存储和操作永远是二进制的。称一个占据 4 字节空间的对象为 int,仅仅表明以 int 的形式去理解和操作那 32 个比特位。从电路层面上,存储一个 int 的 4 字节空间与存储一个 float 的 4 字节空间没有什么不同,都存储着 32 个 0 或者 1。

当操作一个整数对象,比如给它赋值时,是把其 32 个比特位当成一个整体操作。有时,特别当程序试图直接跟 CPU 之外的电路打交道时,期望能够直接操作一个对象的单个比特位。C++的位操作可以达成此目的。

9.1 二进制及十六进制

假设一个**无符号短整数(unsigned short)**由 2 字节共 16 比特构成,其每个比特的值如图 9-1 所示。

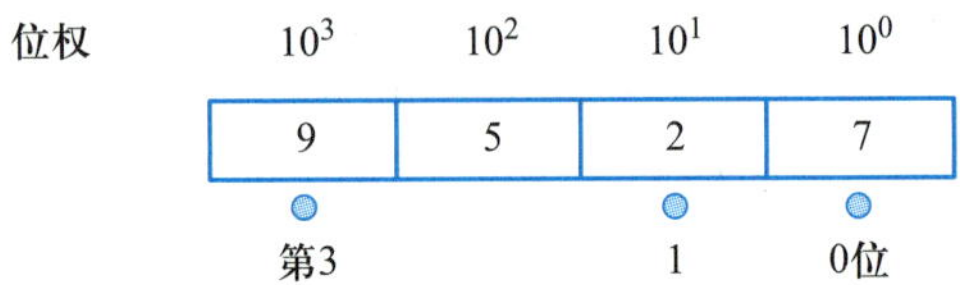

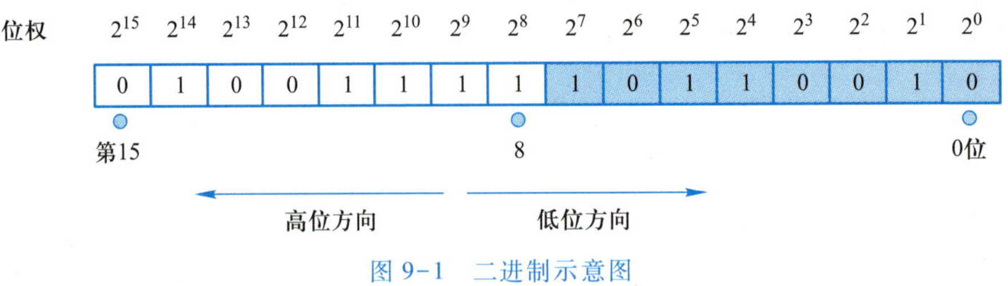

图 9-1 二进制示意图

在图 9-1 中,16 个二进制位来源于连续的两字节存储空间,从低到高依次标为第 0 位~第 15 位,每一位分别对应位权 $2^0 \sim 2^{15}$。

为了帮助读者理解,作者特意画了十进制的 $9\,527_{10}$ 的结构作为参照。十进制数 $9\,527_{10}$ 的值 $=9\times10^3+5\times10^2+2\times10^1+7\times10^0$。即,十进制数的值等于其每位的位值乘以对应的位权,再求和。

类似的,无符号二进制数的值也等于其每位的位值乘以对应的位权,再求和。本例中,有:

$$
\begin{aligned}
0100111110110010_2 &= 0\times2^{15}+1\times2^{14}+0\times2^{13}+0\times2^{12}+1\times2^{11}+1\times2^{10}+1\times2^9+1\times2^8+\\
&\quad 1\times2^7+0\times2^6+1\times2^5+1\times2^4+0\times2^3+0\times2^2+1\times2^1+0\times2^0\\
&= 20\,402_{10}
\end{aligned}
$$

在编程时,如果直接书写二进制字面量是一件痛苦的工作,程序员要非常小心地反复确认那些 0 和 1 的数字有没有错漏。相对于二进制,那些长期与电路打交道的电气工程师更愿意使用十六进制。十六进制的每一位，可以表示 0~15 共 16 种组合，由于 2^4 恰好等于 16，所以每个十六进制位正好对应 4 个二进制位，其对应关系如表 9-1 所示。

表 9-1　十六进制、十进制及二进制对应关系

十六进制	十进制	二进制(4 位)	十六进制	十进制	二进制(4 位)
0	0	0000	8	8	1000
1	1	0001	9	9	1001
2	2	0010	A	10	1010
3	3	0011	B	11	1011
4	4	0100	C	12	1100
5	5	0101	D	13	1101
6	6	0110	E	14	1110
7	7	0111	F	15	1111

按照表 9-1，很容易把二进制数换算成对应的十六进制数。方法就是从低位往高位方向，将二进制位分为 4 位一组，然后按表 9-1 将每一组转成对应的十六进制数即可。如图 9-2 所示，本例中的 01001111101100102 = $4FB2_{16}$，按字面量表示为 0x4FB2。

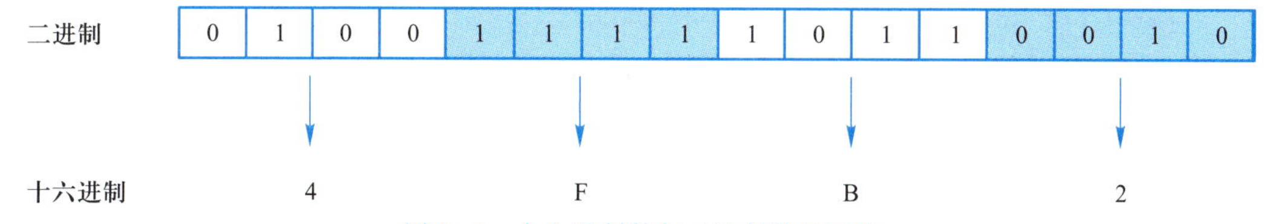

图 9-2　十六进制数与二进制数的互换

反过来，如果要把十六进制数转换成二进制数，则需要按表 9-1 将每个十六进制位转换成 4 位二进制，然后再串起来即可。

本例中的 unsigned short 由两位连续的字节构成，其中，第 0~7 位为一个字节，第 8~15 位为另一个字节。在 Intel x86 以及 ARM 计算机上，低位字节位于低地址，高位字节位于高地址，对本例而言，存储第 0~7 位的低位字节的地址如果是 A 的话，则存储第 8~15 位的高位字节位于地址 A+1。这种字节序称为**小端序(little endian)**。在另一些比较旧的 CPU 里，字节序正好相反，高位字节位于低地址，低位字节位于高地址，这种字节序称为大端序(big endian)。

请注意，本章关于位操作的讨论均基于无符号整数。对于有符号整数，由于补码的存在，问题要稍显复杂。在实践中，对有符号整数进行位操作的情况相对较少。

练习巩固

9-1　(进制转换)请写出 0x0310 和 0b01111010 对应的十进制数，请写出 0x8F 的二进制数。

习题讲解 9-1：进制转换

9.2 按位取反

C++的位(bitwise)操作符通常用于整型对象,包括 char、short、int、long、long long 等。~操作符用于将操作数按位取反(not),即对于每个二进制位,1 变 0,0 变 1。下述程序演示了~操作符的用法。

```
//Project - NotOp
#include <iostream>
#include <bitset>
using namespace std;

int main(){
    unsigned char c = 0b01011101;
    //二进制字面量是 C++14 引入的,早期版本中请用 0x5d 代替
    unsigned char d = ~c;
    cout << "c  = " << bitset<8>(c) << endl;
    //尖括号中的 8 是模板参数,意即要把 c 转为 8 位二进制字符串
    cout << "~c = " << bitset<8>(d) << endl;

    return 0;
}
```

上述程序的执行结果为:

```
c  = 01011101
~c = 10100010
```

C++标准模板库中的 bitset 类型可以方便地把对象转换成指定位数的二进制字符串,当前阶段,读者不必理会 bitset 类型的工作原理和语法细节,如实抄录使用即可。

从上述执行结果可以看到:~(01011101)= 10100010。经过按位取反,所有本来为 0 的位都变成了 1,所有本来为 1 的位都变成了 0。

9.3 按位与

a & b 中的 & 操作符将 a 对象与 b 对象的对应二进制位逐一进行按位与(and)运算。当且仅当 a 与 b 中的对应二进制位均为 1 时,结果位为 1,否则为 0。对于单个比特位的 & 运算,可以总结其规则如下:

1 & 1 = 1	1 & 0 = 0
0 & 1 = 0	0 & 0 = 0

a & b 中的 & 操作符是按位与操作符，它是二元操作符(operator)，需要两个操作数(operand)。&b 中的 & 操作符是取地址操作符，它是一元操作符，只需要一个操作数。下述程序演示了按位与操作符 & 的用法。

```
1  //Project - BitAnd
2  #include <iostream>
3  #include <bitset>
4  using namespace std;
5
6  int main() {
7      unsigned int a = 0x8ffff37a;
8      unsigned int b = 0xfc7779f6;
9
10     unsigned int c = a & b;//区别于逻辑与 &&,按位与只有一个 & 符号
11     cout << "a     = " << bitset<32>(a) << endl; //转为 32 位二进制字符串输出
12     cout << "b     = " << bitset<32>(b) << endl;
13     cout << "a & b = " << bitset<32>(c) << endl;
14
15     cout << "a              = " << bitset<32>(a) << endl;
16     cout << "0xfffffff7     = " << bitset<32>(0xfffffff7) << endl;
17     a &= 0xfffffff7;        //复合操作符,等价于 a = a & 0xfffffff7;
18     cout << "a & fffffff7  = " << bitset<32>(a) << endl;
19
20     return 0;
21 }
```

上述程序的执行结果为：

```
1  a     = 10001111111111111111001101111010
2  b     = 11111100011101110111100111110110
3  a & b = 10001100011101110111000101110010
4  a              = 10001111111111111111001101111010
5  0xfffffff7     = 11111111111111111111111111110111
6  a & fffffff7   = 10001111111111111111001101110010
```

执行结果的第 1~3 行反映了无符号整数 a 与 b 进行按位与运算的结果，请读者仔细逐一检查结果中每一个比特位的值与 a、b 对应位之间的关系。

▶ 第 17 行：&=是一个复合操作符，本行等价于 a=a & 0xfffffff7。

请读者注意，0xfffffff7 是一个很特别的数，在它的 32 个比特位中，只有第 3 位为 0，其余位全为 1。将 unsigned int 对象 a 与 0xfffffff7 进行按位与运算并赋值给 a，将导致如下结果：

- a 的第 3 位将被置为 0,不论其第 3 位本来是 0 还是 1;
- a 的其余位不会发生变化,因为任何值与 1 做与运算,值不变。

请读者观察执行结果的第 4~6 行,检验上述分析是否正确。**通过按位与运算,可以达到将对象的特定位“置 0”同时又保持其他位不变的目的。**

9.4 按 位 或

a | b 中的|操作符将 a 对象与 b 对象的对应二进制位逐一进行按位或(or)运算。当且仅当 a 与 b 中的对应二进制位中至少有一个 1 时,结果位为 1,否则为 0。对于单个比特位的|运算,可以总结其规则如下:

1 | 1 = 1	0 | 1 = 1
1 | 0 = 1	0 | 0 = 0

下述程序演示了按位或操作符“|”的使用方法。

```
//Project - BitOr
#include <iostream>
#include <bitset>
using namespace std;

int main() {
    unsigned short a = 0xf37a;
    unsigned short b = 0x79f6;

    unsigned short c = a | b;                       //区别于逻辑或||,按位或只有一个|符号
    cout << "a       = " << bitset<16>(a) << endl;//转为 16 位二进制字符串输出
    cout << "b       = " << bitset<16>(b) << endl;
    cout << "a | b   = " << bitset<16>(c) << endl;

    cout << "a          = " << bitset<16>(a) << endl;
    cout << "0x0800     = " << bitset<16>(0x0800) << endl;
    a |= 0x0800;                                   //复合操作符,等价于 a = a |0x0800;
    cout << "a |0x0800  = " << bitset<16>(a) << endl;

    return 0;
}
```

上述程序的执行结果为:

```
1  a       = 1111001101111010
2  b       = 0111100111110110
3  a | b   = 1111101111111110
4  a          = 1111001101111010
5  0x0800     = 0000100000000000
6  a | 0x0800 = 1111101101111010
```

执行结果的第 1~3 行反映了无符号短整数 a 与 b 进行按位或运算的结果，请读者仔细逐一检查结果中每一个比特位的值与 a、b 对应位之间的关系。

▶ 第 17 行：|=是一个复合操作符，本行等价于 a = a | 0x0800。

请读者注意，0x0800 是一个很特别的数，在它的 16 个比特位中，只有第 11 位为 1，其余位全为 0。将 unsigned short 对象 a 与 0x0800 进行按位或运算并赋值给 a，将导致如下结果：

- a 的第 11 位将被置为 1，不论其第 11 位本来是 0 还是 1；
- a 的其余位不会发生变化，因为任何值与 0 进行或运算，值不变。

请读者观察执行结果的第 4~6 行，检验上述分析是否正确。**通过按位或运算，可以达到将对象的特定位"置 1"同时又保持其他位不变的目的**。

*9.5 按位异或

电子正文：按位异或

a ^ b 中的^操作符将 a 对象与 b 对象的对应二进制位逐一进行按位异或(xor)运算。当且仅当 a 与 b 中的对应二进制位不同时，结果位为 1，否则为 0。

9.6 左移位

a << n 中的<<称为**左移位操作符(left shift operator)**，它将对象 a 的二进制位逐次左移 n 位，超出左端的二进制位丢弃，并用 0 填充右端空出的位置。下述示例演示了<<操作符的用法。

```
//Project - LeftShift
#include <iostream>
#include <bitset>
using namespace std;

int main() {
```

```
7       unsigned short a = 5;
8       cout << "a      = " << bitset<16>(a) << ", value = " << a <<endl;
9       a = a << 3;     //等价于 a <<= 3;
10      cout << "a << 3 = " << bitset<16>(a) << ", value = " << a << endl;
11      return 0;
12  }
```

上述程序的执行结果为：

```
a      = 0000000000000101, value = 5
a << 3 = 0000000000101000, value = 40
```

第 9 行代码将 a 左移 3 位，执行结果显示，在左移三位后，右方空位全部填充了 0。

对于 10 进制数 523_{10}，如果将其左移一位，右方补 0，得 $5\,230_{10}$，客观上，左移一位相当于把数字乘以 10。同理，在**不溢出的前提**下，二进制数左移一位，右方补 0，客观上相当于把该数乘以 2。如果左移 n 位，则相当于把该数乘以 2^n。本例中，原值为 5 的 a 被左移了 3 位，相当于乘以 2^3，变为原始值的 8 倍，结果为 40。

类似的，a<<=n 中的<<=为复合操作符，其等价于 a=a<<n。请读者不要把左移位操作符与 cout<< "a ... " 中的<<相混淆，它们具有完全不同的含义和用途。

9.7 右 移 位

a>>n 中的>>称为**右移位操作符(right shift operator)**，它将对象 a 的二进制位逐次右移 n 位，超出右端的二进制位丢弃。如果 a 是无符号整数，用 0 填充左端空位，如果 a 为有符号整数，填充值取决于具体的机器，可以是 0，也可以是符号位。下述示例演示了>>操作符的用法。

```
//Project - RightShift
#include <iostream>
#include <bitset>
using namespace std;

int main() {
    unsigned short a = 2368;
    cout << "a      = " << bitset<16>(a) << ", value = " << a <<endl;
    a = a >> 5;     //等价于 a >>= 5;
    cout << "a >> 5 = " << bitset<16>(a) << ", value = " << a << endl;
    return 0;
}
```

上述程序的执行结果为：

```
a      = 0000100101000000, value = 2368
a >> 5 = 0000000001001010, value = 74
```

第 9 行代码将**无符号**短整数 a 右移 5 位，执行结果显示，在右移五位后，左方空出位全部填充了 0。与左移操作相反，将无符号整数右移 1 位，相当于将该数除以 2，右移 n 位，相当于将该数除以 2^n。本例中，原值为 2 368 的无符号短整数 a 右移 5 位，相当于除以 2^5，即 32，结果为 74。

类似的，a>>=n 中的>>=为复合操作符，其等价于 a=a>>n。请读者不要把右移位操作符与 cin>>a 中的>>相混淆，它们具有完全不同的含义和用途。

练习巩固

9-2　(二进制输出)请在不使用 C++的 bitset 模板类的前提下，完成如下函数的设计，并编写合适的代码验证其正确性。该函数将 32 位的无符号整数 v 以二进制形式输出至屏幕。

习题讲解 9-2：二进制输出


```
void printBinary32(unsigned int v);
```

9-3　(8 段数码管)图 9-3 展示了某单片机与一个共阳极 8 段数码管的连接关系：8 个 LED 的阴极与 CPU 的 A 端口相连。当 CPU 的 PA1 脚为低电平(对应值 0)时，3.3V 直流电将流过 A 段 LED 并流入 CPU 的 PA1 脚，A 段 LED 亮；当 PA1 脚为高电平时(对应值 1)，LED 两端没有压差，A 段 LED 灭。

习题讲解 9-3：8 段数码管

请设计函数 generatePortAValue(n)，参数 n 表示准备显示的数字，取值范围 0~9，函数返回对应的端口 A 驱动值。请编写代码对该函数加以测试，以二进制形式打印其返回值并进行人工检查。

```
unsigned char generatePortAValue(int n);
```

说明：DP 段 LED 常灭；函数返回值的第 0~7 位与 PA_0~PA_7 脚一一对应；数码管内部内置了每个 LED 的限流电阻，图 9-3 中未画出。

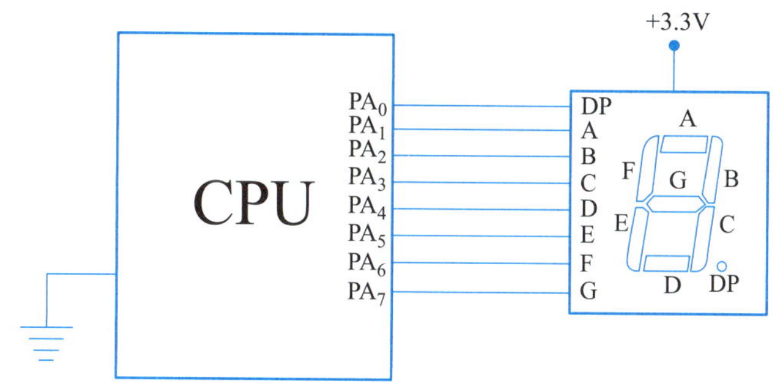

图 9-3　8 段数码管驱动电路

举例：显示数字 7 时，A、B、C 段亮，对应 PA_1、PA_2、PA_3 为低电位，整个 A 端口的值应为 0b11110001。

9.8 置位与复位

将整数的指定位“置为 1”称为**置位(set bit)**;将整数的指定位“置为 0”称为**复位(reset bit)**。之前的讨论已知:通过按位与运算,可以达到将对象的特定位“置 0”同时又保持其他位不变的目的;通过按位或运算,可以达到将对象的特定位“置 1”同时又保持其他位不变的目的。

下述程序中的 setBit( )及 resetBit( )模板函数即是通过按位或及按位与操作实现置位和复位的。

```
//Project - SetResetBit
#include <iostream>
#include <bitset>
using namespace std;

template <typename T>
inline void setBit(T& v,  int bit){
    v |= (0x01 << bit);
}

template <typename T>
inline void resetBit(T&v, int bit){
    v &= (~(0x01 << bit));
}

int main() {
    unsigned short v = 0xff00;
    cout << "before v = " << bitset<16>(v) << endl;

    setBit(v,6);
    setBit(v,0);
    setBit(v,11);    //置 0,6,11 位为 1
    resetBit(v,15);
    resetBit(v,10);  //置 10,15 位为 0

    cout << "after  v = " << bitset<16>(v) << endl;
    return 0;
}
```

上述程序的执行结果为:

```
before v = 1111111100000000
after  v = 0111101101000001
```

- ▶ 第 6～9 行：setBit(T & v,int bit)将 v 对象的第 bit 位置位。
- ▶ 第 11～14 行：resetBit(T & v,int bit)将 v 对象的第 bit 位复位。
- ▶ 第 20～22 行：先后将 v 的第 0、6 及 11 位置位，执行结果可见，置位操作是成功的。同时，在置位前，v 的第 11 位即为 1，第 11 位的置位没有带来任何改变。
- ▶ 第 23～24 行：将 v 的第 10、15 位复位。执行结果可见，复位操作成功进行。

图 9-4 以 setBit(v,6)为例，来说明本程序的置位原理。本例中，程序首先使用 0x01<<6 来构造一个第 6 位为 1，其他位全为 0 的 unsigned short 变量，然后再把这个临时对象与 v 作按位或运算，将 v 的第 6 位置位，其他位则保持不变。

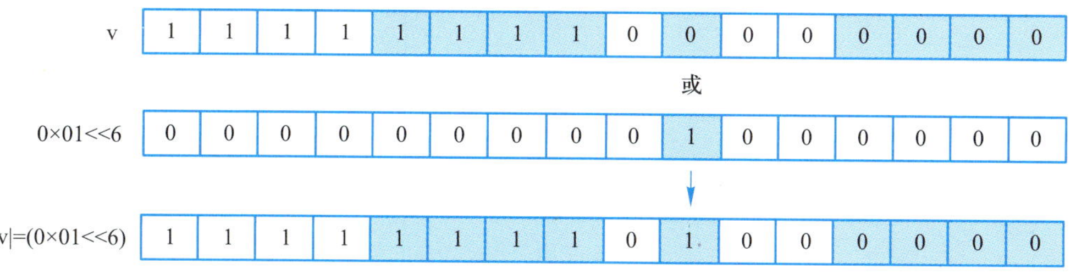

图 9-4　setBit(v,6)的执行过程

图 9-5 以 resetBit(v,10)为例，来说明本程序的复位原理。本例中，程序首先使用 0x01<<10 来构造一个第 10 位为 1，其他位全为 0 的 unsigned short 变量，然后再按位取反，得到一个第 10 位为 0，其他位全为 1 的 unsigned short 变量。然后，再把这个临时对象与 v 进行按位与运算，将 v 的第 10 位复位，其他位则保持不变。

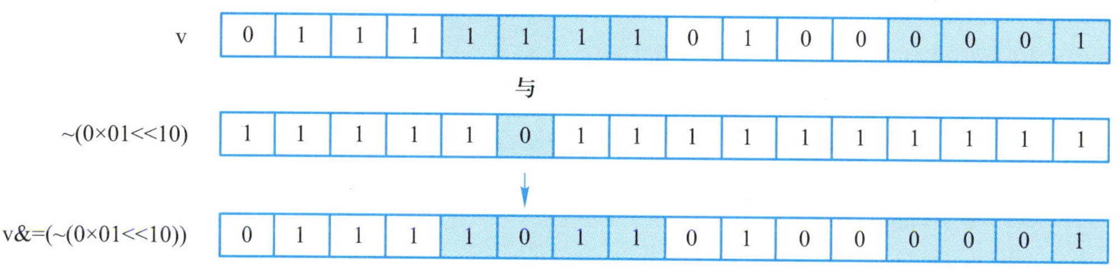

图 9-5　resetBit(v,10)的执行过程

多数 CPU 都没有提供直接操作单个比特位的机器指令，所以，C++语言仅提供了基于单个字节、两个字节、四个字节及八个字节的整体位操作语法。单个比特位的操纵，只能通过上述运算来间接完成。

微实践——地铁可以关门了吗？

地铁上完客，在关门前必须要确认没有人或者物品挡住门口，否则可能会造成人员夹伤或财产损失。图 9-6 展示了一种用于地铁门障碍物检测的电路：

① 发光二极管 D_1 装在门的左侧，它在电流驱动下发出不可见的红外光。

② 光敏三极管 D_2 装在门的右侧，当门口没有障碍物时，D_1 发出的红外线照射在光敏三极管 D_2 上，其集电极-发射极导通，其集电极信号 S_0 与地导通，电位为低。

③ 当门口有障碍物挡住了 D_1 发射的红外线时，D_2 的集电极-发射极断开，此时，其集电极信号 S_0 被上拉电阻拉高，电位为高。

④ S_0 信号与 CPU 的端口管脚相连，当有障碍物时，S_0 电位为高，CPU 认为其值为 1；当没有障碍物时，S_0 电位为低，CPU 认为其值为 0。

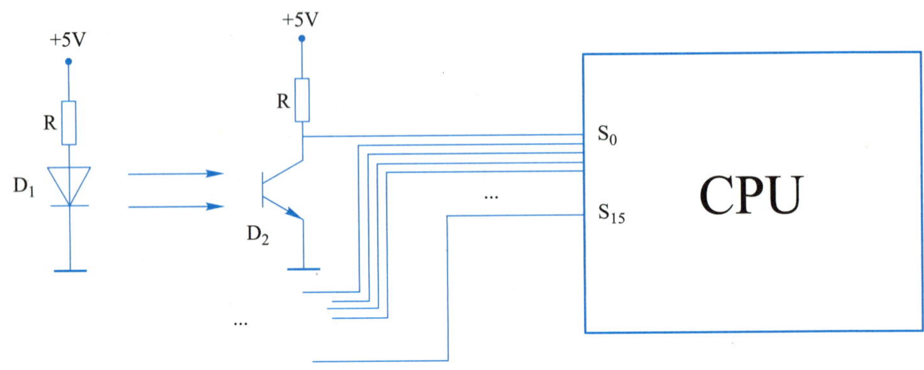

图 9-6　地铁门障碍检测电路简图

假设一列地铁有 8 节车厢共 16 扇车门，每扇车门都安装了类似的障碍物检测电路，有 $S_0 \sim S_{15}$ 共 16 个传感器信号连接到 CPU。现 CPU 通过输入指令读取了这个端口上的 16 个传感器信号，并将其存入了一个 unsigned short 类型的变量。现请通过位操作方法检测有哪几扇门存在障碍物(即对应的比特位为 1)？

读者如果看不懂上述检测电路图，并不影响对程序的理解。本程序的实质就是要检测一个 unsigned short 变量哪些位为 1。作者编写了下述 C++代码来实现上述功能。

```
//Project - SubwayDoor
#include <iostream>
#include <bitset>
using namespace std;

void testDoorSensors(unsigned short s, bool r[]){
    for (int i=0;i<16;i++)
        r[i] = s & (0x01 << i);
}

int main() {
    unsigned short s = 0x4031;    //随意假设的测试值
    bool blocked[16];

```

```
15      cout << "s = " << bitset<16>(s) << endl;
16      testDoorSensors(s,blocked);
17      for (int i=0;i<16;i++){
18          if (blocked[i])
19              cout << "Door " << i << " is blocked." << endl;
20      }
21      return 0;
22  }
```

上述程序的执行结果为：

```
s = 0100000000110001
Door 0 is blocked.
Door 4 is blocked.
Door 5 is blocked.
Door 14 is blocked.
```

9

- 第 6~9 行：testDoorSensors( )用于检测形参对象 s 的每一个二进制位，并将结果存入 r 数组，如果对应的二进制位为 1，则存入 r 数组的值为 true，否则为 false。
- 第 8 行：首先通过将 0x01 左移 i 位，形成一个仅第 i 位为 1，其余位全为 0 的 unsigned short 变量。然后将这个临时变量与 s 进行按位与运算，如果 s 的第 i 位为 0，则结果对象的每一位都是 0，整个与运算的运果为 0，转换成布尔型，为 false。如果 s 的第 i 位为 1，则结果对象中的第 i 位为 1，整个与运算的结果非 0，按非零即真原则转换成布尔型，为 true。下面以 s 的第 4 位的检测过程为例进行解释。
  - 0x01<<4，其结果为 0000000000010000_2。
  - 0000000000010000_2 与 s 变量 0100000000110001_2 进行按位与运算，结果为 0000000000010000_2。
  - 该结果 0000000000010000_2 按非零即真原则转换成布尔型，结果为 true。
- 第 17~20 行：遍历传感器变量 s 检测的结果数组 blocked，如果发现元素值为 true，说明该门存在障碍物，将其打印出来。从打印结果看，上述程序成功地检测并报告了 s 变量的全部值为 1 的位。

看起来，地铁的控制 CPU 还需要发出额外的警告声，等几秒后再次检测。

练习巩固

9-4　（阀门传感器）CPU 通过一个 8 位的 IO 口读取了 1 个字节的传感器值：unsigned char value = 0x45。这个字节的 8 个比特分别代表了车间里 8 个阀门的当前状态，1 表示该阀门通，0 表示该阀门断。请编写一个程序，从 value 变量解析出 8 个阀门的当前状态，并依次输出。

习题讲解 9-4：阀门传感器

第 10 章 枚举与联合

性灵出万象，风骨超常伦。

——高适

学习目标

知识目标

1. 了解枚举类型的定义及使用方法。
2. 了解联合类型的定义及使用方法。

能力目标

1. 在程序中应用枚举类型解决简单的实践问题。
2. 了解在程序中应用联合类型解决简单实践问题的方法。

思维导图

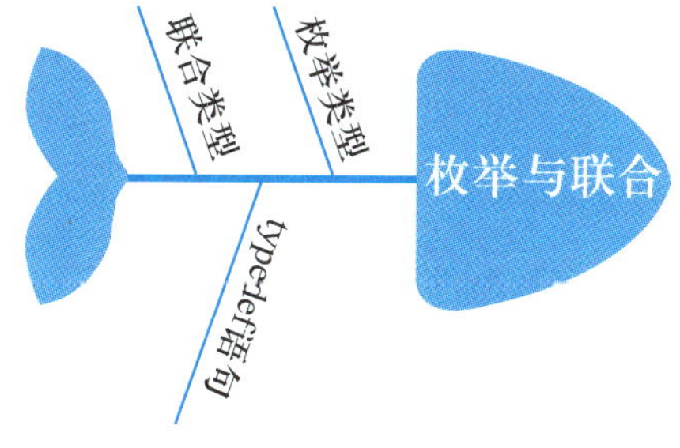

电子正文：枚举与联合

C 语言的枚举类型(enum)用于表达对象所属的类别。比如，人分男女，大学的学生又分为专科生、本科生、硕士研究生和博士研究生。C 语言中的联合(union)类型则提供了操纵和解读“数据”的独特方式，它允许对同一块内存以不同的方式进行解读和操纵。

习题讲解 10-1：枚举月份

习题讲解 10-2：判定大小端序

第 11 章　结构

一尺之棰，日取其半，万世不竭。

——庄子

学习目标

知识目标

掌握结构类型的定义及使用方法。掌握嵌套结构类型的定义及使用方法。

能力目标

在程序中应用结构类型表达复合信息。在程序中使用结构对象解决简单的实践问题。

素质目标

从结构类型的嵌套中体会事物无限可分的哲学思想。

思维导图

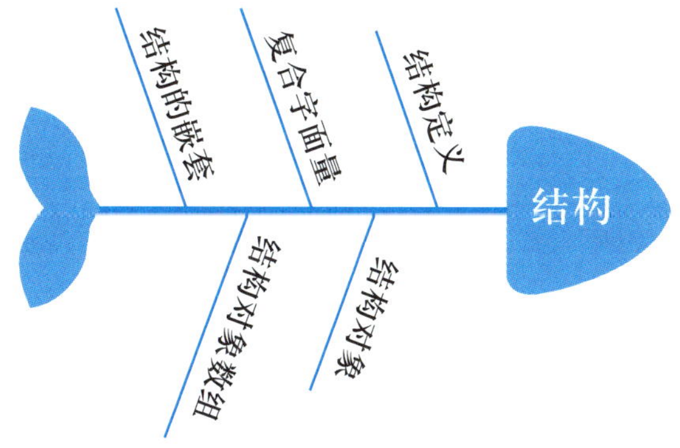

电子正文:结构

C 语言里的结构是一种复合数据类型,如下述代码中的 Employee 类型。在该类型的单一对象里,同时存储了员工姓名、是否已退休、月薪、性别等信息。

```
struct Employee {
        char sName[10];      //姓名
        bool bRetired;       //是否已退休
        int  iSalary;        //月薪
        GenderType gender;   //性别
    };
```

习题讲解 11-1:人生使用进度

习题讲解 11-2:虚虚实实

习题讲解 11-3:三维向量

习题讲解 11-4:三维向量的较量

习题讲解 11-5:凸六边形的面积

* 第 12 章　编译及构建

一个稍稍令人惊讶的事实:C 语言编译器其实是用 C 语言编写的。

——编者

学习目标

知识目标

1. 了解程序编译构建的主要过程。
2. 了解预处理、编译、汇编、链接各阶段的输入输出及完成的主要任务。

能力目标

1. 仅使用终端命令完成程序的整个编译及构建过程。
2. 运用编译构建的相关知识解决在程序编译构建过程中遇到的问题。

素质目标

从“分散编译”技术出发,体会“分而治之”之道。

思维导图

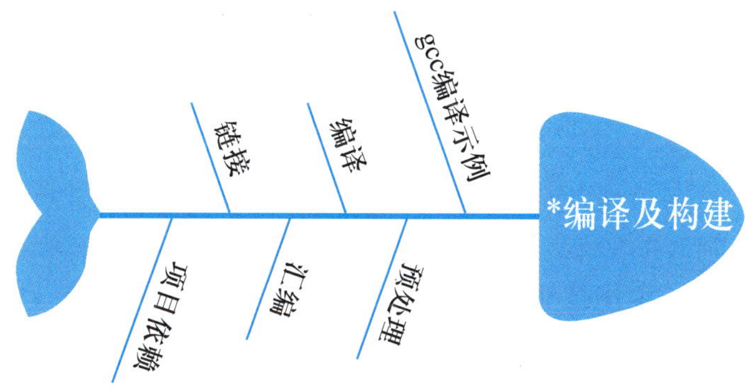

广义的编译(compile)/构建(build),是将由源语言编写的一个或多个程序文件进行解析和转换,再结合共享库等资源,生成可以在目标机器上运行的可执行文件的过程。本书无意讨论编译器的详细工作原理,那是“编译原理”课程的内容。这一章将从使用者的角度,简单讨论编译及构建的过程概要。

12.1　gcc 编译示例

考虑到 Linux 操作系统及 gcc 编译器(**G**NU **C**ompiler **C**ollection)在工业界的基础性地位,本章的讨论以 Linux 操作系统及 gcc 编译器为基础。

操作指南:Windows 下用 mingw 编译示例程序

读者也可以在 Windows 操作系统上使用 mingw 或其他编译器完成类似的工作,详细过程请扫描二维码了解。

在一台树莓派 4B 卡片式计算机(gcc 版本 10.2.1,Linux 内核版本 5.15)上,作者在 /home/pi/C12_Build 目录下准备好了三个源代码文件,如图 12-1 所示。

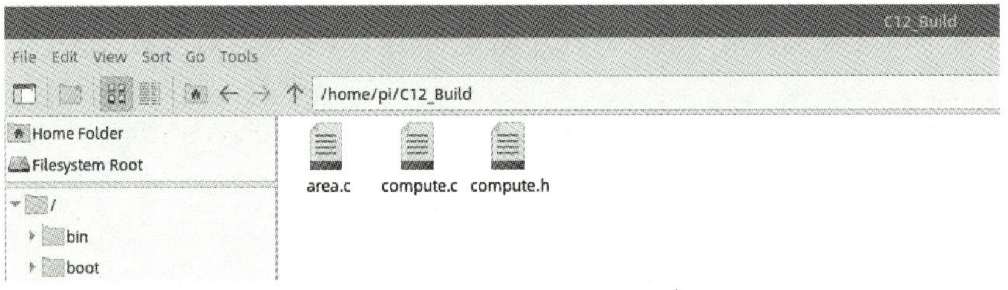

图 12-1　编译示例的源代码文件

警告

树莓派 4B 基于一个使用 ARM V8 指令集的 CPU,如果读者的计算机不基于 ARM,且运行着非 Linux 系统,那么在后续操作中得到的编译及操作结果的细节可能与本书存在较大差异,但基本的流程和理论大体相同。

其中,文件 compute.h 的内容如下:

```
#ifndef _COMPUTE_H
#define _COMPUTE_H

#define PI 3.1415926  //comment
#define SQUARE(x)  x * x
float circleArea(const float r);

#endif
```

文件 compute.c 的内容如下，请注意作者有意在第 1 行和第 2 行重复引入了 compute.h 头文件。

```
1  #include "compute.h"
2  #include "compute.h"                 //重复引入
3
4  float circleArea(const float r){
5      float t = PI * SQUARE(r);        //comment
6      return t;
7  }
```

文件 area.c 的内容如下：

```
#include <stdio.h>
#include "compute.h"

int main(){
    float r = 4.1f;
    float a = circleArea(r);   //comment
    printf("Area of the circle = %f.\n",a);
}
```


程序的结构极其简单：函数 circleArea()根据圆的半径计算圆的面积，其声明位于 compute.h，定义在 compute.c 中；文件 area.c 中的 main()函数调用 circleArea()计算半径为 4.1 的圆的面积，然后通过 printf()打印到控制台。

我们在 Linux 终端（terminal）中依次执行了如表 12-1 所列的命令，完成了上述 3 个源代码文件的编译，并成功执行了名为 area 的可执行目标文件（executable object file），详见图 12-2。在图 12-2 中，pi 是操作系统用户名，MVE 则是计算机名称。

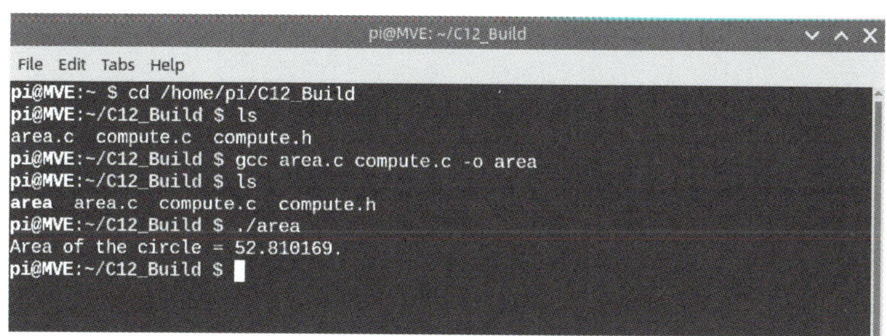

图 12-2 在终端里使用 gcc 编译示例程序并运行

表 12-1 在终端里使用 gcc 编译示例程序并运行

命令	cd /home/pi/C12_Build
说明	将当前目录切换为/home/pi/C12_Build，示例的 3 个源代码文件在该目录里。cd 是操作系统终端命令，意为改变目录（change directory）

续表

命令	ls(注意是字母 l)
说明	终端命令,显示当前目录下的所有文件及子目录。执行结果显示当前目录下有 area.c、compute.h 及 compute.c 三个文件
命令	gcc area.c compute.c -o area
说明	使用 gcc 编译器编译 area.c 及 compute.c 两个 C 语言程序文件,生成名为 area 的可执行目标文件。请注意,头文件 compute.h 不被视为一个单独的编译单元,所以未在命令中列出。 上述命令行中的-o 选项意为指定输出文件的名称。 该文件执行完成后,再次执行 ls,可见当前目录下多了一个名为 area 的文件,其绿色的文件名代表该文件是可执行目标文件
命令	./area
说明	载入并执行当前目录下名为 area 的可执行目标文件。在执行该命令后,操作系统会将该程序载入内存,然后将执行点转移至该程序的起始处。随后的执行结果可见,area 成功计算并打印了半径为 4.1 的圆的面积

图 12-3 展示了上述示例程序编译/构建过程的详细步骤。如图 12-3 所示,构建过程至少包含**预处理**、**编译**、**汇编**和**链接**四个阶段。这里的编译是狭义的编译,其对应整个广义编译过程的第二个阶段:对预处理后的源程序文件进行解析,生成汇编语言代码文件。

12

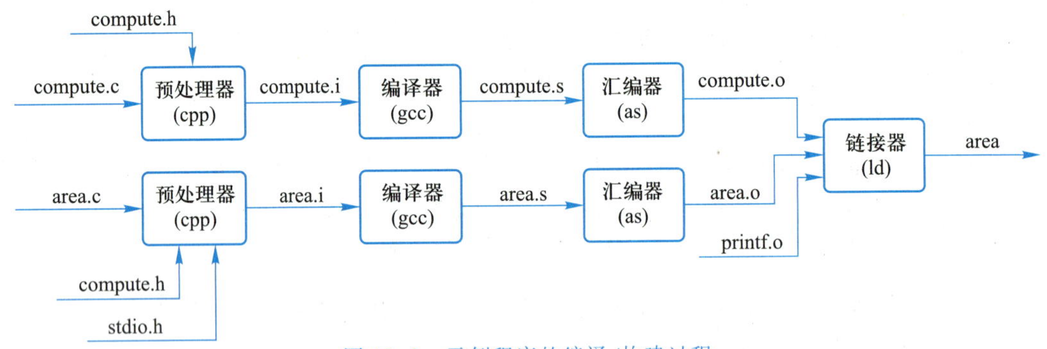

图 12-3 示例程序的编译/构建过程

同大多数编译器一样,C/C++也采用了**分散编译(separate compilation)**的技术。每个.c 或者.cpp 源代码文件被视为一个编译单元(compilation unit),编译器将程序中所有的编译单元逐一、分别进行预处理、编译和汇编,生成各自独立的可重定位目标文件(relocatable object file),然后再由链接器组合链接为一个整体的可执行目标文件(executable object file)。

12.2 预 处 理

预处理器主要完成下述任务:

(1) 对宏(macro)定义(#define)进行替换或展开。

（2）处理所有的条件预处理指令，比如#ifdef、#ifndef、#if、#elif、#else、#endif 等。

（3）处理#include 预处理指令，将被包含的头文件的内容展开，插入对应文件中。

（4）删除所有注释，包括/ * * /以及//。

（5）添加行号和文件名标识，这些信息在软件调试中被用于定位与报错或者警告有关的代码行。

在图 12-2 所示编译过程中，并没有观察到预处理的结果文件 compute. i 和 area. i，在默认情况下，gcc 编译器不会生成这些文件。

通过执行表 12-2 所述终端命令之一，可以使用预处理器（preprocessor）对 compute. c 进行预处理，从而得到结果文件 compute. i。

表 12-2　预处理命令（终端）

命令	gcc -E compute. c -o compute. i
说明	对 compute. c 进行预处理，生成 compute. i。-E 选项要求 gcc 只进行预处理，-o 选项用于指定输出文件名
命令	cpp compute. c compute. i
说明	cpp 即是 gcc 中的预处理器程序，上述命令对 compute. c 进行预处理，生成 compute. i

同源代码文件一样，预处理器的输出文件 compute. i 是个文本文件，其内容如下（删除了部分空行）：

```
1  # 1 "compute.c"
2  # 1 "<built-in>"
3  # 1 "<command-line>"
4  # 31 "<command-line>"
5  # 1 "/usr/include/stdc-predef.h" 1 3 4
6  # 32 "<command-line>" 2
7  # 1 "compute.c"
8  # 1 "compute.h" 1
9
10 float circleArea(const float r);
11 # 2 "compute.c" 2
12
13 float circleArea(const float r){
14     float t = 3.1415926 * r * r;
15     return t;
16 }
```

- 第 1~8 行、第 11 行：一些行号和文件名标识。
- 第 10 行：circleArea()函数的声明。该声明源自头文件 compute. h 的第 6 行。由于条件预处理指令#ifndef、#endif 的“保护”，虽然在 compute. c 中“故意”两次#include 头文件 compute. h，但却没有引起 circleArea()函数的重复声明。当预处理器第一次在 compute. c 中“包含”compute. h 时，名为_COMPUTE_H 的宏尚未定义，预处理器正常展开并插入 compute. h 中的内容；在预处理器第二次“包含”compute. h 时，发现_COMPUTE_H 宏已定义，#ifndef _COMPUTE_H（意为如果未定义_COMPUTE_H）预处理条件语句不成立，忽略相关内容。
- 第 14 行：对应 compute. c 的第 5 行。请读者注意该行代码的三项变化：

  （1）原代码第 5 行中的注释被删除了。

  （2）原 PI 宏按照 compute. h 中的宏定义被文本替换为 3. 1415926。

  （3）原 SQUARE（r）宏按照 compute. h 中的宏定义被展开为 r * r。

扩展阅读 12-1:危险的宏

示例中的宏定义 SQUARE(x)用于求“参数”x 的平方,这个宏很容易被使用者误认为是函数。宏是由预处理器处理的,它有着函数的形式却没有函数调用的代价。不建议初学者使用宏,因为使用宏的收益远不足以抵消其带给初学者的风险。

练习巩固

习题讲解 12-1:重复的函数声明

12-1 (重复的函数声明)请读者删去上述 compute.h 中的条件预处理指令(第 1、2、8 行),然后再次使用 cpp 生成 compute.i,可发现其中包含两个重复的 circleArea()函数声明。请读者对该现象加以解释。

练习完成后,请恢复 compute.h 的原有内容。

12.3 编 译

编译器(compiler)对预处理器输出的扩展名为.i 的文本文件进行解析和转换,得到扩展名为.s 的文本文件,其内容是平台相关的汇编语言代码。

编译是整个程序构建过程中最复杂的阶段,可以分为 5 步:词法分析、语法分析、语义分析、中间代码生成及优化、目标代码生成及优化。

同样,编译器默认不会生成.s 的中间文件。通过执行下述终端命令,可以将 compute.i 编译成 compute.s。-S 选项要求 gcc 只进行编译,-o 选项用于指定输出文件名。

```
linux> gcc -S compute.i -o compute.s
```

本例中,汇编语言文件 compute.s 的内容如下。

```
.arch armv8-a
.file "compute.c"
.text
.align 2
.global circleArea
.type circleArea, %function
circleArea:
.LFB0:
.cfi_startproc
sub sp, sp, #32
.cfi_def_cfa_offset 32
str s0, [sp, 12]
ldr s0, [sp, 12]
fcvt d0, s0
adrp x0, .LC0
ldr d1, [x0, #:lo12:.LC0]
fmul d1, d0, d1
ldr s0, [sp, 12]
fcvt d0, s0
fmul d0, d1, d0
fcvt s0, d0
str s0, [sp, 28]
ldr s0, [sp, 28]
add sp, sp, 32
.cfi_def_cfa_offset 0
ret
```

```
27 .cfi_endproc
28 .LFE0:
29 .size circleArea, .-circleArea
30 .section .rodata
31 .align 3
32 .LC0:
33 .word 1293080650
34 .word 1074340347
35 .ident "GCC: (Debian 10.2.1-6) 10.2.1 20210110"
36 .section .note.GNU-stack,"",@progbits
```

相对于 C 语言这样的高级语言，汇编语言是所谓的低级语言，读者可以将其视为机器指令的助记符。特定的汇编语言与特定的机器语言指令集是一一对应的，因此，上述汇编代码是平台相关的。本例中，它们基于 armv8 架构而不是 Intel 的 x86 架构。

读者或许从未学习过汇编语言，也不了解计算机的指令集，但这并不妨碍对上述代码的功能进行合理“推测”。

- 第 1 行：arch 是平台架构（architecture）的缩写，armv8 是 ARM 公司发布的版本为 8 的指令集，这种指令集广泛用于移动终端及嵌入式设备。
- 第 5 行：表明 circleArea 名字是全局的，即该名字可以被其他目标文件所引用。
- 第 6 行：名字 circleArea 代表一个函数。
- 第 10 行：对 sp 寄存器做减法，sub 是 substract 的简写，sp 是栈顶指针（stack pointer）寄存器。对照本书 8.1 节可知，本行代码即是在为 cirleArea( ) 函数分配栈空间，以存储局部变量、参数等信息。
- 第 17 行、第 20 行：两个乘法指令，对应.i 代码中的 3.1415926 * r * r。fmul 中表示浮点数（float）的乘法（multiply）。
- 第 24 行：对栈顶指针寄存器 sp 做加法。对照本书 8.1 节可知，本行代码即是在函数返回前释放栈空间。分配栈空间时，栈顶指针减小，释放空间时，栈顶指针变大，这说明栈确实是由高地址向低地址方向生长的。
- 第 26 行：函数执行完成，返回调用点，ret 为子程序返回指令。

12.4 汇编

汇编器（assembler）负责将编译器输出的.s 汇编语言程序翻译成可重定位目标文件（relocatable object file），扩展名为.o，其为包含机器语言指令的二进制文件。

汇编过程相对简单，因为特定平台的汇编指令与机器指令是一一对应的。

在 Linux 终端中，执行下述命令之一可以将 compute.s 汇编至 compute.o。其中，-c 选项要求 gcc 仅执行汇编。

```
linux> as compute.s -o compute.o
linux> gcc -c compute.s -o compute.o
```

由于 compute.o 是包含机器指令的二进制文件，无法在这里展示其内容。可重定位目标文件在不同的平台上格式会有差异，在 Linux 终端上，可以使用 objdump 命令查看其反汇编代码：

```
linux> objdump -d compute.o
compute.o:     file format elf64-littleaarch64
Disassembly of section .text:
0000000000000000 <circleArea>:
   0:  d10083ff  sub  sp, sp, #0x20
   4:  bd000fe0  str  s0, [sp, #12]
   8:  bd400fe0  ldr  s0, [sp, #12]
   c:  1e22c000  fcvt d0, s0
  10:  90000000  adrp x0, 0 <circleArea>
  14:  fd400001  ldr  d1, [x0]
  18:  1e610801  fmul d1, d0, d1
  1c:  bd400fe0  ldr  s0, [sp, #12]
  20:  1e22c000  fcvt d0, s0
  24:  1e600820  fmul d0, d1, d0
  28:  1e624000  fcvt s0, d0
  2c:  bd001fe0  str  s0, [sp, #28]
  30:  bd401fe0  ldr  s0, [sp, #28]
  34:  910083ff  add  sp, sp, #0x20
  38:  d65f03c0  ret
linux>
```

执行结果可见，compute.o 的文件格式为 elf64-littleaarch64，其中，elf 是 Executable and Linkable Format（可执行可链接格式）的简写，该格式广泛应用于 Linux 及 UNIX 系统中。elf 文件由很多段（section）构成，其中，.text 段包含目标文件的机器指令。

12.5　链　　接

链接（linking）是将各目标代码和数据片段收集并组合成为单一可执行目标文件的过程。在操作系统的帮助下，可执行目标文件可以被加载（复制）到内存并运行。广义的链接既可以发生在编译时（compile time），也可以发生在加载时（load time）甚至运行时（run time），这里先讨论编译时的链接。

本例中，如图 12-3 所示，compute.c 以及 area.c 分别经过预处理、编译、汇编之后，得到两个可重定位目标文件 compute.o 及 area.o。执行下述终端命令，可以将 compute.o 及 area.o 链接为单一的可执行目标文件 area。

```
linux> gcc area.o compute.o -o area
```

链接使得分散编译（separate compilation）成为可能。以分散编译为前提，可以把一个大型程序分散成多个源文件,这些源文件可以各自独立地修改和编译。当重新构建整个应用程序时,集成的开发环境或者构建工具会检查每个源文件的时间戳,只对那些自前次编译后被再次修改的源文件进行编译,然后再将全部的可重定位目标文件进行链接,以避免不必要的重复编译。

链接器主要完成两项任务:

(1) 符号解析(symbol resolution)。在对象文件中,符号与函数或者全局变量相关联,文件 A 可能引用了文件 B 中的符号,所谓符号解析,目的是找到该符号在全部被链接的目标文件中的“唯一”定义。就本例而言,compute. c 中包含了 circleArea( ) 函数的定义,circleArea 作为一个符号存在于 compute. o 中;area. c 调用了函数 circleArea( ),area. o 包含了对符号 cirleArea 的引用。链接器需要在所有被链接对象文件中找到符号 circleArea,并将其实体包含在最终的可执行目标文件中,从而使 main( ) 函数可以调用 cirleArea( )。

在下述 Linux 终端命令中,只向链接器提供了 area. o,而没有提供 compute. o,由于链接器无法解析符号 circleArea,即无法找到 circleArea( ) 函数的机器代码,链接器 ld 报错。

```
linux> gcc area.o -o area
/usr/bin/ld: area.o: in function 'main':
area.c:(.text+0x1c): undefined reference to 'circleArea'
collect2: error: ld returned 1 exit status
linux>
```

(2) 重定位。当一个编译单元被单独编译时,编译器和汇编器并不清楚该编译单元中的函数、全局对象在最终的可执行目标文件中的相对位置,因此,可重定位目标文件中的代码和数据的编址均从地址 0 开始。链接器需要确定每个符号在可执行目标文件中的相对地址,并根据这个确定的地址来修改该符号的全部引用。

为了观察链接器的符号解析与重定位的效果,请读者回顾 12. 4 中 compute. o 的反汇编结果,可见,符号 circleArea 在 compute. o 中起始于地址 0。我们执行 objdump 对可执行目标文件 area 进行了反汇编:

```
linux> objdump -d area
//此处有大量删减
0000000000000774 <main>:
774:a9be7bfd stp  x29, x30, [sp, #-32]!
//此处有删减
78c:bd401fe0 ldr  s0, [sp, #28]
790:9400000a bl   7b8 <circleArea>
794:bd001be0 str  s0, [sp, #24]
//…此处有大量删减
00000000000007b8  <circleArea>:
7b8:d10083ff sub  sp, sp, #0x20
7bc:bd000fe0 str  s0, [sp, #12]
7c0:bd400fe0 ldr  s0, [sp, #12]
//此处有大量删减
```

12

从上述执行结果可见，函数 circleArea( )的二进制代码从 compute. o 复制到了可执行目标文件 area 中，其新的起始地址变成了 0x7b8；函数 main( )的二进制代码从 area. o 复制到了可执行目标文件 area 中，其起始地址为 0x774。在 main( )函数的机器代码中，可以看到机器指令 bl 7b8，该机器指令即是 main( )调用 circleArea( )时的跳转指令：0x790 是这条指令的地址；0x9400000a 是指令的字节码形式；bl 7b8 则是这条指令的汇编语言形式。

注意

前述讨论里的 0x774、0x7b8 仅仅是可执行目标文件中的逻辑地址。当操作系统把可执行目标文件装入内存中后，这些符号将获得实际的物理地址。在操作系统的管理和协助下，CPU 的内存管理单元(memory management unit)使用一种名为段式/页式内存管理的技术把逻辑地址映射到实际的物理地址。

练习巩固

习题讲解 12-2：G=mg

12-2 (G=mg)请读者录入内容如下的代码文件 G. c，编译并运行。

```
#include <stdio.h>
float g = 9.8f;   //重力常数
float getG(float m) {
    float r = m * g;
    return r;
}

int main() {
    float m = 10.0f, G = 0.0f;
    G = getG(m);
    printf("G = mg = %.2fkg * %.2f N/kg = %.2fN.",m,g,G);
    return 0;
}
```

终端编译命令：

```
linux> gcc G.c -o computeg
```

期望的运行结果：

```
G = mg = 10.00kg * 9.80 N/kg = 98.00N
```

习题讲解 12-3：外部对象

12-3 (外部对象)将练习 12-2 中代码第 3 行修改为：

```
extern float g;
```

然后再次编译 G. c，将遇到链接错误，请分析该错误，并推测 extern 关键字的用途。

习题讲解 12-4：链接外部对象

12-4 (链接外部对象)在 G. c 的同一目录新增代码文件 constants. c，其内容如下：

```
float g = 9.8;   //重力常数 9.8 N/kg
```

然后使用下述终端命令进行编译：

```
linux> gcc G.c constants.c -o computeg
```

程序应可正常编译和运行。请读者思考 G. c 中的 g 变量与 constants. c 中的 g 变量的关系。

总结

float g;

在当前的编译单元中为名为 g 的对象分配空间，由于未使用 static 存储类型说明符，该对象作为一个全局符号(global symbol)可以被其他编译单元引用。

extern float g;

声明一个“外部”对象 g，在当前的编译单元中只引用该符号，而不为该对象分配空间。该引用必须在链接阶段得到解析，即链接器必须在其他的可重定位目标文件中找到名为 g 的全局对象，否则将产生链接错误。

12.6　项目依赖

程序的构建过程还需要一些共享的头文件以及库文件的支持，称为项目依赖(project dependency)。本例中，area. c 包含头文件 stdio. h，area. o 包含了对符号 printf 的引用，这些依赖需要在构建过程中加以解决。

下面以“啰嗦”模式运行 gcc 进行示例程序编译，并从冗长的输出中摘取了如下片段。-v 选项即为 verbose(啰嗦)，要求 gcc 详细汇报整个编译构建过程。

```
linux> gcc -v area.c compute.c -o area
//有删减
Target: aarch64-linux-gnu
//此处有大量删减
#include "..." search starts here:
#include <...> search starts here:
/usr/lib/gcc/aarch64-linux-gnu/10/include
/usr/local/include
/usr/include/aarch64-linux-gnu
/usr/include
//此处有大量删减
```

```
LIBRARY_PATH =/usr/lib/gcc/aarch64 - linux - gnu/10/:/usr/lib/gcc/aarch64 - linux - gnu/
10/../../../aarch64-linux-gnu/:/usr/lib/gcc/aarch64-linux-gnu/10/../../../../lib/:/
lib/aarch64-linux-gnu/:/lib/../lib/:/usr/lib/aarch64-linux-gnu/:/usr/lib/../lib/:/
usr/lib/gcc/aarch64-linux-gnu/10/../../../:/lib/:/usr/lib/
//此处有大量删减
linux>
```

在 gcc 的上述输出中，看到了一系列的头文件路径及库文件路径，其中库文件路径(LIBRARY_PATH)是一个由冒号分隔的多个路径的合并字符串。这些路径是 gcc 内置的，其在 gcc 的设计以及安装阶段被确定。在编译/构建的过程中，gcc 会在头文件路径中查找头文件 stdio. h，会在库文件路径中查找对象文件 printf. o。

作者在计算机的/usr/include 目录下找到了头文件 stdio. h。

作者在计算机的/usr/lib/aarch64-linux-gnu 目录下找到了库文件 lic. a，其中包含了 printf. o。参见下述 Linux 终端命令及其执行结果。

```
linux> ar -vt /usr/lib/aarch64-linux-gnu/libc.a | grep printf.o
//有删减
rw-r--r-- 0/0   1704 Jan  1 08:00 1970 fprintf.o
rw-r--r-- 0/0   1768 Jan  1 08:00 1970 printf.o
rw-r--r-- 0/0   1664 Jan  1 08:00 1970 snprintf.o
rw-r--r-- 0/0   1720 Jan  1 08:00 1970 sprintf.o
//有删减
linux>
```

这里的 libc. a 属于静态链接库(static library)，该静态链接库由含 printf. o 在内的多个预编译好的可重定位目标文件组成。ar 系 Linux 下的库管理工具，它可以帮助我们创建、查看和修改库文件。上述命令中的"|"是操作系统管道，大意是将 ar 命令的输出经管道流向 grep 命令，作为其输入。grep 命令在输入文本中查找包含 printf. o 的内容。

使用者可以通过 gcc 的-I 选项为预处理器指定额外的头文件搜索路径；通过-L 选项，使用者可以为 gcc 指定额外的库文件搜索路径；通过-l 选项，可以为链接器指定要参与链接的库文件名称。

静态链接库中的机器代码是在编译时(compile time)被链接器"复制"到可执行目标文件里的，链接完成后，可执行目标文件可以不依赖于静态链接库而运行。

练习巩固

习题讲解 12-5：自定义静态链接库

12-5 (自定义静态链接库*)请设计三个函数，分别用于计算圆、矩形、三角形的面积；然后借助 gcc 编译及 ar 工具生成自己的静态链接库。请编写合适的代码对该静态链接库中的函数进行测试。

还有一种动态链接(dynamic linking)的共享库(shared library)，在 Linux 系统里，其文件

扩展名为.so,在 Windows 系统里,其文件扩展名为.dll。共享库可以在装载时(load time)被链接,简单描述就是当操作系统复制可执行目标文件至内存时,也会将相关的共享库代码复制到内存并进行相关重定位操作。共享库的存在可以有效减小可执行目标文件的尺寸,作为"共享"的库,它可以被多个应用程序所引用。

事实上,程序还可以在运行时(run time)加载或卸载共享库。这对于大型应用程序十分有用,因为一个大型程序的全部机器码规模可能十分庞大,仅在需要时加载相关机器码有助于节省内存和程序的启动时间。

扩展阅读 12-2:cmake 构建工具

一个名为 cmake 的构建工具允许开发者编写一个平台无关的 CMakeLists.txt 文件来定制应用的编译/构建过程。

第 13 章　类与抽象

趋势这个东西是很可怕的，这个世界就是顺应着趋势构成的。

——《海贼王》

学习目标

知识目标

1. 理解面向对象的程序设计方法论。
2. 掌握自定义类的方法。
3. 掌握使用自定义数据类型对象或对象数组的方法。
4. 了解对象内各子对象的内存分布规律。
5. 了解对象成员函数调用过程的内部实现原理。

能力目标

在程序中自定义并使用类来解决简单的实践问题。

素质目标

1. 从"对象由其子对象来构成"体会事物无限可分的哲学思想。
2. 从面向对象程序设计领悟正确的方法论对工程实践的重要指导作用。

思维导图

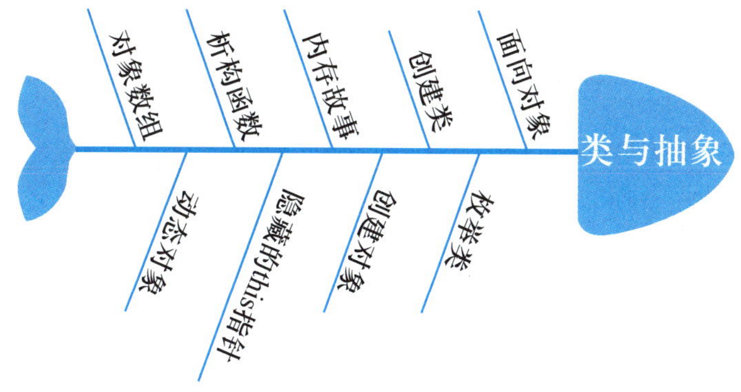

在程序设计语言的早期(1990年以前),大多数的程序设计都采用**结构化编程**:程序中遍布着全局函数、数组以及变量。从20世纪90年代起,**面向对象程序设计**(object oriented programming)逐渐成为主流。

13.1 面向对象

本章只讨论一件事情:如何定义和使用新的数据类型。面向对象程序设计可以在程序设计的过程中模拟人类在现实世界的思维。

说到人本身,人是个概念也是个名词,我们称“人”是一个类(class),以区别于大象、手机和彗星。具体到程序设计的范畴,类和数据类型(data type)是同义词。

一个具体的人,例如你、我、Mr Lee,是人这个概念的外延,是若干个类型为“人”的具体对象(object)。也称某个具体的对象,例如Mark Zackberg,为“人”这个类型的实例(instance)。在面向对象程序设计语言中,变量(variable)、对象(object)以及实例(instance)这3个术语的含义大致相同。

凡是人类,皆有姓名、性别、血压、肤色、身高、体重等性质,这些性质被称为类型的**属性**(attribute),也称为**数据成员**(data member)。

人除了具备上述身高、肤色等属性外,还能做很多事情,例如说话(speak)、进食(eat)、思考(think)、走路(walk),这些行为是这个类型的**方法**(method),也叫**成员函数**(member function)。

在程序设计中,通过设计新的类型,例如,定义一个新类Person,来刻画某类对象的共性。然后将新类型实例化为对象,例如定义一个Person类型的变量a,来发挥其功用。变量a既然属于Person类型,那么a自然就有了姓名、性别这些属性,有了eat、speak、think这些方法。为了避免把读者搞糊涂,下面专门列了两个表格来总结上述术语。

表13-1中,自定义的新类型Person与字符、整数这些系统提供的类型并列。在面向对象程序设计的范畴中,它们都是数据类型,区别在于,有的是系统自带的,而有的(如Person)需要自定义。

表13-1 类与数据类型的关系

术语	同义术语	举例
类(class)	数据类型(data type)	Person(表示人,需要自定义)、char、int、float

表13-2则总结了对象、属性和方法的各种同义术语。

表13-2 对象及其相关术语

术语	同义术语	举例
对象(object)	变量(variable) 实例(instance)	Person p1、int i = 3、float f {3.14} 这里的p1、i以及f都是对象,区别仅在于它们所属的类型不同,p1类型是Person,是Person类型的实例(instance),i类型是int,是int类型的实例

续表

术语	同义术语	举例
属性(attribute)	数据成员(data member)	Person::sName(人的姓名)、Person::iAge(人的年龄)、数组的长度、浮点数的值
方法(method)	成员函数(member function)	Person::speak(人说话)、Person::eat(人进食)、float(3)(将整数 3 转换成 float 对象)

还有一个术语有必要提及,执行一个对象的方法,也称为向这个对象发送一个**消息**(message)。这正如你为晚归的室友准备了宵夜,无论是通过语言,或是表情,你肯定会向室友发送消息:收下这份爱心!

在本书的后续部分,将频繁使用如表 13-3 所示的三个操作符。

表 13-3　三个操作符

名称	示例	说明
域解析符::	Rocket::Engine	火箭(Rocket)里的发动机(Engine),区别于 Car::Engine(轿车里的发动机)和 Engine(发动机)
成员运算符.	a.b	对象 a 的 b 成员
指向运算符->	p->a	指针 p 所指向的对象的 a 成员。p->a 等价于(*p).a

13.2　枚　举　类

对事物进行分类是人类的技能之一。人分男女,大学的学生则又分为专科生、本科生、硕士研究生和博士研究生。与现实世界相对应,在程序当中,也常常需要表达对象所属的类别。而枚举类,则是完成该任务的工具之一。

下面的 C++代码定义了一个名为 Color 的枚举(enumeration)类:

```
1  //Project - ColorClass
2  enum class Color {
3      red, orange, yellow=100, green, blue, violet
4  }; //注意末位分号不能少
5  //   0     1      100         101    102   103
```

对于编译器而言,枚举类型的实质就是整数。在上述定义中,编译器会从 0 开始,给各个枚举项确定对应的整数值。同时,程序也可以给某些枚举项指定值,如本例中的 yellow 被指定为 100。那些在 yellow 之后的枚举项,则依次被确定为 100+1、100+2 和 100+3。上述程序中的第 5 行注释列出了所有枚举项所对应的整数值。

```
Color color = Color::blue;
```

完成上述定义之后即可以把 Color 当成一个新的数据类型来使用。上述代码定义了一个名为 color 的对象，其类型为 Color，值为 Color::blue，即整数 102。任何 Color 类型的枚举项都可以赋值给 color。

```
1  color = Color(103);    //violet
2  cout << "violet = " << int(Color::violet) << endl;
```

枚举类 Color 和整数之间可以相互转换。上述代码的第 1 行将整数 103 转换成 Color 类型，其值应为 Color::violet；第 2 行则将 Color::violet 转换成整数，其值应为 103。

```
string getColor(Color c){
    switch (c){
    case Color::red:
        return "red";
    case Color::orange:
        return "orange";
    case Color::yellow:
        return "yellow";
    case Color::green:
        return "green";
    case Color::blue:
        return "blue";
    case Color::violet:
        return "violet";
    default:
        return "error";
    }
}
```

由于枚举类的实质就是整数，因此可以将枚举类型的对象作为 switch 分支语句的“整数表达式”。上述 getColor( ) 函数将 Color 变量转换成对应的英文字符串。

```
cout << "color = " << getColor(Color::green);
```


借助 getColor( ) 函数，上行代码将枚举值 Color::green 转换成字符串“green”并输出。在作者的开发环境及编译器下，sizeof(color) 及 sizeof(Color) 均为 4，这说明编译器内部将该枚举类型按 4 字节整数处理。

读者可能会问：既然枚举类型的实质就是整数，那直接用整数 0、1、2、3…来表示红、橙、黄、绿不就可以了？要枚举类有何用？答案是枚举类可以改善程序的可读性，对程序的阅读者而言，Color::red 比 0 更容易理解和记忆。

练习巩固

习题讲解 13-1：春花夏蝉秋实冬雪

13-1 （春花夏蝉秋实冬雪）请定义枚举类 Season，并设计一个名为 season 的函数，使得下述代码可以得到期望的执行结果。

```
int main(){
    cout << "spring - " << season(Season::spring) << endl;
    cout << "summer - " << season(Season::summer) << endl;
    cout << "autumn - " << season(Season::autumn) << endl;
    cout << "winter - " << season(Season::winter) << endl;
    return 0;
}
```

期望的执行结果：

```
spring - flower
summer - cicada
autumn - fruit
winter - snow
```

13.3　创　建　类

回到人的案例，可以用类图(class diagram)来描述人这个类型的概要，如图 13-1 所示。这个类图属于统一建模语言(**U**nified **M**odeling **L**anguage)的范畴。我们知道，“人”其实还有很多别的属性和方法，比如头发颜色、思考、走路、开车之类，到底要在程序里描述这个类型的哪些属性和方法，以及描述到什么程度，取决于应用软件的实际需要。在一个图书馆管理系统里，需要知道这个人的 ID 和姓名，他的血压通常不是系统所关心的。在一个医疗档案系统里，多半需要记录这个人的血压甚至血压变化的过程及细节。

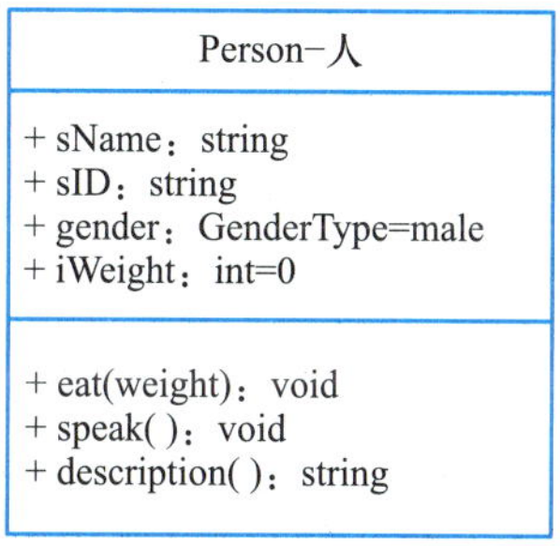

Person-人
+ sName：string + sID：string + gender：GenderType=male + iWeight：int=0
+ eat(weight)：void + speak( )：void + description( )：string

图 13-1　Person 类图

有了这个图纸，就可以照图施工。下述 C++代码定义实现了图 13-1 所示的 Person 类型。

```
//Project - SimplePerson
#include <iostream>
using namespace std;

enum class GenderType{
    male = 0, female = 1
};

class Person{
public:
    string sName;                              //姓名
    string sID;                                //身份证号
    GenderType gender = GenderType::male;      //性别
    int iWeight {50000};                       //体重,以克为单位

    Person(const string& id = "N/A", const string& name = "N/A" ){
        sID = id;
        sName = name;
        cout << "Person::Person(), sName = " << sName << endl;
```

```
20      }
21
22      void speak(){
23          cout << "Person::speak()" << endl;
24          cout << "I am " << sName <<", Nice to meet you here." << endl;
25      }
26
27      void eat(int weight){
28          iWeight += weight;
29          cout << "I just ate " << weight << " gram's food." << endl;
30      }
31
32      string description(){
33          char buffer[1024];                    //注意缓冲区尺寸,当心溢出
34          sprintf(buffer,"ID:     %s\nName:    %s\nGender: %s\nWeight: %d",
35                  sID.c_str(),sName.c_str(),
36                  gender==GenderType::male?"Male":"Female",iWeight);
37          return buffer;
38      }
39  };  //注意末尾的分号不能少
```

第 9 行以 class 开始的代码块定义了一个名为 Person 的新数据类型。C++里定义一个新类的语法格式大体如下：


```
class 类名 {
    类型 数据成员名称 1;
    ...
    类型 数据成员名称 n;

    返回值类型 成员函数名 1(...);
    ...
    返回值类型 成员函数名 n(...);
};  //注意末尾的分号不能少
```

▶ 第 10 行：public 公有成员▲声明。在该声明之后定义的属性/数据成员和方法/成员函数都是公开的。公有成员的含义将在 14.2 节中讨论。

▶ 第 11~14 行：定义了 Person 类的 4 个属性/数据成员。这意味着，一个 Person 类型的对象由 4 个分别名为 sName、sID、gender 和 iWeight 的子对象构成。其中，gender 和 iWeight 指定了初始值。

▶ 第 16~20 行：定义了 Person 类型的**构造函数(constructor)**。构造函数是特殊的成员函数：

- 构造函数的函数名与类型相同；
- 构造函数声明/定义时返回值类型必须空缺；

- 当程序员没有为类型定义构造函数时，编译器"内部"会为该类生成一个零参数的，什么都不做的构造函数；
- 当创建一个类的对象时，编译器会自动执行构造函数；
- 类定义中给属性指定的默认值事实上是在构造函数中完成赋值的。

本例中，该构造函数包含了 id（身份证号）及 name（姓名）两个带默认值的形参。当创建 Person 类的对象时，如果不提供对应的实参，id 和 name 将取默认值"N/A"。函数体初始化了对象的 4 个属性，其中，sID 和 sName 用形参赋值，gender 赋默认值为男性，iWeight 赋默认值为 50000g，即 50kg。最后，该构造函数还打印输出了一行字符，表明该函数的执行结果。

▶ 第 22～25 行：定义了成员函数 speak()，该函数无形参，无返回值，仅打印两行文字表示其执行结果。

▶ 第 27～30 行：定义了成员函数 eat()，形参 weight 表示该次进食的重量。作为进食的成果，进食的对象体重增加了 weight。最后，函数打印一行文字表示其执行结果。

▶ 第 32～38 行：定义了成员函数 description()。该函数返回 Person 对象的描述性字符串。由于 C++的标准模板库没有提供占位符格式化功能，这里使用 C 语言的 sprintf() 函数来完成占位符格式化。与 printf() 将格式化字符串打印输出不同，第 34 行的 sprintf() 函数将格式化字符串保存在字符数组 buffer 当中。由于 sprintf() 函数并不接受 string 类型的值，所以还需要将 string 类型的 sID 及 sName 通过其成员函数 c_str() 转换成 const char *，即 C 风格的字符数组供 sprintf() 函数使用。c_str() 是 string 类型的成员函数，该函数将 string 对象内部的字符串内容转换成 const char *。

在执行 sprintf() 函数的过程中，需要保证用于存储结果字符串的字符数组足够大，否则，可能会因为下标超界而破坏其他数据。

第 37 行将字符数组 buffer 作为返回值返回。读者可能注意到，buffer 的类型为 char[]，而返回值的类型为 string，理论上两者类型不一致，应被编译器拒绝。但是，string 类型存在一个构造函数，该构造函数可以通过 char *（char []）构造出一个 string 对象。编译器接收了这个选项，通过 string 类型的构造函数创建了一个临时的 string 对象，然后返回。当然，直接将第 37 行改成 return string(buffer)，显式地调用 string 的构造函数将 buffer 转换成 string 对象也是可以的。

13.4　创建对象

在定义了新的类/数据类型后，就可以通过实例化（instantialize）该类来创建该类的对象了。下述 C++程序使用了前节中定义的 Person 类型来创建对象。

```
//Project - SimplePerson
#include <iostream>
using namespace std;
```

```
...
class Person{
...
};

int main(){
    Person peter("3604020001", "Peter Lee");
    peter.eat(100);
    peter.speak();
    cout << peter.description() << endl;

    cout << "----------------------------------------" << endl;

    Person dora;
    dora.sID = "3604020002";
    dora.sName = "Dora Henry";
    dora.speak();
    cout << dora.description() << endl;

    return 0;
}
```


上述程序的执行结果为：

```
Person::Person(), sName = Peter Lee
I just ate 100 gram's food.
Person::speak()
I am Peter Lee, Nice to meet you here.
ID:     3604020001
Name:   Peter Lee
Gender: Male
Weight: 50100
----------------------------------------
Person::Person(), sName = N/A
Person::speak()
I am Dora Henry, Nice to meet you here.
ID:     3604020002
Name:   Dora Henry
Gender: Male
Weight: 50000
```

上述程序的 main( ) 函数中，总共定义并使用了两个 Person 类型的对象，分别是 peter 和 dora。这两个对象都是自动变量，均存储在栈里。**两个对象各自拥有的数据成员分别存储在**

各自的存储空间之内,互不相关。

- 第 10 行:定义了 Person 类型的对象 peter。在语法上,上述 peter 对象的定义语法与下述整数 i 的定义语法没什么不同。

```
int i(0);
```

peter 是 Person 类型的对象,第 10 行导致 Person 的构造函数 Person::Person()被执行,以"3604020001"和"Peter Lee"为参数。该构造函数的执行初始化了 peter 对象的数据成员,并导致了执行结果第 1 行的输出。

i 是 int 类型的对象,int i(0)在语法上可以理解为以 0 为参数执行 int 类型的构造函数,该构造函数的执行初始化了 int 类型的对象 i,将其值设置为 0。当然,这只是语法上的解读,事实上对 i 的初始化只是一次简单的赋值,不会有真实的函数调用发生。

- 第 11 行:执行 peter 对象的 eat()成员函数,以 100 为参数。显然,Peter 吃东西应该只会导致 Peter 体重增加,跟 Dora 没关系,所以,eat()函数所修改的 iWeight 数据成员对应的是 Peter 的 iWeight。第 11 行代码对应执行结果的第 2 行。
- 第 12 行:执行 peter 对象的 speak()方法。执行结果的第 3~4 行显示,说话的是 Peter Lee,不是 Dora。
- 第 13 行:执行 peter 的 description()成员函数,并将返回的 string 对象输出给 cout。执行结果的第 5~8 行即为对应的输出信息。可以看到,Peter 的体重由 50 000 变成了 50 100,因为在代码的第 11 行,Peter 吃了 100 克的食物。
- 第 17 行:定义了 Person 类型的对象 dora。本行代码也会调用 Person 的构造函数 Person::Person()来初始化 dora 对象,其形参取默认值"N/A"。执行结果的第 10 行即为构造函数的输出,请注意结果中的姓名为"N/A"。
- 第 18~19 行:对 dora 对象的 sID 和 sName 数据成员进行赋值。因为 dora 是 Person 类型的对象,所以 dora 对象包含 Person 类型所定义的全部属性。
- 第 20 行:执行 dora 对象的 speak()函数。其输出对应执行结果的第 11~12 行,结果显示,说话的是 Dora,不是 Peter。
- 第 21 行:输出 dora 对象 description()成员函数返回的字符串,对应执行结果的第 13~16 行。请注意,在输出的结果当中,Dora 的体重仍为 50 000 g,因为 Dora 没有吃(eat)东西。

练习巩固

13-2　(日复一日)设计符合下述要求的日期类(Date),并编写代码验证其正确性。

(1) 拥有数据成员 year、month 和 day,分别存储年、月、日。

(2) 构造函数接收年、月、日参数并初始化全部数据成员。

(3) 公有成员函数 toText()返回一个 string 对象,其为该日期对象的文字表达,比如"2022-5-20"。

(4) 公有成员函数 nextDay()返回一个 Date 对象,表示该日期的后一天。

习题讲解 13-2:日复一日

(5) 公有成员函数 prevDay() 返回一个 Date 对象,表示该日期的前一天。

习题讲解 13-3:掷骰子

13-3 (掷骰子)在公平的赌局中,一个六面骰子投掷的结果是随机且均匀分布的。请设计一个 Dice 类,使其可以被下述代码所使用,并产生期望的执行结果(具体数值除外)。

```
int main(){
    srand(0);
    auto d = Dice();

    cout << "-------Roll dice for 1000 times------\n";
    for (auto i=0;i<1000;i++){
        auto r = d.rollDice();
        if (i<10)
            cout << r << ", ";
    }
    cout << "...\n";

    cout <<  "------Statistics of rolling the  dice------\n";
    for (int i=1;i<=d.iSides;i++){
        auto c = d.sideCount(i);
        auto rc = d.rollCount();
        cout << "Side " << i << ": " << c << " / " << rc
                << " = " << 100.0 * c/rc << "%.\n";
    }

    return 0;
}
```

期望的执行结果:

```
-------Roll dice for 1000 times------
3, 4, 5, 2, 6, 2, 2, 6, 5, 1, ...
------Statistics of rolling the dice------
Side 1: 158 / 1000 = 15.8%.
Side 2: 156 / 1000 = 15.6%.
Side 3: 161 / 1000 = 16.1%.
Side 4: 175 / 1000 = 17.5%.
Side 5: 165 / 1000 = 16.5%.
Side 6: 185 / 1000 = 18.5%.
```

习题讲解 13-4:平面矩形

13-4 (平面矩形)在一个平面内,由左上角(top left)顶点坐标结合右下角(bottom right)顶点坐标即可确定一个平面矩形。请设计 Rect 和 Point 类,使其可以被下述代码所利用,并产生期望的输出。

13

```
int main() {
    auto rt = Rect(Point(1,6),Point(7,8));
    printf("Vertices of rectangle rt:\n");
    printf("(%d,%d)----------------------(%d,%d)\n",
        rt.tl.x,rt.tl.y,rt.topRight().x,rt.topRight().y);

    printf("(%d,%d)----------------------(%d,%d)\n",
        rt.bottomLeft().x,rt.bottomLeft().y,rt.br.x,rt.br.y);

    printf("Size information of rectangle rt:\n");
    printf("width - %d\theight - %d\n",rt.width(),rt.height());
    printf("area - %d\tdiagonal legnth - %.2f",
        rt.area(),rt.diagonalLength());

    return 0;
}
```

期望的执行结果：

```
Vertices of rectangle rt:
(1,6)----------------------(7,6)
(1,8)----------------------(7,8)
Size information of rectangle rt:
width - 6       height - 2
area - 12       diagonal legnth - 6.32
```

13.5　内存故事

关于对象的数据成员，请读者记住下述两个结论：

- 每个对象拥有独立的存储空间，存储自己的数据成员。
- 相同类型的对象所拥有的数据成员，其类型、数量和名称相同。例如，dora 和 peter 都是 Person 类型的对象，所以他们都有姓名、身份证号、性别、体重等属性。

下述 C++程序通过对一个 Person 对象的解析，来说明一个 Person 类型的对象是如何由其他子对象来构成的，以及这些子对象是如何存储在一个 Person 对象的内部的。

```
//Project - PersonMemory
#include <iostream>
#include <stdio.h>
using namespace std;
```

```
...                         //表示代码有省略
class Person{
public:
    string sName;           //姓名
    string sID;             //身份证号
    GenderType gender;      //性别
    int iWeight;            //体重,以克为单位
...
};                          //注意末尾的分号不能少

int main(){
    printf("sizeof(Person) = sizeof(string) x 2 + sizeof(GenderType) "
          "+ sizeof(int)\n= %lld x 2 + %lld + %lld \n= %lld\n",
          sizeof(string),sizeof(GenderType),sizeof(int),sizeof(Person));

    Person a("3604020001", "Peter Lee");

    printf("&a          = %p, sizeof(a)         = %lld\n",
          &a, sizeof(a));
    printf("&a.sName    = %p, sizeof(a.sName)   = %lld\n",
          &a.sName, sizeof(a.sName));
    printf("&a.sID      = %p, sizeof(a.sID)     = %lld\n",
          &a.sID, sizeof(a.sID));
    printf("&a.gender   = %p, sizeof(a.gender)  = %lld\n",
          &a.gender, sizeof(a.gender));
    printf("&a.iWeight  = %p, sizeof(iWeight)   = %lld\n",
          &a.iWeight, sizeof(a.iWeight));

    return 0;
}
```

上述程序的执行结果为:

```
sizeof(Person) = sizeof(string) x 2 + sizeof(GenderType) + sizeof(int)
= 32 x 2 + 4 + 4
= 72
Person::Person(), sName = Peter Lee
&a          = 000000000062fd60, sizeof(a)          = 72
&a.sName    = 000000000062fd60, sizeof(a.sName)    = 32
&a.sID      = 000000000062fd80, sizeof(a.sID)      = 32
&a.gender   = 000000000062fda0, sizeof(a.gender)   = 4
&a.iWeight  = 000000000062fda4, sizeof(iWeight)    = 4
```

说明:在读者的计算机上,执行结果中的地址很可能与本书不同。此外,不同的编译器下,string 类型的大小,GenderType 类型的大小也可能与本书不同。

- 第 6~13 行：一个 Person 类型的对象，依次包含 sName、sID、gender 及 iWeight 共 4 个数据成员，其类型分别为 string、string、GenderType 和 int。
- 第 16~18 行：打印 Person、string、GenderType 及 int 类型的字节数。执行结果的第 1~3 行证实，一个 Person 对象的大小正好等于两个 string 对象、1 个 GenderType 对象及 1 个 int 对象的大小之和。即**对象的尺寸等于构成该对象的全部子对象尺寸之和**。
- 第 20 行：定义 Person 类型的对象 a，构造函数 Person::Person()被执行，对 a 进行了初始化。
- 第 22~31 行：打印了 a 的全部数据成员的地址及大小。根据输出结果，绘制了对象 a 的内存结构，如图 13-2 所示。

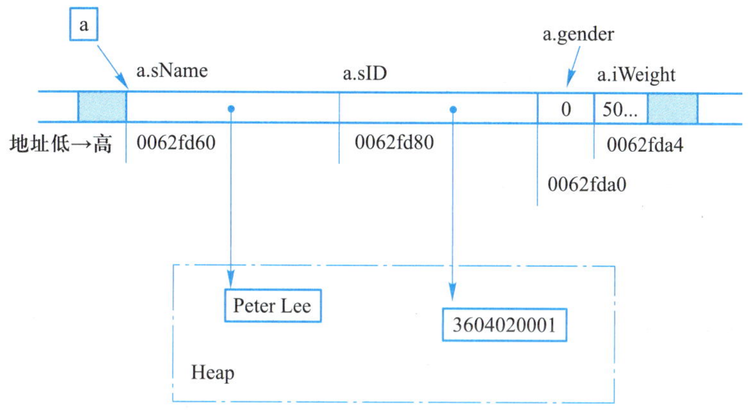

图 13-2　对象 a 的内存结构

在图 13-2 中，Person 类型的对象 a 占据了从 0x0062fd60 开始的连续 72 个字节的空间。由于 a 属于自动变量，因此，其内存空间位于栈内。a 的 4 个数据成员按定义顺序依次排列在这 72 字节的空间内，其中，sName 和 sID 各占 32 个字节，gender 占 4 个字节，iWeight 占 4 字节。

如第 5 章所述，string 类型的对象尺寸是固定的（如本例中的 32 个字节），但却可以存储几乎长度不限的字符串。其秘密在于：

- string 对象内部并不存储实际的字符数组，对象内部所存储的只是用于管理实际字符数组的数据结构，例如指向实际字符数组的指针。
- string 对象将实际的字符数组安排在**堆（heap）**里，并使用对象内部的指针指向申请的动态内存。此外，string 对象还会根据实际存储的字符串的长度来动态调整所占用的堆空间，以避免浪费。

从图 13-2 可见，a.sName 和 a.sID 的实际字符串事实上并不在对象内部，而是在堆里。在作者的计算机上，不论 a.sName 以及 a.sID 所包含的字符串实际有多长，sizeof(Person)以及 sizeof(a)均为固定的 72 个字节。也就是说，**使用 sizeof 操作符获得的对象尺寸不包含对象动态创建的部分**。

13.6　隐藏的 this 指针

Dora 和 Peter 都是 Person 类型的对象，他们的属性各自独立，互不相关。但是，他们的行为却是相似的：无论是 Dora，还是 Peter，在吃完 100 克的食物后，体重都会增加 100 克。

显而易见，为 Person 类型的各个对象分别存储各自独立的成员函数代码是不必要且浪费的。事实上，无论是执行 dora.eat()还是 peter.eat()，执行的都是同一个函数 Person::eat()，程序通过一个秘密传递的 this 指针来区分吃东西的是 Dora 还是 Peter，或者是其他人。

类型的每一个成员函数(静态成员函数▲除外)，包括构造函数，都包含一个隐藏的名为 this 的形式参数，这个 this 参数为指向该类型的指针，用于指明被执行该成员函数的对象。

下述 C++程序帮助我们理解 this 指针的工作机制：

```
//Project - ThisPerson
#include <iostream>
using namespace std;

class Person{
public:
    string sName;       //姓名
    int iWeight;        //体重，以克为单位

    Person(){
        cout << "Person::Person(), this = " << this << endl;
        this->sName = "N/A";        //sName = "N/A";
        this->iWeight = 50000;
    }

    void eat(int weight){
        cout << "Person::eat(), this = " << this << endl;
        iWeight += weight;
        //this->iWeight += weight;
    }
};                          //注意末尾的分号不能少

int main(){
    Person tom;
    Person dora;
    cout << "&tom = " << &tom << ", &dora = " << &dora << endl;

    tom.sName = "Tom";
    dora.sName = "Dora";
```

```
30      dora.eat(100);
31
32      cout << "Name: " << tom.sName << ", Weight: " << tom.iWeight << endl;
33      cout << "Name: " << dora.sName << ", Weight: " << dora.iWeight << endl;
34      return 0;
35  }
```

上述程序的执行结果为：

```
1  Person::Person(), this = 0x61fde0
2  Person::Person(), this = 0x61fdb0
3  &tom = 0x61fde0, &dora = 0x61fdb0
4  Person::eat(), this = 0x61fdb0
5  Name: Tom, Weight: 50000
6  Name: Dora, Weight: 50100
```

说明：在读者的计算机上，执行结果中的地址很可能与本书不同。

▶ 第 24~26 行：定义并构建了两个 Person 类型的对象，分别是 tom 和 dora；输出两个对象的地址。

tom 和 dora 对象的构建过程包含如下步骤：

- 编译器生成的代码为对象分配存储空间，并取得地址；对象的存储空间固定为 sizeof(Person)。
- 执行 Person::Person()构造函数，并将对象存储空间的地址作为 this 参数“秘密”地传递给构造函数。
- 构造函数以这个 this 指针为依据，访问并初始化对象的数据成员。

▶ 第 10~14 行：在 Person 的构造函数里，第 11 行将那个秘密的 this 指针按地址格式输出，第 12~13 行则通过 this 指针初始化对象的数据成员。事实上，在成员函数内对本对象数据成员的访问，总是通过 this 指针进行的。具体到本例，this->sName 与直接写 sName 等价，都指当前被构造的对象的 sName 数据成员。事实上，**程序通过对象的地址再加上数据成员在对象内的偏移量来确定数据成员的地址**。

本例中，tom 的构造函数先执行，其输出对应执行结果的第 1 行。可以看到，tom 构造函数中输出的 this 指针地址与执行结果第 3 行里 tom 对象的地址相同。同理，后执行的 dora 对象的构造函数中输出的 this 指针地址与 dora 对象的地址相同。

▶ 第 28~29 行：修改 tom 和 dora 的 sName 属性。

▶ 第 30 行：执行 dora 对象的 eat()方法。同理，eat()成员函数也有秘密的 this 指针参数。本行代码事实上指明了要执行 eat()成员函数的对象，即 dora。编译器会生成“秘密”代码，取得 dora 的地址并传递给 Person::eat()函数。读者可以按如下方式理解第 30 行代码。

```
Person::eat(&dora, 100);     //示意代码，并非编译器认可的“合法”代码
```

对于所有 Person 类型对象的 eat()方法，编译器调用的都是同一个函数。该函数的第 0

个参数是被执行对象的地址，即 this 指针，第 1 个参数才是 100。

- 第 16～20 行：在 Person::eat( ) 函数中，也输出了 this 指针的地址。第 18 行的 iWeight 事实上是 this->iWeight 的简写形式，程序会自动地通过 this 指针来确定 iWeight 数据成员的真实地址并进行操作。执行结果的第 4 行显示，dora.eat( ) 函数所输出的 this 指针的值，就是 dora 对象的地址。
- 第 32～33 行：输出 tom 和 dora 的姓名及体重。执行结果的第 6 行可见，作为吃了 100 克食物的结果，dora 的体重变成了 50 100，而 tom 的体重仍为 50 000。

13.7　析构函数

构造函数(constructor)负责初始化新对象，**析构函数(destructor)**则负责在对象生命周期结束时，其内存被释放**前**做清理(clean up)工作：

- 如果在对象生命周期内申请了动态内存，尚未释放，可在析构函数中释放。
- 其他：保存尚未保存的数据；释放除内存之外的其他资源，比如网络连接等。

只要对象被销毁，编译器会主动调用对象的析构函数并提供 this 指针表明被析构的对象。**程序中不必也不能主动执行对象的析构函数**。

为了简化程序，突出重点，设计了一个称为 Fish 的类，并为之设计了特殊的构造及析构函数，以便演示对象析构函数的“调用”方法，请阅读下述 C++程序。

```
//Project - Fish
#include <iostream>
using namespace std;

class Fish {
public:
    string sName;
    Fish(const string& name){
        sName = name;
        cout << "Fish Constructor called: " << sName << endl;
    }

    Fish(){
        sName = "N/A";
        cout << "Fish Constructor called: " << sName << endl;
    }

    ~Fish(){
        cout << "Fish Destructor called: "  << sName << endl;
        //同样存在 this 指针，sName 事实上通过 this 指针访问
```

```
21         }
22     };
23 
24     int main() {
25         Fish tom("tom");
26         Fish dora("dora");
27         Fish nameless;
28 
29         return 0;
30     }
```

上述程序的执行结果为：

```
1   Fish Constructor called: tom
2   Fish Constructor called: dora
3   Fish Constructor called: N/A
4   Fish Destructor called: N/A
5   Fish Destructor called: dora
6   Fish Destructor called: tom
```

上述程序中，Fish 类有两个函数名重载的构造函数：

```
Fish::Fish(const string& name);
Fish::Fish();
```

一个有参数，一个零参数。其中，带参数的构造函数用形参 name 初始化 Fish 的名称(.sName)，零参数构造函数则将 Fish 的名称初始化为 N/A。同名的多个成员函数也是一种函数名重载形式，编译器会根据构建对象时提供的实际参数来选择对应的构造函数并执行之。严格地说，Fish::Fish()也不是零参数，因为它还有秘密参数 this。这两个构造函数都向 cout 输出了表示构造函数被执行的信息。

▶ 第 18~21 行：定义了 Fish 类型的析构函数。

一个类型的析构函数应满足如下要求：

- 析构函数名为~类型名，如本例中的~Fish。
- 析构函数必须为零参数，因为 C++并不支持显式地调用执行对象的析构函数，当然也不可能向析构函数传递除了 this 指针之外的其他参数。
- 析构函数不能有返回值。
- 每种类型只能有一个析构函数。

本例中，Fish 类型的析构函数~Fish()只是打印了一行表示析构函数被执行的信息。

▶ 第 25~27 行：顺序构建了 tom 鱼、dora 鱼和无名(nameless)鱼。其中，tom 鱼和 dora 鱼执行的是带参数的构造函数，无名鱼执行的是零参数的构造函数。三次构造函数的输出见执行结果的第 1~3 行。

到了 main()函数的结尾，tom、dora 和 nameless 这 3 个对象的生命周期结束，在收缩栈指针释放这 3 个对象的内存前，程序会自动调用执行这 3 个对象的析构函数。按照第 8 章的讨论，nameless 鱼最靠近栈顶，收缩栈顶指针时，理论上，最先释放 nameless 鱼的内存。所以,nameless 鱼的析构函数先被执行,然后是 dora 鱼和 tom 鱼。一般的,自动变量的析构顺序与构造顺序相反,见执行结果的第 4~6 行。

13.8 动态对象

与语言原生的数据类型一样,自定义类型也可以通过 new 操作符来创建对象,请见下述 C++程序。

```
//Project - NewFish
#include <iostream>
using namespace std;

class Fish {
public:
    string sName;
    Fish(const string& name){
        sName = name;
        cout << "Fish Constructor called: " << sName << endl;
    }

    Fish(){
        sName = "N/A";
        cout << "Fish Constructor called: " << sName << endl;
    }

    ~Fish(){
        cout << "Fish Destructor called:  " << sName << endl;
    }
};

int main() {
    Fish tom = Fish("tom");    //等价于 Fish tom("tom")

    Fish* dora = new Fish("dora");
    Fish* nameless = new Fish; //new Fish 等价于 new Fish()

    cout << "----------------------------------" << endl;
    cout << "&tom = " << &tom << ", dora = " << dora
         << ", nameless = " << nameless << endl;
    cout << "3 Fish objects: " << tom.sName << ",  "
         << dora->sName << ",  " << nameless->sName << endl;
```

```
34        cout << "-----------------------------------" << endl;
35
36        delete dora;
37        delete nameless;
38
39        return 0;
40    }
```

上述程序的执行结果为:

```
1   Fish Constructor called: tom
2   Fish Constructor called: dora
3   Fish Constructor called: N/A
4   -----------------------------------
5   &tom = 0x61fd80, dora = 0x1f1790, nameless = 0x1f1b00
6   3 Fish objects: tom,  dora,  N/A
7   -----------------------------------
8   Fish Destructor called:  dora
9   Fish Destructor called:  N/A
10  Fish Destructor called:  tom
```

▶ 第 24 行:构建了栈对象 tom。如注释所示,这种写法的实际效果与 Fish tom("tom")等同。

▶ 第 26~27 行:使用 new 操作符创建两个堆对象。第 26 行代码的执行过程可简述如下:

- 在栈内为作为自动对象的指针 dora 分配空间。
- new 操作符通过操作系统 API 申请 sizeof(Fish)大小的堆空间并取得地址。
- 以上述对象地址为 this 指针,调用执行构造函数 Fish::Fish(const string & name),初始化该对象。
- 将对象地址赋值给指针 dora。

nameless 鱼的构建过程类似,唯一区别在于执行的是零参数的构造函数 Fish::Fish()。三次构造函数的输出请见执行结果的第 1~3 行。

▶ 第 30~33 行:输出 3 个 Fish 对象的地址及 3 条鱼的姓名。tom.sName 表示 tom 鱼对象的 sName 数据成员;dora->sName 表示 dora 指针指向的鱼对象的 sName 数据成员。

执行结果的第 5 行证实,dora 鱼和 nameless 鱼的地址很近,它们都在堆里;tom 鱼的地址与 dora 鱼相去甚远,它在栈里。

▶ 第 36~37 行:通过 delete 操作符销毁 dora 和 nameless 指针指向的堆对象。第 36 行的执行过程简述如下:

① 如果 dora 指针为空,直接返回。

② 由于 dora 的类型为 Fish *,程序调用执行 Fish 类型的析构函数 Fish::~Fish(),以 dora 为 this 指针,以完成 dora 鱼对象的清理(cleanup)工作。

③ 通过操作系统 API 释放 dora 指向的动态内存。

请注意，第 36 行执行结束后，dora 仍然是一个有值非空的指针。谨慎起见，建议程序员随后将其置为空，以免误用。如果不 delete dora，会导致两个后果：① 对象的析构函数不会被执行；② 内存不会被释放，造成内存泄漏。

执行结果的第 8~9 行证实，因为 dora 先释放，所以 dora 鱼的析构输出早于 nameless 鱼的析构输出。同样的，自动变量 tom 的析构及内存回收由编译器生成指令来保证。在输出结果的最后，看到了 tom 鱼的析构输出。

13.9　对象数组

与语言原生的数据类型一样，自定义类型也可以创建对象数组，请见下述示例。

```
//Project - FishArray
#include <iostream>
using namespace std;

class Fish {
public:
    int iNumber;
    Fish(){
        static int iCounter = 0;        //静态对象可以在函数的多次调用期间保存其值
        iNumber = iCounter++;
        cout << "Fish Constructor called: " << iNumber << endl;
    }

    ~Fish(){
        cout << "Fish Destructor called:  "  << iNumber << endl;
    }
};

int main() {
    Fish stackFishes[3];
    for (auto& f:stackFishes)
        cout << f.iNumber << ", ";

    cout << "\n------------------------" << endl;

    Fish* heapFishes = new Fish[4];     //也可写作 new Fish[4]()
    cout << heapFishes[0].iNumber << ", " << heapFishes[1].iNumber << ", "
```

```
28            << heapFishes[2].iNumber << ", " << heapFishes[3].iNumber << endl;
29        delete []heapFishes;
30
31        cout << "------------------------" << endl;
32        return 0;
33    }
```

上述程序的执行结果为：

```
1  Fish Constructor called: 0
2  Fish Constructor called: 1
3  Fish Constructor called: 2
4  0, 1, 2,
5  ------------------------
6  Fish Constructor called: 3
7  Fish Constructor called: 4
8  Fish Constructor called: 5
9  Fish Constructor called: 6
10 3, 4, 5, 6
11 Fish Destructor called:  6
12 Fish Destructor called:  5
13 Fish Destructor called:  4
14 Fish Destructor called:  3
15 ------------------------
16 Fish Destructor called:  2
17 Fish Destructor called:  1
18 Fish Destructor called:  0
```

▶ 第 9 行：iCounter 是位于 Fish 构造函数之内的静态对象：

- iCounter 被初始化为 0 的赋值操作只会进行一次。
- iCounter 的生命周期一直持续在程序运行结束，它可以在多次函数调用间保持其值。
- Fish::Fish()借助于 iCounter 为每条鱼生成一个递增的编号并存入 iNumber 属性。

▶ 第 20 行：除了类型不同外，本行的语法等同于 int a[3]。stackFishes 是包含三个元素的栈内数组，其构建过程包含如下步骤：

- 程序在栈内分配 3 个 sizeof(Fish)大小的空间。
- 从下标 0 开始至最后一个元素，从前往后逐一调用 Fish 类型的构造函数 Fish::Fish()，以元素地址为 this 指针，初始化每一个元素对象。

执行结果的第 1~3 行对应上述构造函数的输出。可以看到，3 条鱼的编号依次为 0、1、2。

▶ 第 21~22 行：遍历 stackFishes 数组，打印每条鱼的编号。执行结果的第 4 行证实，3 个数组元素的构造顺序确实是从下标 0 开始从前往后顺序进行的。请读者注意循环变量 f 的类型为 Fish&，而不是 Fish，以避免从数组元素到 f 的复制。

▶ 第 26 行：除了类型不同外，本行代码等同于 int * p = new int[4]。heapFishes 是包含 4 个元素的动态(堆)数组，其构建过程包含如下步骤：

- 在栈内为作为自动对象的指针 heapFishes 分配空间。
- new 操作符通过操作系统 API 申请 4 个 sizeof(Fish)大小的堆空间并取得地址。
- 从下标 0 开始，从前往后逐一调用执行 Fish 的构造函数 Fish::Fish()，将元素地址作为 this 指针，用于初始化动态数组的全部元素。
- 将堆空间地址，即数组首元素的地址赋值给 heapFishes。

执行结果的第6~9行对应上述4次构造函数输出。可见,编号为3、4、5、6的鱼被构建出来。

▶ 第27~28行:顺次打印heapFishes数组内元素的iNumber。执行结果的第10行表明,数组中下标为0的鱼最先被构造,数组元素的构造顺序确实是从前往后的。

▶ 第29行:使用delete[]释放heapFishes动态数组,相关执行过程包含下述步骤:

- 如果heapFishes为空指针,直接返回。
- heapFishes的类型为Fish *,程序从后往前依次执行heapFishes动态数组所有元素的析构函数Fish::~Fish(),元素地址为this指针。
- 释放heapFishes指针所指向的堆内存。

执行结果的第11~14行对应heapFishes数组元素的析构。可见,6号鱼,也就是数组的最后一个元素,最先被析构,析构顺序为从后往前。

再次提醒,new与delete,new[]与delete[]必须配对使用。

执行结果的第16~18行对应自动对象数组stackFishes的元素析构。可以看到,析构的顺序与构造的顺序相反。

扩展阅读:delete[]是如何工作的

对于示例代码"delete []heapFishes"而言,heapFishes只是一个指向Fish对象的指针,动态数组内的对象数量不得而知。为确保动态数组内所有对象析构函数的执行,delete []需要一个存储或者计算对象数量的机制。

13

练习巩固

习题讲解13-5:凸N边形的面积

13-5 (凸N边形的面积)平面内的N边形可以用N个顶点坐标来表示。请设计Point类表示一个顶点。请设计Polygon类表示一个N边形(N≥3):① 私有数据成员pts类型为Point *,用于指向多边形的N个动态顶点对象;② 构造函数接受一个整数n作为参数,n为多边形的边数/点数;构造函数需要动态分配顶点对象数组pts;③ setVertice(int i, const Point& p)成员函数用于设置第i个顶点的坐标;④ getVertice(i)成员函数获取并返回多边形的第i个顶点;⑤ 在析构函数中释放动态顶点对象;⑥ 公有函数getArea()计算并返回该多边形(假设为凸多边形)的面积。请编写代码测试Polygon类,验证其正确性。

提示:如图13-3所示,凸N边形可以拆分成N-2个三角形,利用海伦-秦九韶公式分别计算三角形的面积并相加,即得凸N边形的面积。

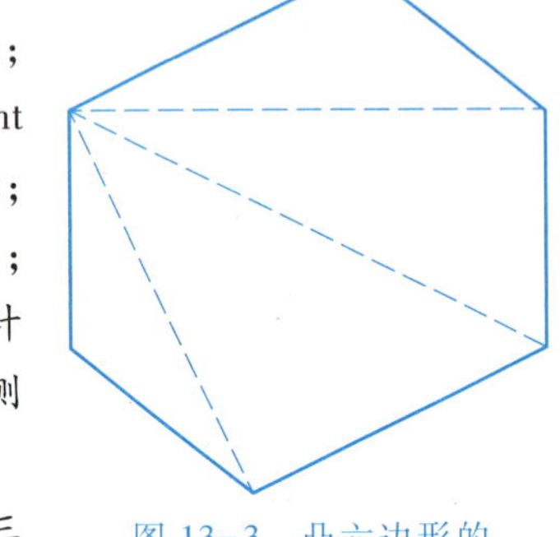

图13-3 凸六边形的三角形拆分

第 14 章　隐藏的实现

点完菜后坐下就好，菜一会儿就上来。至于菜是从哪个市场买的，在锅里炒多久，油温多少，我们来操心就好。

——“面向对象”餐厅服务员

学习目标

知识目标

1. 掌握在类设计中对数据成员和成员函数进行访问控制的方法。
2. 理解静态数据成员和静态成员函数的工作原理。
3. 掌握常量型成员函数的使用方法。

能力目标

1. 在程序中使用类的成员访问控制方法将接口与实现分离。
2. 通过标准类实现方法编写由多个源程序文件所构成的应用程序。

素质目标

1. 从产品可用性工程视角出发，体会接口与实现分离的设计思路。
2. 了解软件工程中的“设计模式”。

思维导图

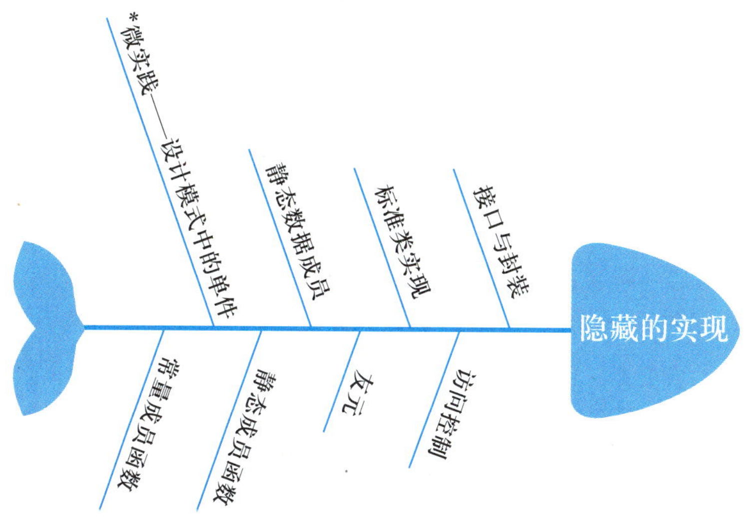

14.1 接口与封装

封装(encapsulation)是面向对象程序设计的一个重要概念。下面写了一段不完整、不能执行的示意代码来帮助解释封装。

```
#include <Engine>
#include <Wheel>
#include <Window>
#include <Seat>

class Car{
public:
    Engine e(2000);
    Wheel wheels[4];
    Window frontWindows[2];
    Window backWindows[2];
    Seat seats[5];
    int iWeight = 2300;

    void pushSpeedPedal(int offset){
        if (offset > 0)
            cout << "Speed Up." << endl;
        else
            cout << "Speed Down." << endl;
    }

    void pushBrake(){
        cout << "Car is slowing down." << endl;
    }
};
```


这段不完整的代码试图描述一个轿车(Car)类。这个型号的轿车有一个发动机,排量2 000,整车自重2 300 kg,有四个轮子,前后各两个车窗,五把座椅。

文件开始就引入了发动机(Engine)、车轮(Wheel)、车窗(Window)、座椅(Seat)这些类。这些类可能是自己写的,也可能是别人写的;这些类可能是专门为这个项目设计的,也可能是很多年前的某人设计出来用于别的目的的。没关系,反正能利用的尽量利用。这种利用他人代码的方式称为**复用(reuse)**。可以看到,面向对象程序设计给代码的复用提供了极大的便利。引入别人写的头文件,就是在复用别人的代码。

人类之所以能不断得到进步,其中一个重要原因就是利用他人的劳动成果。一个智能手机的设计师,在设计一款手机时,其中一个重要决定就是选用哪家供应商的哪款 CPU 作为手机的大脑。在选型时,设计师会考虑 CPU 的性能、功耗、接口、封装大小,甚至价格,但一般不需要考虑这款 CPU 是如何制造的,内部的晶体管是如何排列的,甚至,设计师根本不需要了解半导体光刻加工工艺的任何细节。设计师需要了解的是:CPU 有什么功能,CPU 怎么跟外部设备通信,跟存储器怎么连接?跟摄像头怎么连接?这些部分,称为这个 CPU 的**接口(interface)**,接口告诉我们器件的功能及使用方法。那些设计师不需要了解的部分,半导体加工工艺,器件内部晶体管布局,称为**实现(implementation)**。作者相信,正是因为这种社会分工的细化,以及将接口与实现分离的思路,促进了人类社会的进步。想象一下,如果设计师需要全盘了解半导体加工的全部细节,需要全盘了解一个液晶屏设计、加工的全部细节,需要了解手机操作系统的全部细节,这个世界上还有手机设计师吗?等到一个手机设计好并制造出来,作为使用者的我们,就更简单了,触屏操作,用手指按就好了,至于里面是什么型号的 CPU,Android 操作系统包含多少行代码,根本不需要我们关心。我们只关心接口和功能:有什么用,怎么用!至于手机内部复杂的实现,就让那些需要操心的人去操心吧。更为关键的是,不同厂家的手机,在使用方法上大同小异,基本上不需要阅读说明书,就能够使用手机的大部分功能。

这种借助已有的子系统和零部件,借助现代工程化方法,将一个复杂系统实现并将复杂的系统实现的细节隐藏起来,只向使用者提供一个简洁易用的接口的工作模式,称为**封装(encapsuation)**。

再回到轿车这个例子,借助于 Engine、Window、Seat 这些已有的子系统和零部件,可以设计一个轿车(Car)类。本例描述了一辆轿车由发动机、4 个轮胎、4 个车窗、5 个座椅构成,这种将某些自定义类型的对象作为对象的属性/构成部分的方法,是一种代码复用的手段,称为**组合(composition)**。

现代燃油轿车的内部是极其复杂的,绝大多数驾驶者都不了解其工作细节。但所有驾驶者都掌握一辆自动挡汽车的基本使用方法,也就是**接口**:踩油门,速度变快;踩刹车,速度变慢甚至停下。正是因为使用者只需要了解接口,而不是背后的实现细节,我们才有机会开上车。

在上述 Car 类里,设计了两个成员函数。其中一个叫 pushSpeedPedal(int offset),这就是踩油门函数,offset 为正,表明油门往下踩了,要加速,offset 为负,表明油门往上松了,要减速。作为这个类的使用者,你或者他只需要了解这些信息就够了。至于这个函数内部是如何实现的,不必关心。可以想象,其内部实现应该是极其复杂的,可能涉及喷油量大小的调整、火花塞点火频率的快慢、变速器挡位的变化等。另外一个函数叫 pushBrake(),这是刹车,踩刹车汽车速度会减慢甚至停止。同样,使用者只需要知道踩刹车就减速,至于汽车车载计算机收到刹车传感器的指令后是减少油量还是给变速器降挡,还是兼而有之,就不需要使用者操心了。

做个总结,作为类的设计者的你,应该朝下述目标努力(**类设计者的任务**):

- 尽量复用或者重用前人的代码,不要重新发明轮子。

- 使用你认为好的算法以及代码实现类的功能，尽管这些实现部分可能是相当复杂的。
- 用尽可能简单的函数及属性向使用者提供使用这个类型的**简洁且易于理解的接口**，并尽可能兼容人们已经习惯的通用接口；也就是说，你设计出来的汽车，还应该是油门在右边，刹车在左边。
- 把实现的细节隐藏起来。这样，将来你就有机会在接口不变的情况下，通过修改内部实现而提高类型的性能，比如执行速度。

作为类的使用者的你，应该朝下述目标努力（**类使用者的任务**），即使这个类是你半小时前设计的：

- 尽量使用别人设计好的类，仅在必要时设计新类。
- 只管用，不管别人是如何实现的。除非你对类的性能不够满意，期望修改它以提升性能。

14.2　访问控制

要实现简洁的接口，就需要把复杂的实现隐藏起来。这些复杂的实现，包括：

- 不希望被类的使用者访问的数据成员。
- 不希望被类的使用者访问的成员函数。

表 14-1 列出了 C++中用于隐藏实现的三个访问控制符。

表 14-1　C++的访问控制符

访问控制符	说明
private	私有，说明该成员（数据/函数）仅允许在类的内部访问
protected	保护，该成员：① 允许在类的内部访问；② 也允许在该类的继承类▲中访问
public	公有，该成员可以随意访问

下述 C++程序演示了 private 和 public 两个访问控制符的用途。

```
//Project - AccessControl
#include <iostream>
using namespace std;

class Person{
private:                                   //可略去不写，默认为 private
    float fIncome {0.0f};                  //月收入
    float computeIncomeTax(){              //计算收入税
        return fIncome * 0.2F;             //收入税 = 月收入 x 20%
    }
```

```
11  public:
12      string sID;
13      string sName;
14
15      void setIncome(float fIncome){                      //设置月收入
16          this->fIncome = fIncome;                        //在类里访问本类的私有属性
17      }
18
19      string description(){
20          auto fIncomeTax = computeIncomeTax();           //在类里访问本类的私有函数
21
22          char buffer[1024];                              //注意缓冲区尺寸,当心溢出
23          sprintf(buffer,"ID:         %s\nName:       %s\nIncome:"
24                 "     %.2f\nIncome Tax: %.2f",
25                 sID.c_str(), sName.c_str(), fIncome, fIncomeTax);
26          return buffer;
27      }
28  };
29
30  int main() {
31      Person dora;
32      dora.sID = "3604020001";                            //访问公有数据成员
33      dora.sName = "Dora Henry";
34
35      //dora.fIncome = 3000;                              //错误:不可以访问私有成员
36      //auto fIncomeTax = dora.computeIncomeTax();
37
38      dora.setIncome(5000);                               //访问公有成员函数
39      cout << dora.description();
40
41      return 0;
42  }
```

上述程序的执行结果为:

```
ID:         3604020001
Name:       Dora Henry
Income:     5000.00
Income Tax: 1000.00
```

▶ 第 6~10 行:fIncome 及 computeIncomeTax( )位于 private 访问控制符之后,说明 fIncome 属于私有数据成员,computeIncomeTax( )则是私有成员函数。请注意,private 关键字之后的冒号不可或缺。在定义类成员时,如果没有指定访问控制符,默认为 private。这意味着,本例第 6 行的 private 可以省略。

- 第 11～27 行：数据成员 sID、sName 位于 public 访问控制符之后，属于公有数据成员；setIncome( )及 description( )位于 public 访问控制符之后，属于公有成员函数。
- 第 15～17 行：fIncome(月收入)属于私有成员，在外部无法访问。为了设置这个值，专门编写了公有成员函数 setIncome( )。setIncome( )函数在类的内部，可以访问私有数据成员 fIncome。setIncome(float fIncome)负责把形参 fIncome 赋值给对象的属性 fIncome。由于形参名恰巧与属性名重名，如果直接写成 fIncome = fIncome，编译器无法正确区分谁是谁，将属性名 fIncome 改为 this->fIncome 可以解决这种表达歧义。
- 第 19～27 行：description( )函数在类的内部，它不是类的使用者，它可以访问对象的私有成员函数 computeIncomeTax( )。
- 第 31～33 行：sID、sName 属于公有属性，类的使用者(此处为 main( )函数)可以直接访问 dora 对象的 sID 及 sName 属性。
- 第 35 行：类的使用者(此处为 main( )函数)，或者说在类的外部，不可以访问对象的私有数据成员。
- 第 36 行：在类的外部，不可以访问对象的私有成员函数。
- 第 38 行：在类的外部，访问对象的公有成员函数 setIncome( )设置对象的私有属性(月收入)。
- 第 39 行：在类的外部，访问对象的公有成员函数 description( )。如前所述，该公有成员函数内部访问了对象的私有成员函数 computeIncomeTax( )。

一个类型的公有成员(包括数据成员及成员函数)构成了该类的对外接口，这个接口应尽可能简洁，容易理解；一个类型的私有成员构成了该类的隐藏的实现。

练习巩固

14

习题讲解 14-1：P=UI

14-1　($P=UI$)当一个 3V 的直流电压施加在一个 1.5Ω 的电阻上时，流过电阻的电流为 2A。电阻消耗的功率既可以通过 $P=UI$ 计算，即 3×2=6 W，也可以通过 $P=I^2R$ 计算，即 2^2×1.5 W=6 W。请设计 Voltage 电压类及 Current 电流类，并实现两个名字重载的 computePower( )函数，使得下述代码可以运行并产生期望的输出。

```
int main() {
    cout << "P = UI = 3*2 = "
        << computePower(Voltage(3),Current(2)) << endl;
    cout << "P = IIR = 2*2*1.5 = "
        << computePower(Current(2),1.5) << endl;
    return 0;
}
```

其中，Voltage 类和 Current 类应：① 包含一个私有的 float 类型的数据成员，用于保存电压或电流值；② 提供一个合适的构造函数用于初始化对象；③ 提供公有的 value( )函数用于访问私有的电压或电流值。

14.3　标准类实现

从第 13 章到目前为止，出于节省篇幅的目的，一直使用一种非标准的方式来定义类。考虑到有一定规模的应用程序通常包括几十、几百甚至几千个自定义类型，通常需要把一个或者多个紧密相关的类型定义在一对 .h 及 .cpp 文件中。比如，前节中的 Person 类型，按习惯应定义在 person.h 以及 person.cpp 两个文件中。这样做有如下益处：

- 便于项目管理及团队协作，一个大型项目的数百位程序员不可能同时在一个文件里编程。
- 实现成员函数代码的隐藏。类的使用者要了解一个类的接口，只要阅读头文件就够了，至于放置成员函数详细代码的 cpp 文件，非必要情况下不必关心。

操作指南：以标准方式新建类文件

多数 IDE 环境提供了以标准方式创建新类的快捷方式，其结果通常为一对文件：类名.h 和类名.cpp。这里以 Qt Creator 为例说明操作过程，其他 IDE 环境大同小异。

把上一节的程序用标准类的方式重写。person.h 的内容如下：

```
#ifndef PERSON_H
#define PERSON_H

#include <string>
using namespace std;

class Person{
private:                                //可略去不写，默认为 private
    float fIncome {0.0f};               //月收入
    float computeIncomeTax(){           //计算收入税 - 内联成员函数
        return fIncome * 0.2F;          //收入税 = 月收入 x 20%
    }
public:
    string sID;
    string sName;

    void setIncome(float fIncome);      //设置月收入
    string description();
};

#endif // PERSON_H
```

person.h 对 Person 类进行了声明。这种类声明包含如下内容：① 类名称；② 声明类的数据成员；③ 声明类的方法，通常不定义函数体。如果.h/.cpp 文件中只声明/定义了一个类，习惯上会让文件与类同名。

▶ 第 1~2、21 行：这三行代码通常由 IDE 环境自动创建，用于避免 person.h 的类声明部分多次被引入同一个.cpp 文件。根据第 12 章的讨论，这三行代码属于预处理指令，其语法意义大约等同于下述伪代码：

```
如果 PERSON_H 还没有定义
{
    定义 PERSON_H
    [进行 Person 类声明 ... ]
}
```

如果缺乏上述预处理指令的保护，在特定条件下，某些 cpp 文件（例如 person.cpp），可能会直接或间接引入 person.h 多于一次。此时，即相当于在 person.cpp 中重复对 Person 类型进行了多次声明，这是不允许的。举例说明这类特定条件：person.cpp 引入 person.h；person.cpp 引入 something.h，something.h 又引入 person.h。上述预处理指令的存在，使得 Person 的类声明部分只能被引入一次。

▶ 第 4 行：引入 Person 类声明中需要使用到的 string 类型。

▶ 第 10~12 行：通常，类声明中只提供类方法声明，函数体应在对应的.cpp 文件中提供。本例中，computeIncomeTax()的函数体直接写在了类声明里，这事实上是另一种形式的**内联函数**。它告诉编译器，在可能的情况下，将这个成员函数内联。

person.cpp 的内容如下：

```
#include "person.h"

void Person::setIncome(float fIncome){
    this->fIncome = fIncome;                  //在类里访问本类私有属性
}

string Person::description(){
    auto fIncomeTax = computeIncomeTax();     //在类里访问本类私有函数

    char buffer[1024];                        //注意缓冲区尺寸,当心溢出
    sprintf(buffer,"ID:         %s\nName:         %s\nIncome:"
            "     %.2f\nIncome Tax: %.2f",
            sID.c_str(), sName.c_str(), fIncome, fIncomeTax);
    return buffer;
}
```

.cpp 文件用于类方法定义。person.cpp 定义了 person.h 中声明的两个成员函数。

- 第 1 行：包含 person.h 头文件。这是必须的，因为 person.cpp 中定义的类成员函数必须在 person.h 中进行声明。同时，person.h 类声明中的成员函数如果不是内联的，也必须在 person.cpp 中进行定义。
- 第 3 行：请注意，person.cpp 进行成员函数定义时使用了域解析符。Person::setIncome 意为 Person 类型中的名为 setIncome 的成员函数。

main.cpp 内容如下：

```
//Project - HeaderCpp
#include <iostream>
#include <person.h>
using namespace std;

int main() {
    Person dora;
    dora.sID = "3604020001";     //访问公有数据成员
    dora.sName = "Dora Henry";
    dora.setIncome(5000);        //访问公有成员函数
    cout << dora.description();
    return 0;
}
```

上述程序（即 main( ) 函数）的执行结果与前节完全相同：

```
ID:         3604020001
Name:       Dora Henry
Income:     5000.00
Income Tax: 1000.00
```


main.cpp 是 Person 类型的使用者，它通过引入 person.h 头文件了解 Person 类型的接口。有了接口（属性的名称、成员函数的名称、形参、返回值类型等）之后，main.cpp 就知道应该如何使用 Person 类型及其对象。

而 Person 类型的实现部分，至少是成员函数的实现部分，则位于 person.cpp。对于整个程序而言，person.cpp 与 main.cpp 分属两个不同的编译单元，main.cpp 当中对 Person 类型的成员函数的调用解析，是在链接阶段完成的。

考虑到描述的简便性，本书后续部分，多数时候仍然会将类的定义与使用放在同一个 cpp 文件中。但请读者注意，在正式的软件项目中，请务必使用本节所描述的标准类实现方法，将类声明和类方法定义组织在成对的 .h 及 .cpp 文件中。

14.4　友　　元

使用 private 访问控制符可以把对象成员私有。这种私有是对所有外部对象而言的，并不能满足对访问控制的全部需要。例如，多数家庭的银行账户密码对家庭以外的成员是保密的,但对妻子/丈夫却是公开的。C++通过友元(friend)语法实现这种存在例外的访问控制。

不同于实数,一个复数由实部和虚部两个部分构成。两个复数相加的结果等于另一个复数,结果复数的实部等于两个操作数的实部的和,虚部等于两个操作数的虚部的和。下述C++程序设计实现了复数类 Complex。在该类中,通过将 add()及 main()函数设定为该类的**友元函数(friend function)**,允许这两个函数访问 Complex 类的私有成员。

```
1   //Project - FriendFunction
2   #include <iostream>
3   using namespace std;
4   
5   class Complex{                              //复数类
6   private:
7       float fReal;                            //私有的实部和虚部
8       float fImage;
9   public:
10      Complex(float real, float img){
11          fReal = real;
12          fImage = img;
13      }
14      friend Complex add(const Complex&, const Complex&);
15      friend int main();                      //声明友元函数
16  };
17  
18  Complex add(const Complex& a, const Complex& b){
19      float fReal = a.fReal + b.fReal;        //友元函数访问对象的私有成员
20      float fImage = a.fImage + b.fImage;
21      return Complex(fReal,fImage);
22  }
23  
24  int main() {
25      Complex a(3,2);
26      Complex c = add(a,Complex(2,3));
27  
28      cout << "(3+2i)+(2+3i)= " << c.fReal << "+" << c.fImage << "i";
29      return 0;
30  }
```

上述代码的执行结果为:

```
(3+2i)+(2+3i)= 5+5i
```

- 第 6~8 行:Complex 类型将实部 fReal 及虚部 fImage 声明为私有数据成员。
- 第 14~15 行:Complex 类型将 add()及 main()函数声明为类型的友元函数。请注意这种声明不仅包括友元函数的函数名，还包括了返回类型，形参列表等，因为函数名重载的原因，仅凭函数名不能确定性地标识一个函数。

- 第 18~22 行：add( )接受两个 Complex 对象的常量型引用作为参数，然后将两个复数对象相加，返回结果复数。请注意，函数体内，该函数访问了 Complex 对象的私有数据成员，这是作为友元函数的特权。
- 第 24~30 行：main( )函数也是 Complex 类的友元函数，所以第 28 行对 c 的私有成员的访问是合法的。请注意，由于 add( )函数、main( )函数中需要使用到 Complex 类型，本例中 Complex 类型的声明必须早于 add( )及 main( )函数的定义。
- 第 26 行：Complex(2,3)通过 Complex 的构造函数构造了一个临时对象并作为实参传递给 add( )函数。这个临时对象也是自动变量，在该函数执行完成后，编译器会自动执行其析构函数。

进一步，还可以将另一个类的某个成员函数指定为本类的友元函数。下述代码的第 21 行，Complex 类型将 Computer 类型的成员函数 void Computer::output(const Complex&)设为友元函数，允许其访问本类的私有成员。

```
1  //Project - FriendMemberFunction
2  #include <iostream>
3  using namespace std;
4  
5  class Complex;
6  
7  class Computer{                                            //计算器类
8  public:
9      void output(const Complex& c);
10 };
11 
12 class Complex{                                             //复数类
13 private:
14     float fReal;                                           //私有的实部和虚部
15     float fImage;
16 public:
17     Complex(float real, float img){
18         fReal = real;
19         fImage = img;
20     }
21     friend void Computer::output(const Complex&);          //友元函数
22 };
23 
24 void Computer::output(const Complex& c){
25     cout << "Complex(" << c.fReal << " + "
26          << c.fImage << "i)" << endl;
27 }
```

```
28
29  int main() {
30      Complex a(3,2);
31
32      Computer c;
33      c.output(a);
34      return 0;
35  }
```

上述代码的执行结果为：

```
Complex(3 + 2i)
```

▶ 第 24～27 行：Computer 类型的 output( ) 函数是 Complex 类的友元函数，其函数体对 Complex 对象 c 的私有成员的访问是合法的。

上述程序使用了非常奇怪的声明/定义顺序来保证代码的合法性，下面借助图 14-1 来进行说明。

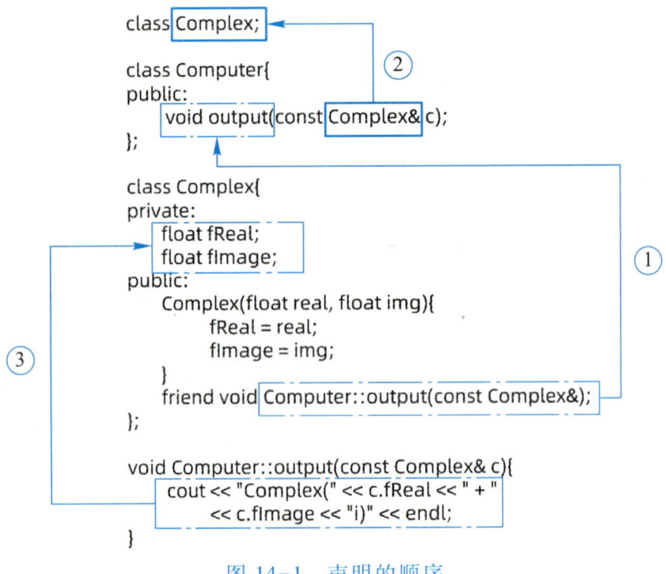

图 14-1　声明的顺序

① Complex 类型在声明友元函数时，必须先声明 Computer 类以及该类的 output( ) 成员函数。为了解决这个问题，把 Computer 的类声明放在前面。

② Computer 类的成员函数 output( ) 有一个类型为 const Complex& 的形参，根据语法要求，Complex 类型必须在该处之前先行声明。为了解决这个先有鸡还是先有蛋的问题，在程序开头通过代码 class Complex"简易"声明了一个名为 Complex 的类型，然后再在 Computer 类声明之后给出 Complex 类型的详细声明。

③ Computer 的 output( ) 成员函数的函数体要使用到 Complex 类的数据成员，所以，

Computer::output()成员方法定义只能位于 Complex 的详细声明之后。

更进一步，还可以把其他类整体声明为本类的**友元类(friend class)**。在下述 C++代码中，Complex 类型声明 Computer 类型为本类的友元类，授权 Computer 类的所有成员函数访问 Complex 类型的私有成员。

```
//Project - FriendClass
#include <iostream>
using namespace std;

class Complex{                      //复数类
private:
    float fReal;                    //私有的实部
    float fImage;                   //私有的虚部
public:
    Complex(float real, float img){
        fReal = real;
        fImage = img;
    }
    friend class Computer;          //友元类
};

class Computer{                     //计算器类
public:
    void output(const Complex& c){
        cout << "Complex(" << c.fReal << " + "
             << c.fImage << "i)" << endl;
    }

    Complex add(const Complex& a, const Complex& b){
        return Complex(a.fReal+b.fReal, a.fImage+b.fImage);
    }
};

int main() {
    Computer c;
    Complex r = c.add(Complex(1,2),Complex(1,2));
    c.output(r);
    return 0;
}
```

上述程序的执行结果为：

```
Complex(2 + 4i)
```

▶ 第 14 行：将 Computer 声明为 Complex 类的友元类。程序中可见，Computer 类的成员函数 output( )、add( )都因此获得了对 Complex 类私有成员的访问权。

练习巩固

习题讲解 14-2：跨币种转账

14-2 （跨币种转账）AccountCNY 类表示人民币账户，AccountUSD 类表示美元账户，账户余额为私有数据成员。a. transfer(b,100)表示从 a 账户转出 100 元（a 账户币种）至 b 账户。当 a 和 b 账户的币种相同时，a 的余额减少 100，b 的余额增加相同值；当 a、b 账户的币种不同时，a 的余额减少 100，但 b 的余额增加值应进行汇率换算。

请定义上述两个类及相应成员函数，并编程代码进行验证。假设汇率为 1 美元兑换 6.5 元人民币。

14.5 静态数据成员

第 8 章中讨论的静态对象存储于全局静态数据区，其生存周期一直持续到程序运行结束。如果将静态对象定义为类的数据成员，便为类的静态数据成员。

下述 C++程序中的 Tomato 类型试图通过静态数据成员来记录“切水果”游戏中剩余的番茄数量。


```
//Project - TomatoCount
#include <iostream>
#include <stdio.h>
using namespace std;

class Tomato {
private:
    static int objectCount;    //静态数据成员
    float fSize {10};          //番茄的尺寸
public:
    Tomato(){
        objectCount++;         //每构造一个对象，数量加 1
    }

    ~Tomato(){
        objectCount--;         //每析构一个对象，数量减 1
    }
```

```
18	    friend int main();
19	};
20	
21	int Tomato::objectCount = 0; //给静态数据成员赋初始值
22	
23	int main() {
24	    cout << "sizeof(Tomato) = " << sizeof(Tomato) << endl;
25	
26	    Tomato t1;
27	    printf("&t1: %p, &Tomato::objectCount: %p\n", &t1, &Tomato::objectCount);
28	
29	    Tomato t2[10];
30	    Tomato* t3 = new Tomato;
31	
32	    printf("t1.objectCount=%d, t3->objectCount=%d, Tomato::objectCount=%d\n",
33	           t1.objectCount,t3->objectCount,Tomato::objectCount);
34	    printf("&t1.objectCount = %p, &t3->objectCount = %p\n",
35	           &t1.objectCount,&t3->objectCount);
36	
37	    delete t3;
38	    printf("t1.objectCount=%d, Tomato::objectCount=%d\n",
39	           t1.objectCount,Tomato::objectCount);
40	
41	    return 0;
42	}
```

上述程序的执行结果为：

```
sizeof(Tomato) = 4
&t1: 000000000061fe04, &Tomato::objectCount: 000000000040c030
t1.objectCount=12, t3->objectCount=12, Tomato::objectCount=12
&t1.objectCount = 000000000040c030, &t3->objectCount = 000000000040c030
t1.objectCount=11, Tomato::objectCount=11
```

说明：在读者的计算机上，执行结果中的地址很可能与本书不同。

- 第 7~9 行：Tomato 类中定义静态数据成员 objectCount。普通数据成员 fSize 的初始值可以直接在类声明中给出，但非常量型静态数据成员必须在类声明之外进行初始化。
- 第 21 行：在类声明之外对静态数据成员进行定义和初始化。如果类型是按照 14.3 节中描述的“标准类”方法实现的，则对静态数据成员定义和初始化必须在相应的.cpp 文件中完成，与那些类方法定义在一起。

具体到本例，语法上，上述静态数据成员的定义可以不给 objectCount 赋初始值，但**定义**

本身不可或缺。因为在物理上，objectCount 事实上不属于任何 Tomato 对象，其内存应该单独分配。这种额外的强制定义确保了该静态数据成员被恰当地分配存储空间。

Tomato 类型的普通数据成员 fSize 与静态数据成员 objectCount，在数据存储上有本质区别。如图 14-2 所示，非静态的普通数据成员 fSize 在每一个 Tomato 对象内平均分配存储空间，各对象的 fSize 成员相互独立。但是，静态数据成员 Tomato::objectCount 仅在全局静态数据区存储一个副本，无论是 1 号番茄还是 3 号番茄，它们的 objectCount 成员代表同一个 int 类型的对象，即 Tomato::objectCount。

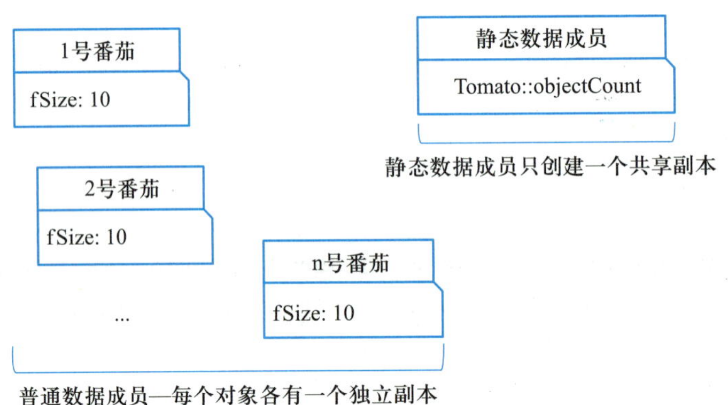

图 14-2　静态数据成员的存储

只有类的静态成员可以使用类名::成员名的形式来使用，例如本例中的 Tomato::objectCount，因为 objectCount 不依赖于具体的 Tomato 对象而存在。对于普通数据成员 fSize，Tomato::fSize 是错误的使用形式，因为 fSize 属于具体的 Tomato 对象，编译器需要通过其所属对象的地址再加上其在对象内的偏移量来确定其内存地址。

14

▶ 第 10~17 行：每构造一个对象，静态数据成员 objectCount+1；每析构一个对象，静态数据成员 objectCount-1。考虑到静态数据成员 Tomato::objectCount 只有一个副本，+1 或-1 都是在操作同一个 objectCount，理论上，objectCount 的值即为当前仍处于“生存”状态的 Tomato 对象的个数。

考虑到复制构造函数▲的存在，特定情况下，本例中的 objectCount 并不能完美记录 Tomato 对象的“生存”个数。

▶ 第 24 行：打印一个 Tomato 对象的大小。执行结果的第 1 行显示，该值为 4 个字节。这证实，1 个 Tomato 对象内部仅存储了其普通数据成员 fSize（float，4 个字节），静态数据成员 objectCount 未占用对象内的空间。

▶ 第 26~27 行：定义了自动变量 t1，t1 存储在栈内。执行结果的第 2 行显示，栈对象 t1 地址 0x0061fe04 与 Tomato::objectCount 的地址 0x0040c030 相去甚远，后者存储于全局静态数据存储区，不在栈内。

▶ 第 29~30 行：t2 数组包含 10 个 Tomato，t3 指针指向 1 个 Tomato，再加上 t1，第 30 行代码执行后，内存中共有 12 个番茄。

▶ 第 32~33 行：通过 t1. objectCount，t3->objectCount，Tomato::objectCount 三种途径输出静

态数据成员 objectCount 的值。执行结果的第 3 行显示,三种途径均得到 12 的值,与内存中存在 12 个番茄的事实相符。

▶ 第 34~35 行:打印 t1.objectCount,t3->objectCount 的地址。执行结果的第 4 行证实,它们的地址与 Tomato::objectCount 完全相同,事实上代表同一个对象。

▶ 第 37~39 行:释放指针 t3 指向的对象后,再次打印 objectCount。执行结果的第 5 行显示,Tomato::objectCount 的值变成了 11,与事实相符。

至于 t2 数组所包含的 10 个 Tomato,以及 t1,需要等到 main() 函数的结尾处才会由编译器生成的机器指令自动析构回收。

14.6　静态成员函数

类的成员函数也可以是静态的,下述 C++程序演示了静态成员函数的基本用法。相对于普通成员函数,静态成员函数有如下特点:

- 没有秘密的 this 指针参数,其执行不依赖于任何具体的对象。
- 在静态成员函数的函数体内,只能访问类的静态数据成员及其他静态成员函数,不能访问类的非静态成员。这是因为:非静态成员的访问依赖于具体的对象,需要通过 this 指针进行,但静态成员函数没有 this 指针。

```
//Project - LivingTomato
#include <iostream>
using namespace std;

class Tomato {
private:
    static int iConstructed;           //构造数量
    static int iDestructed;            //析构数量
    float fSize {10};                  //番茄的尺寸
public:
    Tomato(){
        iConstructed++;                //构造数量+1
    }

    ~Tomato(){
        iDestructed++;                 //析构数量+1
    }

    static int livingCount(){
        //fSize * = 2;                 //错误:不可以访问非静态成员
        //this->fSize -= 2;            //错误:静态成员函数没有 this 指针
```

```
22            //存活数量 = 构造数量 - 析构数量
23            return iConstructed - iDestructed;
24        }
25    };
26
27    int Tomato::iConstructed {0};           //给静态数据成员赋初始值
28    int Tomato::iDestructed  {0};
29
30    int main() {
31        Tomato t1;
32        Tomato t2[10];
33        Tomato * t3 = new Tomato[3];
34
35        cout << "Number of living tomatoes = " << Tomato::livingCount() << endl;
36        cout << "Number of living tomatoes = " << t2[3].livingCount() << endl;
37        cout << "Number of living tomatoes = " << t3->livingCount() << endl;
38
39        delete[] t3;
40        cout << "Number of living tomatoes = " << t1.livingCount() << endl;
41
42        return 0;
43    }
```

上述程序的执行结果为：

```
Number of living tomatoes = 14
Number of living tomatoes = 14
Number of living tomatoes = 14
Number of living tomatoes = 11
```

- ▶ 第 19~24 行：定义了“内联”的静态成员函数 livingCount( )，该函数通过构造数量减去析构数量的方法求得当前仍“存活”的番茄数量，然后返回。
- ▶ 第 20 行：代码错误，fSize 属于类的非静态成员，其他属于某个特定的番茄对象。livingCount( )因为没有 this 指针，无法访问该成员。
- ▶ 第 21 行：代码错误，livingCount( )函数没有 this 指针。
- ▶ 第 23 行：可以访问 iConstructed 及 iDestructed 数据成员，因为它们是静态的，不依赖任何具体的番茄对象而存在。
- ▶ 第 31~37 行：先创建了番茄对象 t1、番茄对象数组 t2 以及动态番茄数组 t3，共 14 个番茄，然后通过三种途径调用执行 livingCount( )静态成员函数。执行结果的前 3 行证实，无论是直接调用类的静态成员函数(Tomato::livingCount( ))，还是通过对象来调用其静态成员函数(t3->livingCount( ))，实际执行的都是同一个函数，其结果相同。事实上，t3->livingCount( )这种调用形式，在语法上虽然可以解释为执行 t3 所指向的 Tomato 对象的 livingCount( )成员函数，但因为 livingCount( )是静态的，所以编译器并不会向 livingCount( )传递 this 指针。静态成员函数的执行不依赖于任何具体的对象，即便一个类型从未被实例化，其静态成员函数依然可以执行。

▶ 第 39~40 行：在删除动态数组 t3 后，再次执行 livingCount()，执行结果的第 4 行显示，存活的番茄个数变成了 11 个，与事实相符。

*微实践——设计模式中的单件

微实践：设计模式中的单件

设计模式（design patterns）是软件体系结构中一个比较深入的话题。其中，**单件（singleton）模式**是其中最简单的一种，它描述了下述应用场景其及解决方案：在程序中，有些类型最多只需要一个对象，比如数据库连接、错误日志记录器等。单件模式试图通过特殊的类设计确保该类型最多只能被实例化一次。

14.7　常量成员函数

可以将类的成员函数设定为常量型。执行一个对象的常量型成员函数**不可以**导致对对象的任何修改，这意味着：

- 常量型成员函数不可以修改对象的任何数据成员，mutable 类型的数据成员除外。
- 常量型成员函数不可以调用执行对象的任何非常量型成员函数，因为这些函数的执行，可能会导致对象状态的改变。

mutable 在英文中意为“易变的”，用 mutable 修饰的数据成员不受对象及其成员函数常量性的约束。

常量型成员函数的执行预期不会修改对象的状态，那么非常量型成员函数的执行则有可能修改对象的状态。因此：**不能执行常量型对象的非常量型成员函数；对于常量型对象，仅可执行其常量型成员函数**。

通过下述 C++程序来解释常量型成员函数的应用。

```
//Project - ConstMemberFunction
#include <iostream>
#include <math.h>
using namespace std;

class Complex {
```

```
7   private:
8       float fReal;
9       float fImage;
10      mutable bool bAbsComputed = false;
11  public:
12      Complex(float real, float image){
13          fReal = real;
14          fImage = image;
15      }
16
17      const Complex& add(const Complex& v){
18          fReal += v.fReal;
19          fImage += v.fImage;
20          return * this;
21      }
22
23      float abs() const {
24          bAbsComputed = true;   //正确:可以修改 mutable 类型的数据成员
25          //fReal += 10;         //错误:不可以修改非 mutable 类型的数据成员
26          //add(Complex(1,2));   //错误:不可以调用非 const 类型的成员函数
27          return sqrt(fReal * fReal + fImage * fImage);
28      }
29  };
30
31  int main() {
32      Complex c(2,3);
33      c.add(Complex(1,1));
34
35      const Complex * p = &c;
36      const Complex& r = c;
37      //p->add(Complex(1,1));  //错误:不可以执行常量型对象的非常量型成员函数
38      //r.add(Complex(1,1));   //错误:不可以执行常量型对象的非常量型成员函数
39
40      cout << "abs(r) = " << r.abs() << endl;
41      return 0;
42  }
```


上述程序的执行结果为:

```
abs(r) = 5
```

▶ 第 17~21 行:add()是一个非常量型的成员函数,该函数把形参 v 累加到复数对象,然后

返回该对象的常量型引用。第 17 行的 const 用于修饰函数的返回值类型,并非修饰函数本身。第 18~19 行,该函数修改了对象的数据成员。

- 第 23~28 行:abs()是 Complex 类的常量型成员函数,它用于计算复数的模。理论上,计算一个复数的模不应该导致这个复数被修改,因此,该函数被设定为常量型成员函数。第 23 行中的 const 修饰的是函数本身。

第 24 行对 bAbsComputed 的修改是合法的,因为它是 mutable 类型的数据成员;第 25 行对 fReal 的修改是非法的,常量型成员函数不可以导致对象属性的改变;第 26 行对 add()函数的调用是非法的,因为该函数不是常量型的,其预期会导致对象属性的改变;第 27 行按照复数的求模公式(实部虚部平方和的平方根)计算复数的模并返回。

- 第 32~33 行:c 是一个非常量类型的对象,可以执行其非常量型成员函数 add()。
- 第 35~38 行:p 指向一个常量型 Complex 对象;r 是一个常量型 Complex 对象的引用。不可以通过 p 或者 r 执行对象的非常量型成员函数 add(),因为 add()预期可能会修改对象,而常量对象,不应被修改。
- 第 40 行:对一个常量型对象,执行其常量型成员函数,本例中为 abs(),是合法的。因为常量型成员函数的执行,不会导致对象的修改(mutable 类型的数据成员除外)。

14

第 15 章　代码复用

不要重新发明轮子。

——大家都这么说

学习目标

知识目标

1. 深入理解万物皆对象的面向对象程序设计方法论。

2. 掌握基于组合、继承的代码重用方法及工作原理。

能力目标

在程序中应用组合、继承等途径实现代码复用。

素质目标

1. 从代码复用的视角出发，审视和体会新产品和行业发展的一般规律。

2. 从软件代码复用的视角出发，体会各国人民分工协作对经济运行效率至关重要的影响。

思维导图

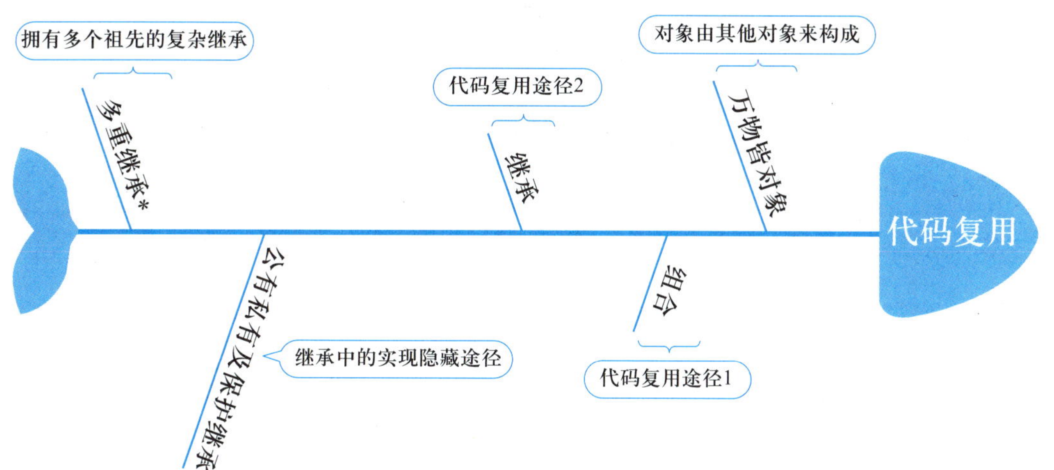

优秀的程序员擅长两项工作：① 在设计轮子的时候，努力设计出好轮子；② 在设计汽车的时候，挑选出好轮子，很好地使用挑选出来的轮子。本章主要讨论后一项工作，如何利用现有的类设计出新的类型，即**代码复用(code reuse)**。

15.1 万物皆对象

Alan Kay 总结了面向对象程序设计语言 SmallTalk 的 5 个特点，这些特点刻画了面向对象程序设计的精髓。对于 C++，它们也基本适用。

(1) 万物皆对象(Everything is an object)。

(2) 对象皆有类型(Every object has a type)。

```
int i = int(0);
Person dora = Person("Dora Henry")
```

在语法意义上，上述代码中的 i 和 dora 都是对象，只是类型不同：i 为 int 类型，dora 为 Person 类型。Person("Dora Henry")是执行 Person 类型的构造函数，int(0)则是执行 int 类型的构造函数，以字面量 0 为参数。当然，所谓 int(0)的构造函数，仅是语法意义上的，编译器实际生成的二进制代码里不存在这样对原生数据类型的构造函数的调用。

(3) 程序由一堆对象构成，对象间通过发送消息协同工作。

```
dora.eat(100);
```


在面向对象的术语体系里，执行一个对象的方法，例如执行 dora 对象的 eat()方法，也称为向该对象发送消息。

(4) 每个对象均有自己的存储空间，并由其他对象来构成。

本书中，我们称作为数据成员参与构成其他对象的对象为**成员对象**。

(5) 相同类型的对象可以接受相同类型的消息。

15.2 组　　合

将一台发动机、4 个车窗、五把座椅以及其他部件装配起来，可以**组合**出一台轿车。在面向对象程序设计的术语体系里，把使用多个不同类型的**成员对象**来构成新类型对象的代码重用方法，称为**组合(composition)**。

下述 C++代码展示了通过组合方法来构造极简版本轿车的方法，该轿车仅由一个发动机、四个轮胎及一个整数来构成。

```
//Project - CarComposition
#include <iostream>
using namespace std;

class Wheel {
public:
    short iWheelSize;        //轮胎尺寸
    Wheel(){
        cout << "Wheel Constructed." << endl;
    }
    ~Wheel(){
        cout << "Wheel Destructed." << endl;
    }
};

class Engine {
private:
    int iCapacity;           //发动机排量
public:
    Engine(int capacity){
        iCapacity = capacity;
        cout << "Engine Constructed." << endl;
    }
    ~Engine(){
        cout << "Engine Destructed." << endl;
    }
};

class Car {
public:
    Engine e;
    Wheel wheels[4];
    int iWeight;             //整车质量
    //...

    Car(int weight):e(1800), iWeight(weight){
        //e.start() ...
        cout << "Car Constructed." << endl;
    }

    ~Car(){
        cout << "Car Destructed." << endl;
        //e.stop() ...
    }
};
```

```
int main() {
    printf("sizeof(Engine) + 4 x sizeof(Wheel) + sizeof(int)\n");
    printf("= %d + 4 x %d + %d\n", sizeof(Engine), sizeof(Wheel), sizeof(int));
    printf("= %d\n",sizeof(Car));
    cout << "----------------------------------------" << endl;

    Car c(2300);
    cout << "----------------------------------------" << endl;
    printf( "&c = %p, &c.e = %p\nc.wheels = %p, &c.iWeight = %p\n",
            &c, &c.e, c.wheels, &c.iWeight);
    cout   << "----------------------------------------" << endl;

    return 0;
}
```

上述程序的执行结果为：

```
1  sizeof(Engine) + 4 x sizeof(Wheel) + sizeof(int)
2  = 4 + 4 x 2 + 4
3  = 16
4  ----------------------------------------
5  Engine Constructed.
6  Wheel Constructed.
7  Wheel Constructed.
8  Wheel Constructed.
9  Wheel Constructed.
10 Car Constructed.
11 ----------------------------------------
12 &c = 000000000061fe00, &c.e = 000000000061fe00
13 c.wheels = 000000000061fe04, &c.iWeight = 000000000061fe0c
14 ----------------------------------------
15 Car Destructed.
16 Wheel Destructed.
17 Wheel Destructed.
18 Wheel Destructed.
19 Wheel Destructed.
20 Engine Destructed.
```


说明：在读者的计算机上，执行结果中的地址很可能与本书不同。

上述程序中，一个 Car 类型的对象 c 由：1 个 Engine 类型的子对象 e，4 个 Wheel 类型的子对象数组 wheels 以及 1 个 int 类型的子对象 iWeight 构成。根据执行结果的第 12～13 行，绘制了对象 c 的内存结构，如图 15-1 所示。

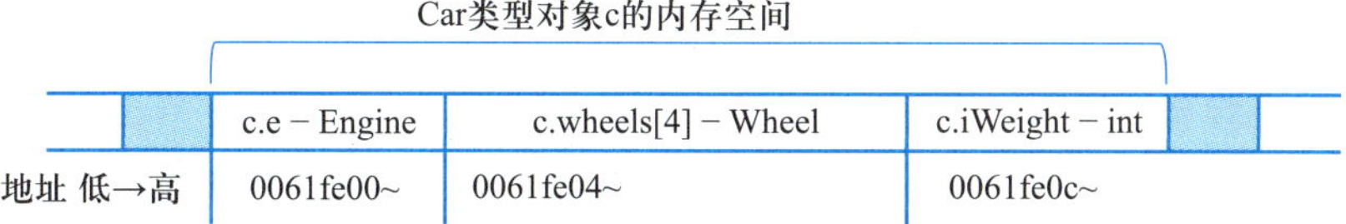

图 15-1　Car 类型对象 c 的内存结构

如图 15-1 所示,程序第 53 行构造的 Car 类型对象 c 占据从 0x0061fe00 开始的连续 16 个字节的空间。编译器以非常节约的方式安排 c 的成员对象,在作者的计算机上,成员对象按定义顺序依次排列。其中,c.e 占据最开始的 4 个字节;c.wheels 占据接下来的 8 个字节,每个 Wheel 成员两个字节;c.iWeight 占据最后的 4 个字节。

- 第 48~50 行:打印各成员对象的尺寸。执行结果的第 1~3 行证实,Car 对象的尺寸等于其全部成员对象的尺寸之和。需要说明的是,由于数据对齐的关系,有时对象的尺寸可能会略大于其成员对象的尺寸之和。
- 第 36~39 行:根据面向对象程序设计的理论,每个对象都需要通过构造函数来初始化,成员对象也不例外。当一个 Car 对象被构造时,其成员对象的构造函数由 Car 对象的构造函数在函数执行的最开始阶段“隐式”地逐一调用执行。执行结果的第 5~10 行显示了因 Car 的构造而间接被执行的成员对象的构造函数的输出,包括 1 个 Engine 成员对象及 4 个 Wheel 成员对象,请注意第 38 行的输出“Car Constructed.”位于各成员对象的构造函数输出之后。

本例中,Wheel 的构造函数没有参数,Car 的构造函数很容易自动调用其 4 个 Wheel 成员对象的构造函数。与此不同,Engine 的构造函数有一个名为 capacity(发动机排量)的形参,要执行成员对象 e 的构造函数,必须显式地提供其所需的实参。

语法上,在 Car 构造函数的函数体开始处,即本例中的第 37 行,Car 对象的全部成员对象,包括 e,应该处于已经构造完毕的可用状态。这意味着,成员对象的构造函数应在第 37 行之前被执行。当成员对象存在零参数的构造函数时,编译器会自动完成这项工作。

要点

当成员对象的构造函数要求提供参数时,程序员需要在构造函数初始化列表(constructor initializer list)中提供这些参数。

```
36  Car(int weight):e(1800), iWeight(weight){ ...
```

本例中,第 36 行冒号之后的部分即为 Car 的构造函数初始化列表。在该列表中,可以为多个成员对象提供指定的构造参数,成员对象之间以逗号分隔。e(1800)表示以实参 1800 调用成员对象 e 的构造函数;iWeight(weight)表示以 Car 构造函数的形参 weight 作为实参调用成员对象 iWeight 的构造函数。根据定义,成员对象 iWeight 的类型为 int,这种原生类型在事实上不存在实际的构造函数,但这种语法是允许的。

注意

需要为成员对象提供构造参数只是使用构造函数初始化列表的情形之一。当成员对象是一个引用时，也需要通过构造函数初始化列表将该引用与确定的对象相绑定，因为到了构造函数的函数体，该引用类型的成员对象应该处于初始化完毕的可用状态。

- 第41~44行：根据面向对象程序设计的理论，每个对象的内存被释放前都需要执行其析构函数来完成“清理”，成员对象也不例外。本例中，当变量c超出作用域后，编译器生成的指令会执行c的析构函数。c的析构函数会在函数执行的最后阶段“隐式”地调用执行每个成员对象的析构函数。由于析构函数一定是零参数的，所以这里并不需要“析构函数析构列表”的协助。

理论上，在Car的析构函数体的最后一行，对应本例中的第43行，Car对象的全部成员对象应处于尚未被析构的可用状态。因此，Car成员对象的析构函数的执行一定发生在析构函数的最后阶段，本例中，读者可以认为这些隐式的析构函数调用发生在第44行。

执行结果的第15~20行反映了Car类型对象c的析构函数的执行结果：先输出了“Car Destructed.”之后，各成员对象的析构函数才在c析构函数的最后阶段被“隐式”地执行。在作者的计算机上，成员对象的析构顺序正好与构造顺序相反。

借助于其他类型来组合新的类型是非常有效的代码重用方法。当轿车的油门踏板被踩下时，车控计算机可能一方面增大发动机的喷油量，一方面又提高火花塞的点火频率，来达到将车加速的目的。借助于成员对象的接口及其背后隐藏的实现，站在前人的肩膀上，该任务可以简洁地完成，请参考下述伪代码。


```
class Car {
    ...
    void pushSpeedPedal(){
        e.oilPumpIncrease()     //加大喷油量
        e.igniteFreqIncrease()  //提高点火频率
        ...
    }
}
```

一个轿车对象拥有1台发动机和4个轮胎，这种关系称为has-a关系。**has-a关系最适宜的表达形式就是组合。**

练习巩固

习题讲解15-1：爸爸、妈妈和我

15-1 （爸爸、妈妈和我）一个家庭通常由多个家庭成员组成，请使用组合模式设计Family类。为Family类添加outdoorPicnic( )函数模拟一次家庭野餐过程：各个家庭成员通力协作完成全部的工作，比如爸爸负责开车和搭帐篷，妈妈负责采购食物，弟弟负责搞笑，我负责拍照。

15.3　继　　承

继承(inheritence)是另一种代码重用的方法。当试图定义一个雇员类型时,并不需要从身份证号和姓名定义起。在已经有了 Person(人)类型之后,可借助继承来定义 Employee(雇员)类型:

- 雇员是人,雇员具备人的全部属性和方法。
- 雇员跟不是雇员的其他人有区别,比如雇员有岗位、有工资、有工号。

按照这一思路,画出了下述 UML 雇员类图,如图 15-2 所示。

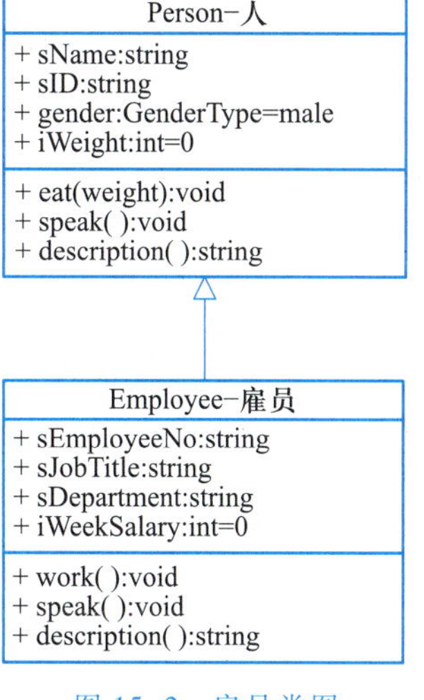

图 15-2　雇员类图

在图 15-2 中,两个框之间的三角形箭头描述了 Employee 类与 Person 类之间的继承关系,按该 UML 类图,称 Person 为**父类**,Employee 为**子类**。除了父类与子类之外,还有一些同义术语广泛应用于程序设计范畴,详见表 15-1。

表 15-1　继承相关术语

术语	同义术语
父类(parent class)	超类(super class),基类(base class)
子类(sub class)	扩展类(derived class),继承类(inherited class)

本节的演示程序分三步实现。

第 1 步:按照 14.3 节所介绍的标准类实现方法,首先在名为 EmployeeClass 的项目中导入"假装"是别人编写的类型 Person,它包含 person.h 及 person.cpp 两个文件。

操作指南:在 C++项目中导入程序文件

当 IDE 工具以项目方式管理程序时,必须将文件置于项目之内才能成为程序的有效组成部分。此处以 Qt Creator 为例,说明如何将现有文件加入 C++项目。

person.h 用于存放类声明,其内容如下:

```
#ifndef PERSON_H
#define PERSON_H

#include <string>
```

```
5   using namespace std;
6
7   enum class GenderType{
8       male = 0, female = 1
9   };
10
11  class Person{
12  private:
13      int iWeight {50000};                            //体重,以克为单位
14
15  protected:
16      string sName;                                   //姓名
17      string sID;                                     //身份证号
18      GenderType gender = GenderType::female;         //性别
19      void speak();
20
21  public:
22      Person(const string& id, const string& name);
23      void eat(int weight);
24      string description();
25      ~Person();
26  };                                                  //注意末尾的分号不能少
27
28  #endif // PERSON_H
```

▶ 第 15~19 行:上述 Person 类声明与第 13 章中的 Person 类相似,区别在于:sName、sID、gender 被声明为保护数据成员;speak( )被声明为保护成员函数。按照语义,保护类成员在类的外部无法访问,但可以在类的继承类/子类中访问。

▶ 第 22 行:Person 类型的构造函数有两个形参。

person.cpp 用于存放类方法定义,其内容如下:

```
#include "person.h"
#include <iostream>

Person::Person(const string& id, const string& name ){
    sID = id;
    sName = name;
    cout << "Person::Person()" << endl;
}

Person::~Person(){
    cout << "Person::~Person()" << endl;
}

```

```
void Person::speak(){
    cout << "Person::speak()" << endl;
    cout << "I am " << sName <<", Nice to meet you here." << endl;
}

void Person::eat(int weight){
    iWeight += weight;
    cout << "I just ate " << weight << " gram's food." << endl;
}

string Person::description(){
    char buffer[1024];  //注意缓冲区尺寸,当心溢出
    sprintf(buffer,"ID:     %s\nName:    %s\nGender: %s\nWeight: %d",
            sID.c_str(),sName.c_str(),
            gender==GenderType::male?"Male":"Female",iWeight);
    return buffer;
}
```

第 2 步:在项目中新建一个 C++类,名为 Employee。该类是 Person 类的子类,由 employee.h 及 employee.cpp 两个文件构成。employee.h 包含 Employee 的类声明,其内容如下:

```
1  #ifndef EMPLOYEE_H
2  #define EMPLOYEE_H
3  #include "person.h"
4  
5  class Employee:public Person
6  {
7  public:
8      string sEmployeeNo;
9      string sJobTitle;
10     string sDepartment;
11 
12     Employee(const string& emplNo, const string& id, const string& name);
13     ~Employee();
14 
15     void work();
16     void speak();
17     string description();
18 };
19 
20 #endif // EMPLOYEE_H
```


▶ 第 5 行:class Employee 后面的 public Person 意为 Employee 类型从 Person 类型**公有继承▲**, Person 是父类,Employee 为子类。作为 Person 类型的子类,Employee 类型通过继承从

Person 类型获得了其全部数据成员和方法。

- 第 7~10 行：除了从 Person 类型那里继承而得的属性之外，Employee 类型还扩展定义了雇员编号（sEmployeeNo）、岗位名称（sJobTitle）和所属部门（sDepartment）三个新属性。
- 第 15~17 行：除了从 Person 类型那里继承而得的方法之外，Employee 类型还扩展声明了 work( ) 方法，这个新方法是父类型 Person 所不具备的。此外，Employee 类型还重新声明了 speak( ) 及 description( ) 方法，这两个方法 Person 类型原本就有，这种派生类重新实现基类成员函数的情形称为**覆盖（override）**。

employee.cpp 包含类方法定义，其内容如下：


```
1  #include "employee.h"
2  #include <iostream>
3  using namespace std;
4  
5  Employee::Employee(const string& emplNo, const string& id,
6                     const string& name):Person(id,name) {
7      sEmployeeNo = emplNo;
8      cout << "Employee::Employee()" << endl;
9      //iWeight = 60000;  //错误：不可以访问父类的私有成员
10 }
11 
12 Employee::~Employee(){
13     cout << "Employee::~Employee()" << endl;
14 }
15 
16 void Employee::work(){
17     cout << "I am a " << sJobTitle << ", working in department:"
18         << sDepartment << endl;
19 }
20 
21 void Employee::speak(){
22     cout << "Employee::speak()" << endl;
23     Person::speak();   //可以访问父类的保护成员函数
24     cout << "I am happy to work for you." << endl;
25 }
26 
27 string Employee::description(){
28     char buffer[1024];  //注意缓冲区尺寸，当心溢出
29     sprintf(buffer,"ID:     %s\nName:   %s\nGender: %s\nEmployee No: %s\n"
30             "Job Title: %s\nDepartment: %s",//29 行字符串的后续部分
31             sID.c_str(),sName.c_str(),
32             gender==GenderType::male?"Male":"Female",sEmployeeNo.c_str(),
33             sJobTitle.c_str(),sDepartment.c_str());
```

```
34        //可以访问 gender、sID、sName 等父类的保护数据成员
35        return buffer;
36    }
```

▶ 第 5~10 行:既然雇员是人的子类,那个一个雇员对象必然也是人对象。当一个雇员对象被构造时,必然伴随一个人对象的构造。当人类型存在一个零参数的构造函数时,雇员的构造函数会自动调用人的构造函数来初始化作为雇员对象一部分的“人”对象。

与**成员对象** sEmployeeNo 不同,一个雇员对象内部的人对象是通过继承获得的,这种通过继承获得的基类对象称为**父对象**。

回顾 person.h,应注意到 Person 类型的构造函数需要身份证号及姓名两个形参。基于与成员对象类似的理由,为了确保雇员对象背后的“人”的部分在第 7 行变得可用,必须在构造函数初始化列表中为父对象提供参数。第 6 行的 Person(id,name)将 Employee 构造函数的形参 id(身份证号)及 name(姓名)作为实参提供给父对象的构造函数。与成员对象不同,父对象没有“名字”,在构造函数初始化列表中使用父对象的类型名(Person)来指代。

▶ 第 9 行:iWeight 是父类 Person 的私有成员,不可以在子类 Employee 中访问。

▶ 第 21~25 行:子类的方法既可以完全重写,也可以调用执行父类的方法。第 23 行的 Person::speak()即调用执行了父对象的 speak()方法。Employee::speak()的 this 指针的类型为 Employee *,既然 Employee 就是 Person,那么 Employee * 也就是 Person *。在调用 Person::speak()时,编译器会把当前 this 指针当成 Person * 类型“秘密”传递给 Person::speak()。请注意,speak()是 Person 类型的保护成员,允许在子类中访问。

▶ 第 27~36 行:Employee 类型的 description()方法也访问了 Person 父类的保护数据成员 gender、sID 及 sName。

第 3 步:在 main.cpp 中添加如下代码。

```
//Project - EmployeeClass
#include <iostream>
#include <employee.h>
using namespace std;

int main() {
    cout << "--------------------construct---------------" << endl;
    Employee dora("10001","36040200001","Dora Henry");
    dora.sDepartment = "Marketing";
    dora.sJobTitle = "Sales";

    cout << "--------------------memory map--------------" << endl;
    printf("sizeof(Employee) = sizeof(Person) + 3 x sizeof(string)"
           "\n=%lld + 3 x %lld\n=%lld\n",
           sizeof(Person),sizeof(string),sizeof(Employee));

    Person * pDora = &dora; //通过向上类型转换获得 dora 对象内的父对象地址
```

```
    printf("&dora = %p\n&(Parent Object) = %p\n&dora.sEmployeeNo = %p"
           "\n&dora.sJobTitle = %p\n&dora.sDepartment = %p\n",
           &dora, pDora, &dora.sEmployeeNo,&dora.sJobTitle,&dora.sDepartment);

    cout << "--------------------work--------------------" << endl;
    dora.work();
    cout << "--------------------speak-------------------" << endl;
    dora.speak();
    cout << "--------------------eat---------------------" << endl;
    dora.eat(220);
    cout << "--------------------description-------------" << endl;
    cout << dora.description() << endl;

    cout << "--------------------destruct----------------" << endl;
    return 0;
}
```

上述程序的执行结果如下：

```
--------------------construct---------------
Person::Person()
Employee::Employee()
--------------------memory map--------------
sizeof(Employee) = sizeof(Person) + 3 x sizeof(string)
 =80 + 3 x 32
 =176
&dora = 000000000063fca0
&(Parent Object) = 000000000063fca0
&dora.sEmployeeNo = 000000000063fcf0
&dora.sJobTitle = 000000000063fd10
&dora.sDepartment = 000000000063fd30
--------------------work--------------------
I am a Sales, working in department:Marketing
--------------------speak-------------------
Employee::speak()
Person::speak()
I am Dora Henry, Nice to meet you here.
I am happy to work for you.
--------------------eat---------------------
I just ate 220 gram's food.
--------------------description-------------
ID:     36040200001
Name:   Dora Henry
Gender: Female
Employee No: 10001
Job Title: Sales
```

```
28 Department: Marketing
29 ---------------------destruct-----------------
30 Employee::~Employee()
31 Person::~Person()
```

说明:在读者的计算机上,执行结果中的地址很可能与本书不同,执行结果中的对象大小可能与本书有差异。

上述程序创建了一个 Employee 类型的对象 dora,借助上述执行结果,可以画出 dora 对象的内存结构,如图 15-3 所示。

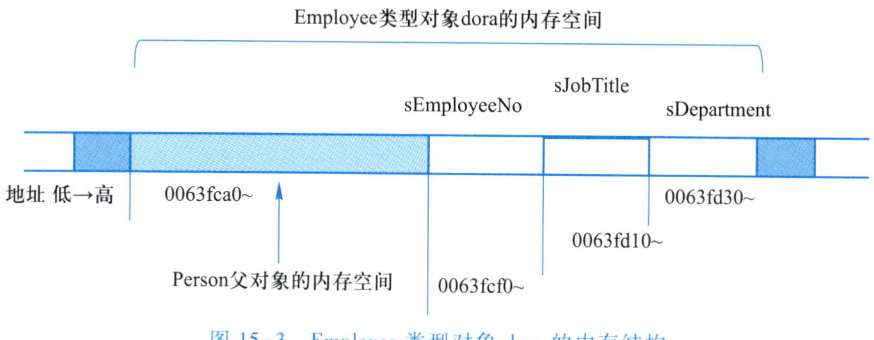

图 15-3 Employee 类型对象 dora 的内存结构

如图 15-3 所示,在一个 Employee 对象的内存空间内,其 Person 父对象虽然在逻辑上与其他成员对象有区别,但在内存分配上仍然是 Employee 对象的组成部分。在作者的计算机上,dora 对象占据从 0x0063fca0 开始的连续 176 个字节的空间,其中,Person 父对象占据最开始的 80 个字节,然后是 Employee 的其他数据成员,按定义顺序紧排其后。

- 第 7~8 行:定义并构造 Employee 类型的对象 dora。执行结果的第 1~3 行对应 dora 的构造函数的输出。由于父对象是在 Employee 构造函数的函数体代码之"前"初始化的,因此在输出结果中,Person::Person()先于 Employee::Employee()。
- 第 12~20 行:输出并研究 dora 对象的内存结构。
- 第 17 行:&dora 的类型为 Employee *,pDora 的类型为 Person *,由于 Employee 就是 Person,所以把类型为 Employee * 的地址赋值给 Person * 类型的指针是合法的。这种从子类型转换为上层父类型的类型转换,称为**向上类型转换(upcasting)**。与成员对象不同,父对象没有名字,作者只能通过这种方法来获取 dora 对象内部的 Person 父对象的地址。执行结果的第 5~7 行证实,Employee 对象的尺寸等于其全部父对象、成员对象的尺寸之和。
- 第 22~23 行:执行 dora 的 work()方法。这个方法是 Employee 类型引入的,执行时,dora 的地址会作为 this 指针被"秘密"传入。相关输出见执行结果的第 13~14 行。
- 第 24~25 行:dora 对象的类型为 Employee,执行 Employee 类型的 speak()函数,以 dora 的地址作为 this 指针。回顾 employee.cpp,会发现该函数调用执行了 Person::speak()。相关输出见执行结果的第 15~19 行。
- 第 26~27 行:dora 对象的类型为 Employee,但 Employee 类型没有"自己的"eat()函数;dora 对象的类型也是 Person,Person 类型有"自己的"eat()函数。此处,编译器会执行 Person 类型的 eat()函数,以 dora 的地址作为 this 指针。由于 dora 的类型也是 Person,所以其地址也可以视为 Person *。相关输出见执行结果的第 20~21 行。

- 第 28~29 行:dora 类型为 Employee,执行 Employee 的 description()函数,以 dora 的地址为 this 指针。相关输出见执行结果的第 22~28 行。

当 dora 对象超出其作用域时,编译器会在释放其内存前执行 Employee 类型的析构函数。该析构函数会在函数的最后阶段“隐式”地调用执行 dora 的全部成员对象及父对象的析构函数。在执行结果的第 29~31 行中可见,Person::~Person()晚于 Employee::~Employee()。

在本例中,dora 的父对象地址与 dora 自身的地址完全相同。**如果一个对象有父对象,父对象总是被安排在对象内存的起始处**。这种安排有益于简化对象的地址类型转换。

- 第 17 行:正是因为父对象位于对象内存的起始处,本行代码的执行变得十分容易,直接把 dora 的地址赋值给 pDora 即可。多重继承▲,通常意味着对象拥有多于一个的父对象。多重继承存在时,这种地址转换就没那么容易了。

```
1 //dora 是 Employee 类型的对象
2 Person doraPerson = dora;
```

上述程序的第 2 行把 Employee 类型的 dora 对象赋值给 Person 类型的 doraPerson 对象。逻辑上,dora 也是 Person 类型,上述赋值是合法的。物理上,doraPerson 只有 sizeof(Person)大,装不下整个 Employee 对象,所以,仅 dora 对象内部的 Person 父对象部分被复制到 doraPerson,其余信息丧失。这种情况很像是从一整块的比萨饼里拿出其中一片,形象地称之为**对象切片(object slicing)**。

雇员(Employee)是人(Person),这种关系称为 **is-a 关系**。**表达 is-a 关系的最佳形式是继承**。类似的 is-a 关系还有香蕉是一种水果,泰迪是一种狗,鲸鱼是哺乳动物。

练习巩固

习题讲解 15-2:动物和狗

15-2 (动物和狗)设计动物基类 Animal,包括体重、脚的数量等数据成员;从 Animal 扩展出子类 Dog,添加名字等数据成员;为两个类添加带有信息输出的构造函数以及析构函数,观察当一个 Dog 对象被创建时,子类与父类构造函数的执行顺序;观察当一个 Dog 对象被析构时,子类与父类析构函数的执行顺序;打印输出一个 Dog 对象的地址以及子类对象中父对象的地址,分析 Dog 对象的内存结构。

15.4 公有私有及保护继承

```
class Employee:public Person{
...
}
```

前一节中，Employee 对 Person 的继承是公有继承，这意味着：Person 类型的公有成员成为 Employee 类型的公有成员；Person 类型的保护成员成为 Employee 类型的保护成员。换句话说，Person 类型的接口成为 Employee 类型接口的一部分。

除了公有继承外，语法上也允许私有继承和保护继承，三者的区别列表如表 15-2 所示。

表 15-2　继 承 方 式

	公有继承	保护继承	私有继承
基类公有成员变成	派生类公有成员	派生类保护成员	派生类私有成员
基类保护成员变成	派生类保护成员	派生类保护成员	派生生私有成员

无论采用何种继承方式，基类的私有成员继承到派生类，均为私有，且无法在派生类中直接访问。

```
class Base{
private:
    int iPrivate = 0;
protected:
    void protectedMethod(){}
public:
    float fPublic = 2.2;
};

class DerivedA:public Base {
};

class DerivedB:protected Base{
};

class DerivedC:private Base{
};
```

在上述代码中，基类 Base 有：私有成员 iPrivate、保护成员 protectedMethod( ) 以及公有成员 fPublic。DerivedA、DerivedB 以及 DerivedC 类分别以不同的方式继承了基类 Base。图 15-4 解释了三种不同继承方式所带来的不同结果。

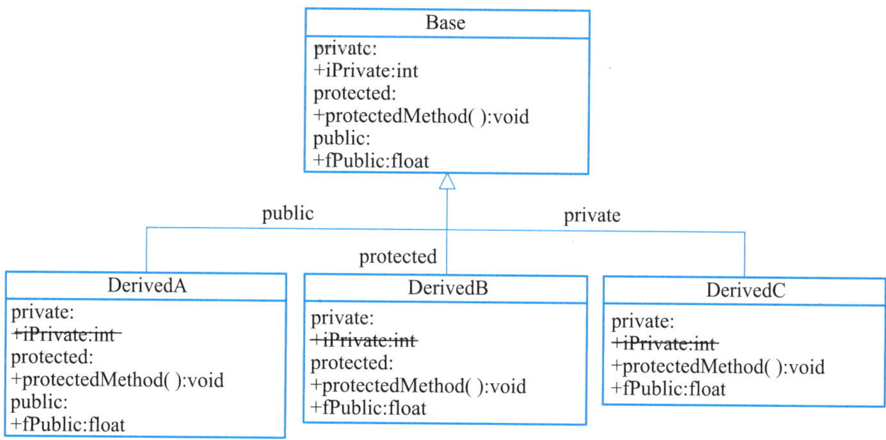

图 15-4　继承方式

如图 15-4 所示，DerivedA、DerivedB 以及 DerivedC 中，源自基类 Base 的私有成员 iPrivate 被画上了删除线，意为该成员存在于派生类对象的内存中，但即便在派生类内部，也无法直接访问该成员。

```
1  DerivedA a;
2  Base * b0 = &a;              //公有继承允许隐式向上类型转换
3  DerivedB b;
4  Base * b1 = (Base * )&b;     //保护继承不允许隐式向上类型转换
5  DerivedC c;
6  Base * b2 = (Base * )&c;     //私有继承不允许隐式向上类型转换
```

此外,不同的继承方式还会导致与向上类型转换有关的差异。在上述代码中,第 2 行将 a 的地址隐式向上类型转换为 Base * ,是可以的,公有继承允许隐式向上类型转换。但在第 4 行和第 6 行中,这种类型转换必须显式地进行。

*15.5 多重继承

一个类型可以有多个父类,这种情况,称为多重继承。请看如图 15-5 所示的类图。

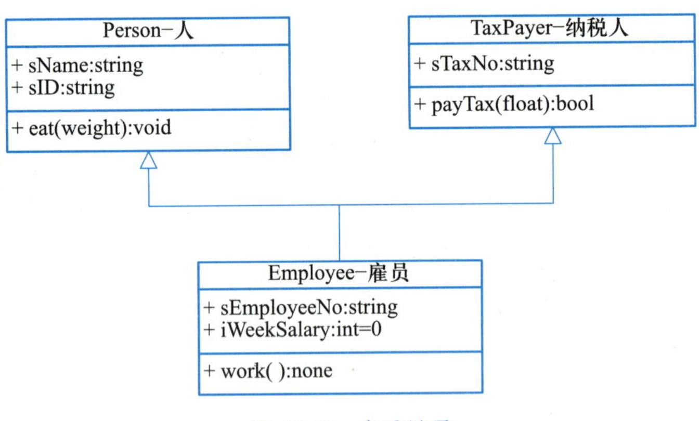

图 15-5 多重继承

类图 15-5 描述了一个雇员,既是“人”类,也是“纳税人”类的情况。读者不必对这个结构感到困惑,因为广义的纳税人包括那些不是自然人的机构,比如一个有限责任公司。为简明起见,作者对这些类的属性和方法进行了简化。

反映上述多重继承结构的 C++示例程序如下:

```
//Project - MultiInheritence
#include <iostream>
using namespace std;

class Person{
public:
    string sName;
```

```
    string sID;
    void eat(int weight){
        cout << "Person::eat(): " << weight << " grams of food.\n";
    }

    Person(const string& id, const string& name){
        sID = id;
        sName = name;
        cout << "Person::Person()" << endl;
    }
};

class TaxPayer{
public:
    string sTaxNo;
    bool payTax(float fAmount){
        cout << "TaxPayer::payTax(): " << fAmount << endl;
        return true;
    }
    TaxPayer(){
        cout << "TaxPayer::TaxPayer()" << endl;
    }
};

class Employee: public Person, public TaxPayer {
public:
    string sEmployeeNo;
    int iWeekSalary = 0;
    void work(){
        cout << "Employee::work()" << endl;
    }
    Employee(const string& id, const string& name, const string& emplNo)
        :Person(id,name), sEmployeeNo(emplNo){  //构造函数初始化列表
        cout << "Employee::Employee()" << endl;
    }
};

int main(){
    cout << "------------------construct---------------------\n";
    Employee dora("3604020001","Dora Henry", "10000");

    cout << "------------------memory map--------------------\n";
    printf("sizeof(Employee) = sizeof(Person) + sizeof(TaxPayer)\n"
           "+ sizeof(string) + sizeof(int)\n"
```

```
            "= %lld + %lld + %lld + %lld\n= %lld\n",
            sizeof(Person),sizeof(TaxPayer),sizeof(string),
            sizeof(int),sizeof(Employee));
    Person* p = &dora;
    TaxPayer* t = &dora;
    printf("&dora = %p, &(Person Object) = %p\n"
           "&(TaxPayer Object) = %p, &dora.sEmployeeNo = %p\n"
           "&dora.iWeekSalary = %p\n",
           &dora,p,t,&dora.sEmployeeNo,&dora.iWeekSalary);

    cout << "------------------eat----------------------------\n";
    dora.eat(320);
    cout << "------------------work---------------------------\n";
    dora.work();
    cout << "------------------payTax-------------------------\n";
    dora.payTax(1000.00);

    return 0;
}
```

上述程序的执行结果为：

```
------------------construct----------------------
Person::Person()
TaxPayer::TaxPayer()
Employee::Employee()
------------------memory map---------------------
sizeof(Employee) = sizeof(Person) + sizeof(TaxPayer)
+ sizeof(string) + sizeof(int)
= 64 + 32 + 32 + 4
= 136
&dora = 000000000062fce0, &(Person Object) = 000000000062fce0
&(TaxPayer Object) = 000000000062fd20, &dora.sEmployeeNo = 000000000062fd40
&dora.iWeekSalary = 000000000062fd60
------------------eat----------------------------
Person::eat(): 320 grams of food.
------------------work---------------------------
Employee::work()
------------------payTax-------------------------
TaxPayer::payTax(): 1000
```

说明：在读者的计算机上，执行结果中的地址很可能与本书不同；执行结果中的对象大小可能与本书不同。

上述程序创建了一个 Employee 类型的对象 dora，借助上述执行结果，可以画出 dora 对象的内存结构，如图 15-6 所示。

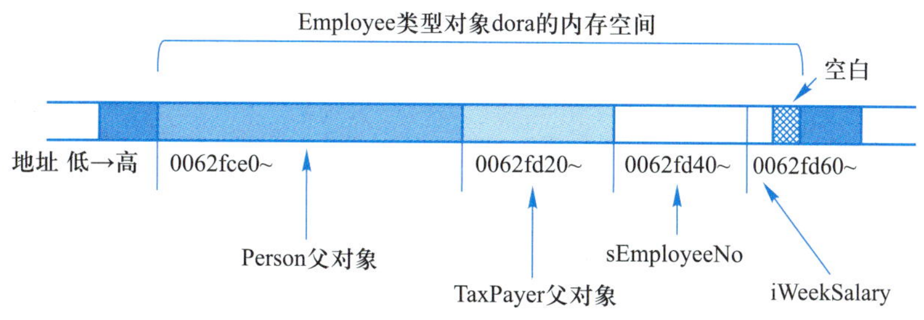

图 15-6　多重继承下的子对象内存结构

在本例中，dora 对象有两个类型分别为 Person 和 TaxPayer 的父对象。如图 15-6 所示，在作者的计算机上，dora 对象占据了起始于 0x0062fce0 的连续 136 个字节的内存空间。其中，Person 父对象及 TaxPayer 父对象位于最前端，成员对象 sEmployeeNo 及 iWeekSalary 排在后面。出于"数据对齐"的原因，作者的编译器还在末尾留出了 4 字节的空白区域。

- 第 46～47 行：定义并构造 dora 对象。执行结果的第 1～4 行中，可见因 dora 的构造而导致的 Person 父对象、TaxPayer 父对象的构造的输出。
- 第 55 行：&dora 的类型为 Employee *，p 的类型为 Person *，此处的赋值隐含了向上类型转换。由于 Person 父对象排在 dora 对象的最开头，因此 p 的地址与 dora 的地址完全相同，见执行结果第 10 行（0x0062fce0）。
- 第 56 行：dora 是 Employee 类型，也是 TaxPayer 类型，因此此处的向上类型转换是合法的。回顾图 15-6 可以发现，dora 对象内部的 TaxPayer 父对象并不是位于 dora 对象的最开头，因此，上述赋值并不是简单地把 &dora 的值"传递"给 t，**智慧的编译器自动给 &dora 加上了一个偏移量，再赋值给 t，使得 t 指向 dora 对象内部的 TaxPayer 父对象**。由执行结果的第 11 行可见，t 值为 0x0062fd20，而 dora 的地址为 0x0062fce0。

由于 Employee 对象的内存布局是由编译器安排的，所以编译器非常清楚 TaxPayer 父对象在 Employee 对象内的位置及其相对于对象起始位置的偏移量。

同样，如果把 Employee 类型的 dora 赋值给一个 TaxPayer 类型的对象，也会发生**对象切片**，仅对象内的 TaxPayer 父对象部分会被复制。

- 第 63 行：dora 的 eat()方法继承自 Person 类型，编译器会把 Person 父对象的地址作为 this 指针传入。
- 第 65 行：dora 的 work()方法来自 Employee 类型，编译器会把 dora 的地址作为 this 指针传入。
- 第 67 行：dora 的 payTax()方法来自 TaxPayer 类型，编译器会把 TaxPayer 父对象的地址作为 this 指针传入。同样的，TaxPayer 父对象的地址由 dora 的地址再加上偏移量获得，编译器会主动处理好这些细节。

15

第 16 章　对象复制

镜子里显现出来的永远只是真实的影像，而不是真实的自己。

——《名侦探柯南》

学习目标

知识目标

1. 理解对象复制行为的发生时机及工作机制。
2. 掌握复制构造函数的定义及使用方法。
3. 掌握私有复制构造函数禁止对象复制的方法。

能力目标

1. 在程序中通过复制构造函数定制对象的复制行为。
2. 借助于复制构造函数完成对象的深复制。

思维导图

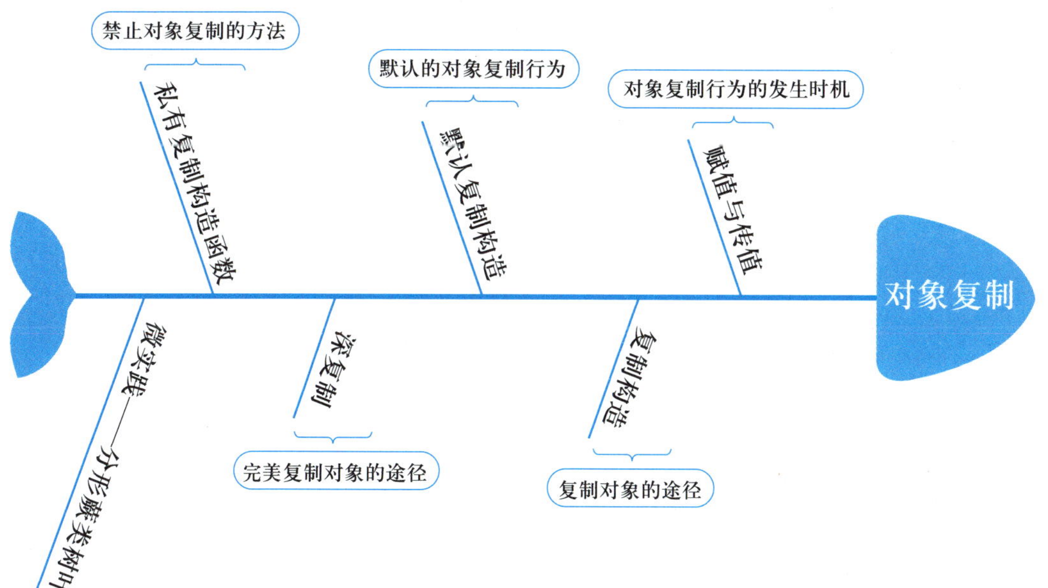

```
1  int a = 3;
2  int b = a;
```

根据语义，上述第 2 行是把 a 对象的内容复制到 b 对象。当对象的类型是原生数据类型(primitive data type)时，只要把 a 对象的内存内容按比特原封不动地复制到 b 对象的内存即可。当对象是自定义的复合类型时，问题则要复杂得多。

16.1　赋值与传值

通过下述 C++程序来研究当复合类型对象被赋值或者**传值(pass by value)**时的复制行为。

```
//Project - Copy
#include <iostream>
using namespace std;

class Circle{
public:
    int x = 0;
    int y = 0;
    float fRadius = 3.2F;
    Circle() {
        cout << "Circle::Circle()" << endl;
    }

    ~Circle() {
        cout << "Circle::~Circle()" << endl;
    }
};

void drawCircle(Circle x){
    printf("drawCircle: (%d,%d), r = %f\n", x.x,x.y,x.fRadius);
}

int main() {
    Circle c1;
    Circle c2(c1);
    Circle c3 = c1;

    cout << "-----------------------------------------------\n";
```

```
29      drawCircle(c1);
30      cout << "--------------------------------------------------\n";
31
32      return 0;
33  }
```

上述程序的执行结果为：

```
1  Circle::Circle()
2  ------------------------------------------------
3  drawCircle: (0,0), r = 3.200000
4  Circle::~Circle()
5  ------------------------------------------------
6  Circle::~Circle()
7  Circle::~Circle()
8  Circle::~Circle()
```

上述程序中，总共创建了 4 个 Circle 类型的对象，分别是：c1、c2、c3 以及 drawCircle( ) 的形参对象 x。在执行结果中，观察到 4 次析构函数的执行，却只观察到构造函数的 1 次执行。这不符合一直强调的对象的创建必然经过构造初始化的理论。

- 第 24 行：定义并构建 Circle 类型对象 c1。按照常规，c1 的内存被分配在栈里，然后编译器调用 Circle 构造函数来初始化 c1。对应执行结果的第 1 行。
- 第 25 行：定义并构建 Circle 类型的对象 c2，与第 24 行不同，这行代码要求 c2 对象的内容从 c1 对象复制。“**聪明**”的编译器通过下述步骤达成目标。

  ① 为 c2 对象分配 sizeof(Circle) 的内存空间；

  ② 执行 Circle 的**复制构造函数(copy constructor)**，以 c2 的地址为 this 指针，以 c1 的引用作为参数。

复制构造函数是一种特殊的构造函数，它通过从其他对象复制数据的方法来初始化对象。本例中，c2 对象的构造函数并没有执行，c2 事实上是通过复制构造函数来完成初始化的。所以本行代码没有在执行结果中产生输出。复制构造函数将在下一节中详细讨论。

- 第 26 行：同理，先构造 c3，再从 c1 复制内容是不必要且愚蠢的。编译器仍然选择在 c3 的内存分配好后，通过执行 c3 的复制构造函数来复制并初始化 c3。本行代码在执行结果中没有产生输出。
- 第 29 行：以 c1 为实参，调用 drawCircle( ) 函数。
- 第 19～21 行：如代码所示，实参 c1 到形参 x 需要**传值(pass by value)**，在分配好形参 x 的栈内存后，x 的复制构造函数将被执行，以 c1 的引用作为参数。第 20 行的 printf( ) 输出见执行结果的第 3 行。由输出结果可见，从 c1 到 x 的复制构造是成功的，x 的值与 c1 完全相同。到了 drawCircle( ) 函数的末尾，局部变量 x 超出作用域，其析构函数被编译器自动调用，析构的输出见执行结果的第 4 行。

上述程序执行到 main( ) 函数的结尾，c1、c2 及 c3 被析构，析构的输出对应执行结果的第 6~8 行。综上所述，程序所创建的 4 个 Circle 对象，只有 c1 是被正常构造的，其余 c2、c3 以及 x 都是通过复制构造函数构造的，所以执行结果中只可见 1 次构造，却存在 4 次析构。

16.2 复制构造

构造函数用于初始化一个从无到有的新对象，复制构造函数则用于从一个已有的同类型对象"克隆"初始化一个新对象。下述代码的 3~5 行展示了复制构造函数的一般形式：

```
1  class ClassName {
2  public:
3      ClassName(const ClassName& r) {
4          //复制构造函数的代码
5      }
6  };
```

同构造函数一样，复制构造函数的函数名与类名相同，且没有返回值。同构造函数不一样，复制构造函数有一个形参，其类型通常为该类的常量型引用，这个引用代表了被复制的对象。

接下来给前节中的 Circle 类型添加复制构造函数，来观察复制构造的执行过程。C++程序如下：

```
//Project - CircleCopy
#include <iostream>
using namespace std;

class Circle{
public:
    int x = 0;
    int y = 0;
    float fRadius = 3.2F;
    Circle() {
        cout << "Circle::Circle()" << endl;
    }

    Circle(const Circle& r):x(r.x),y(r.y){   //复制构造函数
        fRadius = r.fRadius;
        cout << "Circle::Circle(const Circle&)" << endl;
    }

    ~Circle() {
```

```
20            cout << "Circle::~Circle()" << endl;
21        }
22    };
23
24    void drawCircle(Circle x){
25        printf("drawCircle: (%d,%d), r = %f\n", x.x,x.y,x.fRadius);
26    }
27
28    int main() {
29        Circle c1;
30        Circle c2 = c1;
31
32        cout << "--------------------------------------------------\n";
33        c1.fRadius = 999.01F;
34        drawCircle(c1);
35        cout << "--------------------------------------------------\n";
36
37        return 0;
38    }
```

上述程序的执行结果为：

```
1    Circle::Circle()
2    Circle::Circle(const Circle&)
3    --------------------------------------------------
4    Circle::Circle(const Circle&)
5    drawCircle: (0,0), r = 999.010010
6    Circle::~Circle()
7    --------------------------------------------------
8    Circle::~Circle()
9    Circle::~Circle()
```

▶ 第 14~17 行：为 Circle 类型定义了复制构造函数。

复制构造函数的任务是：从形参 r 复制其全部数据成员至本对象的对应成员。本例中，作者故意通过构造函数初始化列表来复制对象的 x 及 y 成员，以便提醒读者：复制构造函数也有构造函数初始化列表，对象的父对象如果有形参，可以在构造函数初始化列表中提供实参。

▶ 第 29 行：c1 通过构造函数初始化，对应执行结果的第 1 行。

▶ 第 30 行：c2 通过复制构造函数初始化，其形参 r 即为 c1 的引用。相关输出对应执行结果的第 2 行。

▶ 第 33~34 行：传值调用 drawCircle( ) 函数。如前所述，drawCircle( ) 的形参对象 x 通过复制构造函数从 c1 复制内容。x 的复制构造对应执行结果的第 4 行。从执行结果的第 5

行可见,自定义的复制构造函数成功复制了 c1 的内容(r=999.01)。在 drawCircle()函数的末尾,x 被析构,对应执行结果的第 6 行。

上述事实提醒我们,**对于非原生数据类型,在传参时应尽量传递常量型引用,而不是传值**。因为传值本身会带来至少两次额外的函数调用:复制构造以及析构。当对象本身较大,例如其中包含一幅图像时,传值的代价非常高。

上述程序执行到 main()函数的结尾,c1、c2 被析构,析构的输出对应执行结果的第 8~9 行。

16.3 默认复制构造函数

在 16.1 节中,并没有为 Circle 类型定义复制构造函数,但从程序执行结果看,对象仍然获得了正确的复制。当自定义类型没有定义复制构造函数时,编译器会为其生成一个默认的复制构造函数,该复制构造函数会:**逐一通过复制构造来复制对象的全部成员对象及父对象;当成员对象是原生数据类型时,则按比特复制**。

通过下述 C++程序来观察默认复制构造函数的行为。

```
//Project - DefaultCopyConstructor
#include <iostream>
using namespace std;

class Point {           //点类
public:
    int x = 0;
    int y = 0;
    Point(const Point& r){
        x = r.x;  y = r.y;
        printf("Point::Point(const Point&) - (%d,%d)\n",x,y);
    }

    Point(){}           //显式定义构造函数
};

class Rectangle {       //矩形类
public:
    Point ptTL;         //左上角坐标点
    Point ptBR;         //右下角坐标点
};

int main(){
    Rectangle r1;
    r1.ptTL.x = r1.ptTL.y = 100;
```

```
26      r1.ptBR.x = r1.ptBR.y = 900;
27
28      Rectangle r2 = r1;
29      return 0;
30  }
```

上述程序的执行结果为：

```
Point::Point(const Point&) - (100,100)
Point::Point(const Point&) - (900,900)
```

上述代码中，描述了一个矩形类 Rectangle，该类包含两个 Point 类型的成员对象 ptTL 以及 ptBR，分别代表矩形的左上（**T**op **L**eft）角及右下（**B**ottom **R**ight）角坐标。

没有为 Rectangle 类型定义复制构造函数，当 Rectangle 对象被复制构造时，默认复制构造函数将被执行。为 Point 类型自定义了复制构造函数，以便于观察当 Rectangle 对象被复制构造时，其成员对象的复制行为。

- 第 14 行：**复制构造函数实质上是构造函数的函数名重载**。当 Point 类存在自定义复制构造函数时，编译器认为 Point 类已具备自定义的构造函数，其不会为 Point 生成默认构造函数。与此同时，Rectangle 的默认构造函数需要借助 Point 的构造函数来初始化 ptTL 及 ptBR。为了保证程序的正确编译，不得不为 Point 手工定义一个零参数的公有构造函数。
- 第 24 行：通过默认构造函数构建对象 r1。
- 第 28 行：通过 Rectangle 的默认复制构造函数从 r1 复制构造 r2。在执行结果中，可以看到：r2 的两个成员对象 ptTL 和 ptBR 的复制构造函数被依次执行。

考虑下述代码：

```
1  Rectangle r1;
2  Rectangle r2;
3  r2 = r1;
```

在第 3 行执行之前的第 2 行，r2 已经被构造。在第 3 行，编译器不可能对一个已经存在且初始化完毕的对象 r2 再次执行复制构造函数，从 r1 到 r2 的赋值就是普通的对成员对象的逐一赋值。在后续的“操作符重载”章节，将深入讨论这种赋值行为。

16.4　深　复　制

编译器为类型生成的默认复制构造函数大多数时候符合需要。但是，当对象内部存在动态成员对象时，默认的复制构造函数则十分危险。

如前所述，C++标准模板库中的 string 对象仅有 32 字节大小（其他编译器下可能是其他值),其包含的字符串事实上存储在动态申请的堆空间内,string 对象内部包含一个指针指向申请的堆空间。这种结构使得 string 类型的对象可以“容纳”近乎无限大的字符串。

下述 C++程序中,自定义了 UserString 类型来存储字符串,其结构模仿 string 类型。

警告

UserString 程序的执行可能会异常中止!读者如果无法得到与本书类似的执行结果,请删除代码的第 30、31 行。

```
1  //Project - UserString
2  #include <iostream>
3  #include <string.h>
4  using namespace std;
5
6  class UserString {
7  private:
8      char* buffer = nullptr;          //缓冲区指针
9      unsigned long long size = 0;     //缓冲区大小
10
11 public:
12     void assign(const char* s){
13         unsigned long long sizeNeeded = strlen(s) + 1;
14         if (size >= sizeNeeded)   //缓冲区够用,直接复制
15             strcpy(buffer,s);
16         else {
17             if (buffer!=nullptr)  //缓冲区不够用,重新申请后再复制
18                 free(buffer);
19             size = sizeNeeded;
20             buffer = (char*)calloc(size,1);
21             strcpy(buffer,s);
22         }
23     }
24
25     const char* content(){
26         return buffer;                //返回字符数组的地址
27     }
28
29     ~UserString(){
30         if (buffer!=nullptr)
31             free(buffer);             //释放缓冲区,危险
32     }
33 };
34
35 int main() {
36     UserString s1;
```

```
37      s1.assign("New coronavirus believed to be derived from bats.");
38
39      UserString s2 = s1;             //默认复制构造
40      s2.assign("Human beings will win!");
41
42      cout << "s1 = " << s1.content() << endl;
43      cout << "s2 = " << s2.content() << endl;
44      return 0;
45  }
```

上述程序的执行结果为：

```
s1 = Human beings will win!
s2 = Human beings will win!
```

下面先解释 UserString 类型的实现。

- 第 6~9 行：私有指针 buffer 指向申请的堆空间，该空间称为缓冲区，用于存储实际的字符串。该指针为空时，表示对象尚未申请堆空间。**在物理上，存储实际字符串的缓冲区不在对象内部，但逻辑上，应认为缓冲区是对象的构成部分**。私有无符号长整数 size 表示“拥有”的堆空间的字节数，默认值为 0。
- 第 11~23 行：assign( ) 成员函数负责把参数字符串赋值给对象。
- 第 13 行：通过求参数字符串的长度再加 1 得到需要的存储空间字节数 sizeNeeded。
- 第 14~22 行：如果当前对象拥有的缓冲区尺寸大于等于 sizeNeeded，直接复制参数字符串至缓冲区。否则，释放已有的缓冲区，重新申请后再行复制。
- 第 25~27 行：content( ) 成员函数用于获取私有的缓冲区地址。程序的 42~43 行利用该函数所返回的缓冲区地址来打印字符串。
- 第 29~32 行：析构函数进行对象清理，如果发现存在缓冲区，进行释放。在本例中，这种释放行为可能会导致程序崩溃，原因稍后解释。

接下来解释 main( ) 函数。

- 第 36~37 行：定义并构建 UserString 类型的对象 s1。执行 s1 的 assign( ) 成员函数，将参数字符串赋值给 s1。
- 第 39 行：UserString 没有定义复制构造函数，本行执行 UserString 的默认复制构造函数完成从 s1 到 s2 的复制。按照期望，完成复制以后，s2 应满足如下要求：
    - 内容与 s1 相同；
    - 与 s1 相互独立，互不相关。

图 16-1 展示了作者期望的复制结果：物理上不属于逻辑上属于 s1 的缓冲区部分也被完整复制，复制构造完成后，s1 和 s2 相互独立。

但事实上，默认的复制构造函数的行为是逐一就对象的每个成员对象（包括父对象）进行复制构造。其中，char * 类型的 buffer 就是一个地址，该地址被直接从 s1 复制到 s2。

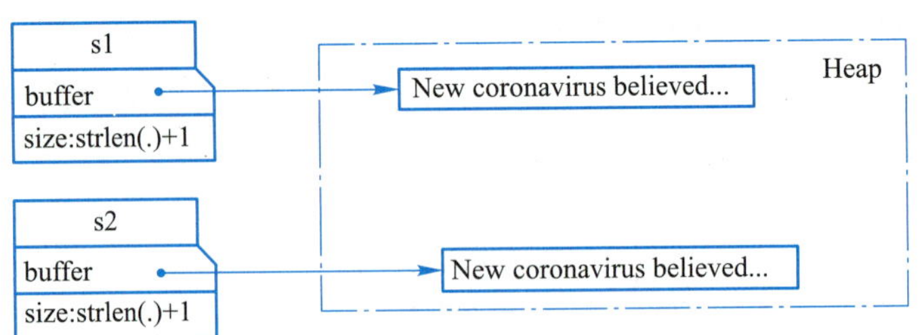

图 16-1 期望的复制构造结果

图 16-2 展示了事实上的复制构造结果:s1 和 s2 的 buffer 指针指向同一块堆内存,两者并不独立。

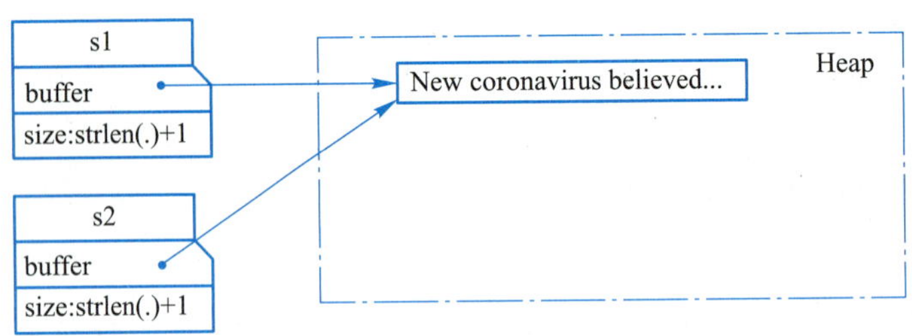

图 16-2 事实上的复制构造结果

- 第 40 行:执行 s2 的 assign( )函数将参数字符串赋值给 s2。由于新字符串的长度比 s2. buffer 指向的内存块要小,因此,assign( )函数直接把参数字符串复制到 s2. buffer 指向的内存块。请注意,由于 s1. buffer 等于 s2. buffer,所以上述函数执行后,从 s1 的角度看,它的缓冲区也被修改了。
- 第 42~43 行:输出 s1 和 s2 所包含的“字符串”。执行结果的证实,s2 的 assign( )同时导致了 s1 的被修改。这不是我们期望的。

程序更大的危险来自 s1 和 s2 的析构。按照顺序,s2 先被析构,其析构函数将会释放 s2. buffer。接下来,s1 被析构,由于 s1 的 buffer 指针与 s2 相同且不为空,s1 的析构函数将释放 s1. buffer,这意味着,**先后两次释放同一块堆内存,这很可能导致程序崩溃**。

这种由默认复制构造函数所主导的对象复制称为**浅复制(shallow copy)**,对于那些包含动态成员对象的对象,**深复制(deep copy)**是必要的。深复制的基本方法,就是自定义复制构造函数,将对象的动态部分也进行复制。

下面是修改过后的正确程序:

```
//Project - DeepCopy
...
class UserString {
private:
    char * buffer = nullptr;          //缓冲区指针
    unsigned long long size = 0;      //缓冲区大小

```

```
8  public:
9      void assign(const char* s){ ... }
10     const char* content(){ ... }
11     ~UserString(){ ... }
12
13     UserString(const UserString& r){
14         size = r.size;
15         if (size>0 && r.buffer!=nullptr){
16             buffer = (char*)calloc(size,1);
17             strcpy(buffer,r.buffer);
18         }
19     }
20
21     //自定义复制构造函数导致编译器放弃为类型准备公有的默认构造函数
22     UserString(){}                  //不可或缺
23 };
24
25 int main() {
26     UserString s1;
27     s1.assign("New coronavirus believed to be derived from bats.");
28
29     UserString s2 = s1;             //默认复制构造
30     s2.assign("Human beings will win!");
31
32     cout << "s1 = " << s1.content() << endl;
33     cout << "s2 = " << s2.content() << endl;
34     return 0;
35 }
```


上述程序的执行结果为：

```
s1 = New coronavirus believed to be derived from bats.
s2 = Human beings will win!
```

▶ 第 13～19 行：自定义的复制构造函数并没有直接从被复制对象复制 buffer 指针，而是新申请了一块同等大小的内存，并从被复制对象复制了字符串内容。

s1 到 s2 的复制构造完成后，两者完全独立，对 s2 的修改不再影响 s1，由执行结果可见：两个对象包含着不一样的字符串。当两个对象各自析构时，也是安全的，因为各自释放各自的 buffer，互不相干。

警告

UserString 类型的深复制做得并不完美，还缺少一个自定义 operator=操作符成员函数。相关内容见 17.4 节。

16.5 私有复制构造函数

读者可能会问：何时应该给自定义类型设计复制构造函数？

如果类型不包含动态成员对象，直接使用默认的复制构造函数是安全的。如果包含动态成员对象，则最好为其设计复制构造函数。当然，也可以不设计，前提是将复制构造函数私有化，以避免对象的传值及其他复制构造行为。C++示例程序如下。

```
1  //Project - PrivateCopyConstructor
2  #include <iostream>
3  using namespace std;
4  
5  class UserString{
6  public:
7      //...
8      UserString(){}
9  private:
10     UserString(const UserString& r){}
11 };
12 
13 void output(const UserString& s){
14     //...
15     return;
16 }
17 
18 int main(){
19     UserString s1;
20     //UserString s2 = s1;//错误:不可以调用私有的复制构造函数
21     UserString& s2 = s1;
22 
23     output(s1);          //传引用,不导致复制构造
24     return 0;
25 }
```

▶ 第 10 行：设计了一个函数体为空的私有复制构造函数。因其私有不可能被调用，函数体为空是合理的。

- 第 20 行:这种行为将导致 s2 的复制构造函数被执行,但私有的复制构造函数不可调用,编译器会拒绝。
- 第 21 行:对 s1 进行引用是合法的。
- 第 23 行:如果传值给 output(),将导致非法的复制构造,但传引用是允许的。

微实践——分形蕨类树叶

微实践:分形蕨类树叶

借助 4 个线性方程组,"凭空"生成一片分形的蕨类植物树叶,感受数学之美。

第 17 章　操作符重载

千举万变，其道一也。

——《荀子·儒效》

学习目标

知识目标

1. 掌握操作符重载函数的定义及使用方法。
2. 了解智能指针的使用方法。
3. 了解智能指针的工作原理。

能力目标

1. 在程序中应用自定义操作符重载函数为类提供更简洁易用的接口。
2. 灵活应用智能指针简化动态内存管理。

素质目标

从操作符的函数实质，体会“千举万变，其道一也”。

思维导图

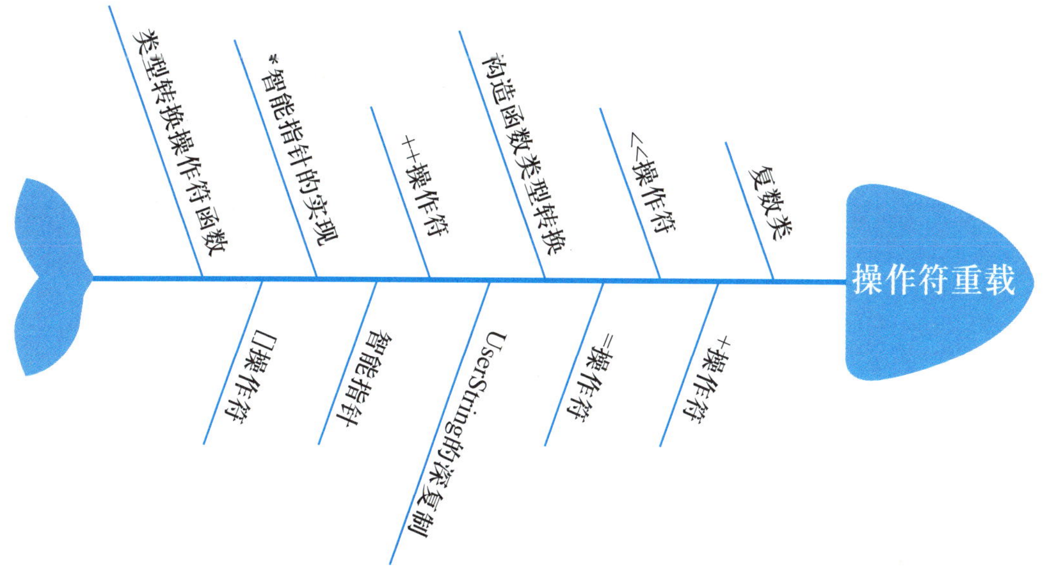

终于到了解开 cout << "Hello World"之谜的时间。请阅读下述 C++程序:

```
1  //Project - COUT
2  #include <iostream>
3  using namespace std;
4  
5  int main() {
6      cout << "pi = " << 3.14159 << endl;
7      operator<<(cout,"pi = ").operator<<(3.14159).operator<<(endl);
8      return 0;
9  }
```

上述程序的执行结果为:

```
pi = 3.14159
pi = 3.14159
```

程序的第 6 行与第 7 行完全等价。相关代码的执行过程如下:

- cout << "pi = "的实质是执行了一个名为 operator<<( )的函数,其中,第 1 个参数是 cout 对象,第 2 个参数是"pi = "。这个函数把第 2 个参数的字符串输出到第 1 个参数所代表的控制台中。同时,该函数返回了 cout 的引用作为函数执行的结果。
- ... << 3.141519 则以前述函数调用所返回的 cout 引用作为基础,执行其成员函数 operator<<( )。该成员函数存在多个函数名重载的版本,其中一个版本接受一个 double 作为参数,并将 double 的值输出到 cout。同样的,本次函数调用也返回了 cout 的引用作为结果。
- 类似的,... << endl 同样对应 cout. operator<<( )函数的一次执行,该成员函数的一个重载版本接受 endl 作为参数,并向 cout 所代表的控制台输出一个换行符。

<<操作符在 C 语言里用作左移位操作,C++的标准模板库通过定义与该操作符"同名"的函数,扩展了该操作符的功能:向 cout 输出对象内容。

要点

通过定义操作符函数来扩展操作符功能的方法,称为操作符重载(operator overloading)。

17.1 复 数 类

为讲解方便,设计了如下的复数类型。该复数类型包含两个成员对象:dReal(实部)及 dImage(虚部)。在数学上,复数的加法就是实部加实部,虚部加虚部。在 C++里,作为代码"介绍"给编译器的新类型,编译器并不知道如何把两个复数相加。

```
1  //Project - ComplexClass
2  #include <iostream>
3  using namespace std;
4
5  class Complex {
6  public:
7      double dReal;
8      double dImage;
9
10     Complex(double real, double image){
11         dReal = real; dImage = image;
12     }
13
14     Complex add(const Complex& r){
15         return Complex(dReal+r.dReal,dImage+r.dImage);
16     }
17 };
18
19 int main() {
20     Complex a(1,3);
21     Complex b(2,4);
22
23     Complex c = a.add(b);
24     printf("a + b = %.2f + %.2fi \n", c.dReal,c.dImage);
25     return 0;
26 }
```

上述程序的执行结果为:

```
a + b = 3.00 + 7.00i
```


为了解决复数间加法运算的问题,上述代码为 Complex 类型设计了一个 add() 成员函数,a.add(b)将复数 a 与 b 相加,返回一个结果复数。

- 第 14~16 行:成员函数 add()。第 15 行生成的 Complex 对象是一个临时对象,在函数调用完成后,该临时对象会被销毁。所以 add()函数选择通过传值来返回执行结果,其返回类型为 Complex,而不是 Complex 的引用。

警告

永远不要返回函数内局部变量或者临时对象的地址或者引用。

17.2 +操作符

复数类的使用者更喜欢使用下述格式来进行复数的加法运算：

```
c = a + b;
```

这可以通过重载+号操作符来实现，即为 Complex 类定义一个名为 operator+的函数，相关代码如下。

```
1  //Project - ComplexAdd
2  #include <iostream>
3  using namespace std;
4  
5  class Complex {
6  public:
7      ...
8      Complex operator+(const Complex& r) const{
9          cout << "Complex::operator+()" << endl;
10         return Complex(dReal+r.dReal,dImage+r.dImage);
11     }
12 };
13 
14 int main() {
15     Complex a(1,3);
16     Complex b(2,4);
17 
18     Complex c = a + b;
19     printf("a + b = %.2f + %.2fi\n", c.dReal, c.dImage);
20     return 0;
21 }
```

上述程序的执行结果为：

```
Complex::operator+()
a + b = 3.00 + 7.00i
```

► 第 8~11 行：为 Complex 类型定义名为 operator+的重载操作符函数。

+号操作符是所谓的二元操作符，其典型语法格式为 a+b，它应该有两个操作数。作为成员函数的 operator+()的执行，必然是以某个对象为基础的，被执行该函数的对象，被视为左操作数，即典型语法中的 a。所以，operator+()的形参只要定义右操作符即可，考虑到在加法运算过程中,右操作符不应该被修改,所以形参的类型被定义为 const Complex&。同样的,该函数的执行预期也不应该修改对象本身(左操作符),故将其定义成常量型成员函数。

- 第 9 行:向控制台输出一行文字,提示函数的执行。
- 第 10 行:将对象(左操作数)的实部与形参 r(右操作数)的实部相加,得结果复数的实部;将对象的虚部与形参 r 的虚部相加,得结果复数的虚部。然后再构造一个临时的 Complex 对象并返回。
- 第 18 行:a+b 被编译器解释为 a. operator+(b),即把 a 当成左操作数,执行 a 的 operator+( ) 成员函数,以 b 的引用为参数。该函数的返回值通过复制构造复制到 c。

执行结果证实,a 的 operator+( ) 成员函数被成功执行,结果正确。

重载的操作符函数既可以设计为类的成员函数,也可以设计为全局函数。全局的重载操作符函数请见下述 C++示例。

```
1   //Project - GlobalOperatorPlus
2   #include <iostream>
3   using namespace std;
4
5   class Complex { ... };
6
7   Complex operator+(const Complex& op1, const Complex& op2){
8       cout << "operator+(const Complex&, const Complex&)" << endl;
9       return Complex(op1.dReal+op2.dReal,op1.dImage+op2.dImage);
10  }
11
12  int main() {
13      Complex a(1,3);
14      Complex b(2,4);
15
16      Complex c = a + b;
17      printf("a + b = %.2f + %.2fi\n", c.dReal, c.dImage);
18      return 0;
19  }
```

上述程序的执行结果为:

```
operator+(const Complex&, const Complex&)
a + b = 3.00 + 7.00i
```

- 第 7~10 行:定义了一个名为 operator+的全局函数,该函数接受两个 const Complex& 作为参数。在函数体内,将两个参数相加,并返回结果复数。
- 第 16 行:a+b 被编译器解释为 operator+(a,b),该函数的执行结果被复制构造给 c。

执行结果佐证了 operator+(a,b)的执行以及结果的正确。

读者可能会问:如果前述例子中作为成员函数的 operator+()与作为全局函数的 operator+()同时存在,编译器会选择哪一个呢? 作者的建议是,不必关心。一个优秀程序员需要关心的是在程序编写过程中避免这种歧义状况的发生。

要点

同加法操作符类似,减法、乘法、除法也是二元操作符,其重载方法与 operator+类似,它们对应的操作符重载函数名分别是 operator-、operator * 以及 operator/。+=、-=、/=、* =也是二元操作符,重载方法大体相同,它们对应的操作符重载函数名分别为 operator+=、operator-=、operator/=、operator * =。

练习巩固

习题讲解 17-1:大泡泡吃小泡泡

17-1 (大泡泡吃小泡泡)在一个平面游戏里,当一个大泡泡与一个小泡泡相遇时,会合并成一个更大的泡泡。新泡泡的圆心为两个泡泡的圆心的中点,新泡泡的面积为两个泡泡的面积之和。大泡泡吃小泡泡示意图如图 17-1 所示。请在下述代码中添加自定义+操作符函数,使其具备要求的功能;请编写测试代码进行验证。

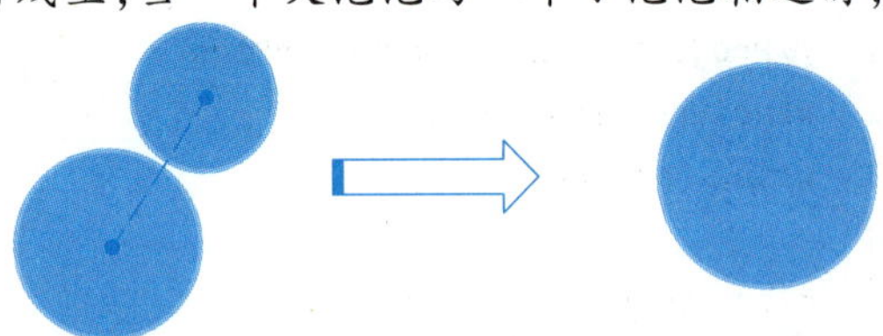

图 17-1 大泡泡吃小泡泡示意图

```
class Bubble {
public:
    double x, y;  //圆心
    double r;  //半径
    Bubble(double _x, int _y, float _r):x(_x),y(_y),r(_r){ }
};

int main(){
    auto a = Bubble(100.0,200.0,15.3);
    auto b = Bubble(300.0,150.0,22.1);
    auto c = a + b;
    //... 此处添加合适的代码验证新泡泡 c 的值
    return 0;
}
```

习题讲解 17-2:N 天以后

17-2 (N 天以后)改造练习 13-1 中的 Date 类,使其可以与一个整数 n 相加或相减,得到该日期 N 天后/前的日期。相关接口请参考下述代码。

```
Date d(2022,12,12);
Date d1 = d + 34;
auto d2 = d - 1;
cout << d1.toText() << "," << d2.toText();
```

17.3　<< 操作符

```
printf("a + b = %.2f + %.2fi\n", c.dReal, c.dImage);
```

前述示例中，使用 printf( ) 函数来完成复数输出，这不够方便。现在 Complex 类型的使用者提出了新的要求，希望下述代码能将复数 c 输出至控制台：

```
Complex c;
cout << c << endl;
```

cout 对象的类型为 ostream，它是由 iostream 头文件引入的，而 iostream 是 C++标准模板库的组成部分。显然，不太可能也不应该去修改标准模板库，从而为 ostream 类型增加一个接受 Complex 对象的 operator<<成员函数。所以，选择添加一个全局函数 operator<<(ostream& o，const Complex& c)。

```
1   //Project - ComplexOutput
2   #include <iostream>
3   using namespace std;
4
5   class Complex { ... };
6
7   ostream& operator<<(ostream& o, const Complex& c){
8       o << c.dReal << " + " << c.dImage << "i";
9       return o;
10  }
11
12  int main() {
13      Complex a(1,3);
14      cout << a << endl;
15      operator<<(cout,a).operator<<(endl);
16      return 0;
17  }
```

上述程序的执行结果为：

```
1 + 3i
1 + 3i
```

▶ 第 7～10 行：除了将形参复数 c 输出到 ostream& 类型的形参 o 之外，全局操作符函数 operator<<(ostream& o，const Complex& c) 还将形参 o 作为返回值返回。

▶ 第 14 行：cout 并不存在一个接受 Complex 对象为参数的 operator<<成员函数。编译器将 cout << a 解释为 operator<<(cout, a)。该函数返回 cout 自身的引用作为返回值，以该返回值为基础，ostream 的 operator<<成员函数被执行，以 endl 为参数。

▶ 第 15 行：与第 14 行完全等价。

17.4 = 操作符

```
1  Complex a(1,3);  //构造函数被执行
2  Complex b(a);    //复制构造函数被执行
3  Complex c = a;   //复制构造函数被执行
4  c = a;           //operator=操作符函数被执行
```

上述代码的第 4 行与第 3 行有一个重大区别：在赋值操作执行前，被赋值对象已经存在了。显然，对一个已经存在的对象再次应用复制构造函数进行复制初始化是不恰当的，编译器会执行 c 对象的 operator=操作符函数，以 a 为参数。

要点

当一个对象不存在适用的自定义 operator=操作符函数时，编译器会执行默认的 operator=操作符函数。该函数：逐一通过 operator=操作符函数来复制对象的全部成员对象及父对象；当成员对象是原生数据类型时，则按比特复制。

要点

当赋值行为发生时，如果=操作符的左值对象已构造完毕（上述代码第 4 行），编译器会执行 operator=操作符函数；如果左值对象尚未构造（上述代码第 3 行），编译器会执行复制构造函数。

下述 C++程序演示了 Complex 类型的自定义 operator=成员函数：

```
//Project - ComplexAssignment
#include <iostream>
using namespace std;

class Complex {
public:
    ...
    const Complex& operator=(const Complex& r){
        cout << "Complex::operator=()" << endl;
        dReal = r.dReal;  dImage = r.dImage;
```

```
11            return *this;
12        }
13    };
14
15    int main() {
16        Complex a(1,3), b(2,3), c(1,5);
17        c = b = a;
18        c.operator=(b.operator=(a));
19        return 0;
20    }
```

上述程序的执行结果为：

```
1  Complex::operator=()
2  Complex::operator=()
3  Complex::operator=()
4  Complex::operator=()
```

- 第 8~12 行：如本书第 3 章所述，赋值操作符除了赋值外，还会返回一个对象作为赋值表达式的值，该返回对象可以作为另一个赋值操作符的右值对象。Complex 的 operator= 成员函数返回值类型被设定为 const Complex&，函数体试图返回对象自身作为返回值，但由于 this 指针的类型是 Complex *，需要加上 * 操作符以便符合返回值的类型要求。
- 第 17 行：c=b=a 的执行过程分为两步。
  - b=a 部分先被执行，其对应代码为 b. operator=(a)。按照 operator=操作符函数的代码，该次执行返回 b 自身的引用。
  - 上一步返回的引用作为右值赋值给 c 对象，其对应代码为 c. operator=(上一步返回值)。

  两次 operator=函数的输出对应执行结果的第 1~2 行。
- 第 18 行：与第 17 行完全等价，对应执行结果的第 3~4 行。

上述 operator=成员函数的返回类型也可以定义为 void，即只进行赋值操作，不返回赋值表达式的值。此时，下述代码的第 1 行合法，第 2 行非法。

```
1  b = a;          //合法，执行 b.operator=(a)
2  c = b = a;      //非法，b = a 没有返回值，c = 部分缺少右值对象
```

如果期望把一个 double 对象赋值给一个 Complex 对象，第 1 种方法是对 operator=操作符函数进行函数名重载，见下述 C++示例。

```
//Project - ComplexDouble
#include <iostream>
using namespace std;

```

```
5  class Complex {
6  public:
7  ...
8      const Complex& operator=(const Complex& r){ ... }
9
10     const Complex& operator=(const double r){
11         cout << "Complex::operator=(const double)" << endl;
12         dReal = r;   dImage = 0;
13         return *this;
14     }
15 };
16
17 int main() {
18     Complex c(1,5);
19     c = 3.14;
20     return 0;
21 }
```

上述程序的执行结果为：

```
Complex::operator=(const double)
```

可见，Complex 类有两个 operator=成员函数，其中一个接受 const Complex& 作为参数，另一个接受 const double 作为参数。

▶ 第 19 行：将 double 类型的字面量 3.14 赋值给 c，编译器选择执行 c.operator=(const double)。执行结果做出了佐证。

可以想象，如果第 19 行改为 c=3，3 是一个整数字面量，编译器会将 3 隐式类型转换成 double，再执行对应的 operator=(const double)成员函数。

练习巩固

习题讲解 17-3：万有引力

17-3 （万有引力）Particle 类型用于表示处于三维空间中的质点，包括如下成员：① 三个浮点数成员 x、y 和 z 表示质点在三维空间中的坐标；② 浮点数成员 mass 表示质点的质量；③ 接受空间坐标和质量参数的构造函数；④ 自定义 operator-()操作符函数用于计算两个质点间的万有引力，即表达式 p1-p2 调用执行 p1 的 operator-()操作符函数，计算质点 p1 和 p2 间的万有引力。

请实现该类并编写测试代码加以验证。

万有引力公式 $F=GMm/r^2$ 中，万有引力常数 $G=6.67\times10^{-11}\ \mathrm{N}\cdot\mathrm{m}^2/\mathrm{kg}^2$。

17.5　构造函数类型转换

将一个 double 类型对象赋值给一个 Complex 类型对象的第 2 种方法是为 Complex 类型定义一个参数为 double 的构造函数，请见下述 C++示例。

```
1  //Project - ConstructorTypeConversion
2  #include <iostream>
3  using namespace std;
4  
5  class Complex {
6  public:
7  ...
8      Complex(double real, double image){ ... }
9      Complex(const double r){
10         cout << "Complex::Complex(const double)" << endl;
11         dReal = r;  dImage = 0;
12     }
13 
14     const Complex& operator=(const Complex& r){ ... }
15 };
16 
17 int main() {
18     Complex c(1,5);
19     c = 3.14;
20 }
```


上述程序的执行结果为：

```
Complex::Complex(const double)
Complex::operator=(const Complex&)
```

- 第 19 行：试图把 3.14 赋值给 c，Complex 类型并不存在接受 double 对象的 oeprator=成员函数，但有一个接受 double 对象的构造函数以及一个接受 Complex 对象的 operator=成员函数。“聪明”的编译器做出了下述安排：
  - 先执行 Complex(const double)，以 3.14 为参数，构造一个临时的 Complex 对象。
  - 将临时 Complex 对象作为参数，执行 c.operator=(const Complex&)成员函数，完成赋值。
  - 临时对象析构。

执行结果反映了上述过程。因为没有为 Complex 类型自定义析构函数，所以执行结果没有反应临时对象的析构过程。

练习巩固

习题讲解 17-4：复数排序

17-4 （复数排序）对本书 17.1 节的 Complex 复数类进行改造，自定义>操作符函数，使得两个复数对象可以通过>操作符以“模”为基础进行大小比较。使用任意排序算法，基于>操作符对一个数组中的复数进行排序并依次输出。

重载>操作符函数，使一个复数可以同一个双精度浮点数进行大小比较。

17.6 UserString 的深复制

16.4 节中 UserString 的深复制存在下述缺陷：

- 没有考虑到对象的赋值操作，即未定义恰当的 operator=操作符函数。
- 将字符串字面量赋值给 UserString 对象需要借助 assign( )成员函数，不够直观。

完善后的 UserString 类型及演示程序如下：

```
//Project - UserStringDeepCopy
#include <iostream>
#include <string.h>
using namespace std;

class UserString {
private:
    char * buffer = nullptr;          //缓冲区指针
    unsigned long long size = 0;      //缓冲区大小

public:
    const UserString& operator=(const char * s){
        unsigned long long sizeNeeded = strlen(s) + 1;
        if (size >= sizeNeeded)     //缓冲区够用，直接复制
            strcpy(buffer,s);
        else {
            if (buffer!=nullptr)  //缓冲区不够用，重新申请后再复制
                free(buffer);
            size = sizeNeeded;
            buffer = (char * )calloc(size,1);
            strcpy(buffer,s);
        }
```

```
        return *this;
    }

    const UserString& operator=(const UserString& r){
        if (buffer!=nullptr)
            free(buffer);
        size = r.size;
        if (size>0 && r.buffer!=nullptr){
            buffer = (char*)calloc(size,1);
            strcpy(buffer,r.buffer);
        }
        return *this;
    }

    ~UserString(){
        if (buffer!=nullptr)
            free(buffer);           //释放缓冲区,现在安全了
    }

    UserString(const UserString& r){
        size = r.size;
        if (size>0 && r.buffer!=nullptr){
            buffer = (char*)calloc(size,1);
            strcpy(buffer,r.buffer);
        }
    }

    UserString(){}                  //不可或缺
    friend ostream& operator<<(ostream&, const UserString&);
};

ostream& operator<<(ostream& o, const UserString& r){
    o << r.buffer;
    return o;
}

int main() {
    UserString s1,s2;
    s1 = "New coronavirus believed to be derived from bats.";
    s2 = s1;                        //operator=操作符函数
    s2 = "Human beings will win!";
```

```
64      cout << "s1 = " << s1 << endl;
65      cout << "s2 = " << s2 << endl;
66      return 0;
67  }
```

上述程序的执行结果为：

```
s1 = New coronavirus believed to be derived from bats.
s2 = Human beings will win!
```

相较于 16.4 节中的 UserString，本例中的 UserString 做了如下改进。

- 第 12～24 行：将原有的 assign(const char *)函数修改为 operator=(const char *)成员函数。第 61 行、第 63 行的赋值实际调用了 UserString 对象的 operator=(const char *)成员函数。
- 第 26～35 行：增加了 operator=(const UserString&)成员函数，修补了 UserString 对象赋值时的浅复制漏洞。第 62 行的赋值实际调用了 s2 对象的 operator=(const UserString&)成员函数，以 s1 为参数。
- 第 54～57 行：增加了全局函数 operator<<(ostream&, const UserString&)，赋予了程序通过<<操作符将 UserString 输出给 cout 的能力。第 64～65 行可见，程序直接把 s1 和 s2 通过<<输出给 cout。

执行结果证实，第 62 行 s1 到 s2 的赋值成功进行了 s1 到 s2 的深复制，后续第 63 行对 s2 的修改没有影响到 s1。

17.7 ++操作符

如第 3 章所述，递增操作符完成两件工作：

- 将操作数(例如 v)增加 1。
- 返回递增之前的 v(v++)或递增之后的 v(++v)作为表达式的值。

要点

C++以非常特别的方式来区分 v++和++v：operator++()对应++v，先递增，后取值；operator++(int)对应 v++，先取值，后递增。

详见下述 C++示例程序。

```
//Project - ComplexDoublePlus
#include <iostream>
using namespace std;
```

```
4
5   class Complex {
6   public:
7       ...
8       const Complex& operator++(){                //对应++c,先++,后取值
9           dReal += 1.0;
10          return *this;
11      }
12
13      const Complex operator++(int){             //对应 c++,先取值,后++
14          Complex t = *this;
15          dReal += 1.0;
16          return t;
17      }
18  };
19
20  ostream& operator<<(ostream& o, const Complex& c){ ... }
21
22  int main() {
23      Complex c(1,3);
24      cout << c << " --> " << ++c << endl;       //先++,后取值
25      cout << c++ << " --> " << c << endl;       //先取值,后++
26      return 0;
27  }
```

上述程序的执行结果为:

```
1   1 + 3i --> 2 + 3i
2   2 + 3i --> 3 + 3i
```

- 第 8~11 行:operator++()成员函数,对应++c。第 24 行的++c 调用执行了该函数,返回 c 被递增之后的值,对应执行结果的第 1 行。
- 第 13~17 行:operator++(int)成员函数,对应 c++。第 25 行的 c++调用执行了该函数,返回 c 被递增之前的值,对应执行结果的第 2 行。

为了返回对象被递增之前的值,第 14 行先将对象的值保存在临时对象 t 中,第 15 行递增对象,第 16 行返回临时对象 t。

注意

返回临时对象的引用是十分危险的,为安全起见,operator++(int)函数的返回类型为 const Complex,返回方式为传值(return by value)。

递减操作符的重载方式与递增类似。

17.8 智能指针

C++动态对象的创建是通过 new 操作符进行的，在恰当的时候通过 delete 操作符释放动态对象的空间并执行其析构函数是程序员的职责。遗憾的是，多数新手程序员都做不好这项工作，相关的疏失导致了巨量的软件缺陷：

- 未能释放动态对象，导致内存泄漏。
- 在内存释放后再次访问指针所指向的动态对象。在释放指针所指向的动态对象后，及时将指针置为空对避免该问题的发生有帮助。
- 多次释放同一个动态对象。这种情况多发生在两个以上的指针指向同一个动态对象时。

以少许效率损失为代价，智能指针可以部分解决此问题。本节以 shared_ptr 为例，简要描述智能指针的使用方法及基本工作原理。请阅读下述 C++代码。

```
//Project - SharedPointer
#include <iostream>
#include <memory>
using namespace std;

class Fish {
public:
    string sName;
    Fish(const string& name){
        sName = name;
        cout << "Fish Constructor called: " << sName << endl;
    }

    void sayHello(){
        cout << "Aloha: " << sName << endl;
    }

    ~Fish(){
        cout << "Fish Destructor called:  "  << sName << endl;
    }
};

void sayHello(shared_ptr<Fish> f){
    f->sayHello();                //对智能指针使用指向操作符->
}

```

```cpp
void sayHello(Fish& f){
    f.sayHello();
}

int main(){
    shared_ptr<Fish> dora1(new Fish("Dora"));
    shared_ptr<Fish> tom1 = make_shared<Fish>("Tom");
    cout << "----------------------------------------" << endl;

    sayHello(tom1);
    auto tom2 = tom1;              //智能指针对象的复制
    sayHello( * tom2);             //对智能指针使用解引用操作符 *
    cout << "----------------------------------------" << endl;

    dora1->sayHello();
    Fish* dora2 = dora1.get();    //获取智能指针内的原始指针
    dora2->sayHello();
    cout << "----------------------------------------" << endl;
    return 0;
}
```

上述程序的执行结果为:

```
Fish Constructor called: Dora
Fish Constructor called: Tom
----------------------------------------
Aloha: Tom
Aloha: Tom
----------------------------------------
Aloha: Dora
Aloha: Dora
----------------------------------------
Fish Destructor called:  Tom
Fish Destructor called:  Dora
```

<memory>头文件引入了共享型智能指针模板类 shared_ptr。

要点

shared_ptr<T>表示一个指向 T 类型对象的智能指针对象。智能指针对象不是一个平凡的指针,而是一个包含平凡指针的对象,它通过引用计数来记录指针所指向的对象的被引用次数,当被指向对象的引用计数降到 0 时(意味着动态对象不再被需要),智能指针对象会通过 delete 操作符或者指定的删除者(deleter)函数释放动态对象。

- 第 6~21 行:为了演示智能指针所管理的动态对象的生命周期,设计了 Fish 类。Fish 的构造及析构函数都会向控制台报告构造或析构的消息。
- 第 23~25 行:sayHello( )函数接受一个智能指针对象 f 为参数,然后对 f 使用指向操作符访问 Fish 对象的 sayHello( )方法。请注意,f 是一个智能指针对象,此处的参数传递为传值;第 24 行的指向操作符事实上执行的是 f 对象的重载 operator->( )函数。
- 第 27~29 行:函数名重载的 sayHello( )接受 Fish 的引用 f 作为参数,然后执行 f 的 sayHello( )成员函数。
- 第 32 行:定义并构建了指向 Fish 对象的智能指针对象 dora1,以动态 Fish 对象“Dora”的地址作为参数。该行代码执行过程包含如下几步。

  ① dora1 是一个自动对象,在栈内为其分配空间。

  ② new Fish("Dora")在堆内分配对象空间并构造初始化,返回“Dora 鱼”的地址。

  ③ 以 new Fish("Dora")返回的地址为参数,执行 dora1 的构造函数。该构造函数将动态对象的地址保存在 dora1 内部,并将引用计数置为 1,以表明该动态对象当前被 1 个智能指针对象所“引用”。

  执行结果的第 1 行对应“Dora 鱼”的构造输出。

- 第 33 行:该行代码的执行包含如下几步。

  ① tom1 是一个自动对象,在栈内为其分配空间。

  ② make_shared<Fish>("Tom")函数创建并构造一个 Fish 类型的堆对象(以"Tom"为参数),然后构造并返回一个指向该动态对象的 shared_ptr<Fish>类型的智能指针。

  ③ 上述返回的智能指针被复制构造给 tom1。

注意

由于编译器优化的原因,编译器有可能会省掉先构造智能指针再复制构造智能指针的不必要步骤,而直接执行 tom1 的构造函数,以动态 Fish 对象的指针作为参数。

执行结果的第 2 行对应“Tom 鱼”的构造输出。

- 第 36 行:将智能指针对象 tom1 传值给 sayHello( )函数(第 23 行)的形参 f,该函数对 f 应用指向操作符,执行“Tom 鱼”的 sayHello( )方法。可以想象,当 f 对象被复制构造时,“Tom 鱼”的引用计数将由 1 变 2,因为此时 tom1 和 f 两个智能指针都指向“Tom 鱼”;在 sayHello( )函数结束执行前,局部对象 f 被析构,“Tom 鱼”的引用计数则会由 2 变 1。本行的输出见执行结果的第 4 行。
- 第 37 行:从 tom1 复制构造 tom2。“Tom 鱼”的引用计数将由 1 变 2,因为智能指针 tom1 和 tom2 都指向“Tom 鱼”。
- 第 38 行:第 27 行的 sayHello( )函数接受一个 Fish& 作为参数,通过对 tom2 使用解引用操作符 *,可以获得 Fish 类型的对象。tom2 的类型可以视为 Fish *,*tom2 的类型则为 Fish。事实上,*tom2 是通过执行 tom2 对象的 operator*( )操作符函数来实现“解引用”的功能的。本行的输出见执行结果的第 5 行。
- 第 41 行:对智能指针 dora1 使用指向操作符,执行“Dora 鱼”的 sayHello( )方法。如前所述,该指向操作符事实上是通过 dora1 的 operator->( )操作符函数发挥作用的。本行的输出见执行结果的第 7 行。

- 第 42~43 行:执行 dora1 对象的 get( )成员函数获取智能指针内部的“原始”指针,然后通过原始指针执行“Dora 鱼”的 sayHello( )方法。成员操作符“.”证实,dora1 是一个对象,而不是一个平凡的指针。相关输出见执行结果的第 8 行。

到了 main( )函数的结尾,自动对象 tom2 的析构导致“Tom 鱼”的引用计数由 2 变 1、tom1 的析构则进一步导致引用计数由 1 变 0,这表明“Tom 鱼”不再被任何智能指针所引用。在 tom1 的析构函数里,delete 操作符被执行,“Tom 鱼”动态对象被释放。执行结果的第 10 行可见“Tom 鱼”的析构输出。

同理,dora1 的析构导致“Dora 鱼”的释放,由执行结果的第 11 行可见“Dora 鱼”的析构输出。

智能指针的使用简化了动态对象的生命周期管理,程序员不必再手动释放动态对象。当最后一个指向该动态对象的智能指针对象被析构时,该动态对象会被释放。大多数情况下,由此所导致的性能损失是可以接受的。

```
1  shared_ptr<Fish> p1(new Fish("1"));//1 号鱼及其指针 p1
2  auto p2 = make_shared<Fish>("2");  //2 号鱼及其指针 p2
3  p2 = p1;                           //p2 与原引用对象解绑,改为绑定 p1 所指向的对象
4  p1.reset();                        //p1 与对象解绑
5  if (p1.get() == nullptr)           //解绑后的 p1 是空指针
6      cout << "p1 is nullptr." << endl;
7  p1.reset(p2.get());                //p1 与原对象解绑,改为绑定 p2 所指向的对象
```

上述代码进一步演示了 shared_ptr 的使用方法。

- 第 3 行:将 p1 赋值给 p2,这将导致如下结果。
  - p2 与原对象解除绑定,本例中 p2 是指向原对象的唯一智能指针,原对象即 2 号鱼被释放。
  - p2 改为指向 p1 所指向的对象。
- 第 4 行:p1 的 reset( )成员函数将解除 p1 与对象的绑定,解绑后,p1 成为“空指针”。
- 第 7 行:p1. reset(p2. get( ))的执行导致如下结果。
  - p1 与原绑定对象解绑。
  - p1 改为指向 p2 所指向的对象。

警告

- 智能指针仅适用于动态(堆)对象,不要对栈对象或者静态对象创建智能指针,因为栈对象和静态对象的生命周期是由编译器自动管理的。
- 不要通过动态对象的原始指针创建多个互不相关的智能指针。
- 智能指针的 get( )方法所返回的原始指针只可使用,不可应用 delete 进行释放。如果这样做了,当智能指针析构时,会对同一个动态对象进行第 2 次释放。

下述代码演示了一些常见的智能指针的错误使用方法：

```
1   Fish* f = new Fish("Peter");
2   shared_ptr<Fish> p1(f);
3   auto p2 = p1;                 //正确
4   shared_ptr<Fish> p3(f);       //错误
```

▶ 第 3 行：正确，p2 的出现仅会导致动态对象引用计数的增加，当且仅当 p2 和 p1 都被析构时，“Peter 鱼”才会被释放。

▶ 第 4 行：错误，智能指针 p3 与 p1/p2 互不相关，它会为“Peter 鱼”创建一个新的引用计数。本例中，p1(以及 p2)会释放“Peter 鱼”，p3 也会释放“Peter 鱼”，显然，不可以杀死同一条鱼两次。

```
1   Fish* p = p3.get();       //p3 是个指向 Fish 对象的智能指针
2   delete p;                 //错误
```

▶ 第 2 行：错误，释放 p 指针所指向的对象后，智能指针 p3 以及它的表兄弟们还会再释放一次。同理，不能两次杀死同一条鱼。

读者如果对智能指针的工作机制感到疑惑，请仔细阅读下一节——智能指针的实现。

普通的指针可以指向一个使用 new [ ]操作符创建的动态数组，智能指针也可以。

```
shared_ptr<float> a(new float[1024]);
```

无论是 new float，还是 new float[1024]，所得到的都是 float *，也就是说，上述代码中的智能指针 a 并不知晓其指向的是一个动态对象，还是由多个动态对象构成的数组。根据第 8 章的讨论，new [ ]所返回的指针必须通过 delete [ ]操作符进行释放，显然，上述智能指针 a 并不知道它所指向的是一个动态数组，它只能使用 delete 而不是 delete [ ]来释放对象，这样做有风险。

警告

当使用 shared_ptr 管理动态对象数组时，要么指定类型为对象数组，要么提供一个删除者(deleter)函数通过 delete[ ]释放数组，该函数将在智能指针释放对象时被调用。

下述 C++代码演示了确保智能指针安全释放对象数组的方法。

```
//Project - SharedPtrArray
#include <iostream>
#include <memory>
using namespace std;

template <typename T>
void delete_array(T* p){
```

```
8       cout << "delete_array" << endl;
9       delete[] p;
10  }
11
12  class Fish{
13  public:
14      ~Fish(){ cout << "Fish::Fish~()" << endl; }
15  };
16
17  int main(){
18      shared_ptr<Fish[]> a(new Fish[4]);
19      a = nullptr;        //a 指针指向的数组被释放
20
21      shared_ptr<Fish> b(new Fish[2],delete_array<Fish>);
22      b.reset();          //b 指针指向的数组被释放
23
24      shared_ptr<float> c(new float[512],
25          [](float * p){cout << "lambda function \n"; delete[] p;});
26      * c = 4.4F;
27      //c++;              //错误:智能指针不支持指针运算
28      //c[1] = 99.2F;     //错误:智能指针不支持[]操作符
29      cout << * c << endl;
30      return 0;
31  }
```

上述代码的执行结果为:

```
1  Fish::Fish~()
2  Fish::Fish~()
3  Fish::Fish~()
4  Fish::Fish~()
5  delete_array
6  Fish::Fish~()
7  Fish::Fish~()
8  4.4
9  lambda function
```


- ▶ 第 18~19 行:智能指针 a 的类型中的模板参数被指定为 Fish[ ],这相当于告知 a 对象,其所管理的是一个元素类型为 Fish 的动态数组。第 19 行给指针 a 赋值为 nullptr,将导致 a 指针释放对象数组。从执行结果的第 1~4 行可见,共有 4 次 Fish 对象的析构函数执行,这间接说明,对象数组的释放是通过 delete[ ]操作符进行的。
- ▶ 第 21~22 行:智能指针 b 的构造函数的第 2 个参数为自定义的删除者函数。该函数是一个通用的模板函数,其通过 delete[ ]操作符释放对象数组。执行结果的第 5~7 行显示,该函数成功执行,并析构了两个 Fish 对象。
- ▶ 第 24~25 行:程序为智能指针 c 提供了一个匿名函数▲作为删除者函数。执行结果的第 9 行对应该匿名函数的执行输出。自动对象 c 在 main( )函数的结尾被释放并引发了删除者函数的执行。

- 第 27 行：如注释所言，智能指针不支持像普通指针那样的指针运算。如果确实需要，只能通过 get()方法获取原始指针后进行。
- 第 28 行：同样的，智能指针也不支持普通指针那样的[ ]操作符。

*17.9 智能指针的实现

电子正文：智能指针的实现

shared_ptr 是由 C++提供的智能指针模板类。读者如果对智能指针的工作原理感到好奇，可以一起设计名为 SharedPointer 的简化版智能指针类。

17.10 [ ]操作符

下面借助 16.4 节中的 UserString 类型来说明[ ]操作符的重载方法。UserString 既然是个字符串，那么通过下标按位置访问字符串中的字符符合类的使用者的期望。这可以通过重载[ ]操作符来实现，相关 C++程序如下。

```
//Project - Subscript
...
class UserString {
private:
    char * buffer = nullptr;        //缓冲区指针
    unsigned long long size = 0;    //缓冲区大小
public:
    const UserString& operator=(const char * s){ ...  }
    ~UserString(){ ... }

    char& operator[](size_t idx){
        return buffer[idx];
    }

    size_t getSize(){
        return buffer? strlen(buffer):0;
    }
    ...
};

```

```
21 ostream& operator<<(ostream& o, const UserString& r){
22     o << r.buffer;
23     return o;
24 }
25
26 int main() {
27     UserString s;
28     s = "Aloha";
29     cout << "before: " << s << endl;
30     for (size_t i=0;i<s.getSize();i++){
31         char& c = s[i];              //s[i] 等价于 s.operator[](i)
32         if (c <= 'z' && c >= 'a')
33             c += 'A' - 'a';
34     }
35     cout << "after: " << s <<endl;
36     return 0;
37 }
```

上述程序的执行结果为:

```
before: Aloha
after: ALOHA
```

本例中,为 UserString 类型定义了两个新的成员函数。

- 第 15~17 行:getSize( )函数用于获取 UserString 对象包含的字符串的长度,当 buffer 为空时,长度为 0。
- 第 11~13 行:重载的 operator[ ]操作符函数,形参 idx 对应[ ]中的下标。该函数返回指定下标的字符的引用。char& 的返回类型使得通过[ ]操作符修改字符串内容成为可能。
- 第 30~34 行:通过[ ]操作符逐一访问 s 字符串内的每一个字符,如果是小写字母,将其修改成大写。
- 第 31 行:s[i]对 s 对象应用[ ]操作符,编译器将其解释为 s. operator[ ](i)。由于 s[i]返回的是字符的引用,后续对 c 的修改就是对 s[i]的修改。

执行结果证实,上述操作是成功的。

总结

操作符重载并不能带来新的能力,所有通过操作符重载能够完成的工作,都可以通过普通函数来完成。操作符重载能够带来的是:更好的代码可读性和更易用的类接口。

要点

操作符重载并不能改变操作符使用的优先级及其基本语法。比如,无论如何重载,+操作符都需要两个操作数，其优先级总是低于乘法操作符。

练习巩固

习题讲解 17-5：我的朋友

17-5 （我的朋友）实现 Friend 类并为其添加 operator[ ]自定义操作符函数，使得下述代码可以正常运行并产生期望的执行结果。

```
int main() {
    Friend myFriend("Jerry","male","Capricornus",17);
    cout << "Name:\t" << myFriend["name"] << endl;
    cout << "Gender:\t" << myFriend["gender"] << endl;
    cout << "Constellation:\t" << myFriend["constellation"] << endl;
    cout << "Age:\t" << myFriend["age"] << endl;

    return 0;
}
```

期望的执行结果：

```
Name:   Jerry
Gender: male
Constellation:  Capricornus
Age:    17
```

17.11 类型转换操作符函数

事实上，不通过重载<<操作符，也可以将前述 UserString 对象输出给 cout，方法是：为 UserString 定义一个类型转换操作符函数，允许编译器隐式将其转换成 char * 类型。而 char * 类型，正好可以被 cout 的某个 operator<<( )成员函数所接受。示例 C++代码如下：

```
//Project - TypeConversionOperator
...
class UserString {
private:
    char* buffer = nullptr;          //缓冲区指针
    unsigned long long size = 0;     //缓冲区大小
public:
    const UserString& operator=(const char* s){ ... }
    ~UserString() { ... }

    //将对象转换成 char * 的操作符函数
    operator char*(){
```

```
13            return buffer;
14        }
15    };
16
17    int main() {
18        UserString s;
19        s = "Aloha";
20        cout << s << endl;
21        cout << s.operator char * () << endl;
22        return 0;
23    }
```

上述程序的执行结果为：

```
Aloha
Aloha
```

▶ 第 12～14 行：定义了一个类型转换操作符函数，该函数可以将 UserString 对象转换成 char * 类型。

▶ 第 20 行：编译器没有发现 cout 存在接受一个 UserString 类型参数的 operator<<( ) 函数，但是发现：

- cout 存在一个 operator<<(char *) 成员函数。
- s 存在一个 operator char * ( ) 函数，可以把 s 转换成 char * 。

最终，“聪明”的编译器对 s 进行隐式类型转换，将第 20 行代码解释成了第 21 行的样子，这两行代码完全等价，执行结果相同。

一般的，类型转换操作符函数的语法格式为：

```
operator 类型名(){
    ...
    return v;     //v 必须是要求的类型或者可以隐式类型转换至要求的类型
}
```

下述 C++示例为 Complex 类型增加了一个 double 类型转换操作符函数。

```
//Project - ComplexToDouble
#include <iostream>
#include <math.h>
using namespace std;

class Complex {
public:
    double dReal;
    double dImage;
```

```
10
11      Complex(double real, double image){
12          dReal = real; dImage = image;
13      }
14
15      operator double(){
16          cout << "operator double()" << endl;
17          return sqrt(dReal * dReal + dImage * dImage);   //返回复数的模
18      }
19  };
20
21  int main() {
22      Complex c(1,5);
23      double r = 3 + c; //3 + c 等价于 3 + c.operator double()
24      cout << r << endl;
25  }
```

上述程序的执行结果为:

```
operator double()
8.09902
```

▶ 第 23 行:3+c 试图把一个整数与复数 c 相加。几经波折,编译器通过下述方式实现了目标:

- 将整数 3 转换成 double 类型。
- 通过 c 的 operator double()类型转换函数,将 c 隐式转换成 double 类型。
- 两个 double 类型对象相加,结果赋值给 r。

执行结果证实了 operator double()函数的“隐式”执行。

第 18 章 多态

上多故则下多诈，上多事则下多态。

——《淮南子·主术训》

学习目标

知识目标

1. 掌握通过虚函数实现“多态”的方法。
2. 了解多态的“晚绑定”原理。
3. 了解纯虚函数和抽象类的概念。

能力目标

在程序中应用虚函数实现多态，建立合理的易于扩展的类结构。

素质目标

通过 const_cast 相关案例体会“表里如一”在工程实践中的重要性。

思维导图

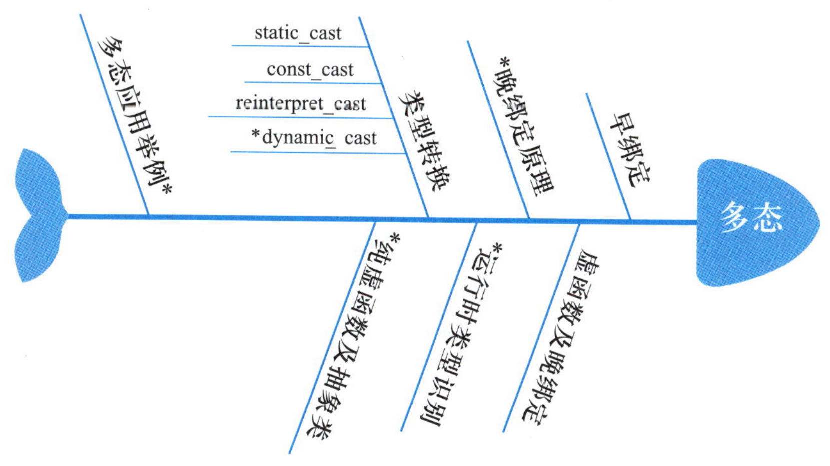

工厂里,生产计划员审核并公布了次月的生产计划(消息)。工厂不同类型的部门和雇员(对象)做出了不同的响应(执行方法):

- 采购部门的同事会将生产计划展开成具体的物料清单,并根据物料库存制定并执行物料采购计划。
- 生产部门的管理者以生产计划为依据,调配设备及人员,为生产做出具体安排。
- 财务部门的同事会评估完成生产计划所需要耗用的资金,做出相应的资金规划。
- 仓储及物流部门的同事则需要对相应的物料/成品的存储及运输做出规划。

在小学校园里,上课预备铃响(消息)后,不同类型的参与者(对象)做出了不同的响应(执行方法):

- 学生结束游戏,回到教室座位上,等待老师的到来。
- 教师带上教学资料,走向教室做课前准备。
- 校长则可能四处巡视,检查纪律及出勤情况。

要点

不同类型的对象在接收到相同消息后,产生不同行为(执行不同方法)的过程,就是多态(polymorphism)。

18.1　早　绑　定

下述 C++代码实现了图 18-1 所示的继承结构,通过对该程序的分析来解释对象成员函数调用的**早绑定(early binding)**。

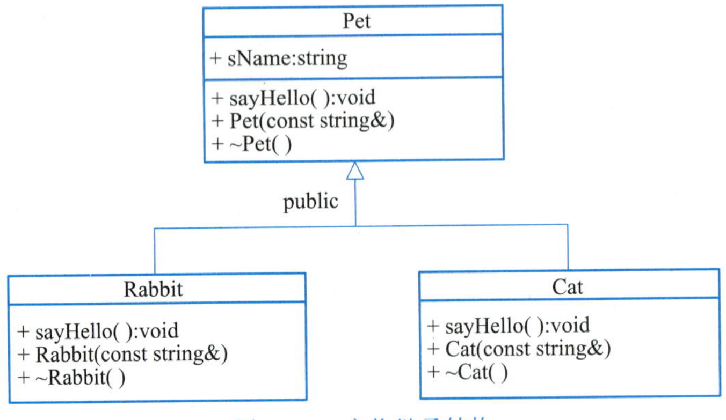

图 18-1　宠物继承结构


```
//Project - EarlyBinding
#include <iostream>
#include <string>
using namespace std;
```

```
class Pet {
public:
    string sName;
    void sayHello() {
        cout << "Pet " << sName << " : hello" << endl;
    }

    Pet(const string& name):sName(name){}
    ~Pet(){
        cout << "Pet destructor: " << sName << endl;
    }
};

class Rabbit:public Pet {
public:
    void sayHello(){
        cout << "Rabbit " << sName << " : carrot" << endl;
    }

    Rabbit(const string& name):Pet(name){}
    ~Rabbit(){
        cout << "Rabbit destructor: " << sName << endl;
    }
};

class Cat:public Pet {
public:
    void sayHello(){
        cout << "Cat " << sName << " : meow " << endl;
    }

    Cat(const string& name):Pet(name){}
    ~Cat(){
        cout << "Cat destructor: " << sName << endl;
    }
};

int main(){
    Rabbit r("Charlie");        //查理兔
    Pet&  r2 = r;
    r2.sayHello();

    Pet * c = new Cat("Lucy"); //露西猫
```

```
49      c->sayHello();
50      delete c;
51      return 0;
52  }
```

上述程序的执行结果为：

```
1  Pet Charlie : hello
2  Pet Lucy : hello
3  Pet destructor: Lucy
4  Rabbit destructor: Charlie
5  Pet destructor: Charlie
```

▶ 第 44 行：定义并构建一只名为查理的兔子。毫无疑问，这里将执行 Rabbit 的构造函数，以“Charlie”为参数，因为自动变量 r 的类型为 Rabbit。由于 Rabbit 是 Pet 的子类，所以，r 的构造函数会调用执行 Pet 的构造函数以初始化 r 内部的 Pet 父对象，详见第 25 行的构造函数初始化列表。

▶ 第 45 行：定义 Pet 类型的引用 r2，并将其与查理兔 r 相关联。这在逻辑上是合理的，因为查理兔确实是一只宠物（Pet）；在语法上，这也是合法的。

▶ 第 46 行：执行 Pet& 类型的变量 r2 的 sayHello( ) 成员函数。

我们的期望是：r2 的类型的 Pet&，但它事实上是一只兔子，应该执行 Rabbit::sayHello( ) 函数，以 r2 的地址为 this 指针。事实是：Pet::sayHello( ) 函数被执行，以 r2 的地址为 this 指针，请见执行结果的第 1 行。显然，编译器依据 r2 的类型 Pet& 做出了上述决定。

▶ 第 48 行：创建并构造一个 Cat 类型的堆对象（名为露西的猫），将其指针赋值给 Pet * 类型的自动对象 c。这在逻辑上是合理的，因为露西确实是一只宠物，其地址既是 Cat *，也是 Pet *；在语法上，这也是合法的。

▶ 第 49 行：执行 c 指针所指向的对象的 sayHello( ) 函数。

我们的期望是：c 的类型虽是 Pet *，但它事实上指向的是露西猫，应执行 Cat::sayHello( ) 函数，以 c 值为 this 指针。事实是：Pet::sayHello( ) 函数被执行，以 c 值为 this 指针，请见执行结果的第 2 行。显然，编译器依据 c 的类型 Pet * 做出了上述决定。理论上，编译器并不知道 c 指针所指向对象的真正类型，它只知道 c 指向一只 Pet，到底是 Rabbit 还是 Cat，不得而知。

▶ 第 50 行：释放指针 c 所指向的对象。

我们的期望是：c 的类型虽为 Pet *，但它事实上指向的是露西猫，应该执行 Cat::~Cat( ) 析构函数，以 c 值为 this 指针。事实是：Pet::~Pet( ) 析构函数被执行，以 c 值为 this 指针，请见执行结果的第 3 行。同样的，编译器依据 c 的类型 Pet * 做出了上述决定。显然，用 Pet 的析构函数来析构一只猫，很可能意味着错误。

到了 main( ) 函数的结尾，自动对象 r 被析构，查理兔的析构函数被执行，并引发了查理兔内部的 Pet 父对象的析构。相关输出见执行结果的第 4~5 行。

要点

调用对象的成员函数时，编译器默认执行早绑定（early binding）：在编译时刻，根据变量/常量、指针或者引用的类型直接确定被执行的函数。

具体到本例中的 c->sayHello(),c 的类型为 Pet *,其所指向的对象可能是 Pet,也可能是 Rabbit 或者 Cat。但编译器仅知道 c 的类型为 Pet *,早绑定的结果就是:选择执行 Pet::sayHello()函数,以 c 值为 this 指针。

显然,早绑定没能实现期望的多态,虽然 c 指向的是露西猫,但 Cat::sayHello()没有被执行,也没有“听”到喵喵(meow)叫。

对于上述程序,有读者可能会认为:编译器有能力根据上下文“猜”出 r2 的实际类型为 Rabbit&,c 的实际类型为 Cat *,编译器早绑定函数调用至 Pet::sayHello()不合理。请看下述程序:

```
//Project - RabbitOrCat
...
int main() {
    cout << "What do you need ? rabbit or cat ?";
    string s;
    cin >> s;

    Pet * p = nullptr;
    if (s=="rabbit")
        p = new Rabbit("Charlie");
    else
        p = new Cat("Lucy");

    p->sayHello();
    delete p;
    return 0;
}
```

在上述程序中,指针 p 所指向的对象的真正类型(兔或猫)取决于运行时的用户输入。在编译时刻,编译器只知道 p 指向的是一只宠物(Pet)!

18.2　虚函数及晚绑定

要点

在成员函数声明中增加 virtual 关键字,可以将其声明为虚函数。编译器会对虚函数执行晚绑定(late binding),以实现多态。

请阅读下述 C++程序:

```
//Project - VirtualFunction
...
class Pet {
public:
    string sName;
    virtual void sayHello() { ... }
    Pet(const string& name):sName(name){}
    virtual ~Pet(){ ... }
};

class Rabbit:public Pet {
public:
    virtual void sayHello(){ ... }    //virtual 可省略
    Rabbit(const string& name):Pet(name){}
    virtual ~Rabbit(){ ... }          //virtual 可省略
};

class Cat:public Pet {
public:
    virtual void sayHello(){ ... }    //virtual 可省略
    Cat(const string& name):Pet(name){}
    virtual ~Cat(){ ... }             //virtual 可省略
};

int main(){
    Rabbit r("Charlie");              //查理兔
    Pet&  r2 = r;
    r2.sayHello();

    Pet * c = new Cat("Lucy");        //露西猫
    c->sayHello();
    delete c;
    return 0;
}
```


上述程序的执行结果为：

```
Rabbit Charlie : carrot
Cat Lucy : meow
Cat destructor: Lucy
Pet destructor: Lucy
Rabbit destructor: Charlie
Pet destructor: Charlie
```

相较于前节中的程序，上述程序的唯一不同是：通过在函数声明前添加 virtual，把 Pet、Rabbit 以及 Cat 三个类的 sayHello( ) 成员函数及析构函数设置为虚函数。

要点

调用对象的成员函数时，如果该成员函数是虚函数，编译器执行晚绑定(late binding)：生成额外的机器指令，在运行时刻确定对象的真正类型，并执行对应类型的对应函数。依赖于晚绑定，不同类型的对象在接收到相同的消息(形式上执行的是同一个方法)后，会表现出不同的行为(执行不同的方法)，这就是 C++里的多态。

- 第 28 行：r2 的类型为 Pet&，Pet 的 sayHello 函数为虚函数，函数调用执行晚绑定。在程序运行时，晚绑定机制发现 r2 所引用的对象为 Rabbit 类型，执行 Rabbit::sayHello()函数，以 r2 的地址为 this 指针。执行结果的第 1 行可见来自查理兔的问候。
- 第 31 行：同理，函数调用执行晚绑定。程序运行时，晚绑定机制发现 c 所指向的对象为 Cat 类型，执行 Cat::sayHello()函数，以 c 值为 this 指针。执行结果的第 2 行可见来自露西猫的问候。
- 第 32 行：释放指针 c 所指向的对象隐含了对相应析构函数的调用。同样，晚绑定机制在运行时发现 c 所指向的对象是 Cat 类型，执行 Cat::~Cat()析构函数，以 c 值为 this 指针。执行结果的第 3~4 行来自露西猫的析构。其中，第 4 行对应露西猫对象内部的 Pet 父对象的析构输出。

要点

当父类(Pet)的某个成员函数是虚函数时，其子类(Rabbit、Cat)的对应函数自动成为虚函数。

本例中，Rabbit、Cat 类声明中的两个 virtual 关键字可以省略，不影响结果。

大多数其他语言都是默认执行晚绑定，也就是默认多态，C++是个例外。原因在于，C++视执行效率为生命，通过晚绑定在运行时确定具体执行哪个函数需要花费**额外的一丁点儿** CPU 时间。

*18.3　晚绑定原理

多态的实现，依赖于运行时“确定”对象的实际类型。

要点

当类型拥有至少一个虚函数时：

- 编译器为每个类型生成一个虚函数表(VTABLE)，该表存储了该类全部虚函数的地址。
- 为每个对象增加一个虚函数表指针(vptr)，该指针存储在对象内存的最初 8 个字节，并指向该对象对应类型的虚函数表。

下述 C++程序及其执行结果提供了部分证据。

18

```
1  //Project - VPTR
2  #include <iostream>
3  using namespace std;
4  
5  class NoVirtual {
6  public:
7      long long iDummy;      //占 8 个字节
8      ~NoVirtual(){
9          cout << "~NoVirtual" << endl;
10     }
11 };
12 
13 class WithVirtual{
14 public:
15     long long iDummy;      //占 8 个字节
16     virtual ~WithVirtual(){
17         cout << "~WithVirtual" << endl;
18     }
19 };
20 
21 int main() {
22     cout << "sizeof(NoVirtual) = " << sizeof(NoVirtual) << endl;
23     cout << "sizeof(WithVirtual) = " << sizeof(WithVirtual) << endl;
24     WithVirtual a,b;
25     printf("&a = %p, &a.iDummy = %p\n", &a, &a.iDummy);
26     printf("vptr of a = %p, vptr of b = %p\n",
27         *(unsigned long long*)&a, *(unsigned long long*)&b);
28     return 0;
29 }
```

在作者的计算机上，上述程序的执行结果为：


```
1  sizeof(NoVirtual) = 8
2  sizeof(WithVirtual) = 16
3  &a = 000000000061fe00, &a.iDummy = 000000000061fe08
4  vptr of a = 0000000000409960, vptr of b = 0000000000409960
5  ~WithVirtual
6  ~WithVirtual
```

说明：在读者计算机上，执行结果中的地址很可能与本书不同；如果读者的编译器是 32 位的，则 vptr 应为 4 个字节，而不是 8 个字节，上述程序需要通过修改（第 26 行的 unsigned long long 改成 unsigned int）才能正确执行。

上述代码中的 WithVirtual 类相对于 NoVirtual 类的唯一区别是：WithVirtual 的析构函数是虚函数。从执行结果的第 1~2 行可见，一个 WithVirtual 对象比一个 NoVirtual 对象大 8 字节。这 8 字节存储了指向 WithVirtual 虚函数表的指针。

- 第 24～25 行：执行结果的第 3 行证实，a 对象内唯一的数据成员 iDummy 的存储地址相对于 a 对象的首地址要靠后 8 个字节。这说明虚函数表指针(vptr)存储在对象内存空间的起始处。
- 第 26～27 行：将 a、b 对象的前 8 个字节，即 vptr，转换成 unsigned long long 对象，并按地址格式输出。这个稍显复杂的转换过程分三步完成：① 取得对象 a 的地址，其类型为 WithVirtual *；② 将第①步所得的指针强制类型转换为指向 unsigned long long 的指针；③ 将第②步所得的指针进行解引用，得到 unsigned long long。

$$\underset{③}{\underline{*}}\quad \underset{②}{\underline{(\text{unsigned long long} *)}}\quad \underset{①}{\underline{\&a}}$$

执行结果的第 4 行证实，WithVirtual 类型的两个对象 a 和 b 的 vptr 的值相同，它们都指向同一个 VTABLE，因为它们属于同一个类型。每个对象的 vptr 是由编译器生成的隐含代码在构造函数中完成初始化的。

执行结果的第 5～6 行对应自动对象 a、b 的析构输出。

为了进一步解释晚绑定是如何借助对象的 vptr 以及类型的 VTABLE 来实现的，编写了下述 C++程序：

```
//Project - LateBinding
#include <iostream>
using namespace std;

class Pet {
public:
    string sName;
    virtual void sayHello() {
        cout << "Pet " << sName << " : hello" << endl;
    }

    virtual void eat(int weight){
        cout << "Pet: I ate " << weight << " gram's food.\n";
    }

    Pet(const string& name):sName(name){}
    virtual ~Pet(){
        cout << "Pet destructor: " << sName << endl;
    }
};

class Rabbit:public Pet {
public:
    void sayHello(){
        cout << "Rabbit " << sName << " : carrot" << endl;
```

```
    }

    void eat(int weight){
        cout << "Rabbit: " << weight << " gram's food is not enough! \n";
    }

    Rabbit(const string& name):Pet(name){}
    ~Rabbit(){
        cout << "Rabbit destructor: " << sName << endl;
    }
};

class Cat:public Pet {
public:
    void sayHello(){
        cout << "Cat " << sName << " : meow " << endl;
    }

    Cat(const string& name):Pet(name){}
    ~Cat(){
        cout << "Cat destructor: " << sName << endl;
    }
};

int main(){
    Pet * pets[3] = {nullptr};
    pets[0] = new Pet("Emily");
    pets[1] = new Cat("Lucy");
    pets[2] = new Rabbit("Charlie");

    for (auto x:pets){
         x->sayHello();
         x->eat(100);
         delete x;
    }
    return 0;
}
```

上述程序的执行结果为：

```
Pet Emily : hello
Pet: I ate 100 gram's food.
Pet destructor: Emily
Cat Lucy : meow
Pet: I ate 100 gram's food.
Cat destructor: Lucy
Pet destructor: Lucy
Rabbit Charlie : carrot
Rabbit: 100 gram's food is not enough!
Rabbit destructor: Charlie
Pet destructor: Charlie
```

图 18-2 描绘了 pets 数组内的指针所指向的对象的结构，对照该图来解释代码。

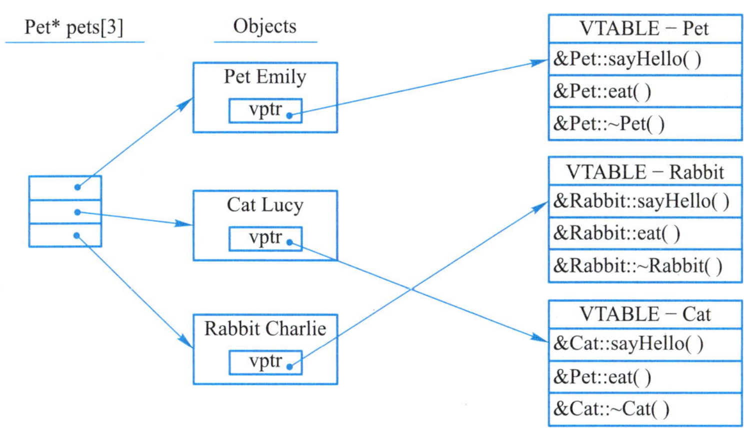

图 18-2　pets 数组的结构

- 第 52 行：创建名为 Emily 的 Pet 对象，并将其指针赋值给 pets[0]。
  - 由于 Pet 类型包含虚函数，所以编译器为 Pet 类型准备了虚函数表（VTABLE），其中依次存储了 Pet 类型的三个虚函数的地址。
  - 对象 Pet Emily 内部包含的虚函数表指针（vptr）指向 VTABLE-Pet。
- 第 53 行：创建名为 Lucy 的 Cat 对象，并将其地址向上类型转换为 Pet *，赋值给 pets[1]。
  - 由于 Pet 类型的 sayHello()、eat()、~Pet() 函数为虚函数，其子类 Cat 的 sayHello()、~Cat() 自动成为虚函数。再加上从 Pet 继承的虚函数 eat()，VTABLE-Cat 依次存储了三个虚函数地址。
  - 对象 Cat Lucy 内部包含的虚函数表指针（vptr）指向 VTABLE-Cat。
- 第 54 行：创建名为 Charlie 的 Rabbit 对象，并将其地址向上类型转换为 Pet *，赋值给 pets[2]。
  - 同理，Rabbit 类型的 sayHello()、eat()、~Rabbit() 自动成为虚函数，VTABLE-Rabbit 依次存储了三个虚函数地址。
  - 对象 Rabbit Charlie 内部包含的虚函数表指针（vptr）指向 VTABLE-Rabbit。
- 第 56～60 行：遍历 pets 数组，依次执行其所指向的三个对象的 sayHello()、eat() 及析构函数。

对编译器而言，pets 数组的元素类型为 Pet *，其所指向的对象到底是 Pet、Rabbit 或 Cat 已经不得而知。以 x->eat(100) 为例（当 x 为 pets[2] 时）来说明执行过程。x 的类型为 Pet *，Pet 的 eat() 函数为虚函数，编译器生成额外指令执行晚绑定：

- 通过 x 指针找到 x 所指向的对象，即查理兔（Rabbit Charlie），并在其中找到 vptr（位于前 8 个字节）。
- 通过 vptr 找到 VTABLE-Rabbit。
- 在 VTABLE-Rabbit 中找到 Rabbit::eat() 函数的地址，并跳转执行。

在虚函数表中，虚函数的地址是按照虚函数的声明顺序依次存储的，所以无论是 VTABLE-Pet、VTABLE-Cat 或是 VTABLE-Rabbit，eat() 函数的地址都位于该表的第 1 项（从 0 开始计数）。如果把虚函数表指针视为一个函数指针数组，那么 eat() 函数的地址

18

就是 vptr[1]。实际上,上述晚绑定过程即是通过此种方式来确定函数跳转地址的。

执行结果证实,借助虚函数和晚绑定,多态得以实现。x->sayHello()被调用时,虽然在编译时并不清楚 x 的具体类型,但到了运行时,借助对象内部的虚函数表指针及对应类型的虚函数表,正确的方法得以执行。不同类型的对象在收到相同消息时表现出不同的行为,露西猫说"喵"(meow),查理兔就知道要胡萝卜(carrot)。

练习巩固

习题讲解 18-1:无规矩不成方圆

18-1 (无规矩不成方圆)请结合图 18-3 所展示的继承关系设计 Shape、Circle 以及 Rectangle 类,使下述代码可以正确计算并输出矩形和圆的面积。

```
int main(){
    Shape * shapes[2];
    shapes[0] = new Rectangle(3,2); //长 3 宽 2 的矩形
    shapes[1] = new Circle(0,0,2);  //圆心在(0,0),半径为 2 的圆
    cout << "Area of rectangle: " << shapes[0]->area() << endl;
    cout << "Area of circle: " << shapes[1]->area() << endl;
    for (auto i=0;i<2;i++)
        delete shapes[i];
    return 0;
}
```

提示:Shape 的析构以及 area()函数都应为虚函数。

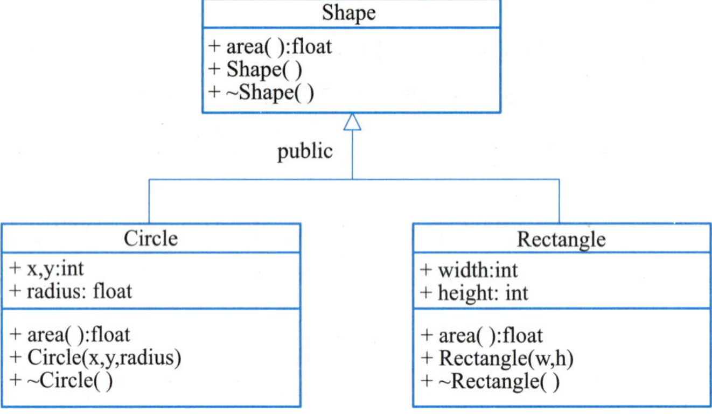

图 18-3 形状、矩形与圆的继承关系

习题讲解 18-2:上课铃响之后

18-2 (上课铃响之后)如本章开篇所述,当小学校园里的上课铃响之后,学生(Student)、教师(Teacher)和校长(Principal)会对同一个消息表现出不同的行为。请设计 Person、Student、Teacher 以及 Principal 类,合理安排他们之间的继承关系并将所有类的 bellRing()及析构函数设计为虚函数,使下述代码可以正常执行并产生期望的执行结果。

```
int main() {
    cout << "School bell rings..." << endl;
    Person * persons[3] = {new Student(),new Teacher(),new Principal()};
    persons[0]->bellRing();
    persons[1]->bellRing();
    persons[2]->bellRing();
    for (auto i=0;i<3;i++)
        delete persons[i];
        return 0;
}
```

期望的执行结果：

```
School bell rings...
I am a student learning in classroom.
I am a teacher teaching in classroom.
I am the principal inspecting in campus.
A student object destroyed.
A teacher object destroyed.
A principal object destroyed.
```

解题提示：

(1) Person 为父类，Student、Teacher、Principal 均为 Person 的子类。

(2) 执行结果中的第 2~4 行依次为 Student、Teacher、Principal 的 bellRing( ) 函数打印输出。

(3) 执行结果中的第 5~7 行依次为 Student、Teacher、Principal 的析构函数打印输出。

*18.4　运行时类型识别

18

当类型包含虚函数时，对象内部的虚函数表指针(vptr)使得运行时对象类型识别(**r**un**t**ime **t**ype **i**dentification，**RTTI**)成为可能。在包含虚函数的情况下，同一个类型的所有对象都包含相同 vptr，指向同一个虚函数表。

要点

可以通过操作符 typeid( )在运行时判断对象的实际类型。typeid(x)中的操作数(operand)x 既可以是类名，也可以是对象，它返回一个 type_info 类型的对象，表明操作数的类型。当操作数是对象时，如果对象的编译时类型包含虚函数，typeid( )操作符通过对象的 vptr 判断对象的运行时类型；如果对象的编译时类型不包含虚函数，对象内并不存在 vptr，无法进行运行时类型识别,typeid( )直接返回对象的编译时类型作为结果。其中,type_info 类型由头文件 typeinfo 引入。

C++示例程序如下。

```
1  //Project - RTTI
2  #include <iostream>
3  #include <typeinfo>
4  using namespace std;
5
6  class Shape{public: ~Shape(){}};
7  class Circle:public Shape{};
8
9  class Pet{public: virtual ~Pet(){}};
10 class Rabbit:public Pet{};
11
12 int main(){
13     Shape *s = new Circle();
14     if (typeid(*s) == typeid(Shape))
15         cout << "s points to a shape." << endl;
16     if (typeid(*s) == typeid(Circle))
17         cout << "s points to a circle." << endl;
18
19     Pet *p = new Rabbit();
20     if (typeid(*p)==typeid(Pet))
21         cout << "p points to a pet." << endl;
22     if (typeid(*p)==typeid(Rabbit))
23         cout << "p points to a rabbit." << endl;
24
25     return 0;
26 }
```

上述程序的执行结果为:

```
s points to a shape.
p points to a rabbit.
```

下面结合图 18-4 来解释上述程序的执行过程及结果。在两个继承结构里,Shape-Circle 类型不存在虚函数,Pet-Rabbit 类型存在虚函数。

▶ 第 13 行:创建一个 Circle 类型的对象,并将其地址向上类型转换为 Shape *,赋值给 s。

▶ 第 14~15 行:s 的编译时类型为 Shape *,*s 的编译时类型为 Shape。对 typeid( )操作符而

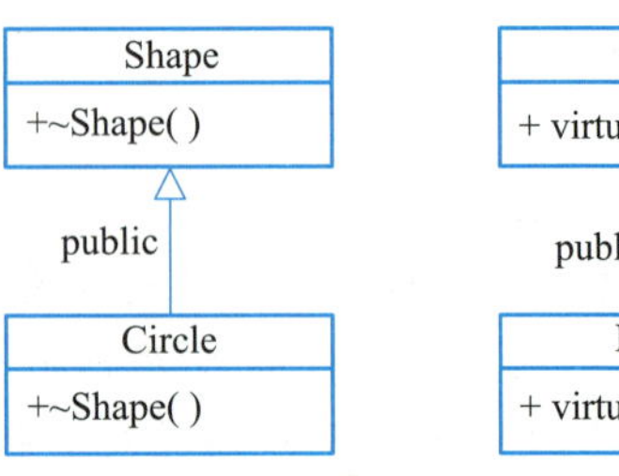

图 18-4　RTTI 的继承结构

言，Shape 类型不包含虚函数，对象 ＊s 内没有 vptr 可以利用，故 typeid( ) 直接返回其编译时类型 Shape，逻辑判断成立，第 15 行被执行，其输出对应执行结果第 1 行。

- 第 16～17 行：如上所述，typeid(＊s) 返回的是 ＊s 的编译时类型 Shape，逻辑判断不成立，第 17 行没有执行。
- 第 19 行：创建一个 Rabbit 类型的对象，并将其地址向上类型转换为 Pet ＊，赋值给 p。
- 第 20～21 行：对象 ＊p 的编译时类型为包含虚函数的 Pet，typeid( ) 通过对象 ＊p 内部的 vptr 进行运行时类型识别，得到其真实的类型 Rabbit。虽然 Rabbit 是 Pet 的子类，但 Rabbit 不等于 Pet，上述逻辑判断不成立，第 21 行未执行。
- 第 22～23 行：如上所述，借助于运行时类型识别(RTTI)，typeid(＊p) 返回了 ＊p 的运行时类型(即事实类型) Rabbit。上述逻辑判断成立，第 23 行被执行，输出对应执行结果的第 2 行。

18.5　类型转换

C 语言风格的显式类型转换是有风险的，相当于程序员直接告诉编译器：忘掉类型检查，把这个对象当成另外一个类型来处理。无论这种转换是否合理，编译器都会照单全收。不恰当类型转换的后果需要到运行时才“可能”体现出来。

为尽量避免上述问题，C++提供了 4 种显式类型转换语法，本节逐一进行介绍。

18.5.1　static_cast

```
static_cast<目标类型>(对象)
```

按照上述语法，static_cast 可以完成那些“合理”的类型转换。所谓“合理”的类型转换包括基本 C/C++数据类型之间的转换：

```
1  int v = 77;
2  long long ll = static_cast<long long>(v);            //int --> long long
3  float f = static_cast<float>(v);                     //int --> float
4  unsigned char uc = static_cast<unsigned char>(v);    //允许但有风险
5  //float* p = static_cast<float*>(&v);                //错误:int* --> float*
```

- 第 4 行：从 int 类型转换成 unsigned char 类型，可以由 static_cast 完成，但因为类型收窄(narrowing)的原因，有极大的数据失真的风险。
- 第 5 行：不允许基本数据类型指针之间的 static_cast 类型转换，这种转换只能通过 reinterpret_cast 进行。本例中，将 int ＊ 转换成 float ＊，涉及彻底的对数据的重新解释，**强制程序员使用 reinterpret_cast，相当于强制程序员重新审视这种转换的合理性与必要性。**

此外，static_cast 也可以在具有继承关系的类型之间进行转换：

```
1  class Pet{};
2  class Cat:public Pet{};
3  class Dog:public Pet{};
4  ...
5      Cat c;
6      Pet p = static_cast<Pet>(c);          //Cat --> Pet
7      Pet& p1 = static_cast<Pet&>(c);       //Cat --> Pet&
8      Pet * p2 = static_cast<Pet * >(&c);   //Cat *  --> Pet *
9      Cat * c1 = static_cast<Cat * >(p2);   //Pet *  --> Cat * , 允许但不安全
10     //Cat c2 = static_cast<Cat>(p);       //错误:Pet --> Cat
```

- 第 8 行:Cat * **向上类型转换(upcasting)**为 Pet * ,是安全的,因为 Cat 是 Pet 的子类。
- 第 9 行:Pet * **向下类型转换(downcasting)**为 Cat * ,static_cast 允许这种向下类型转换,并不意味着这是安全的。因为 p2 所指向的对象,可能是 Dog,不是 Cat。安全的向下类型转换,建议使用 dynamic_cast。
- 第 10 行:不支持 Pet 至 Cat 类型的转换。在本例中,p 虽然来自 Cat c,但因为**对象撕裂(object slicing)**的原因,p 只包含了对象 c 内的 Pet 部分,static_cast 不支持这种转换具有合理性。

18.5.2 const_cast

```
const_cast<非常量目标类型>(对象)
```

按照上述语法,const_cast 可以将常量型对象转换成对应的非常量型对象。示例如下:

```
1  class Cat{};
2  ...
3      const Cat cat;
4      Cat& c = const_cast<Cat&>(cat);      //const Cast --> Cat&
5  
6      const int v = 777;
7      int v1 = v;                          //const int --> int,无转换必要
8      int& r  = const_cast<int&>(v);       //const int --> int&
9      int * p = const_cast<int * >(&v);    //const int *  --> int *
```


- 第 7 行:将一个常量型对象转换成一个同类型的非常量对象,直接赋值即可办到,没有进行显式类型转换的必要。
- 第 8 行:为 const int 类型的对象 v 创建非常量型引用 r,这事实上破坏了 v 的常量性,因为通过引用 r,可以达到修改 v 的目的。
- 第 9 行:v 的类型为 const int,&v 的类型为 const int * ,即指向 const int 的指针。本行代码将 &v 转换成 int * 并赋值给 p,同样破坏了 v 的常量性:可以通过指针 p 来修改 v 值。

警告

当没有十分特别的站得住脚的理由时，不要使用 const_cast！将对象声明为常量，相当于给程序的阅读者、编译器以及同事许下了一个诺言：我不会修改这个对象。而通过 const_cast 去除其常量性，相当于偷偷地违背了自己许下的诺言。这很可能成为 bug（软件缺陷）之源。

在重用他人代码的前提下，如果不得不使用 const_cast，一定要在注释及软件文档中说明理由。

18.5.3　reinterpret_cast

```
reinterpret_cast<目标类型>(对象)
```

按照上述语法，可以将一个类型的对象重新解释成另一个类型的对象，示例如下：

```
1  //Project - ReinterpretCast
2  #include <iostream>
3  using namespace std;
4  
5  int main(){
6      unsigned int v = 0x11223344;
7      unsigned char * rawBytes = reinterpret_cast<unsigned char * >(&v);
8      printf("bytes of v: %x - %x - %x - %x",
9              rawBytes[0],rawBytes[1],rawBytes[2],rawBytes[3]);
10     return 0;
11 }
```

上述程序的执行结果为：

```
bytes of v: 44 - 33 - 22 - 11
```

- 第 7 行：将 4 字节的整数 v 的地址重新解释转换成 char *。
- 第 8 行：逐一将变量 v 的四个字节的值按十六进制输出。可以看到，在作者的 x86 计算机上，低字节（0x44）在低地址。

由于 reinterpret_cast 会导致程序以完全不同的方式来解释对象的原有内存，所以使用时应十分谨慎。

*18.5.4　dynamic_cast

在一个继承关系中，如果将子类对象的地址或者引用转换为父类对象的指针或引用，称为向上类型转换（upcasting），这种转换是安全的。

但如果反过来，把一个父类对象的指针或者引用转换成子类对象的指针或引用，则称为向下类型转换(downcasting)。这种转换有风险，应通过 dynamic_cast 进行。

按照下述语法，可以将父类对象的指针或者引用转换为子类对象的指针或引用：

```
dynamic_cast<目标类型>(对象指针/引用)
```

注意

dynamic_cast 依赖于 RTTI 在运行时识别对象的实际类型，而 RTTI 的实现，又依赖于对象内部的虚函数表指针 vptr。因此，上述“对象”的编译时类型必须包含虚函数，否则，编译器会报错。

C++示例程序如下。

```
//Project - DynamicCast
#include <iostream>
using namespace std;

class Pet{public: virtual ~Pet(){}};   //Pet 父类有虚函数
class Cat:public Pet{
public:
    void sayHello(){
        cout << "meow" << endl;
    }
};
class Dog:public Pet{};

int main() {
    Pet * p = new Cat();
    Cat * c = dynamic_cast<Cat * >(p);  //指针转换失败会返回一个 nullptr
    if (c){
        c->sayHello();
    }

    Cat& c1 = dynamic_cast<Cat&>( * p); //类型转换失败会抛出一个 std::bad_cast 异常
    c1.sayHello();

    delete p;
    return 0;
}
```

上述程序的执行结果为：

```
meow
meow
```

- ▶ 第 16 行：将 Pet * 类型的指针 p 转换成 Cat * 类型的指针 c。dynamic_cast 会检查 p 所指向的对象内部的 vptr 进行运行时类型识别，如果对象的实际类型是 Cat 或者是 Cat 的子类型，则转换成功。否则，dynamic_cast 会返回空指针 nullptr。本例中，p 事实上指向的是个 Cat 对象，转换成功。
- ▶ 第 17 行：如果指针 c 非空，则说明转换成功，c 可以被使用。
- ▶ 第 21 行：同理，dynamic_cast 通过检查 * p 对象内部的 vptr 进行运行时类型识别。如果转换失败，则一个类型为 std::bad_cast 的异常▲会被抛出。

*18.6　纯虚函数及抽象类

在图 18-5 所示的抽象类继承结构中，为 Pet 类型的 speak( ) 方法提供函数体可能毫无用处：① 你养的宠物，要么是狗、要么是猫，或者是其他动物，不存在不是狗、不是猫、不是蛇或者其他动物的纯粹的宠物；② 狗、猫、兔子的叫声各不相同，即 Pet 的各个子类，会实现各自独立的 speak( ) 虚函数。

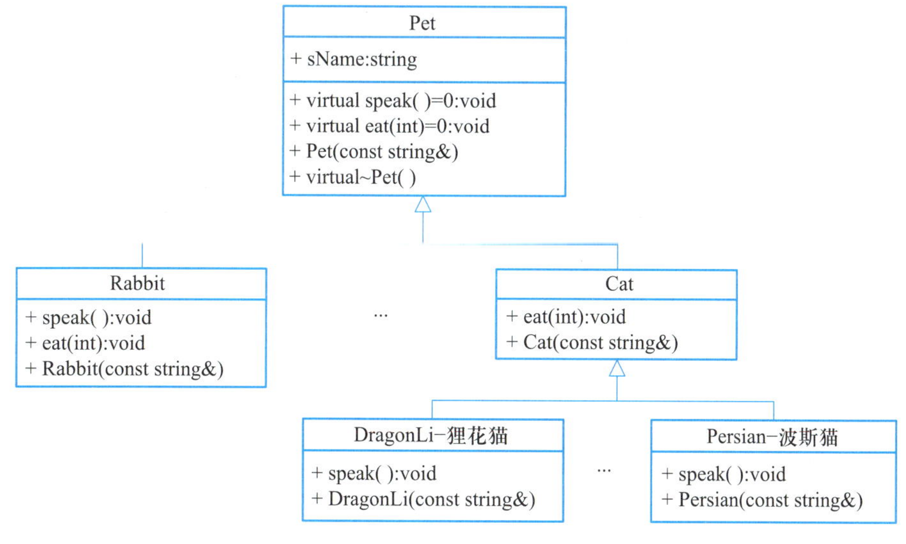

图 18-5　抽象类继承结构

基于以上考量，可以将 Pet 类的部分虚函数定义为**纯虚函数(pure virtual function)**，从而使 Pet 类型成为**抽象类(abstract class)**。纯虚函数的定义方法是在成员函数声明中添加“= 0”，并省略其函数体定义。

要点

将成员函数定义为纯虚函数可以获得两方面的收益：

① 避免不必要地为函数提供函数体。

② 使类成为不可实例化的抽象类。不可实例化，意为不可以直接创建这个类的对象。

下述 C++代码定义了图 18-5 所示的 Pet 抽象类。

```
1  //Project - AbstractClass
2  ...
3  class Pet {
4  protected:
5      string sName;
6  public:
7      void virtual speak() = 0;          //=0 表示该函数为纯虚函数
8      void virtual eat(int weight) = 0;
9      Pet(const string& name):sName(name){}
10     virtual ~Pet(){}
11 };
12 ...
13     //Pet p("Emily");
14     //Pet* p = new Pet("Emily");     //错误:抽象类不可以实例化
```

上述 Pet 类有两个纯虚函数，分别为第 7 行的 speak( )和第 8 行的 eat( )。作为包含纯虚函数的抽象类，Pet 类型不可以被实例化，上述代码的第 13 行、第 14 行都会被编译器拒绝。

要点

抽象基类的纯虚函数需要在其扩展类中被实现/定义。当且仅当所有基类的纯虚函数都被实现后，扩展类才可能被实例化。

下述 C++代码实现了图 18-5 中所示的 Rabbit 类型。

```
//Project - AbstractClass
...
class Pet {...};

class Rabbit:public Pet {
public:
    void speak(){
        cout << "Hello from rabbit " << sName << endl;
    }

    void eat(int weight){
```

```
12            cout << "Rabbit " << sName << " ate " << weight << " gram's food.\n";
13        }
14
15        Rabbit(const string& name):Pet(name){}
16    };
17    ...
18        Pet * r = new Rabbit("Eddie");
19        r->eat(100);
20        r->speak();
21        delete r;
```

上述代码的执行结果(局部)为:

```
Rabbit Eddie ate 100 gram's food.
Hello from rabbit Eddie
```

▶ 第 7~13 行:Rabbit 类型为 Pet 父类的两个纯虚函数 speak( )以及 eat( )提供了函数体,也称为实现了这两个纯虚函数。

由于不存在未实现的纯虚函数,Rabbit 类不是抽象类,可以直接创建 Rabbit 类型的对象。

▶ 第 18 行:创建名为 Eddie 的 Rabbit 对象,并将其地址向上类型转换为 Pet * ,赋值给 r。

▶ 第 19~20 行:通过 Pet * 类型的指针 r,借助晚绑定调用执行 Eddie 兔的 eat( )及 speak( )函数。执行结果证实,Eddie 兔的相关代码被执行。

下述 C++代码实现了图 18-5 所示的 Cat 类型。

```
//Project - AbstractClass
...
class Pet {}
...
class Cat:public Pet{
public:
    void eat(int weight){
        cout << "Cat " << sName << " ate " << weight << " gram's food.\n";
    }

    Cat(const string& name):Pet(name){}
};
...
    //Cat c("Lucy");
    //Pet * c = new Cat("Lucy");      //错误:抽象类 Cat 不可以实例化
```

上述代码中的 Cat 类仅实现了基类 Pet 的一个纯虚函数 eat( ),未实现另一个纯虚函数

speak( ),因此 Cat 类型仍为抽象类,不可以被实例化。第 14 行、第 15 行代码会被编译器拒绝。

下述 C++代码实现了图 18-5 所示的 DragonLi(狸花猫)及 Persian(波斯猫)类型。

```
1  //Project - AbstractClass
2  #include <memory>
3  ...
4  class Pet {...};
5  class Cat:public Pet{...};
6  
7  class DragonLi:public Cat{
8  public:
9      void speak(){
10         cout << "Hello from dragonli cat " << sName << endl;
11     }
12 
13     DragonLi(const string& name):Cat(name){}
14 };
15 
16 class Persian:public Cat{
17 public:
18     void speak(){
19         cout << "Hello from persian cat " << sName << endl;
20     }
21 
22     Persian(const string& name):Cat(name){}
23 };
24 ...
25     shared_ptr<Pet> c1(new DragonLi("Happy"));
26     unique_ptr<Cat> c2(new Persian("Socks"));
27     c1->eat(100);
28     c1->speak();
29     c2->eat(100);
30     c2->speak();
```


上述代码的执行结果(局部)为:

```
Cat Happy ate 100 gram's food.
Hello from dragonli cat Happy
Cat Socks ate 100 gram's food.
Hello from persian cat Socks
```

DragonLi 及 Persian 各自实现了纯虚函数 speak( ),其基类 Cat 实现了纯虚函数 eat( )。因此,DargonLi 及 Persian 的基类的纯虚函数全部得以实现,它们不是抽象类,可以实例化。

▶ 第 25~26 行:创建名为 Happy 的狸花猫及名为 Socks 的波斯猫动态对象,并将其地址交给智能指针管理。在本例中,c1 为指向 Pet 对象的 shared_ptr 类型智能指针,c2 为指向 Cat 对象的 unique_ptr 类型智能指针。

▶ 第 27～30 行：通过智能指针分别执行两只猫的 eat()及 speak()方法，由于晚绑定的关系，“正确”的方法被调用执行。在执行结果中可以看到相关输出。

当作为自动变量的智能指针对象 c1 和 c2 超出作用域时，其析构函数会释放两个猫对象，手工 delete 不再被需要。

练习巩固

18-3　（实例化抽象类）将练习 18-1 中的 Shape 类修改为抽象类并尝试实例化 Shape 类型的对象，看看会发生什么。

习题讲解 18-3：实例化抽象类

*18.7　多态应用举例

电子正文：多态应用举例

在花费了很多时间学习多态之后，有必要通过一个示例向读者展示多态技术在实践中不可或缺的重要价值。这里从大家常用的文字编辑软件说起。

*第 19 章　容器与模板

规矩备具，而能出于规矩之外；变化不测，而亦不背于规矩之外。

——吕本中

学习目标

知识目标

1. 掌握向量、模板数组的使用方法，理解其基本工作原理。
2. 了解链表、映射容器的使用方法及基本工作原理。
3. 了解迭代器的使用方法及基本工作原理。
4. 了解模板类的定义和使用方法；了解 STL 算法、移动语义。

能力目标

在程序中合理选用恰当的容器类型，简化程序的结构，提高工作效率。

素质目标

通过迭代器案例体会“标准和接口的一致性对工程实践的重要意义”。

思维导图

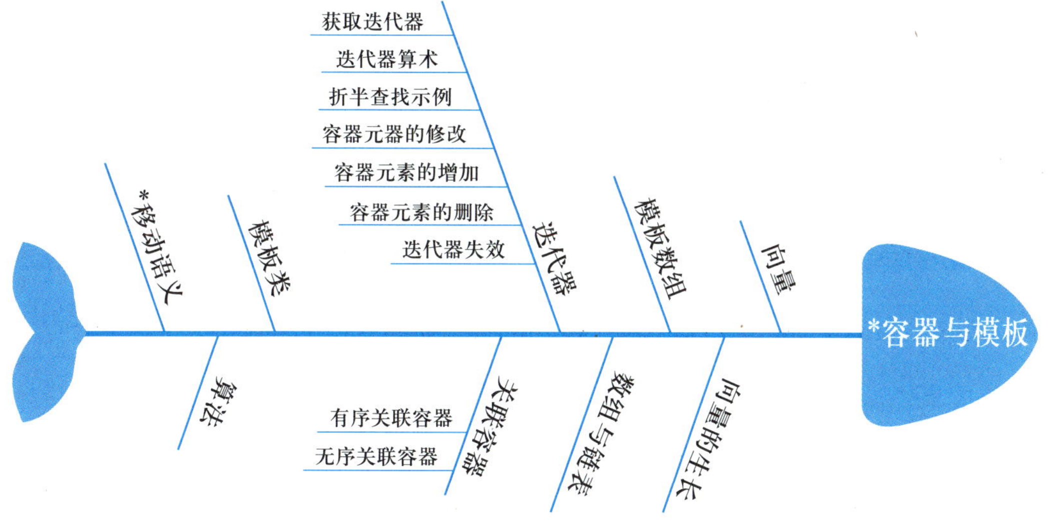

用数组,即便是动态数组,来保存对象有一个很大的局限:难以准确估计需要的数组空间。如果将数组定义得过大,可能会浪费内存,如果定义得过小,又存在容量不足的可能。

要点

容器(container)类对象可以像数组那样容纳其他对象。数组的容量是固定的,而容器类对象(模板数组▲除外)的容量可以根据需要自动伸缩。

表 19-1 列出了标准模板库中的容器类型及其特点,本章将介绍最为常用的几种。

表 19-1 容器类型及其特点

类型名	特点
vector/向量	大小可伸缩的"数组",可以快速地随机存取元素值。当在特定位置(尾部除外)删除或插入元素时,速度较慢
array/数组	固定元素个数的数组,可以快速随机存取元素值。不支持插入或者删除元素
string/字符串	用于包含字符的特殊向量,可以快速地随机存取元素值。当在特定位置(尾部除外)删除或插入元素时,速度较慢
deque/双端队列▲	可以快速随机存取元素值。在头部/尾部插入、删除元素速度较快
list/双向链表▲	不可以随机存取元素,仅支持双向的顺序元素存取。可以快速地在任意位置插入、删除元素
forward_list/单向链表▲	不可以随机存取元素,仅支持前向的顺序元素存取。可以快速地在任意位置插入、删除元素

19.1 向　　量

向量(vector)类型来自标准模板库(standard template library),由 vector 头文件引入。其工作方式与数组类似,主要区别有二:元素类型由模板参数指定;容量根据使用需要自动伸缩。

```
vector<string>  v1;     //元素类型为 string 的向量
vector<int> v2;         //元素类型为 int 的向量
vector<Fish* > v3;      //向量,其元素类型为 Fish*,即指向 Fish 对象的指针
```

上述代码定义了三个向量,其存储的元素类型各不相同。当向量刚被创建时,默认为空,即不包含任何元素。

下面通过下述 C++示例程序来简单解释向量的用法。在本章随书代码的 WordsCount

项目目录下,有一个名为 title.txt 的文本文件,其内容是一首美丽的诗:

```
When you are old
--- William Butler Yeats
When you are old and grey and full of sleep,
And nodding by the fire, take down this book,
...
```

通过程序来对这首诗进行词频统计,找出这首诗中的全部单词并统计各单词在诗中出现的次数。程序如下:

```cpp
//Project - WordsCount
#include <iostream>
#include <vector>
#include <fstream>
#include <assert.h>
using namespace std;

int main() {
    ifstream in("C:/C2Cpp/C19_Container/WordsCount/title.txt");
    vector<string> words;   //words[i]存放发现的第 i 个单词
    vector<int> counts;     //counts[i]存放 words[i]在诗中出现的次数

    string sWord;
    while (in >> sWord){     //operator>>(in,sWord)
        for (size_t i=0;i<words.size();i++){
            if (words[i]==sWord){
                counts[i]++;
                sWord = "";
                break;
            }
        }
        if (sWord!=""){
            words.push_back(sWord);
            counts.push_back(1);
        }
    }

    assert(words.size()==counts.size());//断言向量 words 及 counts 长度相等
    for (size_t i=0;i<words.size();i++){
        cout << words[i] << ":" << counts[i] << ", ";
    }

    return 0;
}
```

上述程序的执行结果为:

```
When:2, you:2, are:2, old:2, ---:1, William:1, Butler:1, Yeats:1, and:4, grey:1, full:1, of:6, sleep,:1, And:7, nodding:1, by:1, the:6, fire,:1, take:1, down:2, this:1, book,:1, slowly:1, read,:1, dream:1, soft:1, look:1, Your:1, eyes:1, had:1, once,:1, their:1, shadows:1, deep;:1, How:1, many:1, loved:4, your:3, moments:1, glad:1, grace,:1, beauty:1, with:1, love:1, false:1, or:1, true,:1, But:1, one:1, man:1, pilgrim:1, soul:1, in:1, you,:1, sorrows:1, changing:1, face;:1, bending:1, beside:1, glowing:1, bars,:1, Murmur,:1, a:2, little:1, sadly,:1, how:1, Love:1, fled:1, paced:1, upon:1, mountains:1, overhead:1, hid:1, his:1, face:1, amid:1, crowd:1, stars.:1,
```

说明:第 9 行的"C:/C2Cpp/C19_Container/WordsCount/title.txt"是 title.txt 在作者计算机上的完整路径,读者运行上述程序时,可能需要根据实际情况进行修改。

- 第 3 行:vector 头文件引入向量类型,该类型是标准模板库的构成部分。
- 第 4 行:fstream 是文件流(file stream)头文件,本例中其引入的 ifstream 类型用于读入文本文件的内容。
- 第 5 行:引入**断言(assertion)宏(macro)**。
- 第 9 行:定义一个输入文件流(**i**nput **f**ile **stream**)对象 in,该对象会打开参数字符串所指明的文本文件。在后续代码中,可以从该输入文件流读取内容,就像从控制台输入流(console input stream,cin)读取内容一样。
- 第 10~11 行:定义了向量 words 及 counts,其含义见代码注释。向量在逻辑上与数组非常相似,words[i]代表向量内存储的第 i 个元素。在程序运行过程中,words 和 counts 的元素个数应是相等的。
- 第 14~26 行:循环从输入文件流读入一个字符串(以空格作为分隔符),并进行处理。其中,in>>sWord 等价于 operator>>(in,sWord),当 in 中的全部内容都被读取完毕后,该操作符函数将返回 false 并导致循环结束。
- 第 15~21 行:读取到一个单词(字符串)sWord 后,先在向量对象 words 中进行查找。
    - 成员函数 size()返回向量内保存的元素个数,其返回类型为 size_t,在作者的计算机上,size_t 即为 unsigned long long。使用无符号长整数来表示向量的元素个数具有一定的合理性,因为元素数量不可能为负。
    - words[i]表示向量 words 内下标为 i 的元素。这意味着同数组一样,向量内的元素是有先后顺序的。words[i]事实上执行的是 words.operator[](i),该重载操作符函数将返回元素的引用,本例中其类型为 string&。
    - 如果在 words 向量内找到字符串 sWord(第 16 行),则将其计数 counts[i]加 1(第 17 行),并将 sWord 置为空串(18 行)。
- 第 22~25 行:如果 sWord 不为空,则说明未在 words 中找到 sWord,它是一个新发现的单词。将 sWord 加入向量 words,并在向量 counts 尾部增加元素 1。向量的 push_back()成员函数将参数对象添加到向量的末尾。
- 第 28 行:如果程序逻辑完全正确,向量 words 及 counts 的元素个数应当相等。本例中,assert 宏将会在运行时对"参数"表达式进行检查,如果为假,程序将会报错。通常,断言

(assertion)失败的报错信息包含具体的源代码文件名及断言失败的行号,这对程序员查找程序缺陷非常有用。当断言成功时,它什么都不会做。

建议

人都会犯错,在程序的恰当位置适当地通过断言来帮助发现错误,是有益的实践。

▶ 第 29~31 行:将诗中出现的单词以及词频(次数)配对打印。

可以在向量定义时通过列表初始化语法来为向量指定初始成员:

```
//Project - VectorInit
    vector<string> v0 {"good", "better", "best"};
    vector<string> v1 = {"good", "better", "best"};
```

上述程序中的 v0、v1 都是包含三个字符串元素的向量,其值分别为"good""better"以及"best"。此外,也可以通过指定构造函数参数来初始化向量:

```
    vector<string> v2(5,"hi");
    vector<int> v3(6);
```

上述程序中的 v2 包含 5 个字符串元素,每个字符串均为"hi";v3 则包含 6 个元素,其值全部为 0。

```
    vector<int> v4 {6};      //不同于 v4(6)
    vector<int> v5 {6,1};    //不同于 v5(6,1)
```

实践中,应注意区分初始化列表的{}与构造函数的()。上述程序中的 v4 仅包含一个值为 6 的元素,而不是 6 个值为 0 的元素;v5 仅包含值为 6 和 1 的两个元素,而不是 6 个值为 1 的元素。

19.2　向量的生长

向量的存储空间根据需要而自动伸缩。当现有的存储空间不足以容纳新增元素时,向量会自动申请新的存储空间,并将旧的元素迁移至新空间。我们通过分析下述 C++程序来理解向量的内存管理行为。

```
//Project - FishVector
#include <iostream>
#include <vector>
using namespace std;

```

```
class Fish{
    string sNumber;
public:
    Fish(){
        static int i = 0;
        sNumber = std::to_string(i++);
        cout << "Fish constructor: " << sNumber << endl;
    }

    Fish(const Fish& r){
        sNumber = r.sNumber + "[Copy]";
        cout << "Fish copy constructor: " << sNumber << endl;
    }

    ~Fish(){ cout << "Fish destructor: " << sNumber << endl; }
};

int main(){
    vector<Fish> f(2);      //0 号鱼、1 号鱼
    printf("f.capacity = %d, f.size = %d\n",f.capacity(),f.size());
    Fish f2;               //2 号鱼
    cout << "-------------f.push_back(f2)----------" << endl;
    f.push_back(f2);
    printf("f.capacity = %d, f.size = %d\n",f.capacity(),f.size());
    cout << "vector f is " << (f.empty()?"empty.\n":"not empty.\n");
    cout << "-------------f.pop_back()-------------" << endl;
    f.pop_back();
    cout << "-------------f.resize(1)--------------" << endl;
    f.resize(1);
    cout << "-------------f.clear()----------------" << endl;
    f.clear();
    return 0;
}
```


上述程序的执行结果为:

```
Fish constructor: 0
Fish constructor: 1
f.capacity = 2, f.size = 2
Fish constructor: 2
-------------f.push_back(f2)----------
Fish copy constructor: 2[Copy]
Fish copy constructor: 0[Copy]
Fish copy constructor: 1[Copy]
```

```
9   Fish destructor: 0
10  Fish destructor: 1
11  f.capacity = 4, f.size = 3
12  vector f is not empty.
13  -------------f.pop_back()-------------
14  Fish destructor: 2[Copy]
15  -------------f.resize(1)--------------
16  Fish destructor: 1[Copy]
17  -------------f.clear()----------------
18  Fish destructor: 0[Copy]
19  Fish destructor: 2
```

说明:不同版本的标准模板库在算法策略上会有差异,在读者的计算机上,上述执行结果很可能与本书存在差异。

- 第 6~21 行:Fish 类型的构造函数通过局部静态变量 i 为每个新对象提供一个唯一的序号(sNumber)。当 Fish 对象被复制构造时,sNumber 序号会增加"[Copy]"字样,以表明复制生成的新对象是由哪一个旧对象复制而得的。无论是构造函数、复制构造函数,还是析构函数,都会向控制台打印包括序号的报告信息,以便于观察向量元素增减时的内存管理行为。
- 第 24 行:f 向量的构造参数 2 导致向量自动创建了 0 号鱼及 1 号鱼。0、1 号鱼的构造函数输出见执行结果的第 1~2 行。可以想象,该行代码事实上要求 Fish 类型必须具备一个"零参数"的构造函数,否则编译器会报错。
- 第 25 行:capacity()成员函数返回向量对象的容量,即向量对象能够容纳的元素个数;size()成员函数返回向量对象当前实际包含的元素个数。执行结果的第 3 行显示,当前容量(capacity)及大小(size)均为 2。这提示,如果试图往向量中增加一个元素,将存在向量内存空间不足的问题。
- 第 26 行:定义并构建了 2 号鱼对象。其构造函数的输出见执行结果的第 4 行。
- 第 27~28 行:pushback(f2)将 2 号鱼添加到向量 f 的末尾。C++并不能把 2 号鱼从外部变量 f2"移入"向量,它只能将外部对象 f2"复制"至向量内。但当前向量 f 的容量和尺寸都为 2,没有剩余空间,为了将 f2 加入向量,pushback()函数做了如下工作:

  ① 在堆中申请并分配新的足够的存储空间。

  ② 将 2 号鱼,即 f2 对象复制构造至新空间内的 2 号位置(从下标 0 开始数)。相关复制构造函数的输出见执行结果的第 6 行。请注意,向量内的 2 号鱼的序号已变为 2[Copy]。

  ③ 将向量内原有的 0、1 号鱼由旧空间复制至新空间的对应位置。相关复制构造函数的输出见执行结果的第 7~8 行。请注意,向量内的 0、1 号鱼的序号变为 0[Copy]及 1[Copy]。

  ④ 释放旧空间,旧空间内的原 0、1 号鱼的析构函数被执行。相关析构函数的输出见执行结果的第 9~10 行。

可以想象,push_back()函数的这种"复制"行为要求元素类型具有公开的复制构造函数

(可以是默认的),否则,编译器会报错。

- ▶ 第 29 行:再次打印向量 f 的容量及尺寸。由执行结果的第 11 行可见,容量为 4,尺寸为 3。这提示,向量 f“认为”使用者有可能会再次往向量内增加元素,push_back()函数在分配新空间时做了适当的预留。
- ▶ 第 30 行:当向量内容纳的元素个数为 0 时,empty()成员函数返回真,否则为假。执行结果的第 12 行显示,向量 f 非空。
- ▶ 第 31~32 行:pop_back()成员函数将向量的最后一个元素弹出。由执行结果的第 14 行可见,向量内的 2 号鱼被析构,其序号为 2[Copy]。
- ▶ 第 33~34 行:resize(n)成员函数将向量内的元素个数修改为 n。如果 n 大于向量内的当前元素个数,向量将自动新增元素来实现目标;如果 n 小于向量内的当前元素个数,则位于末尾的多余元素会被移除。第 34 行执行前,向量 f 内有 2 个元素,resize(1)导致 1 号鱼被移除,相关析构函数输出见执行结果第 16 行,其序号为 1[Copy]。
- ▶ 第 35~36 行:clear()成员函数清空向量内的全部元素。执行结果第 18 行显示,向量内的最后一个元素,序号为 0[Copy]的 0 号鱼被析构。

在执行结果的最后一行,还看到了局部变量 f2 的析构输出。

要点

当往向量内加入元素时,向量会“酌情”申请新空间,并将旧空间的原有元素及拟加入元素以复制构造的形式复制到新空间内。同时,旧空间的原有元素会被释放。如果期望降低这种因内存不足而导致的“搬家开销”,可以通过 reserve(n)函数预分配向量的元素存储空间。reserve(n)成员函数会导致向量预分配 n 个元素的存储空间。请注意,该函数的执行只会导致向量的容量(capacity)发生变化,其实际存储的元素个数(size)不变。

向量等容器还提供 emplace_back()函数,它们的功能与 push_back()类似,但实现机制略有差别。结合下述程序进行解释。

```
//Project - EmplaceFish
#include <iostream>
#include <vector>
using namespace std;

class Fish{
    string sName;
public:
    Fish(const char * name){
        sName = name;
        cout << "Fish constructor: " << sName << endl;
    }

    Fish(const Fish& r){
```

```
15            sName = r.sName;
16            cout << "Fish copy constructor: " << sName << endl;
17        }
18    };
19
20    int main(){
21        vector<Fish> v;
22        v.reserve(10);  //提前分配 10 个元素的空间
23        v.push_back(Fish("Tom"));
24        v.push_back("Dora");
25        v.emplace_back("Charlie");
26        return 0;
27    }
```

上述程序的执行结果为：

```
1  Fish constructor: Tom
2  Fish copy constructor: Tom
3  Fish constructor: Dora
4  Fish copy constructor: Dora
5  Fish constructor: Charlie
```

▶ 第 22 行：执行 reserve( ) 函数提前为向量分配 10 个元素的空间，以避免通过 push_back( )、emplace_back( ) 函数添加新元素时重新分配内存。

▶ 第 23 行：程序先执行 Fish 的构造函数，构造一个临时对象，其输出见执行结果的第 1 行。push_back( ) 函数则把临时对象 Tom 鱼通过复制构造函数复制到向量内部，相关复制构造函数的输出见执行结果的第 2 行。

▶ 第 24 行：push_back( ) 函数的参数为一个 C 风格的字符数组，其类型为 const char *。显然，向量 v 预期存储 Fish 对象，而不是 const char * 类型的对象，但这行代码会通过编译并正确执行：

- 编译器“聪明”地执行 Fish 的构造函数，以“Dora”为参数，构建了一个用完即弃的临时对象。相关构造输出对应执行结果的第 3 行。
- push_back( ) 函数将临时 Fish 对象复制到向量内。相关复制构造输出对应执行结果的第 4 行。

▶ 第 25 行：emplace_back( ) 函数与 push_back( ) 函数有如下区别：

- emplace_back( ) 函数的预期参数并不是 Fish 对象（结合本例），而是 Fish 类型的构造参数。其参数的个数及类型取决于 Fish 的构造函数定义。
- emplace_back( ) 给向量增加元素的方法并不是先构造、后复制，而是直接在分配好的元素空间上执行 Fish 类型的构造函数，以"Charlie"为参数（结合本例）。相关构造函数输出对应执行结果的第 5 行。

理论上，如果待添加的元素不是一个已经存在的 Fish 对象，emplace_back( ) 函数的执行效率比 push_back( ) 高。如果需要在向量的特定位置插入或者删除元素，则需要使用到**迭代器（iterator）**，请见本章后续部分。

19.3 模板数组

相较于原生的数组类型,向量可以很好地适应元素数量的不确定性:以一定的执行效率损失为代价。array 模板类可以提供固定尺寸的数组容器,相较于向量,它的执行效率更高,相较于原生数组,它更安全、更便利。本书中,称由 array 模板类提供的数组容器为**模板数组**,以区别于原生数组。示例代码如下:

```
1  //Project - StringArray
2  #include <iostream>
3  #include <array>
4  using namespace std;
5  
6  int main(){
7      array<string,3> a1 {"Tom","Dora","Eddie"};
8      auto a2 = a1;
9      a1[1] = "Charlie";   //a1.at(1) = "Charlie";
10 
11     cout << "a1: ";
12     for (auto x:a1)
13         cout << x << ", ";
14 
15     cout << "\na2: ";
16     for (auto x:a2)
17         cout << x << ", ";
18 
19     cout << "\na1 == a2: " << (a1==a2?"True":"False") << endl;
20     cout <<   "a1 != a2: " << (a1!=a2?"True":"False") << endl;
21     cout <<   "a1 >  a2: " << (a1> a2?"True":"False")  << endl;
22     cout <<   "a1 <  a2: " << (a1< a2?"True":"False")  << endl;
23     return 0;
24 }
```

上述程序的执行结果为:

```
a1: Tom, Charlie, Eddie,
a2: Tom, Dora, Eddie,
a1 == a2: False
a1 != a2: True
a1 >  a2: False
a1 <  a2: True
```

▶ 第 3~4 行:array 类型由 array 头文件引入,且处于 std 名字空间之下。

▶ 第 7 行:array<ElemType,size>有两个模板参数,其中,ElemType 表示元素类型,size 预期为一个 size_t 类型的整数,它指定了模板数组的固定尺寸。模板数组一旦建立,其尺寸(元素个数)恒定。在本例中,a1 数组的元素类型为 string,尺寸为 3。

▶ 第 8 行:模板数组对象可以整体赋值给相同类型(元素类型和尺寸均需相同)的另一个数组对象。在本例中,a2 通过类型推断获得与 a1 相同的类型,模板数组对象赋值时,右值对象中的元素通过复制构造或者 operator=操作符函数复制给左值对象中的对应元素。此操作同样适用于向量。

▶ 第 9 行:通过下标可以访问模板数组元素。同原生数组一样,当通过下标访问数组元素时,不会进行越界检查。通过使用 at(idx)函数,也可以访问数组元素,但会进行越界检查,这显然会带来一点点执行效率的损失。当 at(idx)函数收到越界的下标时,会抛出一个异常(exception)▲。异常处理机制有机会通过捕获这一异常来修复错误。at(idx)函数也适用于向量。

▶ 第 11~13 行:通过基于范围的 for 循环来遍历并打印 a1 数组的全部元素,这种语法同样适用于向量。需要注意的是,在本例的语法下,循环变量 x 只是容器元素的复制品。如果期望通过这种循环修改容器元素,应通过下述语法获取容器元素的引用。

```
for (auto& x:a1):
    ... //对 x 的修改,即是对容器元素的修改
```

此外,当容器元素对象较大时,即便没有通过循环修改容器元素的需要,也应尽量使用容器元素的引用,这样做可以避免在循环过程中的多次复制大对象。

▶ 第 19~22 行:通过==、!=、>、<等重载操作符函数,可对模板数组对象进行整体比较,这是原生数组无法完成的任务。当且仅当两个模板数组内的元素完全相同时,两个模板数组相等。当两个模板数组比较大小时,则会从第 0 个元素开始比较,如果第 0 个元素相等,则比较第 1 个……请读者结合程序执行结果进行理解。上述逻辑比较运算同样适用于向量。

19.4　数组与链表

array、vector 以及 string,都可视为数组类型,其元素均存储在一片连续的内存空间之内。这一特性使得通过下标存取容器元素(即随机存取)成为可能:元素地址可以通过首元素地址加上元素大小与下标的乘积得到。array、vector、string 类型都有一个名为 data()的成员函数,通过该成员函数,可以获取其数据存储空间的指针。

如图 19-1 所示,数组的这种内存结构也使得在特定位置插入或者删除元素变得困难。比如,如果期望在下标 k 的位置插入一个新元素,就需要先从后往前把从下标 k 开始的所有元素依次后移,然后才能把新元素存入下标 k。当删除指定下标元素时,情况与此类似,需要把后续元素逐一前移,以填补元素删除后的空缺。

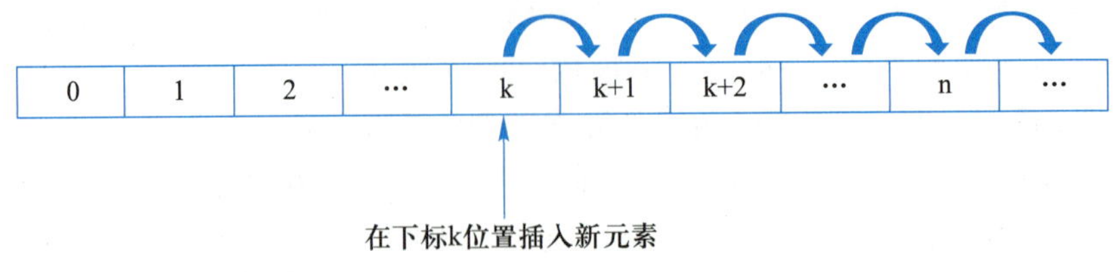

图 19-1　数组类容器的结构

与数组不同，链表（包括双向链表 list 以及单向链表 forward_list）中的元素是分散存储的，元素之间通过节点指针来串接。图 19-2 展示了一个典型的双向链表的结构：

- 链表由多个节点串接而成，每个节点包括：前向（prev）指针、数据及后向（next）指针三个部分。其中，数据即为链表容器的元素，每个节点存储一个元素。
- 前向指针指向本节点的前一个节点，容器的第 0 个节点的前向指针为空。
- 后向指针指向本节点的后一个节点，容器的最后一个节点的后向指针为空。
- 头指针指向链表第 0 个节点；尾指针指向链表的最后一个节点。

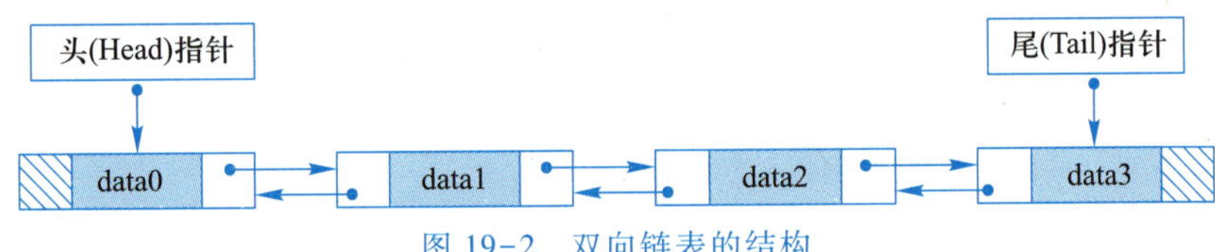

图 19-2　双向链表的结构

链表中每个节点的存储在内存中是**散布非连续**的，这使得程序无法通过下标计算得到节点/元素的存储位置。要访问链表元素，必须从头指针或者尾指针出发，后向或前向顺序访问。但链表的这种结构也有好处，那就是可以快速地在指定位置删除或者插入元素。如图 19-3 所示，当在 data1 和 data2 元素之间插入新元素 new 时，并不需要像数组那样把 data2 及后续元素依次后移，只需要新建一个包含元素 new 的节点，然后修改 data1、data2 以及 new 节点的部分指针的指向即可。

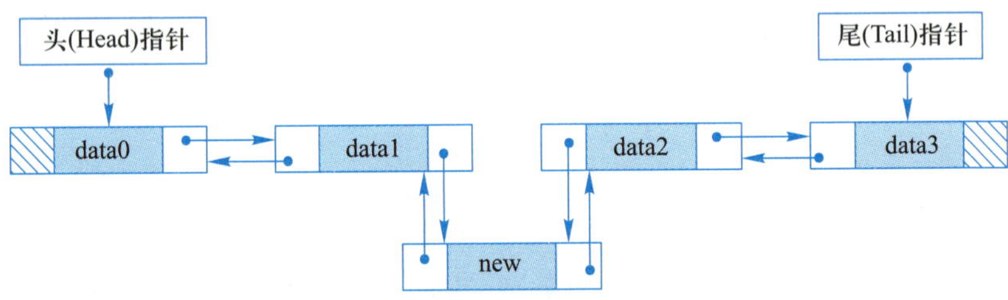

图 19-3　双向链表中的元素插入

与双向链表（list）不同，单向链表（forward_list）的节点中没有前向指针，这使得单向链表的元素访问，只能从头指针出发，从前往后单向进行。

下述 C++程序是一个非常简单的双向链表的应用示例。

```
//Project - StringList
#include <iostream>
```

```
3  #include <list>
4  using namespace std;
5
6  int main() {
7      list<string> girls {"Dora", "Emily", "Cinderella"};
8      girls.pop_back();
9      girls.push_back("Angela");
10     girls.emplace_front("Iris");
11     girls.sort();
12
13     for (auto& x:girls)
14         cout << x << endl;
15     return 0;
16 }
```

上述程序的执行结果为：

```
Angela
Dora
Emily
Iris
```

- 第 3~4 行：list 类型由 list 头文件引入，且处于 std 名字空间之下。
- 第 7 行：定义了一个元素类型为 string 的双向链表对象 girls，并使用初始化列表进行了初始化。
- 第 8 行：弹出/移除链表中的最后一个元素。具体到本例，"Cinderella" 被移除。与此对应的成员函数还有 pop_front()，它用于弹出/移出链表的第一个元素。
- 第 9 行：在链表的尾部添加一个元素。与此对应的成员函数还有 push_front()，它用于在链表头部添加一个元素。
- 第 10 行：在链表的起始处添加一个元素。如本章稍早所述，emplace_front(...)、emplace_back(...)会避免使用复制构造的方式来复制元素，而是直接通过构造函数来初始化元素。此处的...指代元素的构造函数参数。
- 第 11 行：对链表内的元素进行排序。
- 第 13~14 行：使用基于范围的 for 循环遍历打印链表元素。注意，此处通过获取链表元素的引用来避免循环过程中对链表元素的非必要复制。

由执行结果可见，经过排序后的链表非递减有序。

向量(vector)内的全部元素存储在一块连续内存之内，这使得元素的随机访问速度很快。双端队列(deque)的元素则存储在多块连续内存上，其每一个内存块通常存储相同数量的元素。这使得双端队列也可以支持快速的元素随机访问(比向量稍慢)。当向双端队列队首或队尾添加元素时，双端队列可以通过申请新的内存块来实现快速的队首/队尾元素添加。

上述链表、队列的具体工作原理通常属于“数据结构”课程讨论的内容。

习题讲解 19-1：众数

习题讲解 19-2：身份证解析

习题讲解 19-3：排队队吃果果

习题讲解 19-4：年龄小的小朋友先吃糖

练习巩固

19-1 （众数）从键盘读入数量不确定的正整数，然后从中找出出现次数最多的数。操作者输入-1 表示结束输入。

19-2 （身份证解析）从键盘读入一个合法的身份证号，从中解析出地区编号以及该人的出生日期。

19-3 （排队队吃果果）幼儿园阿姨发糖，先到先得。请查询资料，使用队列（queue）容器模拟幼儿园小朋友 Jack、Mary、Tom、Angela 和 Alex 依次到达（入队）并依次出队领糖的过程。

19-4 （年龄小的小朋友先吃糖）幼儿园阿姨发糖，不考虑排队次序，总是年龄小的小朋友先领到糖。请查询资料，使用优先队列（priority_queue）容器来模拟不同年龄的小朋友先后到达（入队）并按年龄从小到大领糖的过程。

提示：① 应定义 Child 类型，该类型至少包括小朋友姓名、小朋友年龄两个数据成员；② 定义合适的函数依据年龄比较两个小朋友对象的大小。

19.5 迭　代　器

如前所述，不同容器，比如向量和链表，其内部数据结构差异很大。不同的内部数据结构导致了不同的容器特性：向量、模板数组、双端队列可以通过下标随机访问元素，而链表、单向链表则只能顺序访问。不同类型容器的接口差异，为**代码复用（code reuse）**带来困难。**迭代器（iterator）**的设计目的之一，就是消除不同容器间的访问接口差异，从而使**泛型程序设计（generic programming）**成为可能。广义来说，迭代器属于**设计模式（design patterns）**的范畴。

19.5.1 获取迭代器

大多数容器，都有 begin( ) 和 end( ) 两个成员函数，其中 begin( ) 函数返回指向首元素的迭代器。与读者的预期不同，end( ) 函数返回的迭代器并非指向末尾元素（容器的最后一个元素），而是指向末尾元素的后面一个“元素”，它被称为**尾后迭代器（off-the-end iterator）**。当然，末尾元素的后面不会再有其他元素，end( ) 函数所返回的迭代器用于表示：所有元素都已遍历完成，程序已到达容器尾部的“出口”。我们结合下述程序及图 19-4 来解释。

```
//Project - StringIterator
#include <iostream>
using namespace std;

int main() {
```

```
6      string s = "Run, Forrest";
7
8      auto it = s.begin();
9      while (it! = s.end()){
10         * it = toupper( * it);
11         it++;
12     }
13
14     cout << s << endl;
15     return 0;
16 }
```

上述程序的执行结果为:

```
RUN, FORREST
```

可以将 string 类型的对象视为类似于向量的容器,其元素类型为字符。图 19-4 展示了 s 对象内部的元素排列状况。

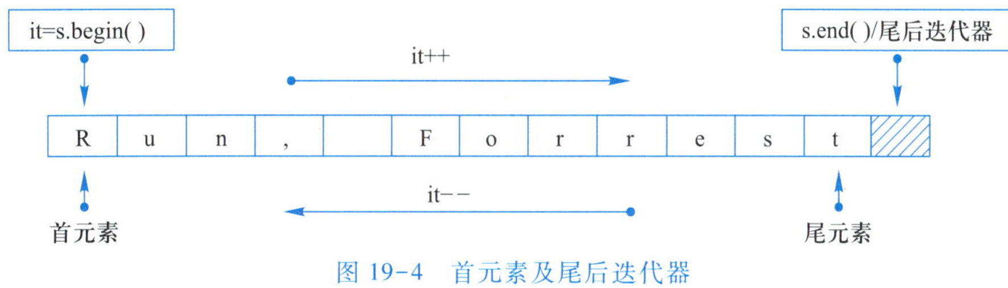

图 19-4　首元素及尾后迭代器

▶ 第 8 行:通过 begin( )成员函数获取 s 的首元素迭代器并赋值给变量 it。如图 19-4 所示,此时的 it 应指向 s 的首元素'R'。根据类型推断,本例中对象 it 的类型为 string::iterator。

要点

迭代器对象可以视为指向容器内元素的智能指针,借助于其重载的操作符函数,可以使用迭代器遍历容器,并插入、删除元素。

▶ 第 9~12 行:借助于循环及迭代器的移动,将 s 字符串的所有字符改为大写。

- s. end( )返回尾后迭代器,它指向尾元素的后面一个“元素”,如图 19-4 所示。
- != 是迭代器对象的一个重载操作符函数,两个迭代器如果不相等,就意味着它们指向不同的容器元素。本例中,it 迭代器会在循环过程中逐渐后移,it 与尾后迭代器相等即意味着容器元素已遍历完毕。
- 间接操作符 * 也被迭代器对象重载了,* it 返回 it 所指向的元素的引用。
- toupper( )函数将字符转换成大写形式,该函数位于 std 名字空间之下。
- it++对应 it. operator++(int),其执行使得 it 迭代器后移一个元素。

从执行结果可见,上述循环成功地达成了目标,s 内的小写字母全部变成了大写字母。

建议

上述 while 循环条件中的 it! = s. end( ) 也可以写成 it<s. end( )。对于两个迭代器 a 和 b 而言，如果 a<b，说明 a 所指向的元素在 b 所指向的元素的前面。但是，作者更建议使用 it! = s. end( )，这是因为部分容器的迭代器不支持<操作符，使用! = 使得上述程序兼容性更佳。

如前所述，迭代器的用途之一是消除不同容器的接口差异。借助于迭代器，遍历链表的方法与遍历向量或者字符串基本相同，见下述示例。

```
1  //Project - ListIterator
2  #include <iostream>
3  #include <list>
4  using namespace std;
5
6  int main() {
7      list<double> a {1,10,100,1000};
8      auto it = a.rbegin();
9      while (it! = a.rend()){
10         * it = ( * it) * 1.2;
11         cout << * it << ",";
12         it++;
13     }
14     return 0;
15 }
```

上述程序的执行结果为：

```
1200,120,12,1.2,
```

在上述程序中，使用了**反向迭代器（reverse iterator）**，链表容器的遍历顺序为由后往前，即尾元素 1 000 最先被迭代。

▶ 第 8 行：a. rbegin( ) 返回的迭代器是个反向迭代器，本例中，它指向尾元素 1 000。其中，迭代器 it 的类型被推断为 list<double>::reverse_iterator。

▶ 第 9～13 行：借助于循环及迭代器的移动，将 a 数组内的元素全部乘以 1.2，并输出其值。

- s. rend( ) 返回反向首前迭代器，它指向首元素的前面一个"元素"，如图 19-5 所示。
- ! = 是迭代器对象的一个重载操作符函数，两个迭代器如果不相等，就意味着它们指向不同的容器元素。本例中，it 迭代器会在循环过程中逐渐前移，it 与首前迭代器相等即意味着容器元素已遍历完毕。
- 间接操作符 * 也被迭代器对象重载了，* it 返回 it 所指向的元素的引用。
- it++对应 it. operator++(int)，由于 it 是反向迭代器，所以 it++事实上导致 it 移至前一个元素。相应的，it--则意味着，it 移至后一个元素。请读者注意图 19-5 中 it++及 it--所对应的箭头方向。

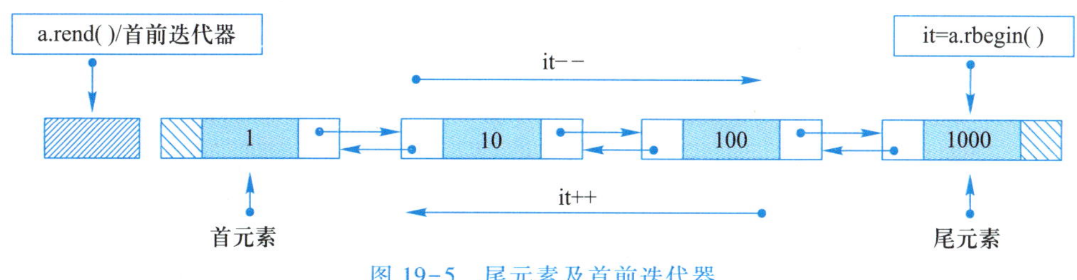

图 19-5　尾元素及首前迭代器

从执行结果可见，上述循环成功地达成了目标，a 内的全部元素由后向前被遍历并修改。表 19-2 列出了标准的迭代器获取函数的清单。

表 19-2　标准的迭代器获取函数（对象 c 为一个容器）

名称	说明	类型
c. begin( ), c. end( )	正向迭代器。其中，begin( )返回的迭代器指向首元素，end( )返回尾后迭代器，它指向尾元素的后面一个“元素”。如果 c 是常量型容器对象，begin( )及 end( )返回的迭代器也是常量型	<容器类型> ::iterator
c. rbegin( ), c. rend( )	反向迭代器。其中，rbegin( )返回的迭代器指向尾元素，rend( )返回首前迭代器，它指向首元素的前面一个“元素”。如果 c 是常量型容器对象，rbegin( )及 rend( )返回的迭代器也是常量型	<容器类型> ::reverse_iterator
c. cbegin( ), c. cend( )	常量型正向迭代器，对常量型迭代器使用间接操作符将得到元素的常量型引用。对于只读不修改的容器遍历，应尽可能使用常量型迭代器	<容器类型> ::const_iterator
c. crbegin( ), c. rcend( )	常量型反向迭代器	<容器类型> ::const_reverse_iterator

注意

当容器 c 为空时，c. begin( )与 c. end( )相等，它们都返回尾后迭代器。同理，当容器 c 为空时，c. rbegin( )也等于 c. rend( )。

19.5.2　迭代器算术

迭代器本质是对象，但使用方法类似于指针。表 19-3 总结了标准的迭代器操作符。

表 19-3　标准迭代器操作符（it 指迭代器）

操作符	说明
* it	间接操作符，* it 返回迭代器 it 所指向的元素的引用，当迭代器是常量型时，返回的引用也是常量型
it->member	指向操作符，返回迭代器 it 所指向的元素的成员的引用，其等价于(* it). member

续表

操作符	说明
it++	当 it 是正向迭代器时，移至后一个元素；当 it 是反向迭代器时，移至前一个元素
it--	当 it 是正向迭代器时，移至前一个元素；当 it 是反向迭代器时，移至后一个元素
it1==it2	判断迭代器 it1 与 it2 是否相等，即是否指向同一个元素
it1!=it2	判断迭代器 it1 和 it2 是否不相等
it+n	迭代器 it 与整数 n 相加将返回一个新的迭代器，结果迭代器预期指向 it 所指向的元素“后”面的第 n 个元素
it-n	迭代器 it 与整数 n 相减将返回一个新的迭代器，结果迭代器预期指向 it 所指向的元素“前”面的第 n 个元素
it+=n	将迭代器 it“后”移 n 个位置，指向原指向元素的“后”面第 n 个元素
it-=n	将迭代器 it“前”移 n 个位置，指向原指向元素的“前”面第 n 个元素
it1-it2	两个迭代器相减将得到一个整数 n，这个整数 n 等于两个迭代器所指向的元素的“下标”差值。如果将 it2 加上整数 n，预期应得到 it1
>,>=,<,<=	对迭代器进行逻辑比较。对于迭代器 it1 和 it2，如果 it1 所指向的元素在 it2 所指向元素的“前”面，it1 小于 it2

注意

表 19-3 所述的“前”“后”与迭代器的方向有关，当迭代器为反向迭代器时，所谓的“后”，事实上是靠近首元素的方向。

警告

使用迭代器时，程序员需要小心避免“不合逻辑”的访问行为。比如尾后迭代器事实上不指向任何元素，对其使用间接操作符 * 会导致程序异常；同样的，对迭代器加上整数 n，程序员也应小心确保其结果迭代器要么指向一个容器元素，要么是“尾后”或“首前”迭代器。

把同一个容器的两个迭代器配合使用，可以表示容器元素的一个连续子集。在数学上，迭代器 it1 和 it2 所表达的元素范围可以表示成 **[it1,it2)**，这是一个左闭右开的区间，它表示子集中的元素从 it1 所指向的元素（**包含，左闭**）开始，到 it2 所指向的元素结束，且**不包含**（**右开**）it2 所指向的元素。对于图 19-6 所示的容器 c 而言：

- [it1,it2) 表示从 A 到 L 的全部元素，请注意 it2 是尾后迭代器，它指向 L 的后面一个“元素”。
- [it3,it4) 表示从 D 到 H 的元素，即 D、E、F、G、H 共 5 个元素。请注意，it4 所指向的元素 I 并未包含。
- [it5,it6) 则表示从 L 到 A 的全部元素，请注意 it5 和 it6 都是反向迭代器，且 it6 指向“首前元素”。

当使用两个迭代器，如 it1 和 it2 表示元素范围时，必须保证 it1 在迭代方向上较 it2 靠前，即 it2 可以通过递增 it1 得到，否则，结果子集合为空。对于图 19-6，[it2,it1)的结果为一个空集合。此外，两个相等的迭代器所表示的元素子集也为空。

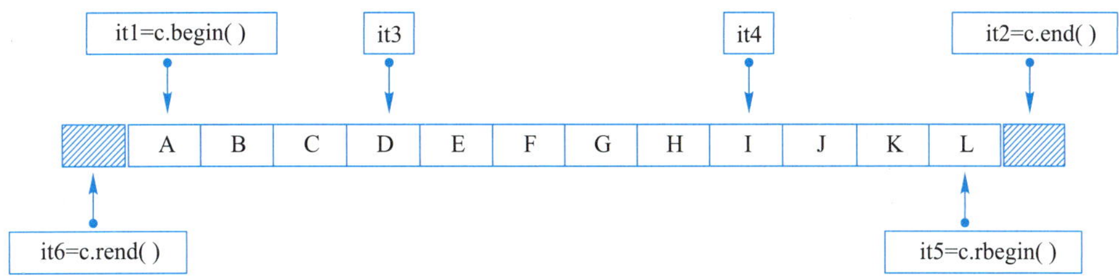

图 19-6　双迭代器所表示的元素范围

注意

[it1,it2)只是一种数学表达，C++并不支持直接在代码中使用这种格式来获取或表达容器的元素子集。结合两个迭代器来表达容器的元素子集的方法，请见 19.6 节。

19.5.3　折半查找示例

使用迭代器重写了第 5 章中讨论过的折半查找算法，来帮助读者理解迭代器的算术运算。其核心代码如下：

```
//Project - BinarySearch
...
template <typename T, typename V>
T binarySearch(T begin, T end, const V v){
    auto endOriginal = end;
    while (begin != end) {
        auto mid = begin + (end-begin)/2;
        if ( * mid==v)
            return mid;
        else if (v <  * mid)
            end = mid;
        else
            begin = mid+1;
    }
    return endOriginal;
}
...
```

binarySearch( )是一个模板函数，其接口描述如下。

- 输入：迭代器[begin,end)代表了搜索的元素范围，如上一小节所述，end 所指向的元素不在搜索范围内；v 为搜索值。注意，无论是迭代器类型还是搜索值类型都为模板参数，这意味着该函数具备泛型编程的特征，它不对输入的容器/迭代器类型、元素类型做出限定。理论上该折半查找函数适用于向量、模板数组、双端队列等不同容器。

- 输出：如果在指定的元素范围内找到了搜索值，返回指向该元素的迭代器；如未找到，则返回 end 迭代器。

▶ 第 5 行：将 end 迭代器存入 endOriginal 备用，未找到搜索值时，返回 endOriginal，即原始的 end 迭代器。

▶ 第 6 行：在整个折半查找的过程中，[begin，end）代表了当前搜索的元素范围。只要 begin 不等于 end，即意味着在该范围内至少存在一个元素，搜索应继续进行，否则应结束循环。

▶ 第 7 行：通过迭代器算术求指向当前搜索范围[begin，end）的中位元素的迭代器。其中，end-begin 返回待搜索的元素个数，将该值除以 2，再加上 begin，即得指向中位元素的迭代器。

▶ 第 8~9 行：将中位元素与搜索值 v 进行比较，如相同，说明找到搜索值了，直接返回中位元素的迭代器 mid。

▶ 第 10~11 行：如果搜索值小于中位元素，说明搜索值位于中位元素的左边，将中位元素迭代器赋值给 end。赋值之后的[begin，end）相较于之前的[begin，end），其范围大概缩小了一半，且不包含之前的中位元素。

▶ 第 12~13 行：如果上述两种情况都不成立，说明搜索值大于中位元素，其应位于中位元素的右方，将 mid+1 赋值给 begin。赋值之后的[begin，end）相较于之前的[begin，end），其范围大概缩小了一半。

▶ 第 15 行：在前述循环过程中，如果一直没有找到搜索值，每经过一轮循环，[begin，end）的范围就缩小一半，最终会导致 begin 与 end 相等，满足循环中止条件，循环结束并返回 endOriginal。

下述代码则展示了使用 binarySearch( ) 函数进行折半查找的过程：

```
//Project - BinarySearch
#include <iostream>
#include <vector>
using namespace std;
...
int main() {
    vector<int> a {1,3,5,7,9,11};
    auto r = binarySearch(a.cbegin(),a.cend(), 7);
    if (r==a.cend())
        cout << "Not found." << endl;
    else
        cout << "Found: " << *r << endl;

    return 0;
}
```

上述程序的执行结果为：

```
Found: 7
```

▶ 第 5 行：... 表示被省略的 binarySearch( ) 函数的定义。

▶ 第 8 行：a.cbegin( )，a.cend( ) 返回向量 a 的首元素只读迭代器以及只读尾后迭代器，这说明折半查找的搜索范围包括 a 的全部元素。binarySearch( ) 模板参数 T 的类型被确定为 vector<int>::const_iterator。

▶ 第 9 行：如果返回迭代器等于 a.cend( )，说明在向量 a 内未找到搜索值。

要点

第 5 章中所描述的折半查找代码，仅适用于指定类型的数组，不具备通用性。借助于迭代器及模板参数，本节中的 binarySearch( ) 理论上可以支持不同的容器类型及元素类型，具备泛型编程的特征。事实上，本节的 binarySearch( ) 函数不支持对链表的折半查找，因为链表的迭代器不支持减法操作符。

19.5.4　容器元素的修改

下述程序展示了通过迭代器对容器元素进行修改的一般方法。

```
//Project - ModifyElement
#include <iostream>
#include <list>
#include <vector>
using namespace std;

template <typename T>
void output(T begin, T end, const string& sTitle){
    cout << "------" << sTitle << "--------\n";
    while (begin != end)
        cout << *begin++ << ",";
    cout << endl;
}

int main() {
    vector<int> a;
    a.assign({0,1,2,3,4,5,6,7,8,9});
    *(a.begin()+3) = 99;
    output(a.cbegin(),a.cend(),"vector<int> a");

```

```
21      list<int> b;
22      b.assign(a.crbegin()+2,a.crend()-3);
23      output(b.cbegin(),b.cend(), "list<int> b");
24
25      return 0;
26  }
```

上述程序的执行结果为:

```
1  ------vector<int> a--------
2  0,1,2,99,4,5,6,7,8,9,
3  ------list<int> b--------
4  7,6,5,4,99,
```

- ▶ 第 7~13 行:定义了一个"通用"的容器元素输出函数 output( ),因为模板参数及迭代器的使用,该函数理论上可以输出任意**序列容器(sequential container)**的元素。
- ▶ 第 17 行:用初始化列表中的元素替换向量 a 中的全部元素。
- ▶ 第 18 行:将向量 a 的第 3 个元素(从 0 开始计数)修改为 99。这里使用到了迭代器算术。
- ▶ 第 19 行:使用 output( )函数输出向量 a 的全部元素。由于输出过程并不期望改变容器元素的值,所以使用了常量型迭代器。其输出对应执行结果的第 1~2 行。
- ▶ 第 22 行:用向量 a 中的部分元素替换链表 b 中的全部元素。源自向量 a 的元素集由两个迭代器来表示,形式上可表示为[a. crbegin( )+2,a. crend( )-3)。
    - a. crbegin( )+2:反向只读迭代器,指向尾元素之"后"的第 2 个元素,即向量 a 的倒数第 3 个元素,其值为 7。
    - a. crend( )-3:反向只读迭代器,指向"首前元素"之"前"的第 3 个元素,即向量 a 的正数第 3 个元素,其值为 2。
    - 由于两个迭代器都是反向迭代器,且按照左闭右开的规则,a. crend( )-3 所指向的元素(即 2)不包含在范围内,所以,[a. crbegin( )+2,a. crend( )-3)所表示的元素序列为 7、6、5、4、99。

第 22 行的 assign( )与第 17 行的 assign( )参数不同,显然,这些容器通过函数名重载定义了多个名为 assign( )的成员函数。请读者对照图 19-7 理解代码第 22 行所描述的元素范围。

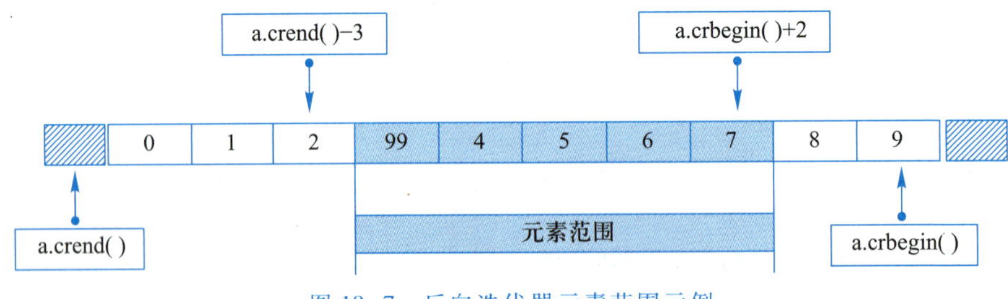

图 19-7 反向迭代器元素范围示例

- ▶ 第 23 行:打印链表 b 的全部元素,其输出对应执行结果的第 3~4 行。

19.5.5　容器元素的增加

警告

往 vector、string、deque 等容器内添加元素，可能会使相关的迭代器、引用、地址等全部失效，因为元素的添加过程可能会导致原有元素的内存地址变生变化。这也是表 19-4 中，c.insert(it,begin,end)中的 begin,end 不可以源自容器 c 的原因。

表 19-4　序列容器的元素增加函数

函数	说明
c.push_back(e)	将元素 e 通过复制的方式添加到容器的尾部
c.emplace_back(args)	在容器尾部添加一个元素，新元素通过参数 args 构造
c.push_front(e)	将元素 e 通过复制的方式添加到容器的头部。单向链表不支持该函数
c.emplace_front(args)	在容器头部添加一个元素，新元素通过参数 args 构造。单向链表不支持该函数
c.insert(it,e)	在迭代器 it 所指向的元素前，通过复制的方式添加一个新元素，其值为 e。函数返回指向新增元素的迭代器
c.emplace(it,args)	在迭代器 it 所指向的元素前，新增一个元素，新元素通过参数 args 构造。函数返回指向新增元素的迭代器
c.insert(it,initialize_list)	initialize_list 是包含一系列元素值的初始化列表。该函数将这些元素值插入 it 所指向的元素之前。函数返回指向第 1 个新增元素的迭代器，如果 initialize_list 为空，则返回参数 it
c.insert(it,n,e)	在迭代器 it 所指向的元素前，新增 n 个值为 e 的元素。函数返回指向第 1 个新增元素的迭代器，如果 n 等于 0，则返回参数 it
c.insert(it,begin,end)	在迭代器 it 所指向的元素前，插入[begin,end)元素范围中的全部元素。函数返回指向第 1 个新增元素的迭代器，如果元素范围[begin,end)为空，则返回参数 it。注意：迭代器 begin,end 不可以来自容器 c

下述程序主要讨论表 19-4 里几个 insert()函数的使用方法。

```
//Project - AddElements
#include <iostream>
#include <list>
#include <vector>
using namespace std;

void output(T begin, T end, const string& sTitle){ ... }  //代码有省略

int main() {
```

```
10      vector<int> a {0,1,2,3,4,5};
11      a.insert(a.cbegin()+4,10);
12      a.insert(a.cbegin()+2,3,100);
13      a.insert(a.cbegin()+3,{97,98,99});
14      a.emplace(a.cbegin()+5, 999);
15      output(a.cbegin(),a.cend(),"vector<int> a");
16
17      list<int> b {0,0,0,0,0};
18      auto it = b.cbegin();
19      it++;
20      b.insert(it, a.cbegin()+2, a.cbegin()+7);
21      output(b.cbegin(),b.cend(),"list<int> b");
22      return 0;
23  }
```

上述程序的执行结果为：

```
1  ---------vector<int> a-----------
2  0,1,100,97,98,999,99,100,100,2,3,10,4,5,
3  ----------list<int> b----------
4  0,100,97,98,999,99,0,0,0,0,
```

第 7 行代码有省略，该 output( ) 函数与前一小节中的 output( ) 函数完全相同，用于输出容器内容。

▶ 第 11~14 行：图 19-8 展示了相关执行过程。

- 第 11 行在第 4 个元素（从 0 开始计数，即元素 4）之前插入元素 10。
- 第 12 行在第 2 个元素（从 0 开始计数，即元素 2）之前插入 3 个值为 100 的元素。
- 第 13 行在第 3 个元素（从 0 开始计数，即如图 19-8 所示的值为 100 的元素）之前插入三个元素，其值依次为 97、98 和 99。
- 第 14 行在第 5 个元素（从 0 开始计数，即元素 99）之前新增一个元素，其值为 999。理论上，emplace( ) 函数会通过参数构造而不是复制来初始化新元素，但对于原生数据类型 int 来讲，两者并无区别。

▶ 第 15 行：输出向量 a 的全部元素，从执行结果的第 2 行可见，a 内的元素内容与图 19-8 完全一致。

▶ 第 18~20 行：图 19-9 展示了相关执行过程。

- 第 18、19 行先取得容器 b 的首元素只读迭代器 it，经过++操作符，it 指向第 1 个元素（从 0 开始计数），如图 19-9 所示。
- 第 20 行则把两个迭代器所表示的范围内的元素，对应图 19-9 中底色为灰的单元格，复制并插入 it 迭代器所指向的元素之前。如前所述，迭代器[**it1，it2**)所指的元素范围是不包括 it2 所指向的元素的。

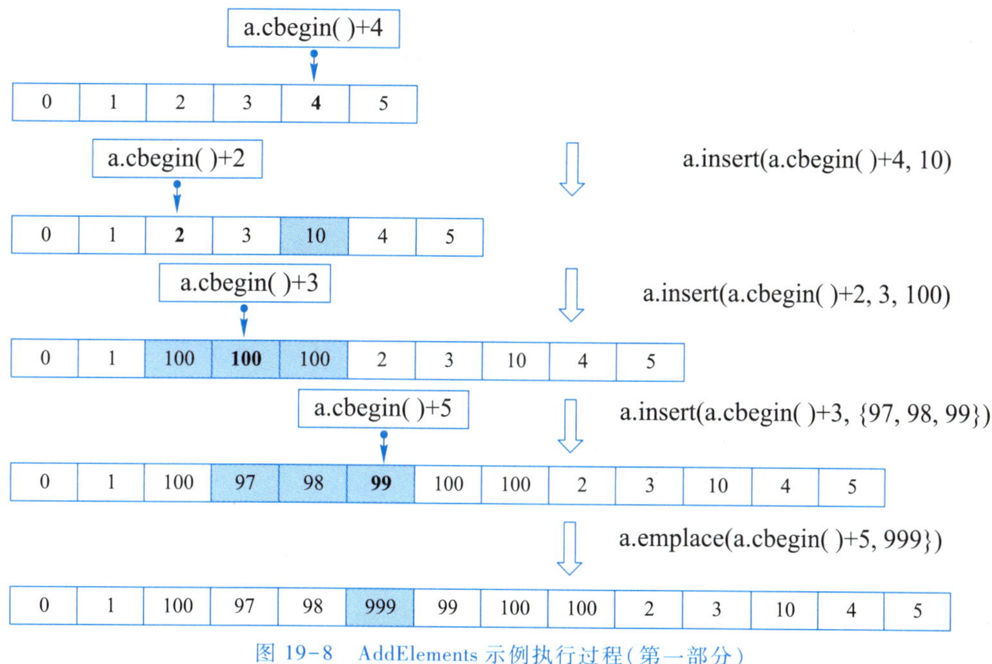

图 19-8　AddElements 示例执行过程(第一部分)

▶ 第 21 行:输出容器 b 的全部内容,从执行结果的第 4 行可见,相关输出与图 19-9 的描述相符。

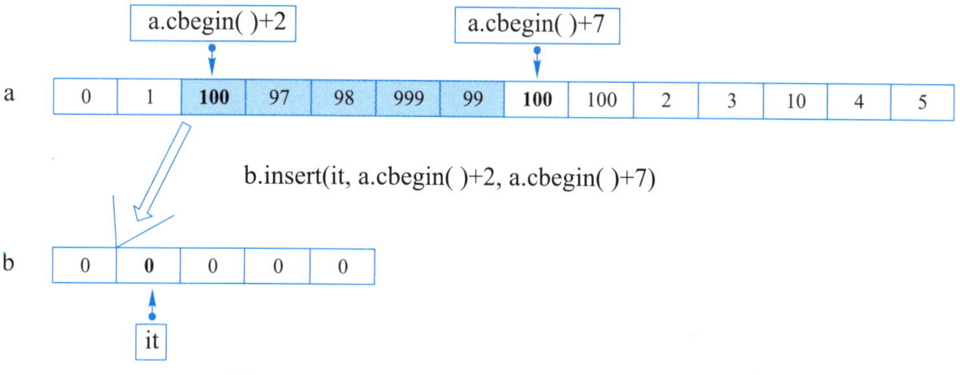

图 19-9　AddElements 示例执行过程(第二部分)

要点

可以看出,迭代器的使用部分消除了不同类型容器之间的鸿沟。在上述示例中,通过迭代器,可以很容易地把向量中的元素批量复制到链表内。反之亦然。

19.5.6　容器元素的删除

序列容器的元素移除函数如表 19-5 所示。

表 19-5　序列容器的元素移除函数

名称	说明
c.pop_back()	删除容器 c 的最后一个元素。如果 c 为空，函数行为不确定。单向链表不支持该函数
c.pop_front()	删除容器 c 的第一个元素。如果 c 为空，函数行为不确定。向量及字符串不支持该函数
c.erase(it)	删除迭代器 it 所指向的元素。返回一个迭代器，指向被删除元素的后一个元素。如果被删除元素是最后一个元素，则返回尾后迭代器。如果参数 it 是尾后迭代器，函数行为不确定
c.erase(begin,end)	从容器中删除由迭代器[begin,end)所表示的全部元素。返回一个迭代器，指向最后一个被删除元素的后一个元素。如果参数 end 是尾后迭代器，函数返回尾后迭代器
c.clear()	清空容器，即删除容器内的全部元素

警告

从容器移除元素，可能会使相关的迭代器、引用、地址等全部失效，因为元素的移除过程可能会导致原有元素的内存地址变生变化。

下述程序中的 evenRemover()函数，通过迭代器来移除不同类型容器中的偶数。

```
//Project - EvenRemover
#include <iostream>
#include <list>
#include <deque>
using namespace std;

void output(T begin, T end, const string& sTitle){ ... }  //代码有省略

template <typename T>
void evenRemover(T& c){
    auto it = c.begin();
    while (it!=c.end()){        //检查 it 是否等于尾后迭代器
        if ( *it % 2 == 0)
            it = c.erase(it);   //发现偶数，删除并移至下一个元素
        else
            ++it;               //不是偶数，移至下一个元素
    }
}

int main() {
    list<int> a {0,1,2,3,4,5,6,7,8,9};
```

```
22      evenRemover(a);
23      output(a.cbegin(),a.cend(),"list<int> a");
24
25      deque<int> b {0,1,2,3,4,5,6,7,8,9};
26      evenRemover(b);
27      output(b.cbegin(),b.cend(),"deque<int> b");
28      return 0;
29  }
```

上述程序的执行结果为：

```
1  ----------list<int> a------------
2  1,3,5,7,9,
3  ----------deque<int> b------------
4  1,3,5,7,9,
```

第 7 行代码有省略，该 output( ) 函数与前一小节中的 output( ) 函数完全相同，用于输出容器内容。

- ▶ 第 9～18 行：evenRemover( ) 函数接受一个容器的引用作为参数，删除该容器内的全部偶数。由于类型 T 为模板参数，理论上该函数适用于向量、链表、双端队表等各种容器类型。
- ▶ 第 11 行：获取容器 c 的首元素迭代器并赋值给 it。
- ▶ 第 12 行：while 循环以 it != c. end( ) 作为循环条件，当 it 等于 c. end( )/尾后迭代器时，即意味着容器 c 的全部元素已遍历完毕。
- ▶ 第 13～14 行：如果迭代器 it 所指向的元素为偶数，通过 c. erase( ) 函数将其删除。根据 erase( ) 函数的定义，其将返回指向被删除元素的后一个元素的迭代器。该返回迭代器被赋值给 it。理论上，从容器中删除元素可能会使该容器的全部迭代器失效，但在第 12 行的 while 循环条件中，每次都是重新调用 c. end( ) 函数来获取“最新”的尾后迭代器，这使得程序不会受到迭代器失效的影响。
- ▶ 第 15～16 行：不是偶数，通过++it 将迭代器移至下一个元素。
- ▶ 第 21～23 行：将一个整数链表传递给 evenRemover( ) 函数，执行结果的第 1～2 行证实，容器内的全部偶数被删除。
- ▶ 第 25～27 行：将一个元素类型为整数的双端队列传递给 evenRemover( ) 函数，执行结果的第 3～4 行证实，容器内的全部偶数被删除。

这个示例程序进一步证实，通过模板参数以及迭代器，evenRemover( ) 函数和 output( ) 函数均具备泛型程序设计的特征，它可以在不同的容器上完成相同的工作。

19.5.7　迭代器失效

容器中元素的存储空间是由容器自身来管理的。当对容器增/减元素时，容器可能会扩充/缩减存储空间，与增/减操作无关的原有元素的存储位置也可能会发生迁移。当这种迁移发生时,位于新存储位置的“新”元素通过复制构造从“旧元素”复制,而“旧元素”则会在稍后被析构释放。

要点

当对容器进行元素的增/减操作时,可能伴随着原有元素的位置迁移。在相关操作进行之前所获得的元素的引用、指针、迭代器很可能失效,继续使用这些引用、指针或迭代器会导致无法预料的后果。

具体到不同类型的容器,其内存管理行为有所不同。对于向量,如果在某个中部位置删除一个元素,后续的元素将发生迁移(依次前移一个位置),而被删元素之前的元素位置,则通常不会发生变化。对于链表,通常认为插入/移除一个元素,不会导致原有其他元素的位置变化。容器的内存管理行为,既跟容器类型有关系,也与容器的不同实现版本有关。较为审慎可靠的做法是:**不要在容器的元素增/减操作之后使用之前获取的元素引用、指针和迭代器**。

下述C++程序遍历一个向量容器,删除其中的负元素并复制全部非负元素。通过该示例来说明如何安全地在循环遍历一个容器的过程中增/减元素。

```
//Project - LoopEditor
#include <iostream>
#include <vector>
using namespace std;

void output(T begin, T end, const string& sTitle){ ... }  //代码有省略

int main() {
    vector<int> vi {1,-9,3,-2,0,7,-5};
    auto it = vi.begin();
    while (it != vi.end()){             //总是执行 end()函数重新获取尾后迭代器
        if (*it < 0)
            it = vi.erase(it);          //erase()返回指向被删元素后一个元素的迭代器
        else{
            it = vi.insert(it, *it);    //insert()返回指向新增元素的迭代器
            it += 2;                    //后移两个位置以指向下一个待处理元素
        }
    }

    output(vi.begin(),vi.end(),"vector<int> vi");
    return 0;
}
```

上述程序的执行结果为:

```
----------vector<int> vi------------
1,1,3,3,0,0,7,7,
```

第 6 行代码有省略，该 output( ) 函数与前一小节中的 output( ) 函数完全相同，用于输出容器内容。

- 第 10 行：获取容器 vi 的首元素迭代器并赋值给 it。
- 第 11 行：在循环遍历过程中，迭代器 it 从前往后移动。it 等于 vi. end( ) 所返回的尾后迭代器，意味着所有元素都已遍历并处置完毕，循环应结束。请**注意**：循环过程中总是调用 end( ) 函数重新获取尾后迭代器，这是因为，循环过程中元素的增/减操作（13、15 行）会导致之前获取的迭代器，包括尾后迭代器失效。
- 第 12～13 行：如果 it 指向的当前元素小于 0，则删除该元素。注意，erase( ) 函数返回指向被删元素后一个元素的迭代器。该迭代器是在增/减操作之后从容器获取的，继续使用该迭代器是安全的。
- 第 14～17 行：如果 it 指向的元素不小于 0，则对其进行复制插入。insert(it, * it) 中的 it 指明了插入位置，* it 则代表了被插入的值。insert( ) 函数返回指向新增元素的迭代器，同样，该迭代器也是在增/减操作之后从容器获取的，可以继续使用。

对于序列[A,**B**,C,D]，如果当前迭代器指向 B，在当前迭代器位置插入 B 的复制品 B' 后，序列将变成[A,**B'**,B,C,D]。同时，insert( ) 函数返回的迭代器将指向新增元素，也就是 B'。所以第 16 行将 it 后移两个位置以指向下一个待处理的元素 C。

下述伪代码错误地在容器的增/减操作后使用之前获取的迭代器，其实际执行行为不可预测。

```
1    vector<int> vi {1,-9,3,-2,0,7,-5};
2    auto it = vi.begin();
3    auto end = vi.end();
4    while (it != end){
5        if (*it < 0){
6            vi.erase(it);
7            ++it;
8        }
9    }
```

- 第 4 行：程序员可能期望将 vi 的尾后迭代器提前保存至变量 end，以避免 vi. end( ) 函数的多次执行。但实际情况是，只要发生 vi 的元素增/减行为，end 变量所保存的迭代器便会失效。
- 第 7 行：由于第 6 行删除了一个容器元素，it 迭代器已失效，不可以继续使用。

注意

不要在循环中使用缓存的由 end( ) 返回的尾后迭代器，除非循环过程中不发生对容器的元素增/减操作。

练习巩固

习题讲解 19-5:
rangeMax
模板函数

19-5 (rangeMax 模板函数)请设计下述 rangeMax( )模板函数,该函数在给定的迭代器搜索范围[begin,end)里查找值最大的元素,返回指向该元素的迭代器。假设迭代器所指向的元素类型支持>操作符。请编写代码对该函数加以验证。

```
T rangeMax(T begin, T end);
```

19.6 关联容器

在现实生活中,经常需要通过一些信息去查询相关的更多信息,例如,通过书号查书、通过工号查找雇员资料、通过身份证号查人。

下面这段 C++程序中,把员工信息存储在 employees 向量中,如果查找工号为'10003'的员工,就需要使用 for 循环这种费时费力的操作。

```
...
class Employee{ public: string sNo,sName; int iAge; };

int main() {
    vector<Employee> employees {
        {"10000","Jack Ma",47},
        {"10001","Mary Lee",25},
        {"10002","Tom Henry",28},
        {"10003","Dora Chen",32}
    };

    for (const auto& e:employees){
        if (e.sNo == "10003"){
            cout << "The designated employee have been found.\n";
            break;
        }
    }
    return 0;
}
```


想象一下大学的图书馆,藏书可能高达数百万册,如果为了找一本书,翻遍整个图书列表,速度一定不比蜗牛快多少。这里,把搜索值,比如书号、工号称为**键(key)**,把跟这个键相关的对应对象称为**值(value)**,一个键加上一个对应的值,称为**键值对(key value pair)**。键值对中的值可以是一个字符串,可以是普通的原始数据类型对象,也可以是一个自定义类型的对象。

C++的标准模板库提供**关联容器(associative container)**用于存储**键值对**并提供**键**到**值**的快速**映射(map)**,即通过键,快速存取与其关联的值。

注意

在海量数据中检索的问题,通常通过关系数据库(如 Oracle,MySql)来解决。在数据库系统中,键到值的快速查找问题是通过一种叫“索引”的机制来实现的。

19.6.1 有序关联容器

最常用的有序关联容器是**映射(map)**,通过下述 C++示例来帮助读者理解其基本用途和用法。

```
//Project - PhoneBook
#include <iostream>
#include <map>
using namespace std;

int main() {
    map<string, string> phoneBook = {
        {"Peter","6716-4203"},
        {"Dora","6546-2708"}
    };

    phoneBook["Alex"] = "6511-2002";
    phoneBook.insert(make_pair("Betty","6512-7252"));
    phoneBook.emplace("Betty","8623-4500");
    phoneBook.erase("Dora");

    cout << "phoneBook[\"Peter\"]: " << phoneBook["Peter"] << endl;
    cout << "phoneBook.count(\"Peter\"): " << phoneBook.count("Peter") << endl;
    auto itr = phoneBook.find("Peter");
    if (itr!=phoneBook.end())
        cout << "itr->second: " << itr->second << endl;

    cout << "--------Traverse of Phone Book-----------\n";
    for (auto& e:phoneBook)
        cout << e.first << "\t" << e.second << endl;

    cout << "--------Reversed Traverse of Phone Book-----------\n";
    auto it = phoneBook.crbegin();
    while (it!=phoneBook.crend()){
        cout << it->first << "\t" << it->second << endl;
```

```
31            it++;
32        }
33
34        return 0;
35    }
```

上述程序的执行结果为：

```
phoneBook["Peter"]: 6716-4203
phoneBook.count("Peter"): 1
itr->second: 6716-4203
--------Traverse of Phone Book-----------
Alex    6511-2002
Betty   6512-7252
Peter   6716-4203
--------Reversed Traverse of Phone Book-----------
Peter   6716-4203
Betty   6512-7252
Alex    6511-2002
```

▶ 第 3~4 行：map 类型由 map 头文件引入，且处于 std 名字空间之下。

▶ 第 7~10 行：关联容器的元素类型是**键值对**。此处，map<string,string>给模板容器 map 提供了两个模板参数，前一个 string 指定了键值对中**键**的类型，后一个 string 则指定了**值**的类型。**键**和**值**的类型允许不同。本例是所谓电话号码本，人名为**键**，电话号码为**值**。由代码可见，在初始化列表中，**键**和**值**是成对提供的。

▶ 第 12 行：当对一个映射对象使用[ ]操作符时，[ ]内应提供**键**，而不是下标。映射容器不支持按下标访问容器元素。phoneBook["Alex"]的执行过程可以概述如下：

① 在容器内部查找以"Alex"为键的键值对。

② 如果不存在，自动在容器内部插入一个键为"Alex"的键值对，键值对中的值初始化为对应类型的默认值。对于 string 类型，该默认值肯定是空字符串，对于 int，该默认值为 0。

③ 返回键为"Alex"的键值对中值的引用。

对于本例而言，第 12 行代码执行之前**键**"Alex"在容器中并不存在，所以本行会导致容器内新增一个**键**为"Alex"的**键值对**，其**值**被赋值为"6511-2002"。

▶ 第 13 行：关联容器中的元素为**键值对**，其类型为 pair<T1,T2>，其中，模板参数 T1、T2 分别对应键的类型和值的类型。具体到本例，键值对的类型为 pair<string,string>。**键值对**有两个数据成员，first 对应**键**，second 对应**值**。

make_pair()函数接受键和值两个参数，生成一个**键值对**。phoneBook.insert()函数则将这个新的**键值对**插入关联容器。phoneBook.insert()函数返回一个键值对对象，这个对象包含两个属性：

- first 属性为一个迭代器，指向给定键所对应的键值对。在本例中，该键值对的键应为"Betty"。
- second 属性为 bool 类型。如果插入前给定键在容器中不存在，second 属性为真，代表键值对被成功插入；如果插入前给定键已存在，insert( ) 函数不进行任何实质操作，second 属性为假。本例中，键"Betty"在 insert 操作前不存在，故该键值对会被成功加入容器。

请注意，insert( ) 函数所返回的**键值对**与作为容器元素的**键值对**，其类型是不一样的。对于本例而言，前者的类型为 pair<map<string, string>::iterator, bool>，后者的类型为 pair<string, string>。

▶ 第 14 行：emplace( ) 成员函数的用途和具体行为与 insert( ) 函数类似。区别在于，insert( ) 函数接受一个**键值对**对象作为参数，该参数通过复制构造复制给新的**键值对元素**；而 emplace( ) 函数接受一个**键**和一个**值**作为参数，直接执行新的键值对元素的**构造函数**来完成初始化，以给定的键和值作为构造函数的参数。具体到本例，emplace( ) 函数发生前"Betty"已经存在，故 emplace( ) 函数事实上什么也没做，其返回值的 second 属性为假。

▶ 第 15 行：移除关联容器中**键**为"Dora"的**键值对**。erase( ) 函数返回一个类型为 size_t 的整数，代表被移除的**键值对**的数量。在本例中，键"Dora"在操作前存在，故该函数返回 1。

▶ 第 17 行：通过[ ]操作符，取得键"Peter"所对应的值，即电话号码。见执行结果第 1 行。可以想象，如果查询的不是存在的键"Peter"，而是不存在的**键**"Aaron"，[ ]操作符函数将会新增一个键为"Aaron"的**键值对**，其中的**值**为空字符串。

▶ 第 18 行：count( ) 函数用于统计给定键在关联容器中出现的次数。本例中，键"Peter"在关联容器中出现一次，函数返回 1。见执行结果第 2 行。

▶ 第 19～21 行：find( ) 函数在关联容器中按**键**进行查找。如果找到对应的**键值对**，返回指向该**键值对**的迭代器，否则，返回**尾后迭代器**。在第 21 行中，itr->second 表示迭代器 itr 所指向的**键值对**的 second 属性，即**键值对**中的**值**。本例中，"Peter"存在，find( ) 函数返回的不是**尾后迭代器**，第 21 行被执行，其输出见执行结果第 3 行。

▶ 第 23～25 行：使用基于范围的循环正向遍历关联容器中全部的**键值对**。e.first 对应**键值对**中的**键**，e.second 对应**键值对**中的**值**。从执行结果的第 4～7 行可见，**键值对**的输出是以键，即人名，递增有序的。这说明，映射(map)中的元素，是按键顺序存储的，它属于有序关联容器。

▶ 第 27～32 行：使用迭代器反向遍历关联容器中的全部**键值对**，其输出见执行结果的 8～11 行。

关联容器的最大用途在于实现**键**到值的快速映射。对于有序关联容器，其元素，即**键值对**是依键按顺序存储的。当试图从容器中定位指定键时，费时费力的顺序查找是不必要的，容器会使用**折半查找**算法。在折半查找中，每进行一次比较，可以将查找范围缩小一半，对于包含 N 个元素的有序关联容器，最坏情况下，只需要进行 $\log_2 N$ 次比较，便可以找到指定键，或者发现指定键不存在。即便关联容器中的键值对非常多，即 N 特别大，$\log_2 N$ 的值也是很小的，比如 $\log_2 1\,000\,000 \approx 19.93$，这种查找是非常快的。

要点

有序关联容器通过折半查找或者其他类似算法完成键的快速查找。而折半查找依赖于比较运算，这就要求关联容器的键必须是可比较的，即其类型应支持<操作符。

除了 map 之外，标准模板库还提供多种有序关联容器，详见表 19-6。

表 19-6 有序关联容器

类型	说明
map	映射，元素为键值对，其中键不允许重复
multimap	多值映射，元素为键值对，键允许重复
set	集合，元素即为键，不允许重复
multiset	多值集合，元素即为键，允许重复

练习巩固

习题讲解 19-6：词频统计

19-6 （词频统计）使用 map 容器重构 19.1 节所示的 WordsCount 程序，并按照每个词的出现次数降序输出统计结果。

19.6.2 无序关联容器

与有序关联容器不同，**无序关联容器**中的**键值对**是无序的。容器通过对**键**应用**哈希函数**（**hash function**）来计算**键值对**的存储位置。这就要求**键**的类型必须是**可哈希**的，且支持==操作符。理论上，使用哈希函数的**无序关联容器**，其映射效率，即通过**键**找到对应的**值**的速度，比**有序关联容器**更高。

下述 C++程序接受操作者的输入，统计并输出其中每个英文单词出现的次数。通过该示例来演示**无序映射**（**unordered_map**）及**无序集合**（**unordered_set**）的使用方法。它们都属于**无序关联容器**的范畴。

```
//Project - WordsStat
#include <iostream>
#include <unordered_map>
#include <unordered_set>
#include <algorithm>
using namespace std;

int main() {
    unordered_set<string> excludes {"the","but","and","or", "an", "a"};
    unordered_map<string,int> wordsStat;

    string sWord;
```

```
13      while (cin>>sWord){
14          transform(sWord.begin(),sWord.end(),sWord.begin(),::tolower);
15          if (excludes.count(sWord)==0)
16              wordsStat[sWord]++;
17      } //输入 Ctrl + Z 并按下 Enter 结束循环
18
19      for (auto& x:wordsStat)
20          cout << x.first << " - " << x.second << endl;
21
22      return 0;
23  }
```

上述程序的执行结果为：

```
1  List Hug tiger a hug bee
2  ^Z
3  bee - 1
4  tiger - 1
5  list - 1
6  hug - 2
```

说明：第 1~2 行为操作者的输入，^Z 由组合键 Ctrl+Z 构成，它表示输入的结束。

- 第 3~4 行：unordered_set 及 unordered_map 类型分别由 unordered_set 及 unordered_map 头文件引入，且位于名字空间 std 之下。
- 第 9 行：excludes 对象的类型为 unordered_set<string>，即元素类型为 string 的**无序集合**。该行为 excludes 集合提供了初始化列表，在程序执行过程中，凡是属于这个集合的单词将不纳入统计范围。
- 第 10 行：wordsStat 对象的类型为 unordered_map<string,int>，为一个**无序映射**，其**键**类型为 string，**值**类型为 int。wordsStat 中的每一个**键值对**表示一个单词在输入中出现的次数。
- 第 13~17 行：循环从控制台输入（cin）单词并进行处理，这些单词以空格作为分隔符。如果操作者在行首输入 Ctrl+Z 组合键再按下 Enter 键，cin>>sWord 将返回一个空字符串，该空字符串被解释为逻辑假，循环结束。
- 第 14 行：通过 transform() 函数将 sWord 中的英文字符全部转换成小写。该 transform() 函数由 algorithm 头文件引入，具体工作原理在 19.8 节中讨论。
- 第 15 行：excludes.count(sWord) 统计 sWord 在 excludes **无序集合**中出现的次数，该次数为 0 说明 sWord 在统计范围内，应增加其在 wordsStat **无序映射**中的计数。
- 第 16 行：通过[ ]操作符增加 sWord 在 wordsStat **无序映射**中的计数。同有序映射一样，如果**键** sWord 在关联容器中不存在，[ ]操作符函数会自动添加一个**键值对**，其**键**为 sWord，**值**为 int 类型的默认初始值 0。
- 第 19~20 行：通过基于范围的循环遍历并打印 wordsStat **无序映射**中的全部**键值对**。其输出见执行结果的第 3~6 行。从输出可见，**无序映射**中的**键值对**并没有依照**键**的顺序存储，它们是无序的。

表 19-7 列出了标准模板库中的全部**无序关联容器**。

表 19-7　无序关联容器

类型	说明
unordered_map	无序映射,元素为键值对,其中键不允许重复
unordered_multimap	无序多值映射,元素为键值对,键允许重复
unordered_set	无序集合,元素即为键,不允许重复
unordered_multiset	无序多值集合,元素即为键,允许重复

19.7　模　板　类

本章所介绍的容器类型,均属于模板类,即类的声明中存在模板参数。在这些模板参数的值未确定之前,类的声明是不完整的,其无法被实例化。程序员在使用这些模板类时,需要提供恰当的模板参数,从而得到完整的可实例化的类型。比如,类型 vector<string>和 vector<int>都是套用模板类 vector 衍生出来的可实例化的完整类型,前者是元素类型为 string 的向量,后者是元素类型为 int 的向量。

为了向读者简单介绍模板类的定义和使用方法,作者重新发明轮子,设计了一个简洁版本的模板数组类 MyArray 并演示了其基本用法。该示例代码由头文件 myarray. h 和程序文件 main. cpp 构成,首先讨论 myarray. h。

```
//myarray.h
#ifndef MYARRAY_H
#define MYARRAY_H
#include <initializer_list>

template <class T,  int size>
class MyArray {
    T * buffer = nullptr;
public:
    MyArray(){
        buffer = new T[size];
    }

    MyArray(std::initializer_list<T> v);

    ~MyArray(){
        delete[] buffer;
    }

    int elementsCount(){
        return size;
```

```
22        }
23
24        T& operator[](int idx){
25            if (idx<0 || idx>=size)
26                throw "index out of range.";
27            return buffer[idx];
28        }
29    };
30
31    template <class T,  int size>
32    MyArray<T, size>::MyArray(std::initializer_list<T> v){
33        buffer = new T[size];
34        auto idx = 0;
35        for (auto it = v.begin(); it!=v.end();it++){
36            if (idx>=size)
37                break;
38            buffer[idx++] = *it;
39        }
40    }
41
42    #endif // MYARRAY_H
```

- 第 4 行：引入初始化列表头文件，该头文件包含了 std::initializer_list 模板类。
- 第 6 行：类声明前的模板参数声明，MyArray 类包括两个模板参数，T 为元素类型，整数 size 表示数组的尺寸。
- 第 8 行：私人成员 buffer 为指向 T 类型对象的指针，它代表了数组数据实际的存储位置。
- 第 10~12 行：零参数构造函数，其中，第 11 行动态分配了数据元素的存储空间，元素类型为 T，个数为 size。
- 第 14 行：包含一个初始化列表作为参数的构造函数。函数代码见第 31~40 行。
- 第 16~18 行：析构函数中通过 delete[ ]操作符回收存储空间。
- 第 20~22 行：elementsCount( )函数用于查询数组的元素个数。
- 第 24~28 行：重载[ ]操作符，允许通过下标取得数组元素的引用。
- 第 25~26 行：对下标进行检查，如果发现超出范围，抛出一个异常▲，异常对象为一个字符串。关于 C++的异常处理机制，请参见本书第 23 章。
- 第 31 行：MyArray<T,size>::MyArray(std::initializer_list<T>v)函数的模板参数声明。对于模板类的每个成员函数的单独定义，都需要进行这个声明。
- 第 32~40 行：该构造函数允许使用者通过初始化列表对数组成员进行初始化赋值。请读者注意初始化列表 v 的元素和数组的元素都是 T 类型。
- 第 35~39 行：通过迭代器遍历初始化列表 v，将其中的值逐一赋值给数组元素。

要点

读者可能注意到模板类 MyArray 的声明和函数定义都是在头文件 myarray.h 中完成的，

并没有像本书 14.3 节标准类实现所要求的那样使用一对.h 及.cpp 文件来进行。

这并不是作者的疏忽，如本书第 12 章所述，一个.cpp 文件就是一个编译单元，编译器会对每个编译单元进行单独编译。由于模板类存在只有在使用时刻才能确定的模板参数，比如本例中的类型 T，编译器无法对其进行单独编译。所以，模板类的声明及其成员函数的定义，只能在头文件中完成。

在程序主文件 main.cpp 中，导入并使用了 MyArray 模板类。

```
1  //Project - ArrayTemplate
2  #include <iostream>
3  #include "myarray.h"
4  using namespace std;
5
6  int main() {
7      MyArray<int,4> a {66,77,88,99};
8      for (auto i=0;i<a.elementsCount();i++)
9          cout << a[i] << ",";
10     cout << endl;
11
12     MyArray<string,3> b {"good","better","best"};
13     for (auto i=0;i<b.elementsCount();i++)
14         cout << b[i] << ",";
15
16     cout << endl << b[6];
17     return 0;
18 }
```

上述程序的执行结果为：

```
66,77,88,99,
good,better,best,
terminate called after throwing an instance of 'char const * '
```

- 第 3 行：导入 myarray.h 头文件。
- 第 7 行：定义模板数组对象 a，并使用初始化列表初始化 a 中的 4 个元素。MyArray<int,4>补齐了模板类 MyArray 的两个模板参数，其中 T 为 int，size 为 4。在补齐这两个模板参数后，编译器依据模板生成了一个完整的 MyArray<int,3>类型，且该类型处于 main.cpp 中，其代码作为编译单元 main.cpp 的构成部分参与编译。
- 第 8~10 行：使用下标遍历数组 a，打印其全部元素。
- 第 12 行：定义模板数组对象 b，并通过初始化列表进行初始化。根据提供的模板参数，数组元素类型 T 为 string，数组尺寸 size 为 3。
- 第 13~14 行：使用下标遍历数组 b 的所有元素并打印。
- 第 16 行：b[6]试图访问数组 b 中下标为 6 的元素，因超出范围，b 抛出异常。由于该抛出的异常▲没有被捕获和处理，程序执行中断并报告了异常信息。

请读者注意，本例中的 MyArray 模板类的设计是不完整的，比如还缺少类的复制构造函数以及 operator=()操作符函数。

19.8　算　　法

除了各种容器类，STL 标准模板库还提供了众多算法类的非成员函数，以满足排序、查找、替代、转换、批处理等常规需求。

下述 C++程序使用了 std::sort()算法对容器进行排序。

```
1  //Project - Algorithm1
2  #include <iostream>
3  #include <vector>
4  #include <deque>
5  #include <algorithm>
6  using namespace std;
7
8  void display(const string& s){ cout << s << " "; }
9
10 int main(){
11     cout << "Sort alphabetically: ";
12     vector<string> vs {"tom","angela","dorothy","jack"};
13     sort(vs.begin(),vs.end());
14     for_each(vs.begin(),vs.end(),display);
15
16     cout << "\nSort by length: ";
17     deque<string> ds {"tom","angela","dorothy","jack"};
18     sort(ds.begin(),ds.end(),
19         [](string& s1,string& s2){return s1.size()<s2.size();});
20     for_each(ds.begin(),ds.end(),display);
21
22     return 0;
23 }
```


上述程序的执行结果为：

```
1  Sort alphabetically: angela dorothy jack tom
2  Sort by length: tom jack angela dorothy
```

▶ 第 5 行：导入头文件 algorithm（算法）。STL 中与算法相关的函数大多在该头文件中定义。

▶ 第 8 行：一个简单的显示函数，它将参数字符串 s 输出在控制台上，并附加一个空格。

▶ 第 13 行：使用 sort()函数对字符串向量 vs 进行排序，从执行结果的第 1 行可见，字符串元素是按照字母顺序递增排序的。如本书 19.5.2 节所述，把同一个容器的两个迭代器配合使用,可以表示容器元素的一个连续子集。在这里,sort()函数的两个参数都是来自向量 vs 的迭代器,其表明了待排序的元素范围。sort()函数通过这些迭代器来比较和交换元素。

- 第 14 行:通过 for_each()算法函数遍历并打印 vs 的全部元素。两个迭代器参数表明了元素的遍历范围[vs.begin(),vs.end()),第 3 个参数 display 则为函数指针。可以预见,在 for_each()函数内部,程序对元素的遍历是通过循环完成的,对于每一个元素,for_each()会调用 display()函数将其打印输出到控制台。
- 第 18~19 行:使用 sort()函数对双端队列 ds 进行排序。与第 13 行不同,这里为 sort()函数额外添加了一个函数指针,该函数将在排序过程中用于元素大小的比较。事实上,模板函数 sort()存在多个函数名重载的版本,第 18 行与第 13 行使用的是不同版本的 sort()函数。

要点

顾名思义,匿名函数没有函数名,它是一种定义函数的简便方法。本例代码第 19 行即为一个匿名函数。

```
[](string& s1,string& s2){return s1.size()<s2.size();}
```

方括号表示匿名函数定义的开始,圆括号内的 s1 和 s2 为这个函数的参数,花括号则包括了函数的函数体。容易看出,当字符串 s1 的长度小于 s2 时,函数返回真,否则返回假。

第 18 行的 sort()函数使用这个匿名函数来比较元素的大小,由执行结果的第 2 行可见,排序后的容器 ds 是按照字符串长度递增有序的。

- 第 20 行:使用 for_each()算法函数遍历并打印双端队列 ds 的全部元素。请读者注意,第 20 行代码中的被遍历容器是双端队列,而第 14 行则是向量。借助于模板参数及迭代器的帮助,算法函数可以应用于不同的容器类型。

总结

STL 算法函数多是函数名重载的模板函数,其通常通过迭代器参数来表明待处理的数据范围以及结果数据的输出位置。通过模板函数以及迭代器,这些函数表现出范型特征:兼容不同的容器类型和容器的元素类型。

下述 C++程序演示了算法函数 transform()、count()、max_element()、min_element()以及 binary_search()的用法。


```
//Project - Algorithm2
#include <iostream>
#include <vector>
#include <list>
#include <algorithm>
using namespace std;

int main(){
    list<string> ls {"91","42","2","52","11","2","37","2"};
    vector<int> vi;
```

```
11        transform(ls.begin(),ls.end(),
12                    insert_iterator<vector<int>>(vi,vi.begin()),
13                    [](const string& s){return stoi(s);});
14
15        cout << "elements of vi after transform: ";
16        for_each(vi.begin(),vi.end(),[](int v){cout << v << " ";});
17
18        cout << "\ncount(vi,2) = " << count(vi.cbegin(),vi.cend(),2);
19        cout << "\nmax_element(vi) = " << *max_element(vi.cbegin(),vi.cend());
20        cout << "\nmin_element(vi) = " << *min_element(vi.cbegin(),vi.cend());
21
22        sort(vi.begin(),vi.end());
23        cout << "\ncontent of vi after sort: ";
24        for_each(vi.begin(),vi.end(),[](int v){cout << v << " ";});
25
26        cout << "\n37 in vi: " <<
27                (binary_search(vi.cbegin(),vi.cend(),37)?"yes":"no");
28        cout << "\n96 in vi: " <<
29                (binary_search(vi.cbegin(),vi.cend(),96)?"yes":"no");
30
31        return 0;
32    }
```

上述程序的执行结果为：

```
1  elements of vi after transform: 91 42 2 52 11 2 37 2
2  count(vi,2) = 3
3  max_element(vi) = 91
4  min_element(vi) = 2
5  content of vi after sort: 2 2 2 11 37 42 52 91
6  37 in vi: yes
7  96 in vi: no
```

▶ 第 9 行：定义字符串类型的双向链表 ls。请读者注意，该链表内的元素为字符串类型。

▶ 第 10~13 行：使用 transform( ) 函数将字符串列表 ls 中的元素逐一转换成整数，并加入向量 vi 中。参数 1 和参数 2 是源于 ls 的迭代器，表明了待转换的数据范围；参数 3 则是一个源自 vi 的插入迭代器，通过该迭代器，transform( ) 函数将转换生成的整数插入向量 vi；参数 4 是一个匿名函数，它将参数字符串 s 转换成整数并返回。

本例中，transform( ) 函数通过一个循环来遍历待处理的数据，对于每一个元素，它调用参数 4 所指向的函数，将其转换成整数，然后再通过参数 3 提供的插入迭代器将其加入容器 vi。

▶ 第 16 行：使用 for_each( ) 遍历并打印 vi 的全部元素，其中元素的打印工作是通过由参数 3 所描述的匿名函数来完成的。由执行结果的第 1 行可见，ls 内的全部字符串元素成功转换并加入 vi 中，元素间的相对顺序保持不变。

- 第 18 行:使用 count()函数统计向量 vi 中值为 2 的元素的出现次数。执行结果第 2 行显示,向量 vi 中包含 3 个 2。容易看出,count()的参数 1、2 预期为迭代器,它们表示统计的数据范围。
- 第 19~20 行:使用 max_element()、min_element()查找向量 vi 中的最大元素和最小元素。由于这两个函数返回指向最大/最小元素的迭代器,因此,需要加 * 号进行解引用才能得到相应的元素值。执行结果的第 3 行、第 4 行展示了期待的正确输出。
- 第 22 行:使用算法函数 sort()对向量 vi 进行排序。
- 第 24 行:遍历并输出向量 vi 排序后的全部元素。由执行结果的第 5 行可见,排序后的 vi 递增有序。
- 第 26~29 行:使用折半查找函数 binary_search()在向量 vi 中查找值为 37 和 96 的元素。如果指定元素存在,函数返回真,否则返回假。执行结果的第 6、7 行显示向量包含 37,但不包含 96。

如第 5 章所述,折半查找可以在一个有序的序列中快速查找元素,每经过一次比较,该算法可以将搜索范围缩小一半。

STL 标准模板库还提供 find()函数,该函数可以在容器内进行顺序查找。事实上,本节只介绍了 STL 算法函数的极小一部分。读者在实际的程序设计过程中,应尽量避免重新发明轮子,尽可能多地使用现成的算法函数,以提高工作效率。

*19.9 移动语义

电子正文:移动语义

朵拉大学毕业,因学业优秀,得以进入华为公司工作。显然,这意味着朵拉离开大学,成为华为公司的一员。如果把朵拉(dora)视为一个对象,同时把华为(huawei)视为一个容器,下述代码表征了 dora 对象加入 huawei 容器的行为:

```
huawei.push_back(dora);
```

遗憾的是,上述代码的实际执行结果并不符合预期。按照本书 19.2 节的讨论,容器通过复制行为制造了一个 dora 的复制品,真正加入华为的是 dora 的复制品,而不是本尊。原有对象 dora 依然存在于内存中。

C++提供了移动复制构造函数以及移动赋值函数,它们可以把一个预期不再被需要的对象的资源,如 string 对象的缓冲区,直接移入另一个对象,从而避免不必要的对象复制行为,进而提高程序运行的效率。

第 20 章　文件

“再看最远的那一边，可能要用望远镜才能看清，那是外存，我们又用了哥白尼起的名字，叫它‘硬盘’，那是由三百万名文化程度较高的人构成，您上次坑儒时把他们留下来是对了，他们每个人手中都有一个记录本和一支笔，负责记录运算结果，当然，他们最大的工作量还是作为虚拟内存，存储中间运算结果，运算速度的瓶颈就在他们那里。”

——刘慈欣《三体》

学习目标

知识目标

1. 简单了解计算机文件系统的层次结构。
2. 掌握文本结构文件的读写方法，掌握二进制文件的读写方法。
3. 掌握二进制文件的随机存取方法。
4. 了解 boost 库以及 ini 文本的文件结构。

能力目标

在程序中选择恰当的文件格式，设计合理的结构，存取数据。

素质目标

通过 boost 相关案例，了解软件开源运动在 IT 相关产业的重要影响，树立“人人为我，我为人人”的信念。

思维导图

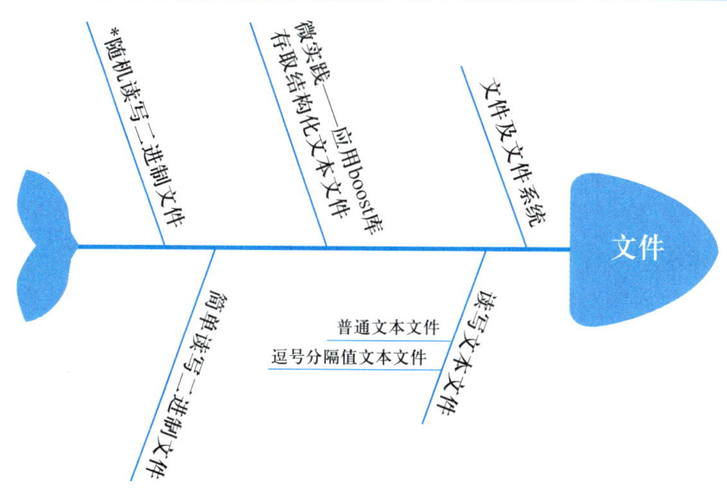

到目前为止,程序中涉及的对象、数组以及容器都是以内部存储器为介质的。而计算机的内存,多数是易失(volatile)的,其中的数据将在计算机断电后永远消失。

为了“永久地”保存数据,程序需要以文件的形式将数据存储到非易失(non-volatile)的外部存储器中。外部存储器的数据可以在断电后保持,待程序再次运行时,再将文件从外存读入内存。目前常用的外存储器有磁性硬盘、固态硬盘、U 盘等,其中磁性硬盘是一种磁表面存储器,固态硬盘和 U 盘则属于半导体存储器。

20.1 文件及文件系统

运行在计算机上的操作系统以文件系统的形式组织和管理外部存储器。文件系统通常是一个树形的目录结构,在 Windows 下,计算机的文件系统被划分为多个盘/分区,分别用 C、D、E 等大写字母表示。其中,D:\表示 D 盘的根目录,目录(directory)也称之为文件夹(file folder),一个目录可以包含 0 到多个子目录,也可以包含 0 到多个文件。同一目录下的子目录及文件不可以重名。图 20-1 展示了作者计算机上 D 盘的简化目录结构。

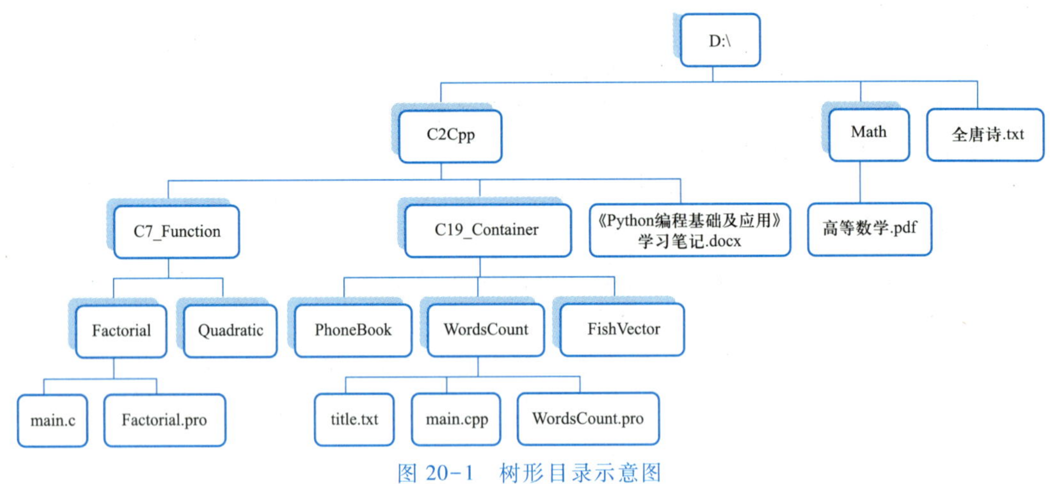

图 20-1 树形目录示意图

人们习惯把文件名分为基本名和扩展名(非必须)两个部分,中间用点进行分隔。其中,扩展名用于向操作系统表明该文件的类型,操作系统依据扩展名将文件与特定类型的应用程序相关联。比如,文件名 title. txt 中的 title 为基本名,txt 为扩展名,它表明该文件是文本文件。在 Windows 操作系统的资源管理器中,如果双击 title. txt,Windows 会使用记事本应用程序来打开该文件。表 20-1 列出了 Windows 操作系统下一些常见的文件扩展名。

文件的路径指明了文件在文件系统中的具体位置,应用程序依赖文件的路径来找到并使用文件。文件路径分**绝对路径**和**相对路径**两种。其中,绝对路径是指从根目录出发,直到文件具体存储位置的完整路径。比如,图 20-1 中 title. txt 的绝对路径是:D:\C2Cpp\C19_Container\WordsCount\title. txt。而文件的相对路径,是指从当前路径或当前工作路径出发,到达文件具体存储位置的完整路径。操作系统中每一个运行中的应用程序都有一个当前路径/

工作路径,现假设当前工作路径是 D:\C2Cpp\C7_Function,则 title.txt 的相对路径是:..\C19_Container\WordsCount\title.txt,其中,“..”表示当前路径的上层目录,也就是 D:\C2Cpp。

表 20-1　常见的文件扩展名

扩展名	类型	扩展名	类型
txt	文本文件	exe	可执行文件
cpp	C++程序文件	jpg	JPEG 标准图片文件
pdf	Acrobat 文档	xlsx	Excel 表格文件
docx	Word 文档	dwg	AutoCAD 图纸文件

与 Windows 不同,在 Linux 系统下,文件系统不分盘符,其绝对路径全部从根目录出发。比如,/home/pi/abc.txt,即为根目录下 home 子目录下 pi 子目录下的名为 abc.txt 的文件。此外,Linux 文件系统使用 / 作为路径分隔符,且严格区分大小写,Cat 和 cat 被视为两个不同的目录或文件名。

从应用程序的角度出发,可以将文件分为两类:文本(text)文件和二进制(binary)文件。随书代码第 19 章 WordsCount 示例下的 title.txt 就是一个文本文件,其部分内容如下:

```
When you are old
--- William Butler Yeats
When you are old and grey and full of sleep,
And nodding by the fire, take down this book,
And slowly read, and dream of the soft look
Your eyes had once, and of their shadows deep;
...
```

在 Windows 操作系统中,右击 title.txt,在弹出的菜单中选择属性,将得到如图 20-2 所示的文件属性窗口。该窗口显示,文件的大小为 576 字节。用记事本之类的文本编辑工具打开该文件,会发现该文件由 576 个字符(含空格及其他符号)组成。显然,对于 title.txt,其文件内容中的一个字节对应一个字符,其对应关系遵从 ASCII 码。

要点

计算机里的一切都是二进制。文本文件本质上也是二进制的字节流(byte stream)。这些文件在读入时,程序默认按照特定的编码格式将二进制的字节流“转换”成文字;反之,写入时由程序将文字按特定编码格式“转换”成字节流。

二进制文件可以视为由二进制字节组成的字节流,其内容组织及转换形式均由程序员自行决定。由于二进制文件“预期”不用于存储文本,因此无法用常规的文本编辑器,比如记事本打开和编辑。

20

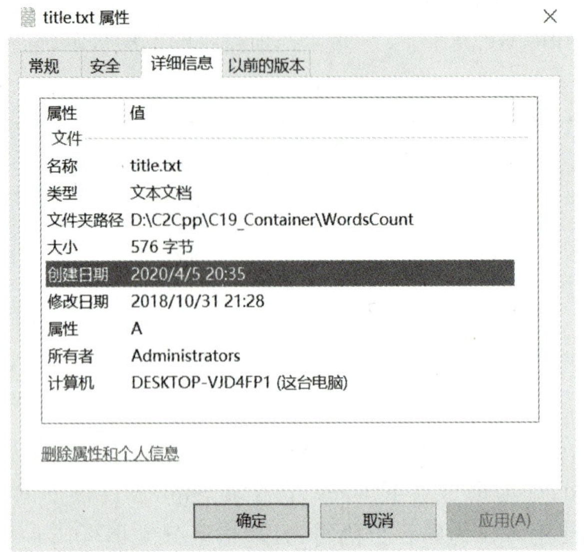

图 20-2　title. txt 文件的属性窗口

20.2　读写文本文件

C++通过流对象来完成键盘输入和控制台屏幕输出。表 20-2 总结了 C++中标准的 I/O 流对象。

表 20-2　标准 I/O 流对象

对象名	iostream 中的声明	说明
cout	extern ostream cout;	控制台输出(屏幕),也称为标准输出
cin	extern istream cin;	控制台输入,也称为键盘输入
cerr	extern ostream cerr;	控制台错误输出(屏幕),未缓冲
clog	extern ostream clog;	控制台日志输出(屏幕),缓冲

要点

在 C++看来,将数据输出到屏幕与输出到文件没有本质的区别,就好比打开一个水闸,将由一个个字节组成的水流汇集到蓄水池。同样,从键盘读取输入与从文件读取内容的过程也十分相似,就像拿着水桶,承接自水龙头倾泻而下的字节流。

C++同样将文件的读写过程抽象为对流对象的操作。其中,ifstream(input file stream,输入文件流)用于读取文件内容,ofstream(output file stream,输出文件流)则用于向文件写入内容。

20.2.1　普通文本文件

通过下述示例来解释通过输出文件流创建文件并写入文本内容的过程。

```
1  //Project - BuildSquareTable
2  #include <iostream>
3  #include <fstream>
4  #include <iomanip>
5  #include <unistd.h>
6  using namespace std;
7
8  int main(){
9      char sPath[1024];
10     getcwd(sPath,1024);                     //获取当前工作路径至字符数组 sPath
11
12     ofstream fout("SquareTable.txt");      //创建输出文件流对象
13     fout << setw(6) << "N" << setw(14) << "N^2" << endl;
14     fout << "--------------------------------\n";
15     for (int n=1;n<=20;n++)
16         fout << setw(6) << n << setw(14) << n * n << endl;
17     fout.close();                           //关闭输出文件流对象
18
19     cout << "File: " << sPath << "/SquareTable.txt";
20     return 0;
21 }
```

在作者的计算机上,上述程序的执行结果为(…处有省略):

```
File: D:\C2Cpp\C20_FileIO\build...-Debug/SquareTable.txt
```

上述执行结果显示了被创建的文件的完整路径,这个名为 SquareTable. txt 的新文件位于程序的当前工作目录中。在资源管理器/文件管理器中找到这个文件并用记事本打开,可见其内容如下(前 10 行),这是一个平方值表。

```
     N           N^2
--------------------------------
     1             1
     2             4
     3             9
     4            16
     5            25
     6            36
     7            49
     8            64
     ...
```

▶ 第 3 行:引入文件流(file stream)头文件。本例中,其引入的输出文件流(ofstream)类型用于写入文件。

- 第 4 行：引入输入输出算子(input & ooutput manipulator)头文件。该头文件引入的算子 setw( )在程序的第 13 行、第 16 行被用于控制输出流格式。
- 第 10 行：使用 getcwd( )函数获取程序的当前工作路径(current working directory)。该函数由第 5 行的 unistd. h 头文件引入，其原型如下：

```
char * getcwd(char * buf, int size);
```

参数 buf 应指向预分配好的缓冲区(字符数组)，size 则为该缓冲区的大小。在正常情况下，函数会将当前工作路径复制至 buf 缓冲区，并返回 buf 作为结果。如果执行出错，则返回 NULL。严格地说，谨慎的程序员应该检查该函数的返回值，并对执行出错的情况做出恰当的处理。

- 第 12 行：构造输出文件流对象 fout，并在当前工作目录打开文件 SquareTable. txt，准备进行文本写入。如果文件不存在，则创建一个，如果文件已存在，则截断其原有内容。

  ofstream 类型有多个构造函数，其中最常用的是：

```
ofstream(const char * __s,
         ios_base::openmode __mode = ios_base::out |ios_base::trunc);
```

参数__s 为准备打开的文件名，mode 则为打开方式，其选项如表 20-3 所示。通过按位或操作符 | 可以将多个 mode 选项合并。对照表格可以看到，ofstream 默认的文件打开方式为：输出(写入)+截断。

表 20-3　文件打开方式选项

标志	说明
ios::in	从文件输入(读取)，ifstream 默认该标志
ios::out	向文件输出(写入)，ofstream 默认该标志
ios::binary	以二进制方式打开文件，未提供则按文本方式打开
ios::ate	如果文件存在，以附加方式打开，打开后读写位置移至文件尾
ios::app	如果文件存在，以附加方式打开，且每次写入前都自动移动读写位置至文件尾
ios::trunc	如果文件存在，则截断(清空)其原有内容

20

- 第 13 行：通过插入操作符向 fout 输出标题行。由于 fout 指向被打开的文件 SquareTable. txt，因此该行代码的实际作用是将相关内容写入文件。容易看出，通过插入操作符向 fout 写入，与向 cout 做输出，语法完全相同。其中的 setw( )格式操作算子用于设定输出项的字符宽度。关于格式操作算子，请参见 2.3 节的扩展阅读部分。
- 第 15~16 行：使用 for 循环，逐行输出 1 到 20 的 n 值及其平方数。
- 第 17 行：通过 fout 的 close( )成员函数主动关闭文件。在本例中，本行代码在形式上不是必须的，当作为自动变量的 fout 被析构时，其析构函数会关闭文件。当文件读/写操作完成后，应尽快关闭文件。

下述程序使用输入文件流对象将 SquareTable.txt 中的内容读取并打印出来。

```
1  //Project - GetSquareTable
2  #include <iostream>
3  #include <fstream>
4  #include <iomanip>
5  using namespace std;
6  
7  int main() {
8      string sPath = "D:/C2Cpp/C20_FileIO/...Debug";  //路径有节略
9      ifstream f(sPath + "/SquareTable.txt");
10 
11     string t;
12     getline(f,t);  cout << t << endl;                //读取并输出标题行
13     getline(f,t);  cout << t << endl;                //读取分界线并输出
14 
15     while (! f.eof()){
16         int n {-1}, n2 {-1};
17         f >> n >> n2;
18         if (n>=0 && n2>=0)
19             cout << setw(6) << n << setw(14) << n2 << endl;
20     }
21 
22     return 0;
23 }
```

▶ 第 8~9 行：创建 ifstream 类型的流对象 f，并打开文件 SquareTable.txt。在未指定打开方式 mode 的情况下，ifstream 默认以文本只读的方式打开文件。文件 SquareTable.txt 是由程序 BuildSquareTable 生成的，其并不在 GetSquareTable 程序的当前工作路径内，因此，此处使用了绝对路径来指定文件。第 8 行的...表示有省略，读者需要自行根据实际情况将路径补充完整。

请注意，这里使用了/作为路径分隔符，以使程序更容易在不同平台上移植。Linux 以及较新版本的 Windows，都接受/作为路径分隔符。

流对象 f 是 main()函数内的自动变量，当 f 被析构时，其析构函数会自动关闭文件，故本程序中未主动执行 f.close()。

▶ 第 12~13 行：使用 getline()函数从文件 f 中读取两行，并分别打印出来。这两行分别是文件里的标题行和分界线行。读者可能会注意到，此处通过 getline()函数从输入文件流 f 读取一行的方法与从控制台输入流 cin 读取一行的方法完全相同。

▶ 第 15~20 行：使用 while 循环逐行读取文件内容并输出。f 的成员函数 eof()返回一个布尔型变量，其表示文件的读取是否已抵达文件尾(end of file)。

▶ 第 17 行：逻辑上，从第 3 行起，文件 SquareTable.txt 中的每一行均是两个以空格分隔的整

数。无论是输入文件流 f 还是控制台输入流 cin,都是输入流,使用>>操作符依次读取即可。

- 第 18~19 行:如果读者用文本编辑器软件打开 SquareTable. txt,会发现其末尾有一个多余的空行(仅包含一个换行符)。出于容错考虑,特别处理了这种情况。当读到该行时,第 17 行的读入操作会事实上失败,n 和 n2 会保持-1 的初始值。只有当 n 和 n2 的值大于或等于 0 时,表示内容读取是成功的,将其打印输出。

20.2.2 逗号分隔值文本文件

扩展名为. txt 的普通文本文件缺乏明确的内部结构,不太适宜存储表格数据。本小节将介绍逗号分隔值(comma separated values)文件,其扩展名为. csv,特别适合存储表格数据。

下述程序创建了一个价格表,并通过 ofstream 类型对象 fout 将其写入逗号分隔值文本文件 PriceList. csv 中。

```
//Project - CreatePriceList
#include <iostream>
#include <fstream>
#include <vector>
#include <iomanip>
#include <unistd.h>
#include <assert.h>
using namespace std;

class Commodity{
    string sNo;         //产品编号
    string sName;       //产品名称
    float fPrice;       //价格
    int iQuantity;      //库存数量
public:
    Commodity(const string& no, const string name, float price, int qty){
        sNo = no;
        sName = name;
        fPrice = price;
        iQuantity = qty;
    }

    void output(ostream& out) const{
        out << sNo << "," << sName << ","
            << fixed << setprecision(2) << fPrice << ","
            << iQuantity << endl;
    }
};

```

```
ostream& operator<<(ostream& out, const Commodity& c){
    c.output(out);
    return out;
}

int main(){
    ofstream fout("PriceList.csv");
    fout << "No,Name,Price,Quantity" << endl;   //标题行

    vector<Commodity> s = {
        {"A01","Apple",5.2764123f,2000},
        {"B02","Beef",65.741f,5000},
        {"C03","Cherry",117.4f,500}
    };

    for (auto& x:s){
        fout << x;                              //逐行写入文件
        cout << x;                              //逐行输出到控制台
    }

    fout.close();

    char sPath[512];
    assert(getcwd(sPath,512)!=NULL);
    cout << "PriceList.csv written to " << sPath << endl;
    return 0;
}
```

上述程序的执行结果为：

```
A01,Apple,5.28,2000
B02,Beef,65.74,5000
C03,Cherry,117.40,500
PriceList.csv written to D:\C2Cpp\C20_FileIO\build-CreatePriceList-Desktop_Qt_5_14_1_MinGW_64_bit-Debug
```

一般的，逗号分隔符文件的一行对应表格中的一行，而同一行的各列数据则用逗号分隔。用文本文件编辑器打开上述程序生成的 PriceList. csv，其内容如下：

```
No,Name,Price,Quantity
A01,Apple,5.28,2000
B02,Beef,65.74,5000
C03,Cherry,117.40,500
```

这种类型的文件可以使用电子表格软件 Excel 打开。PriceList. csv 用 Excel 软件打开，其内容如图 20-3 所示。

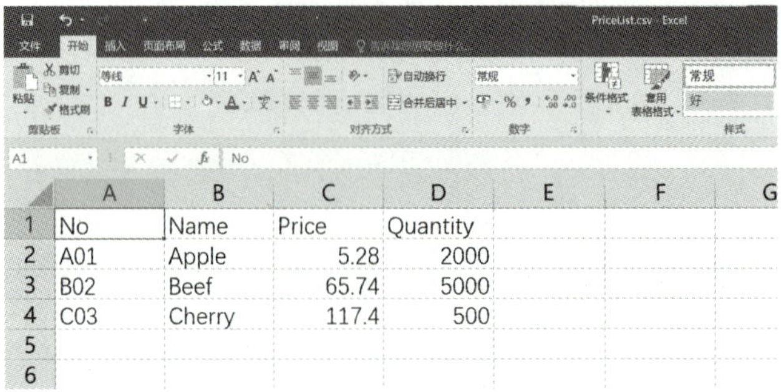

	A	B	C	D
1	No	Name	Price	Quantity
2	A01	Apple	5.28	2000
3	B02	Beef	65.74	5000
4	C03	Cherry	117.4	500

图 20-3 Excel 打开 PriceList.csv

- 第 5 行：引入输入输出算子（input & output manipulator）头文件。该头文件引入的算子 fixed 以及 setprecision 在程序的第 25 行被用于控制输出流格式。细节语法请参见 2.3 节的扩展阅读。
- 第 10~28 行：定义了 Commodity 类型来表示产品数据，包括产品编号、名称、价格及库存数量等信息。第 16~21 行的构造函数初始化了全部的数据成员。第 23~27 行的成员函数 output 则提供了将产品信息输出至输出流对象 out 的方法。请注意此处的输出流对象 out 并不一定是控制台输出对象 cout，也可以是一个输出文件流对象或者其他类型的输出流对象。算子 fixed 以及 setprecision 本质上都是函数，前者要求 out 在插入输出浮点数时使用定点小数形式，后者则设定精度为小数点后两位。
- 第 30~33 行：重载了操作符函数 operator<<()。该函数赋予程序员通过插入操作符<<将一个 Commodity 对象输出至任意输出流对象的能力。同样，这里的输出流对象并不特指 cout，可以是包括输出文件流对象在内的任意输出流对象。由第 31 行可见，该重载操作符函数借助于 Commodity 类型的 output()函数发挥作用。
- 第 36 行：构造输出文件流对象 fout，并在当前工作目录打开文件 PriceList.csv，准备进行文本写入。如果文件不存在，则创建一个，如果文件已存在，则截断其原有内容。
- 第 37 行：通过插入操作符向 fout 输出以逗号分隔的标题行。由于 fout 指向被打开的文件 PriceList.csv，因此该行代码的实际作用是将相关内容写入文件。
- 第 39~43 行：通过向量的列表初始化语法创建了三个 Commodity 对象。
- 第 45~48 行：遍历向量 s，将 Commodity 对象逐行写入文件并打印至屏幕。第 46 行将对象输出至文件，第 47 行则将对象打印至屏幕。第 46 行的 fout 和第 47 行的 cout 都是 ostream 类型的流对象，这两行的插入操作符均通过第 30~33 行的自定义操作符函数发挥作用。
- 第 50 行：主动关闭文件。在本例中，本行代码在形式上不是必须的，当作为自动变量的 fout 被析构时，其析构函数会关闭文件。

注意

为了避免对缓慢的外存储设备的频繁访问，C++中的流对象是缓冲的，即大部分的文件读写操作事实上发生在缓冲区内存。对于小容量的文件，真正的文件写入动作很可能发生在文件关闭时。通过文件流对象的 flush()成员函数可以强制将缓冲区内容写入文件。程序员应在文件读写结束之后尽快关闭文件，一方面可以尽快地执行文件内容的实际写入，另一方面及时释放不必要的文件资源。

▶ 第 52~54 行:通过 getcwd( ) 函数获取程序的当前工作路径,然后打印文件写入成功的信息。其中的断言(assert)用于确保 getcwd( ) 函数的执行未出错。

程序 ReadPriceList 则使用输入文件流 ifstream 将 PriceList. csv 读出,还原成 Commodity 对象并打印出来。

```
//Project - ReadPriceList
#include <iostream>
#include <fstream>
#include <iomanip>
#include <sstream>
using namespace std;

class Commodity{
    string sNo;         //产品编号
    string sName;       //产品名称
    float fPrice;       //价格
    int iQuantity;      //库存数量
public:
    void output(ostream& out) const{
        out << sNo << "," << sName << ","
            << fixed << setprecision(2) << fPrice << ","
            << iQuantity << endl;
    }

    void input(const string& s){
        stringstream ss(s); char c;
        getline(ss,sNo,',');
        getline(ss,sName,',');
        ss >> fPrice >> c >> iQuantity;
        return;
    }
};

ostream& operator<<(ostream& out, const Commodity& c){
    c.output(out);
    return out;
}

int main(){
    string sPath = "D:/C2Cpp/C20_FileIO/...-Debug";
    ifstream f(sPath + "/PriceList.csv");

```

```
38      string t;
39      getline(f,t);       //读取并忽略标题行
40
41      while(! f.eof()){
42          getline(f,t);
43          if (t.size()==0)
44              continue;
45
46          Commodity c;
47          c.input(t);
48          cout << c;
49      }
50
51      return 0;
52  }
```

上述程序的执行结果为：

```
A01,Apple,5.28,2000
B02,Beef,65.74,5000
C03,Cherry,117.40,500
```

▶ 第 35~36 行：创建 ifstream 类型的流对象 f，并打开文件 PriceList.csv。在未确定打开方式 mode 的情况下，ifstream 默认以文本只读的方式打开文件。文件 PriceList.csv 是由程序 CreatePriceList 生成的，其并不在 ReadPriceList 程序的当前工作路径内，因此，此处使用了绝对路径来指定文件。第 35 行的...表示有省略，读者需要自行根据实际情况将路径补充完整。

流对象 f 是 main()函数内的自动变量，当 f 被析构时，其析构函数会自动关闭文件，故本程序中未主动执行 f.close()。

▶ 第 38~39 行：使用 getline()函数从文件 f 中读取一行，并忽略。被忽略的这一行是 PriceList.csv 中的标题行。读者可能会注意到，此处通过 getline()函数从输入文件流 f 读取一行的方法与从控制台输入流 cin 读取一行的方法完全相同。

▶ 第 41~49 行：使用 while 循环读取文件中的每一行，并解析至 Commodity 对象，然后插入输出到 cout。f 的成员函数 eof()返回一个布尔型变量，其表示文件的读取是否已抵达文件尾(end of file)。第 42 行从文件 f 读取一行至字符串 t。如果读者用文本编辑器软件打开 PriceList.csv，会发现其末尾有一个多余的空行(仅包含一个换行符)，出于容错考虑，第 43~44 行处理了这种情况，如果读到的是一个空行，忽略。第 47 行使用 c 的 input()函数将字符串 t 中的内容解析读入对象内部。第 48 行则通过自定义的插入操作符函数将对象 c 输出至屏幕。

▶ 第 20~26 行：由于 PriceList.csv 中的数据行是字符串与数值并存且以逗号作为分隔的复杂结构，不得不采用稍显复杂的方式来解析数据。

图 20-4 展示了字符串流的解析过程。第 21 行的 stringstream 类型由头文件 sstream 引入，它将参数字符串 s 封装成了一个字符串流 ss。ss 同本例中的文件 f 以及控制台输入 cin 一样，都属于流对象，使用方法大体相当。第 22 行的 getline( ) 从 ss 读取一“行”至字符串 sNo，以逗号作为“行”结束标志，显然，最终读入的将是图 20-4 中的“A01”的部分。第 23 行类似，将“Apple”部分读入 sName。第 24 行对字符串流对象 ss 使用>>操作符，将 5.28 读入 fPrice，2000 读入 iQuantity，字符变量 c 用于吸收两者之间的逗号。

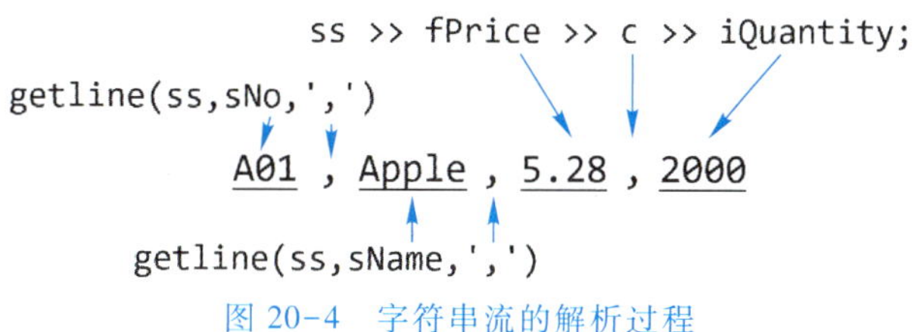

图 20-4　字符串流的解析过程

总结

C++将文件的读写操作转换成对流对象的操作，由于拥有相同的祖先类，ifstream 对象的接口与 cin 几乎等同，ofstream 对象则与 cout 相当。除了使用操作符<<或>>对文件流对象进行操作外，文件流对象还提供了数量众多的成员函数以提供更加精细的文件读写功能。读者可在需要时查询 C++文档来了解这些成员函数的用途。

练习巩固

20-1　(经济发展数据的文本存储)下述代码中的向量 years 及 gdp 存储了中国从 1960 至 2021 年的 GDP 数据(单位:亿美元)。请设计合适的文本文件格式，并编程将下述数据写入。相关数据请扫描二维码复制。

习题讲解 20-1：经济发展数据的文本存储

数据复制：经济发展数据的文本存储

```
vector<int> years;
for (auto i=1960;i<=2021;i++)
    years.push_back(i);
vector<double> gdp = {  //单位:亿美元
597.16,500.57,472.09,507.07,597.08,704.36,767.20,728.82,708.47,797.06, 926.03,998.01,
1136.88,1385.44,1441.82,1634.32,1539.40,1749.38, 1495.41,1782.81,1911.49,1958.66,
2050.90,2306.87,2599.47,3094.88,3007.58,2729.73,3123.54,3477.68,3608.58,3833.73,
4269.16,4447.31,5643.25,7345.48,8637.47,9616.04,10290.43,10939.97,12113.47,13393.96,
14705.50,16602.88,19553.47,22859.66,27521.32,35503.43,45943.07,51017.03,60871.64,
75515.00,85322.30,95704.07,104756.83,110615.53,112332.76,123104.09,138948.18,
142799.38,147227.31,177271.82
};
```

请另行编写一个独立的程序，从文本文件读取并还原上述数据。

习题讲解 20-2：两个正弦波的叠加

20-2　（两个正弦波的叠加）请使用 sin( ) 函数生成符合下述要求的“信号”：时长 0.5 s，采样频率 2 000 个样本/s；包含 2 个分量：振幅为 200 mV，频率为 5 Hz；振幅为 50 mV，频率为 20 Hz。

请将生成的“信号”保存至 csv 格式文件，该文件包含两列：time：时间，等于样本编号（从 0 开始）* 1 000/2 000 ms；voltage：电压，单位为 mV。

请用 Excel 打开该文件，并作图观察，如图 20-5 所示。在图 20-5 中，可以看到 5 Hz 正弦波在 500 ms 内经历了 2.5 个周期。

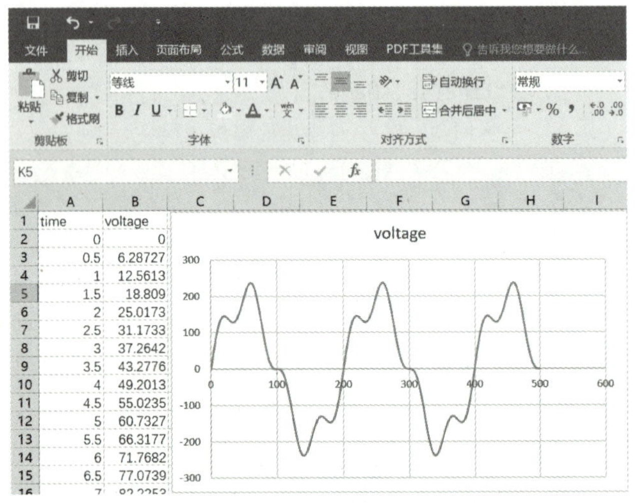

图 20-5　两个正弦信号的叠加

扩展阅读 20-1：用 C 语言读写文本文件

上述文本文件的读写示例基于 C++。C 语言下的文本文件读写过程与上述示例大致相同，但具体函数及用法存在差异。

微实践——应用 boost 库存取结构化文本文件

微实践 20-1：应用 boost 库存取结构化文本文件

包含如下内容的文件 dora.ini 存储了学号为 20210426 的某同学的姓名、年龄和已修三门课程的名称和分数。这种名为 ini 的文件格式可以很方便地存储结构化的对象信息。相较于自行设计文本文件的内容结构，直接使用 ini 格式既方便，扩展性又好。本实践借助大名鼎鼎的 boost 库来解析 ini 文件。

```
[basic]
sNo=20210426
sName=Dora Chen
iAge=17
[scores]
size=3
sName_0=C++
iScore_0=97
sName_1=Calculus
iScore_1=70
sName_2=Economics
iScore_2=65
```

20.3　简单读写二进制文件

当把一个整数或者浮点数存入文本文件时,输出文件流对象事实上会把整数或者浮点数转换成字符串。相应的,当从文本文件读出一个整数或者浮点数时,从文本文件中读出的实际上是对应的字符串,输入文件流对象需要把字符串转换成正确的值。文本文件的这种工作模式存在两个缺陷:

(1) 空间效率不高,相较于二进制文件而言,存储相同的数据需要占据更多空间。

(2) 数据读取/写入时的格式转换工作浪费 CPU 时间。

与文本文件不同,二进制文件直接将内存中的原始字节流直接写入文件,数据读出/写入均无须通过“字符串”这一桥梁。

程序 TextAndBinaryCpp 先将浮点数 3.1514927 写入文本文件 pi.txt 和二进制格式文件 pi.dat,然后又再次打开二进制文件 pi.dat,从中读出浮点数并输出。

```
//Project - TextAndBinaryCpp
#include <iostream>
#include <fstream>
#include <iomanip>
#include <unistd.h>
using namespace std;

int main(){
    char sPath[1024];
    getcwd(sPath,1024);
    cout << "cwd: " << sPath << endl;

    float fPi = 3.1415927f;

    ofstream fText("pi.txt");
    fText << fixed << setprecision(7) << fPi;
    fText.close();

```

```
19      fstream fBin;
20      fBin.open("pi.dat",ios::binary |ios::out);
21      fBin.write(reinterpret_cast<const char * >(&fPi),sizeof(float));
22      fBin.close();
23
24      fPi = 0.0f;
25      fBin.open("pi.dat",ios::binary |ios::in);
26      fBin.read(reinterpret_cast<char * >(&fPi),sizeof(float));
27      fBin.close();
28      cout << fixed << setprecision(7) << fPi << endl;
29
30      return 0;
31  }
```

在作者的计算机上,上述程序的执行结果为(...处有节略):

```
1  cwd: D:\C2Cpp\C20_FileIO\build...-Debug
2  3.1415927
```

- ▶ 第 9~11 行:获取并输出程序的当前工作路径。本程序生成的文件 pi. txt 和 pi. dat 均在该目录下,读者可在执行结果第 1 行所示的目录下找到这两个文件。
- ▶ 第 15~17 行:通过输出文件流对象 fText 将 fPi 的值写入文本文件 pi. txt。同样的,向文件流对象输出内容的语法与向 cout 进行输出完全一致。
- ▶ 第 19 行:定义一个文件流对象 fBin,在后续代码中,fBin 对象既可用于输出,也可用于读入。
- ▶ 第 20 行:以二进制写模式打开文件 pi. dat。其中,open( )是 fBin 的成员函数,用于打开文件,ios::binary | ios::out 表明了文件的打开模式。
- ▶ 第 21 行:通过 fBin. write( )将内存中位于地址 &fPi 的 sizeof(float)个字节写入文件。容易看出,此处事实上将浮点数 fPi 的 4 字节写入了文件。&fPi 的类型为 float * ,而 fBin. write( )函数的第 1 个参数预期类型为 const char * ,故使用 reinterpret_cast 操作符进行类型转换。
- ▶ 第 22 行:关闭文件。
- ▶ 第 25 行:以二进制读模式打开文件 pi. dat。ios::binary | ios::in 表明了文件的打开模式。
- ▶ 第 26 行:通过 fBin. read( )从文件读取 sizeof(float)个字节读入并填充至地址 &fPi。容易看出,此处事实上从文件读取了 4 个字节,并填入了浮点数变量 fPi。&fPi 的类型为 float * ,而 fBin. read( )函数的第 1 个参数预期类型为 char * ,故使用 reinterpret_cast 操作符进行类型转换。
- ▶ 第 27 行:关闭文件。
- ▶ 第 28 行:将从文件 pi. dat 读取的浮点数 fPi 输出至屏幕。执行结果的第 2 行证实,二进制文件 pi. dat 忠实地保存了二进制对象 fPi 的值。

读者如果在操作系统中查看文件 pi.txt 和 pi.dat 的实际尺寸，会发现前者占据 9 个字节的空间，而后者仅占 4 个字节。道理很简单，pi.txt 内实际存储的是字符串“3.1415927”，这个字符串包含 9 个字符，每个字符占一个字节；与之相对，pi.dat 直接存储了浮点数对象 fPi 的原始内存，其由 4 个字节构成。

*20.4　随机读写二进制文件

文件既可以顺序读写，也可以随机读写。所谓顺序读写，可以简单理解为从头读/写到尾，数据项是一个接着一个进行读取/写入的；而随机读写则允许随时改变文件的当前读写位置，如果在非文件尾的位置写入内容，则相应位置的原始数据会被覆盖。

二进制文件可以视为字节流，程序为每一个被打开的二进制文件维护了一个读写位置标记，该标记为一个整数，表示当前读写位置相对于文件起始处的偏移量，以字节为单位。随着文件读写操作的进行，该读写位置会自动后移，其偏移量等于读写操作的字节数。

表 20-4 列出了 C++中常用的文件随机访问函数。

表 20-4　C++中常用的文件随机访问函数

函数	说明
fstream::read	istream & istream::read(char_type * s, streamsize n);
	说明：从输入流读取 n 个字节的内容至指针 s 指向的缓冲区
fstream::write	ostream & ostream::write(const char_type * s, streamsize n);
	说明：将位于内存地址 s 的 n 个字节写入输出流
fstream::seekg fstream::seekp	istream& istream::seekg(off_type off,ios_base::seekdir dir); ostream& ostream::seekp(off_type off, ios_base::seekdir dir);
	说明：seekg()将输入流的读位置设定到距参考位置指定偏移量的地方。参考位置 dir 可以是 ios::begin、ios::end、ios::cur 之一，分别表示文件头，文件尾及当前位置。偏移量 off 通常以字节为单位。seekp()用于设置输出流的写位置，参数含义同 seekg。如果输入流同时也是输出流，则 seekg 与 seekp 通用，都是设置流的读写位置
fstream::tellg fstream::tellp	pos_type istream::tellg(); pos_type ostream::tellp();
	说明：tellg()用于获取输入流的当前读位置，通常表示当前读位置相对于文件头的偏移字节数。tellp()用于获取输出流的当前写位置。如果输入流同时也是输出流，则 tellg 与 tellp 通用，都是获取流的读写位置

C++程序 BinaryPriceListCpp 展示了一个灵活的二进制商品价格表存储结构，该结构以不重复的固定的商品编号为基础进行工作。

```
//Project - BinaryPriceListCpp
#include <iostream>
#include <fstream>
#include <cstring>
#include <iomanip>
using namespace std;

class Commodity {
public:
    int iNo;                            //商品编号,不重复
    char sName[20];                     //商品名称
    float fPrice;                       //商品价格
    int iQuantity;                      //库存数量
};

class CommodityFile {
private:
    fstream f;
    bool locateCommodity(int iNo){
        f.seekg(0,ios::end);            //读写位置移至末尾:获取文件大小
        auto iFileSize = f.tellg();

        f.seekg(0,ios::beg);            //读写位置移至文件头
        int t;
        while (f.tellg()<iFileSize){
            f.read(reinterpret_cast<char *>(&t),sizeof(int));
            if (t==iNo){
                f.seekg(-sizeof(int),ios::cur);
                return true;
            }
            else
                f.seekg(sizeof(int)+sizeof(float)+20,ios::cur);
        }
        return false;
    }

public:
    CommodityFile(const string& sFile){
        //以附加模式打开->关闭:文件不存在时创建一个新文件
        f.open(sFile,ios::app |ios::out |ios::binary);
        f.close();
        f.open(sFile,ios::in | ios::out | ios::binary);
```

```
    }

    ~CommodityFile(){
        f.close();
    }

    void saveCommodity(const Commodity& c){
        if (! locateCommodity(c.iNo))
            f.seekp(0,ios::end);

        f.write(reinterpret_cast<const char *>(&c.iNo),sizeof(int));
        f.write(c.sName,20);
        f.write(reinterpret_cast<const char *>(&c.fPrice),sizeof(float));
        f.write(reinterpret_cast<const char *>(&c.iQuantity),sizeof(int));
    }

    bool loadCommodity(int iNo, Commodity& c){
        if (! locateCommodity(iNo))
            return false;

        f.read(reinterpret_cast<char *>(&c.iNo),sizeof(int));
        f.read(reinterpret_cast<char *>(c.sName),20);
        f.read(reinterpret_cast<char *>(&c.fPrice),sizeof(float));
        f.read(reinterpret_cast<char *>(&c.iQuantity),sizeof(int));
        return true;
    }
};

int main(){
    CommodityFile f("commodity.dat");

    Commodity c1 = {1,"Apple",5.2764123f,2000};
    f.saveCommodity(c1);
    Commodity c3 = {3,"Beef",65.741f,5000};
    f.saveCommodity(c3);
    Commodity c5 = {5,"Cherry",117.4f,500};
    f.saveCommodity(c5);

    strcpy(c3.sName,"Pork");
    f.saveCommodity(c3);

    Commodity t;
    cout << fixed << setprecision(2);
```

20

```
86      cout << setw(6) << left << "No" << setw(20) << "Name" << setw(10)
87          << right << "Price" << setw(10) << "Quantity" << endl;
88      cout << "--------------------------------------------------\n";
89      for (int i=1;i<=5;i++){
90          if (! f.loadCommodity(i,t))
91              cout << setw(6) << left << i << setw(20) << "NA" << setw(10)
92                   << right << 0.0 << setw(10) << 0 << endl;
93          else
94              cout << setw(6) << left << t.iNo << setw(20) << t.sName << setw(10)
95                   << right << t.fPrice << setw(10) << t.iQuantity << endl;
96      }
97
98      return 0;
99  }
```

上述程序的执行结果为：

```
No    Name                 Price   Quantity
---------------------------------------------
1     Apple                 5.28       2000
2     NA                    0.00          0
3     Pork                 65.74       5000
4     NA                    0.00          0
5     Cherry              117.40        500
```

上述程序执行完成后，得到一个二进制文件 commodity.dat，其尺寸为 96 字节。为了便于描述上述程序的随机读写过程及工作原理，画出了 commodity.dat 的内部结构，如图 20-6 所示。请读者注意，图 20-6 只是一个示意图，其并不能“精细”地表达 commodity.dat 的内部结构。

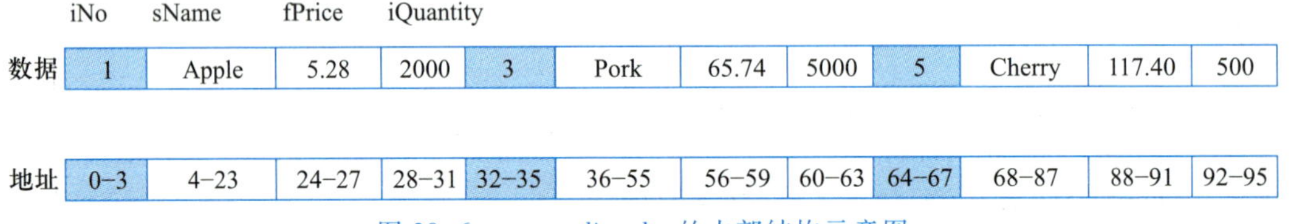

图 20-6 commodity.dat 的内部结构示意图

▶ 第 8~14 行：一个 Commodity 对象表示一条商品价格信息。简单计算可知，一个 Commodity 对象的内存尺寸为 4+20+4+4=32 字节。如图 20-6 所示，程序执行完成后，commodity.dat 内部储存了编号为 1、3、5 的三条价格信息，分别对应 3 个 Commodity 对象，每个 32 字节，3 个共 96 字节，地址范围为 0~95。这里所称的地址，表示相对于文件起始处的偏移字节数。

▶ 第 16~69 行：类 CommodityFile 是对商品价格文件的封装，任何对商品价格信息的保存、读取工作均通过该类的 saveCommodity() 以及 loadCommodity() 成员函数来进行。对于类的使用者而言，文件的存储结构是透明，即不可见的。CommodityFile 对象通过私有数据成员 f 完成文件的读写操作，对象 f 类型为 fstream，它是 C++中的文件流类型。

▶ 第 38～43 行：CommodityFile 的构造函数以一种看起来奇怪的方式打开文件 sFile。

▶ 第 42 行：参数 ios::in | ios::out | ios::binary 表示文件打开模式为：二进制读写。当文件存在时，本行代码会以二进制读写的方式打开文件，且文件原有内容不会丢失。但如果文件不存在，本行代码所指定的打开模式并不会创建新文件，即文件打开会失败。如果文件打开失败，f. fail( )将返回真，f. is_open( )则返回假。

▶ 第 40～41 行：为了有效处理程序第一次运行时文件 sFile 不存在的情况，以附加输出模式打开该文件，然后关闭。当以附加输出模式打开一个不存在的文件时，程序会自动创建一个新文件；当以附加输出模式打开一个已存在的文件时，文件的原有内容不会丢失。

▶ 第 45～47 行：CommodityFile 的析构函数关闭文件。

▶ 第 19～35 行：私有的 locateCommodity( )函数用于在已打开的二进制文件中查找编号为 iNo 的商品价格信息。如果查找成功，函数将文件的读写位置移至对应的商品价格信息的起始处并返回 true，否则返回 false。

▶ 第 20～21 行：先用 seekg( )函数将文件的读写位置移至文件尾，然后再使用 tellg( )获取文件的当前读写位置。此时的文件读写位置事实上是文件尾相对于文件头的偏移字节数，即文件尺寸。

▶ 第 23 行：将读写位置移至文件头。

▶ 第 25～34 行：通过 while 循环对文件进行顺序查找。如果文件的当前读写位置大于或等于文件大小，说明查找失败，第 34 行返回 false。

▶ 第 26 行：从文件 f 读取商品编号至整数 t。read( )函数的具体用法请参见表 20-4。

▶ 第 27～30 行：如果第 26 行读到的商品编号 t 等于 iNo，说明找到了指定记录，使用 seekg( )函数将读写位置后退 4 个字节至该商品价格信息的起始处，然后返回 true。此处的 ios::cur 表示参考位置为当前位置，负的 sizeof(int)表示回退 4 个字节。

▶ 第 32 行：如果第 26 行读到的商品编号 t 不等于 iNo，说明匹配不成功，使用 seekg( )函数将当前读写位置前移 28 个字节至下一条商品价格信息的起始处，然后继续循环。

表 20-5 列出了 locateCommodity(3)的执行过程，请读者结合图 20-6 进行分析。

表 20-5　locateCommodity(3)的执行过程

序号	说明	代码行
1	f. seekg(0,ios::beg)将读写位置移至文件头，即地址 0 处	23
2	在文件的当前位置读出商品编号，其值为 1，f. read( )执行完后，读写位置前移至地址 4	26
3	1 不等于 3，说明匹配不成功，执行第 32 行，读写位置前移 28 至地址 32，也就是下一条记录的起始位置	27～32

续表

序号	说明	代码行
4	循环继续,在文件的当前位置读出商品编号,其值为 3,读写位置因读动作前移至 36	26
5	3 等于 3,匹配成功,执行第 28 行,读写位置后移 4 个字节至地址 32,地址 32 正好是编号为 3 的商品价格记录在文件中的起始位置	27~30
6	返回 true,向函数的调用者报告定位成功的消息	29

在本例中,由于 CommodityFile 中的文件 f 既是输入流,也是输出流,因此前述代码中的 seekg 与 seekp 通用,tellg 与 tellp 通用。

- 第 49~57 行:公有的 saveCommodity( ) 函数用于将商品价格对象 c 存入文件,如果对应编号的商品价格记录已存在,则覆盖更新原有信息。
- 第 50~51 行:使用 locateCommodity( ) 函数在文件 f 中定位指定商品编号的记录。如果 locateCommodity( ) 返回 false,表示未找到,则将读写位置移至文件尾,准备在文件尾追加新记录。此处的 ios::end 表示参考位置为文件尾,0 表示相对于文件尾偏移 0 字节。
- 第 53~56 行:向文件中依次写入商品编号、名称、价格以及库存数量。当读写位置位于文件尾时,这 4 行代码的执行结果相当于往文件尾附加了一条新记录。当读写位置位于 locateCommodity( ) 函数定位的原有记录的起始处时,这 4 行代码的执行结果相当于覆盖更新了原有记录。
- 第 59~68 行:公有的 loadCommodity( ) 函数从文件中查找并读取指定编号的商品价格信息至 Commodity 对象 c。如果指定的编号不存在,返回 false,否则返回 true。
- 第 60~61 行:使用 locateCommodity( ) 定位指定编号的记录,如果没找到,返回 false 表示读取失败。
- 第 63~66 行:如果指定编号的记录在文件中存在,locateCommodity( ) 函数执行后,文件的读写位置正好位于该记录的起始处。依次读入编号、名称、价格和库存数量。
- 第 67 行:返回 true 表示读取成功。
- 第 72 行:创建商品价格文件对象 f。在 f 的构造函数中,commodity. dat 会被打开。自动变量 f 会在 main( ) 函数的末尾被自动析构,其析构函数会关闭文件。
- 第 74~75 行:存入编号为 1 的商品价格信息。在程序第 1 次运行时,第 75 行在文件中新增记录;在第 N 次运行时,第 75 行在文件中覆盖更新记录。
- 第 76~79 行:存储 3 号及 5 号商品的价格信息。
- 第 81~82 行:修改 3 号商品的名称,再次将其写入文件。第 82 行执行前 3 号商品记录肯定已存在于文件中,因此第 82 行事实上覆盖更新了原有记录。执行结果的第 5 行证实,3 号商品的名称被正确修改为 Pork。
- 第 84~96 行:逐一读取并打印编号 1 至 5 的商品价格信息。执行结果的第 4 行和第 6 行证实,由于 2 号商品和 4 号商品不存在,第 90 行的 loadCommodity( )返回了 false,第 91 行将对应的商品名称打印为"NA",意为不可用(not available)。

练习巩固

20-3　(经济发展数据的二进制存储)请编写程序将练习 20-1 中的 GDP 发展数据写入二进制文件,然后再从二进制文件读出还原。

习题讲解 20-3:经济发展数据的二进制存储

20-4　(视网膜电图)视网膜电图是一种在人体角膜上记录的源自视网膜的电生理信号,该信号反映了感光细胞因闪光刺激而引发的一系列电活动。在随书代码的第 20 章目录下,文件 ergcurve.dat 存储了一次视网膜电图的记录结果,该文件由 400 个浮点数(float)采样组成,每个浮点数占 4 个字节,总大小为 1 600 字节。相邻两个样本的采样间隔为 0.5 ms。

习题讲解 20-4:视网膜电图

请编程读取该二进制文件,将其另存为 csv(**逗号分隔值**)格式,新文件包括 3 列:idx-采样编号,从 0 开始计数;time-采样时间,等于采样编号 *0.5,单位为 ms;voltage-电压,单位 μV。

用 Excel 打开 csv 文件,作图查看 ERG 曲线,如图 20-7 所示。

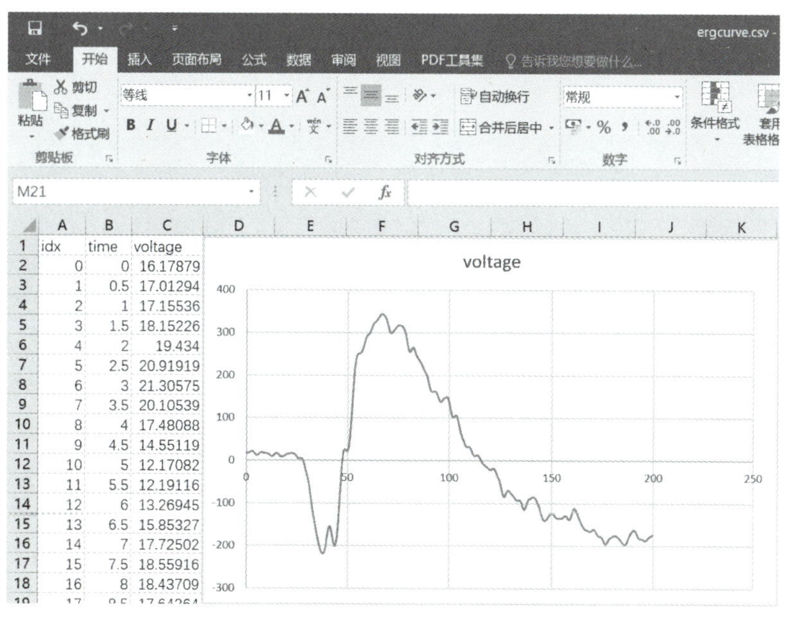

	A	B	C
1	idx	time	voltage
2	0	0	16.17879
3	1	0.5	17.01294
4	2	1	17.15536
5	3	1.5	18.15226
6	4	2	19.434
7	5	2.5	20.91919
8	6	3	21.30575
9	7	3.5	20.10539
10	8	4	17.48088
11	9	4.5	14.55119
12	10	5	12.17082
13	11	5.5	12.19116
14	12	6	13.26945
15	13	6.5	15.85327
16	14	7	17.72502
17	15	7.5	18.55916
18	16	8	18.43709

图 20-7　视网膜电图曲线

拓展阅读 20-2:用 C 语言随机读写二进制文件

上述二进制文件的随机读写示例基于 C++。C 语言下的二进制文件读写过程与上述示例大致相同,但具体函数及用法存在差异。

20

* 第 21 章　异常

生活总是充满不期而遇的惊喜和失落,程序也是。但不同的是,程序里几乎只有意外和失落,那些伴随着程序成功运行姗姗来迟的惊喜,都挂着踏过重重荆棘的伤痕。

——作者

学习目标

知识目标

1. 理解普通异常处理方式的局限。
2. 掌握通过 try catch 语法进行异常处理的方法。
3. 了解异常处理中的调用栈回退原理。

能力目标

在程序中使用异常处理机制改善软件异常处理流程。

素质目标

通过“意料之外的异常”相关案例,思考“理性创业”问题,避免“冲动创业”遇到意料之外的异常而导致失败。

思维导图

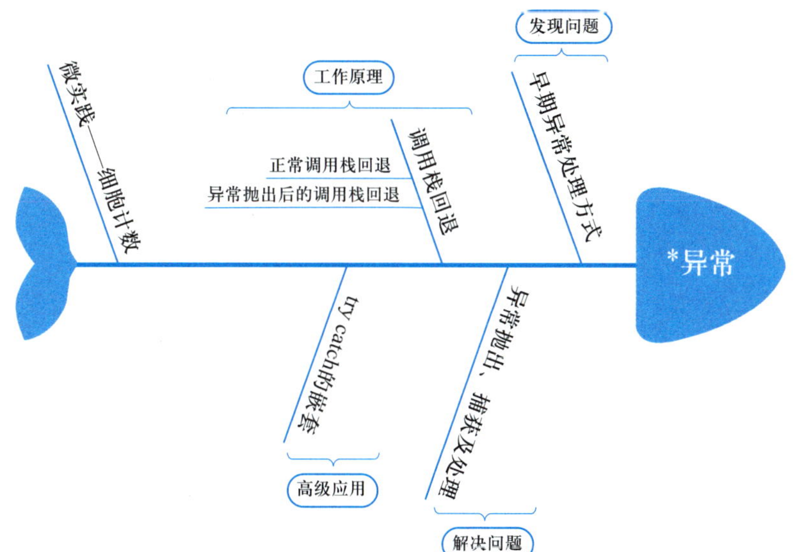

假设读者刚从学校毕业，到一家公司从事销售工作。作为一个资历尚浅的员工，读者负责挖掘、服务那些潜在的小规模客户。幸运的是，读者有着脚踏实地、从小事做起的气魄，真诚周到地服务客户。在读者的意料之外，一家在业内响当当，之前一直从竞争对手那里拿货的大客户突然慕名联络读者，愿意在读者这里下订单。这笔订单的数量十分惊人，同时又有着苛刻的交期。这个行业大客户是整个公司梦寐以求的，但要在客户规定的交期内完成生产，却需要全公司所有部门的通力协作，可能整个制造相关的部门都需要放弃休假。作为最基层的普通销售员，这显然不是读者权限/能力范围内能处理的事。所以读者只好向你的顶头上司，也就是销售部经理汇报。遗憾的是，销售部经理跟生产部、采购部经理平级，他也无权调整全公司的生产计划，所以只好向总经理汇报。总经理对公司的全面运营负责，有权对公司的采购计划、生产计划乃至财务安排做出调整，在他的协调下，这笔订单终于如期交付。

程序的运行与企业的运营有着相似之处。在 C++里，即便采用了面向对象程序设计，程序本质上还是一堆数据以及操纵数据的函数，这些函数都直接或间接地被 main( )函数调用，就好像一个员工总是直接或间接地归总经理管辖一样。程序的运行总是伴随着意外，这些意外有的是能够被预料到的，有些则是程序员从未设想过的。这种程序在运行时发生的意外被称为异常(exception)，表 21-1 给出了几个异常的示例。

表 21-1 异常示例

示例	典型情况
除 0 错误	在进行除法运算时，除数为 0
内存分配错误	试图从堆申请内存时，因资源不足被拒绝
试图以读模式打开不存在的文件	试图从一个不存在的文件中读取内容
非法内存访问	试图访问一个悬空指针指向的内容

与那位接到大订单的销售员一样，遇到/发现异常的函数通常不具备处置该异常的能力，它需要将异常上报给本函数的调用者，同样，调用者函数或许也没有处置能力，继续逐级上报。最终，具备处置能力的函数调配合适的资源处置异常，将程序从错误中拯救回来，或者最低限度地，做一些紧急的处理以避免灾难性的结果。这些紧急的处理可能包括：一个股票交易系统断开与数据库的连接，将程序内未保存的数据存盘并关闭文件；一个车载计算机控制系统切断发动机的油路，作为对"发动机异常高温"的回应。

C++提供了一套专门的异常处理机制来完成上述任务。

21.1 早期的异常处理方式

在 C++的异常处理机制被发明之前，程序员处理异常的方式无非如下几种：

(1) 什么都不做，任由程序崩溃，不计后果。

(2) 直接调用 abort( )函数终止程序的运行。这个 abort( )函数的原型位于 cstdlib 或者 stdlib. h，它会返回一个整数给操作系统或者运行该程序的父进程▲，以表明程序的异常终止。在部分编译器实现中,abort( )函数将在终止程序前将未写入存储设备的文件缓冲区数据写入存储设备。

(3) 遇到/发现异常的函数返回一个错误值给调用者函数,交由调用者函数来处理异常。

下述 C++程序借助函数 hmean( )来计算整数 x 和 y 的调和平均数(harmonic mean)。在数学上,两个数 x 和 y 的调和平均数 z 定义为:

$$z=\frac{2xy}{x+y}$$

显然,当 x 和 y 互为相反数时,除数为 0,这通常被视为异常。

```
1  //Project - HMean1
2  #include <iostream>
3  using namespace std;
4
5  float hmean(int a, int b){
6      if (a==-b){
7          cout << "invalid arguments for hmean()" << endl;
8          abort();
9      }
10     return 2.0f * a * b / (a + b);
11 }
12
13 int main(){
14     int x = 0, y = 0;
15     float z = 0.0f;
16
17     cout << "Enter two numbers:" << endl;
18     while (cin >> x >> y){
19         z = hmean(x,y);
20         cout << "hmean(" << x << "," << y << ") = " << z << endl;
21     }
22
23     cout << "Program terminated normally." << endl;
24     return 0;
25 }
```

上述代码的执行结果为:

```
1  Enter two numbers:
2  3 2
3  hmean(3,2) = 2.4
4  3 -3
5  invalid arguments for hmean()
```

说明:程序执行结果中的第 2 行和第 4 行内容为用户输入。在终端中录入 Ctrl+Z 组合键,可以正常结束程序循环,此时,程序第 23 行表示程序正常结束的信息将得以输出。

▶ 第 6~9 行：在 hmean( )函数中，如果发现 a 和 b 互为相反数，先输出一条错误信息（第 7 行），然后直接调用 abort( )函数终止程序运行。执行结果中可见，abort( )函数执行后，程序的后续代码都没有被执行，第 20 行、第 23 行的输出在执行结果中未见。需要说明的是，不同的编译器实现对 abort( )函数的处理的差异，在读者的运行环境中，可能会得到关于程序被异常终止的额外错误信息。

显然，abort( )函数的执行会导致程序的直接崩溃，这似乎过于武断和暴力。下述程序中的 hmean( )函数试图通过返回一个布尔值向调用函数 main( )报告错误信息，将异常处理的职责传递给 main( )函数。

```
//Project - HMean2
#include <iostream>
using namespace std;

bool hmean(int a, int b, float& r){
    if (a==-b)
        return false;

    r = 2.0f * a * b / (a + b);
    return true;
}

int main(){
    int x = 0, y = 0;
    float z = 0.0f;

    cout << "Enter two numbers:" << endl;
    while (cin >> x >> y){
        auto r = hmean(x,y,z);
        if (r)
            cout << "hmean(" << x << "," << y << ") = " << z << endl;
        else
            cout << "hmean() failed unexpectedly." << endl;
    }

    cout << "Program terminated normally." << endl;
    return 0;
}
```


上述代码的执行结果为（第 2、4、6、8 行为操作者输入）：

```
1  Enter two numbers:
2  3 2
3  hmean(3,2) = 2.4
4  2 -2
5  hmean() failed unexpectedly.
6  3 1
7  hmean(3,1) = 1.5
8  ^Z
9  Program terminated normally.
```

从执行结果可以看出，当输入为 2-2 时，hmean( )函数发现异常时，它没有处理异常，因为作为程序这台大机器里面的一颗螺钉，hmean( )函数并不具备处理这个异常的能力。hmean( )通过返回 false 给调用者，本例中也就是 main( )函数，向调用者报告了执行失败的结果。作为对异常的回应，main( )函数打印了错误信息（第 23 行），然后继续循环。执行结果的第 6~9 行也显示，main( )函数在异常处理之后继续工作，直到操作者按下 Ctrl+Z 组合键（^Z），while 循环的条件不再满足，循环结束。

看起来，这种操作方式能够解决异常的发现者无法处理异常的情况。发现异常的函数通过返回值把异常情况报告给调用者函数，调用者函数如果处理不了，再通过返回值报告给它的调用者...就好比底层员工处理不了的事，报告给部门经理，部门经理如果处理不了，就报告给总经理。

上述借助函数返回值的异常处理方式至少存在如下问题：

（1）函数的接口变得复杂了。比较示例 HMean1 和 HMean2 中的两个 hmean( )函数，不难发现，后者的 hmean( )函数的参数由 2 个变成了 3 个，返回值也不再是简单的调和平均数，而是一个表示函数执行结果成功或者失败的布尔值。从函数的使用者，也就是 main( )函数的角度看，hmean( )函数变得更加复杂难用了，要使用 hmean( )函数，程序员需要了解关于函数参数和返回值含义的更多信息，同时，也要花费更多的代码针对不同的函数返回值选择不同的执行路径。

（2）调用链条上的全部函数都需要做适应性调整，以便处理某个底层函数所报告的异常，这使程序变成了可怕的"紧耦合"，程序维护和修改变得十分困难。在本例中，hmean( )函数直接被 main( )函数调用，这属于极端简单的情况。在真实的复杂软件应用里，函数的调用链条可能涉及数十个函数，也就是函数 A 调用函数 B，函数 B 调用函数 C，……，函数 Y 调用函数 Z，然后 Z 的错误返回给 Y，Y 再返回给 X，……，B 再返回给 A。这大概就相当于一个机构臃肿的公司，生产现场发生的紧急重大异常需要通过小组长、车间主任、分管副厂长、厂长、分公司经理等多层结构，才能反馈到能够处理该异常的总经理那里。

（3）表示异常的返回值不能表明异常发生的细节。本例中，就 main( )函数而言，其收到 hmean( )所返回的 false，仅能表明 hmean( )函数未能如期完成任务，至于为何失败，则不得而知。

为了更简洁地处理异常，C++引入了专门的异常处理机制，详见本章后续部分。

21.2　异常抛出、捕获及处理

通过下述示例来解释 C++的异常处理机制。下述示例中的 compTriangleArea( )函数接受三角形的三条边的长度作为参数，然后按照图 21-1 所示的海伦-秦九韶公式计算并返回三角形的面积。

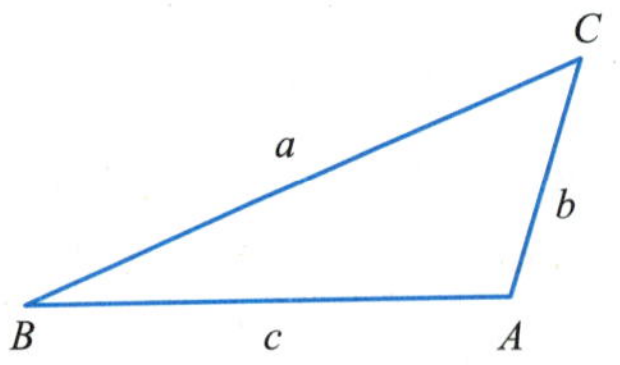

$$p=\frac{1}{2}(a+b+c)$$

$$S=\sqrt{p(p-a)(p-b)(p-c)}$$

图 21-1 用海伦-秦九韶公式计算三角形面积

```
//Project - TriangleArea
#include <iostream>
#include <exception>
#include <cmath>
using namespace std;

class NotTriangle:public exception {
    int a,b,c;
public:
    NotTriangle(int x,int y,int z){ a=x; b=y; c=z; }

    virtual const char * what() const noexcept{
        static char sInfo[256];
        sprintf(sInfo,"<%d,%d,%d> it not a triangle.",a,b,c);
        return sInfo;
    }
};

double compTriangleArea(int a, int b, int c){
    if (a==0 || b==0 || c==0)
        throw 0;                                  //抛出异常,异常对象为整数 0

    if (a<0 || b<0 || c<0)
        throw "invalid negative side length.";    //抛出异常,异常对象类型为 const char *

    if (a+b>c && a+c>b && b+c>a){
        auto p = (a+b+c)/2.0;
        auto s = sqrt(p * (p-a) * (p-b) * (p-c));
        return s;                                 //函数正常返回
    }
    else
        throw NotTriangle(a,b,c);                 //抛出异常,异常对象类型为 NotTriangle
}

int main(){
    int a,b,c;
    cout << "Enter side lengths a, b, c of the triangle: \n";

```

```
    while (cin>>a>>b>>c){
        try {
            auto r = compTriangleArea(a,b,c);
            cout << "Area of the triangle:" << r << endl;
        }
        catch (const NotTriangle& e) {
            cout << "Exception caught & processed: " << e.what() << endl;
        }
        catch (const char * s){
            cout << "Exception caught & processed: " << s << endl;
        }
        catch (const int e){
            cout << "Exception caught & processed: " << e << endl;
        }
        catch (...){
            cout << "catch (...) is used to catch all uncaught exceptions.\n";
        }
    }

    cout << "Program terminated normally." << endl;
    return 0;
}
```

上述代码的执行结果为(第 2、4、6、8、10、12 行为操作者输入):

```
1  Enter side lengths a, b, c of the triangle:
2  3 3 2
3  Area of the triangle:2.82843
4  3 0 3
5  Exception caught & processed: 0
6  3 3 8
7  Exception caught & processed: <3,3,8> it not a triangle.
8  3 3 -1
9  Exception caught & processed: invalid negative side length.
10 3 3 2
11 Area of the triangle:2.82843
12 ^Z
13 Program terminated normally.
```


C++的异常处理机制分为抛出、捕获及处理三个部分。先讨论异常的抛出。从函数接口的角度看,compTriangleArea()函数接受三个整数边长作为输入,按照海伦-秦九韶公式计算并返回三角形的面积。谨慎的函数设计者需要考虑各种意外情况:比如边长 a、b、c 中的某个值为 0;比如某个边长为负数;比如两边之和不大于第三边。作为程序这台复杂机器上的一颗螺钉,compTriangleArea()函数并不知晓其调用者计算三角形面积的用途,以及当计算失败时应该做出的反应，所以它选择将异常通过 throw 语句抛出。

- 第 20~21 行：函数发现三个边长 a、b、c 中至少有一个为零，将整数 0 作为异常对象抛出，抛出的异常对象的类型为 int。
- 第 23~24 行：函数发现三个边长 a、b、c 中至少有一个为负数，将一个 C 风格的字符串作为异常对象抛出，抛出的异常对象类型为 const char *。
- 第 26~29 行：如果第 20~24 行未抛出异常，且满足任意两边之和大于第三边，说明边长 a、b、c 可以构成一个合法的三角形。按照海伦-秦九韶公式计算三角形面积，并使用 return 语句正常返回。这个返回值将被代码第 41 行的变量 r（位于 main( ) 函数内）所接收。
- 第 32 行：第 26 行的条件不满足，抛出一个 NotTriangle 类型的异常对象。NotTriangle 类型是 exception 的子类型，后者由<exception>头文件引入。NotTriangle 通过构造函数给内部的数据成员 a、b、c 赋值，这些内部数据成员记录了异常发生的细节。

从上述代码可以看出，throw 语句会抛出一个异常对象。这个异常对象既可以是任意原生类型，比如本例中的整数 0 和字符串指针（const char *），也可以是一个用户自定义类型。当使用用户自定义类型作为异常对象时，通常建议这个自定义类型从 exception 类继承，并实现其 what( ) 虚函数以便得到异常的描述字符串。

对于 compTriangleArea( ) 函数，异常抛出意味着函数执行的终止。同正常的 return 不同，程序的执行点不是回到函数调用处，而是进行**调用栈回退▲**后跳转到直接或间隔包裹异常抛出点的最内层 try catch 块的第一个 catch 块。具体到本例，这个 catch 块位于代码第 44 行（main( ) 函数内），因为 compTriangleArea( ) 的调用发生在第 40 行开始的 try 块中。

图 21-2 展示了对于函数 compTriangleArea( ) 而言，return 和 throw 所导致的执行点走向的区别：在 try 子块内调用执行 compTriangleArea( ) 函数，程序执行点移至函数开始处，如图 21-2 中的实线箭头①；当边长 a、b、c 能构成合法三角形时，函数通过 return 语句正常返回，执行点返回至函数调用处，返回值将赋值给变量 r，如图 21-2 中的实线箭头②；当边长 a、b、c 存在为 0、为负或者两边之和不大于第三边的情况时，函数将抛出异常，执行点将由异常抛出点跳转到与 try 子句配用的第 1 个 catch 子句，如图 21-2 中的虚线箭头③④⑤。

当执行点到达与直接或间隔包裹异常抛出点的最内层 try catch 块的第 1 个 catch 块后，程序会将抛出的异常对象的类型依顺序逐一与 catch 块括号中的参数类型进行比较，然后执行第一个类型匹配成功的 catch 块中的代码。此时，通过 catch 块括号中的参数即可访问异常对象。当异常被成功捕获，对应的 catch 块被执行后，程序将继续运行，就好像一台出了故障的机器，在经过紧急维修后继续工作一样。如果异常对象无法与所在 try catch 块的任意一个 catch 块匹配成功，或者抛出异常的代码根本就不处于任何 try 块的包裹当中，就会导致未被捕获的异常。此时，编译器生成的代码将会执行 abort( ) 函数终止程序运行，就好比一台机器发生了故障，却等不来修理工，只好罢工。

图 24-2 中左侧的最后一个 catch 块的括号里是三个点，这属于万能 catch 块，它可以捕获任意类型的异常。由于异常对象的类型不确定，所以在这个 catch 子句里没办法访问异常对象的值。

main( ) 函数第 39 行的 while 循环，首先试图从键盘读取三个整数，然后开始执行 try 子块包裹的代码，也就是第 41 行。

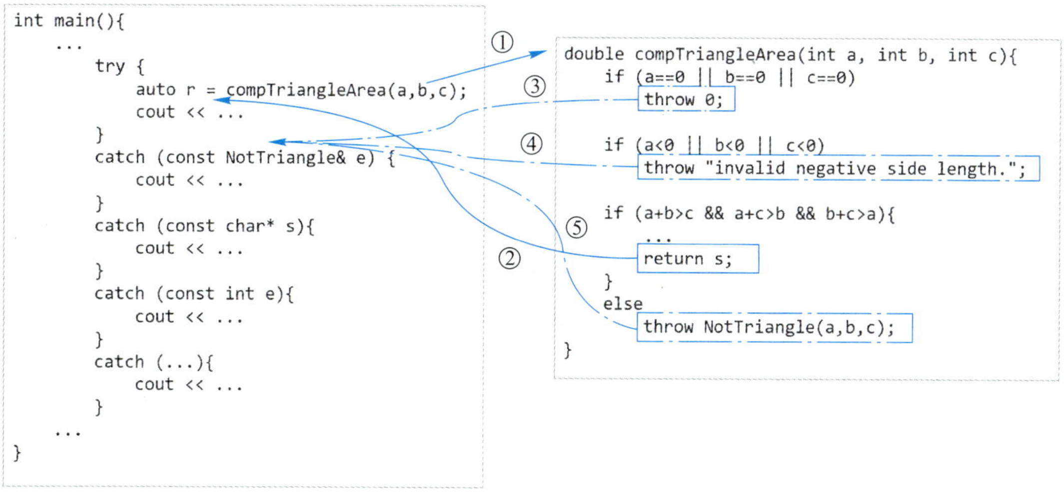

```
int main(){
    ...
        try {
            auto r = compTriangleArea(a,b,c);
            cout << ...
        }
        catch (const NotTriangle& e) {
            cout << ...
        }
        catch (const char* s){
            cout << ...
        }
        catch (const int e){
            cout << ...
        }
        catch (...){
            cout << ...
        }
    ...
}
```

```
double compTriangleArea(int a, int b, int c){
    if (a==0 || b==0 || c==0)
        throw 0;

    if (a<0 || b<0 || c<0)
        throw "invalid negative side length.";

    if (a+b>c && a+c>b && b+c>a){
        ...
        return s;
    }
    else
        throw NotTriangle(a,b,c);
}
```

图 21-2　return 与 throw 的区别

第一轮:操作者输入值为 3 3 2。显然,这可以构成一个合法的三角形,在第 41 行被调用执行的 compTriangleArea( ) 函数将通过 return 语句正常返回,返回值赋值给变量 r 后,程序执行第 42 行代码输出三角形的面积。在 try 子块的执行过程中,没有异常发生,当然就不会执行第 44~55 行的异常捕获及处理代码。程序将继续下一轮循环,再次从键盘读取三个整数,接着执行 try 子块。

第二轮:操作者输入值为 3 0 3。此时,由于至少有一条边长度为 0,compTriangleArea( ) 函数在第 21 行抛出一个异常,异常对象为整数 0。在完成**调用栈回退▲**后,程序的执行点直接来到包裹 compTriangleArea( ) 函数调用的那个 try catch 块的第一个 catch 子块,也就是第 44 行。请注意,这轮循环中第 41 行的 r 赋值以及第 42 行都被略过,没有执行。按照异常捕获和处理的流程,程序将异常对象的类型,这里是 int,按顺序与各 catch 块的参数类型进行匹配。第 44 行的 catch 块参数 e 的类型为 NotTriangle&,显然不对。接下来是第 47 行的 catch 块,其参数 s 的类型是 const char *,也不是 int。接着是第 50 行的 catch 块,其参数 e 的类型与异常对象匹配成功,e 将获得异常对象的值,本例中为 0。然后程序执行第 50 行的 catch 块中的代码,向控制台打印了异常信息。由于第 50 行的 catch 块匹配成功,第 53 行的 catch(...)块将被忽略。异常被成功捕获和处理,程序继续运行,开始下一轮循环。

第三轮:操作者输入值为 3 3 8。由于两边之和(3+3)不大于第三边(8),compTriangleArea( ) 函数在第 32 行抛出 NotTriangle 异常,其异常对象类型为 NotTriangle 类,该类是 exception 的子类。按照异常匹配规则,该异常被第 44 行的 catch 块捕获并处理。在第 45 行,程序打印了 e.what( ) 所报告的错误信息。该 what( ) 函数是 exception 类型的虚函数,被 NotTriangle 类重载。

第四轮:操作者输入值为 3 3 -1。由于存在负值边,compTriangleArea( ) 函数在第 24 行抛出异常,异常对象是一个字符串,其类型为 const char *。按照异常匹配规则,该异常被第 47 行的 catch 块捕获并处理。程序继续运行,开始下一轮循环。

第五轮:操作者输入值为 3 3 2。此轮循环的执行过程跟第一轮一样,程序正常打印输出了三角形的面积。

第六轮：操作者按下 Ctrl+Z 组合键，其值在控制台上表现为^Z，它代表输入为一个空字符串。这样，while 循环无法读得 a、b、c 三个整数值，语句 cin>>a>>b>>c 的返回值被视为 false，while 循环结束。程序通过循环外的第 58 行打印了表示程序正常结束的信息。

要点

当程序抛出异常后，程序首先进行调用栈回退▲，然后其执行点将转移到直接或间接包裹异常抛出点的最内层 try catch 块进行异常匹配。程序按照顺序逐一比较各 catch 块的参数类型是否能匹配异常对象，若匹配成功，该 catch 块中的代码就会被执行。只要异常被捕获并处理，程序便可以从错误中恢复过来继续运行。如果一个抛出的异常未被捕获，abort()函数将被调用，程序终止。

接下来讨论 NotTriangle 异常类型。

- ▶ 第 8 行：私有数据成员 a、b、c 通过构造函数赋值，以保存异常的细节。这些细节可以为后续的异常处理程序提供帮助。
- ▶ 第 12~16 行：NotTriangle 类型从 exception 类继承并重载了其 what()函数，该函数返回值类型为 const char *。noexcept 用于向编译器表明 what()函数执行不会抛出异常。该函数为常量型成员函数，意即该函数的执行不应导致对象的修改。由于 what()函数所返回的字符串是以指针的形式返回的，且在 what()函数返回后，后续程序“可能”通过该返回值指针来访问这个字符串。因此，程序必须确保这个字符串“永远”存在，第 13 行通过将 sInfo 字符数组定义为静态来确保这一点。

练习巩固

习题讲解 21-1：错误的十进制整数

21-1　（错误的十进制整数）函数 toInteger()负责把一个字符串，比如“-719”转换成整数。当函数发现字符串不符合十进制整数的格式要求，比如包含了非数字字母，则应放弃转换并抛出一个异常。请实现该函数，并编写测试代码加以验证，测试代码应能处理该函数抛出的异常并打印错误信息。

```
int toInteger(const string& s);
```

习题讲解 21-2：下标越界

21-2　（下标越界）自定义 OutOfRange 异常类型；修改 19.7 节模板类 MyArray 的自定义[]操作符函数，当指定下标超范围时，抛出一个类型为 OutOfRange 的异常对象；编写代码对修改后的 MyArray 容器进行测试，测试代码应能捕获并处理 OutOfRange 异常。

21.3　调用栈回退

在函数执行结束后，函数保存于栈(stack)里的自动变量等对象会被析构，栈顶指针上移以回收相应的内存，这个过程称为**调用栈回退**(stack unwinding)。在下述两种情况下，会发生调用栈回退：

（1）函数通过 return 正常返回，调用栈将回退本函数的**栈帧**（stack frame），执行点转移至函数调用处的下一条语句。

（2）程序抛出异常，程序的执行点将转移到直接或间接包裹异常抛出点的 try catch 块的第 1 个 catch 块，这中间可能涉及一系列的函数栈帧的回退，但其回退过程显然同函数的正常返回有区别。

21.3.1 正常调用栈回退

根据第 8 章所介绍的内存模型，知道编译器在栈（stack）里为每个执行函数安排了一个栈帧（stack frame），在这个栈帧里，至少存储了下述信息：① 函数调用者传递给函数的参数。② 调用返回地址：即函数正常结束 return 时，程序的执行点转移地址。这个地址通常指向函数调用处的下一条语句。如果函数调用的返回值在调用处被赋值给另一个变量，那么赋值语句就是下一条。③ 函数调用者的当前栈顶指针：函数执行结束时，依据该信息移动栈顶指针，释放栈空间，并恢复调用者的现场。④ 函数内的局部变量。

图 21-3 描述了一个嵌套的函数调用栈。其中，函数 A 调用函数 B，函数 B 调用函数 C。当函数 C 正在执行时，函数 A、B、C 的栈帧都位于栈中，由于栈的生长方向是从高地址往低地址方向生长，所以图中函数 C 的栈帧位于最下端。

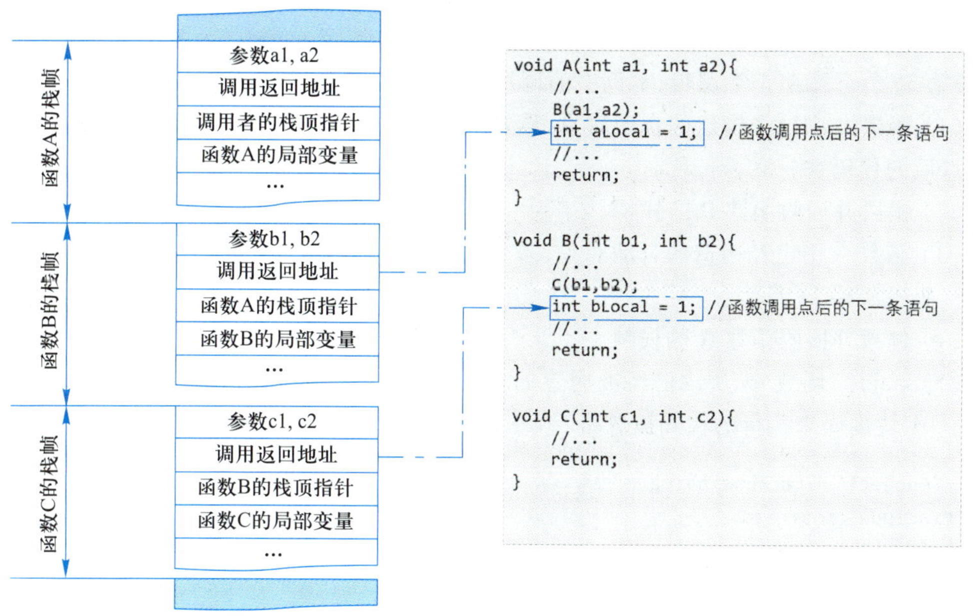

图 21-3 函数的栈帧

当函数 C 通过 return 语句正常返回时，编译器生成的代码将会完成如下的栈回退工作：

（1）执行所有已构造的自动变量/局部变量的析构函数。

（2）根据栈帧中存储的调用者函数的栈顶指针的值移动栈顶指针，回收栈空间，恢复调用者的现场。

（3）根据**调用约定（calling convention）**，如果有返回值，将返回值压入栈中。

（4）跳转到栈帧中存储的调用返回地址继续执行。

需要注意的是，不同的编译器对栈回退的具体实现有差异，这里提供的仅是栈帧及栈回退过程的概要性描述。当编译器优化参与进来以后，编译器可能不会为一个内联甚至非内联的函数生成栈帧，有时候还会消除一些不必要的执行步骤。

函数 B、函数 A 正常返回时的栈回退过程与函数 C 类似。

要点

随着函数的逐层调用，编译器生成的代码为每一个运行函数建立自己的栈帧，栈空间随着调用层级的递增而逐渐消耗。伴随着函数的逐级返回，编译器生成的代码通过移动栈顶指针来销毁栈帧，栈空间得以逐步释放。可以想象，当一个递归函数的递归层级过多时，每一次递归都将产生一个新的栈帧，栈空间很快被消耗怠净，程序将崩溃。这种情况称为栈溢出（stack overflow）。

21.3.2　异常抛出后的调用栈回退

借助下述示例来解释当异常抛出时，程序的调用栈回退行为。在这个程序里，main( )函数在 try 块中调用执行了函数 A，函数 A 又调用执行了函数 B。当函数 B 在第 20 行抛出异常时，根据先前的描述，程序将在完成调用栈回退后跳转至 main( )函数中的第一个 catch 块，即第 38 行。按照正常逻辑，本例中的调用栈回退应该完成如下任务：

（1）函数 B 中已经构造的自动对象，需要执行其析构函数，尚未构造的则不必。自异常抛出点后的代码被忽略。

（2）销毁并回收函数 B 的栈帧。

（3）函数 A 中已经构造的自动对象，需要执行其析构函数，尚未构造的则不必。尚未执行的代码被忽略。

（4）销毁并回收函数 A 的栈帧。

（5）main( )函数 try 块内已经被构造的自动对象，需要执行其析构函数，尚未构造的则不必。try 块内尚未执行的代码被忽略。

```
1   //Project - StackUnwinding
2   #include <iostream>
3   using namespace std;
4
5   class Marker{
6       string sName;
7   public:
8       Marker(string name){
9           sName = name;
10          cout << "Marker " << sName << " constructed.\n";
11      }
```

```
12
13      ~Marker(){
14          cout << "Marker " << sName << " destructed.\n";
15      }
16  };
17
18  int B(){
19      Marker b1("b1");
20      throw "user defined exception";
21      Marker b2("b2");
22      return 0;
23  }
24
25  void A(){
26      Marker a1("a1");
27      B();
28      cout << "Function B returned.\n";
29      Marker a2("a2");
30  }
31
32  int main(){
33      try {
34          Marker m1("m1");
35          A();
36          Marker m2("m2");
37      }
38      catch (const char * s){
39          cout << "Exception caught & processed: " << s << endl;
40      }
41
42      cout << "Program terminated normally.\n";
43      return 0;
44  }
```

上述代码的执行结果为：

```
Marker m1 constructed.
Marker a1 constructed.
Marker b1 constructed.
Marker b1 destructed.
Marker a1 destructed.
Marker m1 destructed.
Exception caught & processed: user defined exception
Program terminated normally.
```

图 21-4 描述了函数 B 在第 20 行抛出异常时调用栈的情况。由于 main( ) 函数、函数 A

和函数 B 都处在执行过程中，因此栈内三个函数的栈帧都存在。对于函数 B 而言，异常抛出时自动变量 b1 已存在且完成了构造，自动变量 b2 的空间或许已经分配，但其构造函数尚未执行。对于函数 A 而言，a1 已存在且构造，a2 则未构造。对于 main( ) 函数的 try 块，m1 已存在且构造，m2 未构造。

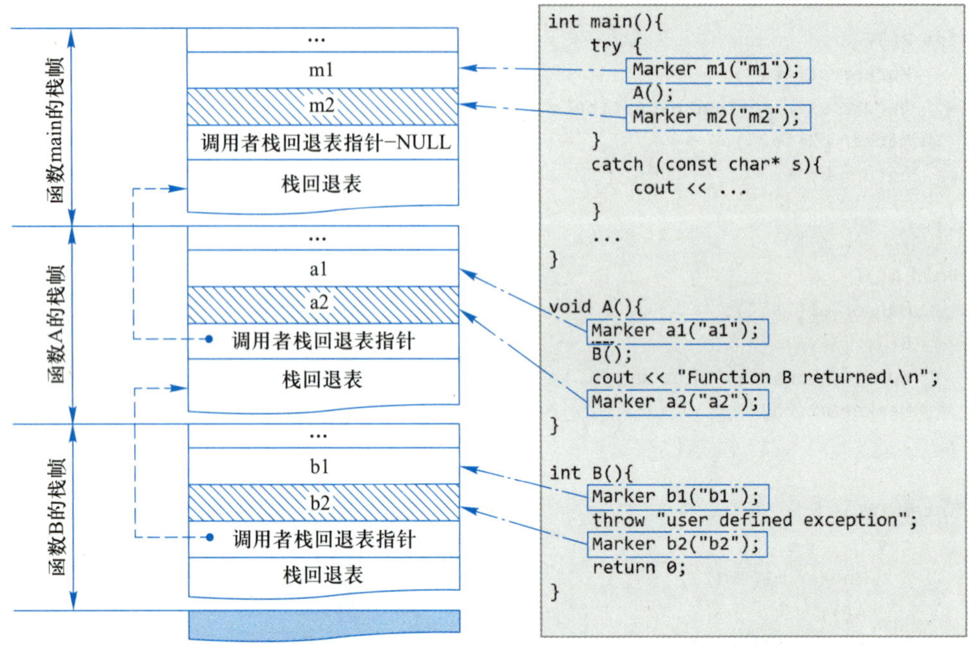

图 21-4　异常抛出后的调用栈回退

显然，异常发生后的调用栈回退需要执行 b1、a1、m1 的析构，而不执行 b2、a2、m2 的析构。为了完成这项任务，编译器会在每个函数的栈帧中增加至少两项内容：

(1) 栈回退表：表格内存储了已完成构造的对象的地址，以及回退时应该调用执行的析构函数的地址。而对于那些空间已在栈帧中分配，但尚未构造的对象，其在表内的析构函数地址为空。

(2) 调用者栈回退表指针：对于函数 B 而言，其栈帧中的调用者栈回退表指针指向函数 A 的栈回退表。同理，函数 A 栈帧中的该指针则指向 main( ) 函数的栈回退表。由于 main( ) 函数不存在调用者，其栈帧内该指针为空。

注意

栈回退表、调用者栈回退表指针是作者对这两项数据结构的形象称呼。事实上，为了确保每个自动变量的析构函数能在恰当的时机正确地被执行，栈帧内的数据结构远比图 24-4 描述得复杂。为了帮助初学者理解上述过程，图 24-4 简化了很多复杂内容。

可以比较形象但不够准确地描述本例中异常抛出时的调用栈回退过程。

▶ 第 18 行：函数 B 抛出异常，异常对象类型为 const char *。函数 B 的后续代码第 21～22 行被忽略，编译器生成的代码开始进行调用栈回退。实践中，编译器可能对上述代码的第 21~22 行给出警告，因为这两行代码根本不具备被执行的可能，编译器认为这多半属于程序员的失误。

借助于函数 B 栈帧内的栈回退表，已构造的 b1 对象的析构函数被执行。然后顺着函数 B 栈帧内的调用者栈回退表指针，程序找到了函数 A 的栈回退表。

根据函数 A 栈帧内的栈回退表，已构造的 a1 对象的析构函数被执行，未构造的 a2 对象则被弃之不理。然后，程序顺着函数 A 栈帧内的调用者栈回退表指针，找到了 main() 函数的栈回退表。

根据 main() 函数的栈回退表，try 块内已构造的 m1 对象的析构函数被执行，后续代码也就是第 36 行的 m2 对象被弃之不理。

接下来，程序回缩栈顶指针，回收函数 B 和函数 A 的栈帧空间。从第 38 行的 catch 块开始，进行异常捕获匹配和处理。

请读者对照上述程序的执行结果，模拟上述调用栈回退过程。

注意

调用栈回退只对自动变量负责。对于那些通过 new 关键字或者 malloc()/calloc() 函数动态分配的空间和对象，确保它们正确地在调用栈回退过程中被回收是程序员的职责。最容易的办法显然是使用本书第 17 章所介绍的智能指针。当智能指针对象作为自动变量被析构时，会回收其管理的动态内存。

本例中，Marker 类被用于标识自动变量的构造和析构：其构造函数和析构函数会向控制台打印对象被构造或析构的信息。对于原生类型的自动变量，析构函数在事实上不存在，编译器不会将其列入栈回退表中。

练习巩固

21-3　（非法的日期）完善练习 13-1 中的日期类，当 Date 的构造函数接收到不合法的年月日信息，比如 2012 年 4 月 31 日时，应抛出异常。编写代码对 Date 对象的构造异常进行捕获及处理；为 Date 的析构函数添加调试输出，结合 23.3.2 节中的 Marker 类观察异常抛出后的调用栈回退过程。

习题讲解 21-3：非法的日期

21.4　try catch 的嵌套

在实践中，try catch 块可以嵌套多层。图 21-5 展示了一个双层 try catch 嵌套。处于内层 try 块中的对 FuncC() 函数的调用事实上也间接处于外层的 try 块中。

当 FuncC() 函数的执行过程中抛出了异常时，异常的匹配首先在内层 try catch 块中进行。如果匹配不成功，调用栈回退将继续进行，直到遇到外层的 try catch 块，再次进行异常对象的匹配。

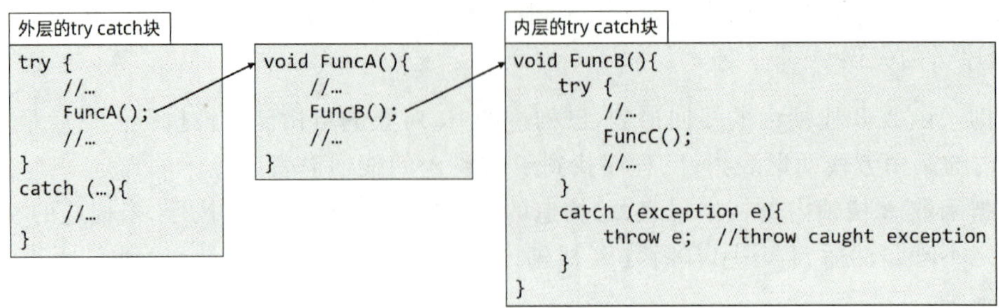

图 21-5 try catch 的嵌套

内层的 catch 块捕获异常后，可以就地处置，恢复程序的正常运行，也可以再次将异常抛出，交由外层 try catch 块处理。就好比一个部门经理如果发现员工报告的异常超过其权限或处理能力，就会向总经理报告一样。

如果一个被抛出的异常对象未被任何 try catch 块捕获和处理，程序将会调用 terminate()函数终止程序运行。默认情况下，编译器/语言库提供的 terminate()函数最终会调用 abort()函数来完成程序终止的任务。作为选项，也可以通过 set_terminate()函数将一个自定义函数设置为 terminate()函数，从而改变其默认行为。比如，在 termiante()之前保存一下系统的出错日志，以便日后确认程序崩溃的时间和细节。

set_terminate()和 terminate()函数的原型如下：

```
typedef void ( * terminate_handler)();
terminate_handler set_terminate(terminate_handler f) noexcept;
void terminate() noexcept;
```

微实践——细胞计数

微实践：细胞计数

本实践，将从一张二值化的动物组织照片中识别并统计出细胞的数量，涉及文件操作以及图的宽度优先遍历算法。

* 第 22 章　实践——一棵树的构建

自然界中的树是一种神奇的结构，它既是递归的，也是分形的。通过编程来生成并描绘一棵树绝不仅是为了玩耍，这个任务可以帮助我们窥探数据结构以及算法的精妙之处。

——编者

学习目标

知识目标

1. 理解图形界面应用程序的消息循环机制，了解分时系统的基本工作原理。
2. 掌握在 Qt 平台上创建、设计简单 GUI 应用程序的方法。
3. 了解树形数据结构及树的宽度优先遍历算法。

能力目标

设计简单的图形界面应用程序。

素质目标

通过设计、运行图形界面应用程序，体会成功设计、运行一个有界面的程序的成就感。

思维导图

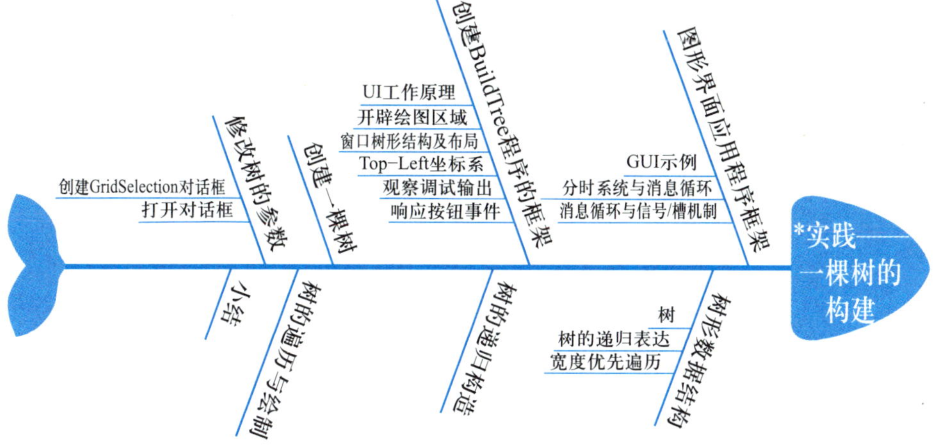

本实践介绍在Qt平台上使用C++画一棵树的方法。通过本实践，读者可以练习面向对象的程序设计方法、理解分时系统环境下图形界面应用程序的框架及基本原理、学习“树”这种重要的数据结构、运用递归函数并学习一种新的算法：树的宽度优先遍历。

本章将向读者打开一扇通向新世界的大门：设计第一个基于消息循环机制的图形界面应用程序。在本书的前述章节，一直在使用控制台/终端应用程序来讲述语言本身的规则，但在现实工作和生活中，大多数软件都是基于图形界面的。

本章要画的树“大概”如图22-1所示。由于树的结构是在一定约束条件下随机生成的，所以每个人画出来的树多少会有一些差异。

彩图：随机递归分形树

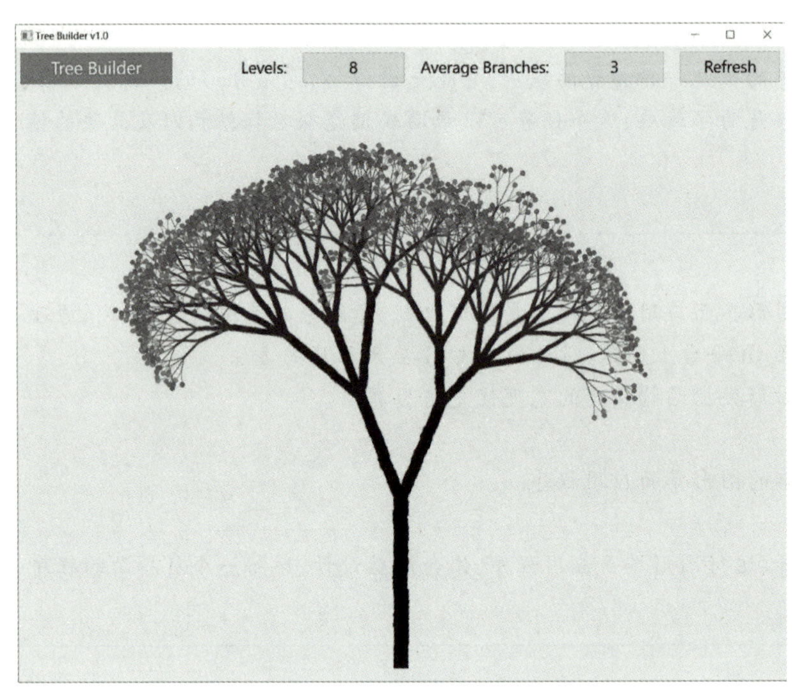

图22-1 随机递归分形树

本章的代码实现依赖于Qt平台的专有特性，只能通过Qt Creator集成开发环境来编写和构建。

22.1 图形界面应用程序框架

22.1.1 GUI示例

操作指南22-1：创建简单的GUI示例程序

本指南演示在Qt Creator中创建一个简单的图形界面应用程序的过程。

为便于讨论分时操作系统下图形界面应用程序的框架及其基本工作原理,请读者按照二维码链接所提供的步骤,创建如图 22-2 所述的 SimpleGUI 项目,并在 main. cpp 中录入如图 22-2 所示的代码,然后单击左下角的运行按钮(绿色三角形)。

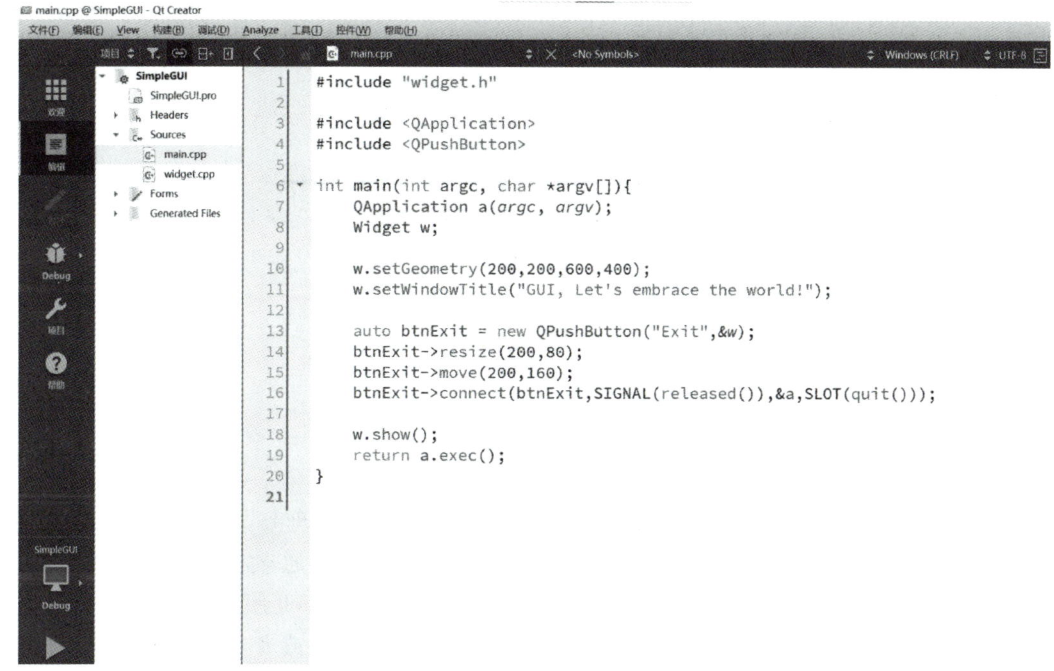

图 22-2　SimpleGUI 项目

如果程序录入正确,Qt Creator 在编译构建完项目后将运行该程序,得到如图 22-3 所示的运行界面。这是一个真正的图形界面应用程序! 它包含一个标题为"GUI, Let's embrace the world!"的主窗口,主窗口中心有一个名为 Exit 的按钮,单击这个按钮,可见程序运行结束,窗口消失。

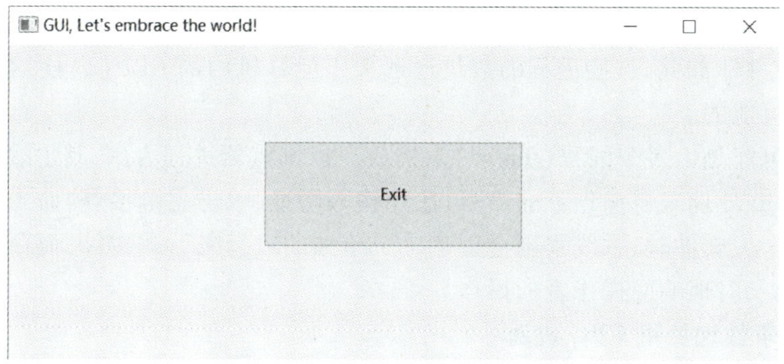

图 22-3　SimpleGUI 运行界面

这个示例的代码很少,但却提供了丰富的特性:单击窗口右上角的最小化按钮,窗口将会隐藏起来,整个应用程序表现为任务栏上的一个图标,再次单击任务栏上的应用图标,窗口又会重新显现;单击窗口右上角的最大化按钮,窗口将会变大并覆盖整个桌面,此时最大化按钮变身为“向下还原”按钮，单击该按钮，窗口恢复原有尺寸；在窗口标题栏部分按下鼠标左键且不松开，然后移动光标，可以在桌面上拖曳窗口；将光标移至窗口边缘的恰当位置，待光标变成左右箭头时按下鼠标左键且不松开，然后移动光标，可以改变窗口大小；将光标移至 Exit 按钮的上方，可以看到 Exit 按钮的颜色发生改变，意即该按钮获得“焦点”，此时按下鼠标左键将触发该按钮；单击窗口右上角的关闭按钮，窗口将被关闭，程序执行结束。

练习巩固

习题讲解 22-1：添加按钮

22-1　（添加按钮）尝试修改图 22-2 中的示例代码，参考代码第 13 行为窗口新增一个 Test 按钮，参考第 14、15 行设置新增按钮的位置和尺寸。再次构建并运行，单击 Test 按钮，观察程序反应（预期无反应）。

22.1.2　分时系统与消息循环

如图 22-2 所示，示例 SimpleGUI 的代码十分简单，但要彻底理解其工作原理却并非易事，需要从操作系统说起。现代操作系统大多是**分时系统**，计算机通常需要“同时”进行多项工作。当读者一边上网一边听音乐的时候，浏览器进程需要从 Web 服务器下载网页数据，经过解析后显示在页面上；而音乐播放器进程，则需要从文件系统或者流媒体服务器上读取经过压缩的音频数据（如 mp3 格式的音乐文件），经过解压缩后源源不断地发送给计算机的扬声器；与此同时，读者的即时通信软件（如 QQ）则周期性地监视着计算机的网络通信，当“好友”有信息传来时，加以提示。

在使用 Windows 操作系统的计算机上同时按下 Ctrl+Alt+Delete 键，然后在显示的选项中选择“任务管理器”，可以看到如图 22-4 所示的数十乃至数百个进程（process）。一个进程就是一个运行中的程序，它既可以是读者熟知的应用软件，如图 22-4 中显示的 Foxmail、Google Chrome 以及 Microsoft Word，也可以是操作系统的后台进程。看起来，这些进程在“同时”运行。事实并非如此，这些进程的数量远远大于计算机内的 CPU（内核）数量，同时运行这些进程是不可能的。

一个进程可能是由多个线程（thread）来构成。以浏览器进程为例，其主线程负责程序的运行主线，等待并处理来自操作者的命令，比如输入网址、单击超链接等，而当操作者试图从网站上下载一个大文件时，主线程则会创建一个单独的线程来下载文件，而原有的主线程则随时待命，以便及时地响应操作者的操作。

1. 线程竞争性地使用 CPU 资源

操作系统管理着 CPU，将 CPU 的时间切割成非常小的时间片。它按照效率与公平兼顾的原则将时间片分配给线程，线程获得时间片后，将执行相应的运算或其他操作。线程的时间片用完后，操作系统会收回 CPU，将时间片分给其他线程。上述时间片的分配和回收对于应用程序而言是透明的，也就是应用程序根本不知道也无法预测或者控制时间片的获得与丧失。当一个线程被剥夺时间片时，操作系统会保存好执行现场，包括 CPU 内各个寄存器

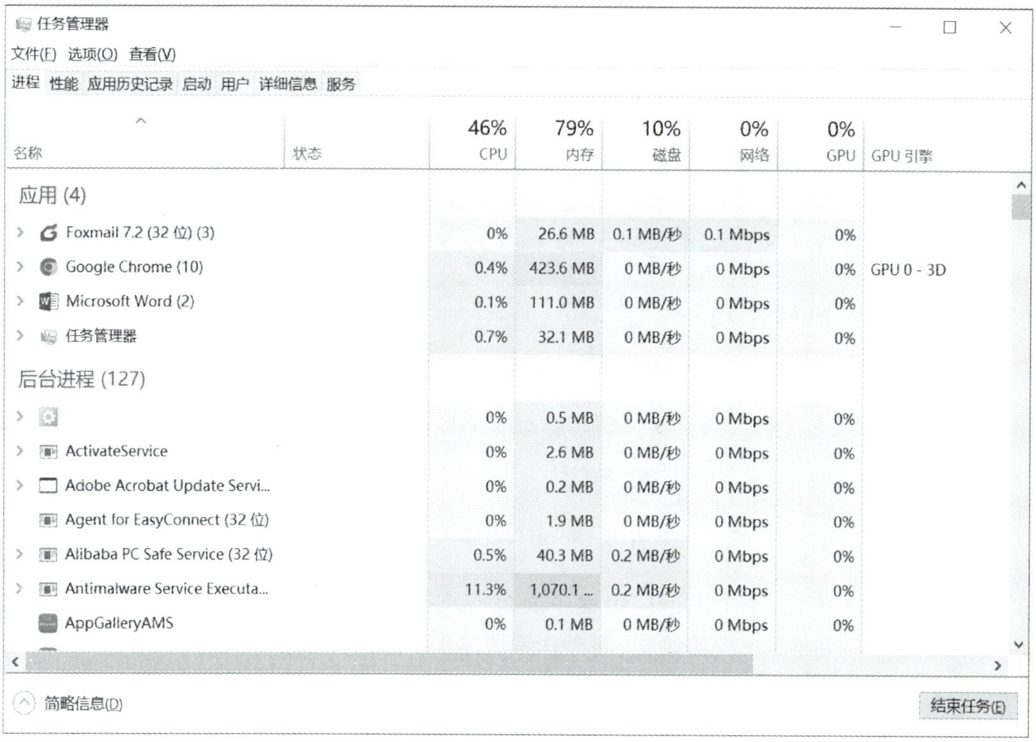

任务管理器

文件(F) 选项(O) 查看(V)

进程 性能 应用历史记录 启动 用户 详细信息 服务

名称	状态	46% CPU	79% 内存	10% 磁盘	0% 网络	0% GPU	GPU 引擎
应用 (4)							
Foxmail 7.2 (32 位) (3)		0%	26.6 MB	0.1 MB/秒	0.1 Mbps	0%	
Google Chrome (10)		0.4%	423.6 MB	0 MB/秒	0 Mbps	0%	GPU 0 - 3D
Microsoft Word (2)		0.1%	111.0 MB	0 MB/秒	0 Mbps	0%	
任务管理器		0.7%	32.1 MB	0 MB/秒	0 Mbps	0%	
后台进程 (127)							
		0%	0.5 MB	0 MB/秒	0 Mbps	0%	
ActivateService		0%	2.6 MB	0 MB/秒	0 Mbps	0%	
Adobe Acrobat Update Servi...		0%	0.2 MB	0 MB/秒	0 Mbps	0%	
Agent for EasyConnect (32 位)		0%	1.9 MB	0 MB/秒	0 Mbps	0%	
Alibaba PC Safe Service (32 位)		0.5%	40.3 MB	0.2 MB/秒	0 Mbps	0%	
Antimalware Service Executa...		11.3%	1,070.1 ...	0.2 MB/秒	0 Mbps	0%	
AppGalleryAMS		0%	0.1 MB	0 MB/秒	0 Mbps	0%	

简略信息(D)　　结束任务(E)

图 22-4　Windows 任务管理器中的进程

的值,然后线程就被挂起(suspended)。当这个被挂起的线程重新获得时间片时,操作系统会先恢复执行现场,然后通过跳转指令恢复线程的执行,线程并不知道自己曾经被挂起过。由于时间片的轮转速度非常快,所以使用者一般感觉不到应用程序的这种间断执行,似乎应用程序拥有一个“专享”的 CPU。

2. 操作系统负责管理键盘鼠标并将键盘鼠标的输入分发给对应的进程

计算机通常只有一个键盘、一个鼠标。所以不能认为键盘和鼠标是属于文字编辑器的,还是浏览器的。这些应用程序在共同使用这些外部设备,计算机的系统软件,也就是操作系统在管理这些外设资源,包括输入设备如键盘鼠标,也包括输出设备,如显示器(显卡)、打印机等。

假设桌面上同时有如图 22-5 所示的两个窗口,操作者如果单击一个键,比如 c,那么首先获悉这个事件的,肯定是操作系统,因为操作系统监视着键盘输入。问题是,当操作系统获悉这个事件后,将这个事件分发给哪个应用程序呢?是前面的浏览器还是后面的文字编辑器(Word)呢?通常情况下,操作系统遵循谁有焦点(focus),就分发给谁的规则。事实上,所有的应用程序,它的窗口大小、窗口位置等信息都是向操作系统登记备案的,依据这些信息,操作系统决定信息的去向。为了更好地分发这些消息,操作系统会为每一个进程创建一个消息队列,凡是发往这个进程的消息,都会被操作系统加入其对应的消息队列中。而应用程序的进程,则不断地从队列获取消息并进行处理,然后做出适当的反应。应用程序不断读取消息队列并处理消息的过程称为**消息循环**。

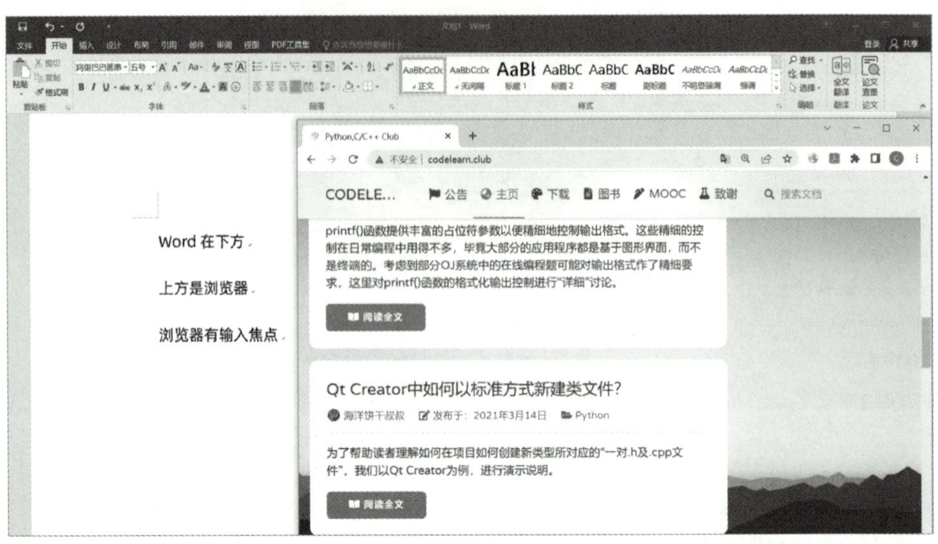

图 22-5　窗口及输入焦点

在分时操作系统下，一个图形应用程序的执行流程大致如图 22-6 所示。由图中可见，图形应用程序启动后，在完成初始化，向操作系统注册，显示主窗口等任务后，即进入一个消息循环，该循环周而复始地从操作系统的消息队列中获取分发给自己的消息并进行处理。比如，用户按了某个按钮，应用程序在收到这个消息后将执行对应的处理函数，以响应用户的要求。如果用户按下的是主窗口的关闭按钮（即窗口右上角的×），应用程序在收到这个消息后通常会退出消息循环，结束执行。

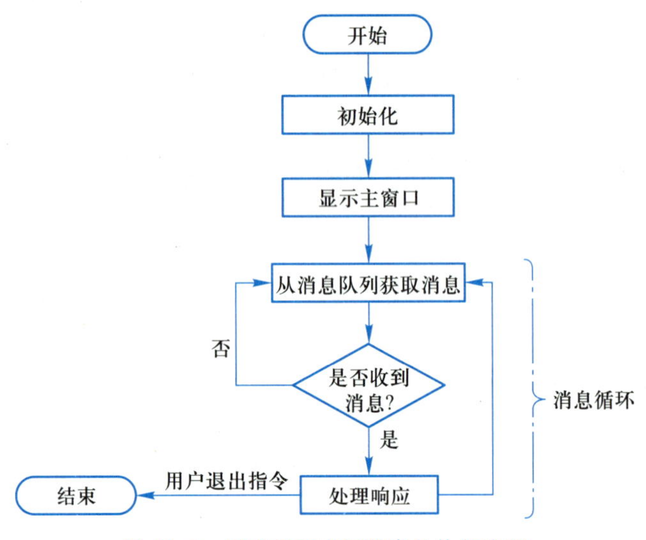

图 22-6　图形界面应用程序的执行流程

22

22.1.3　消息循环与信号/槽机制

对照图 22-6 来理解 SimpleGUI 项目中 main.cpp 中的下述代码。同所有其他的 C/C++

程序一样,图形界面应用程序的入口依然是 main( ) 函数。

```
1  //Project - SimpleGUI
2  #include "widget.h"
3  #include <QApplication>
4  #include <QPushButton>
5  
6  int main(int argc, char * argv[]){
7      QApplication a(argc, argv);
8      Widget w;
9  
10     w.setGeometry(200,200,600,400);
11     w.setWindowTitle("GUI, Let's embrace the world!");
12 
13     auto btnExit = new QPushButton("Exit",&w);
14     btnExit->resize(200,80);
15     btnExit->move(200,160);
16     btnExit->connect(btnExit,SIGNAL(released()),&a,SLOT(quit()));
17 
18     w.show();
19     return a.exec();
20 }
```

▶ 第 2 行:包含 widget. h 头文件引入 Widget 类型。widget. h 以及 widget. cpp 是在创建项目的过程中由 Qt Creator 自动创建的,读者可在 Qt Creator 的项目树形目录中找到这两个文件,其中 widget. h 的内容如下。不难看出,类型 Widget 就是 QWidget 的子类,类型 QWidget 通过 Qt 头文件 qwidget. h 引入,是 Qt 平台提供的窗口类型。

```
#widget.h 文件的内容
#include <QWidget>
//...
class Widget : public QWidget {
    Q_OBJECT
public:
    Widget(QWidget * parent = nullptr);
    ~Widget();
private:
    Ui::Widget * ui;
};
//...
```

▶ 第 3~4 行:通过头文件分别引入 QApplication 以及 QPushButton 类型。所有的 Qt 图形界面应用程序都需要创建一个类型为 QApplication 的对象,这个对象将负责进程的消息循环和分发。QPushButton 则是 Qt 平台提供的"按钮"类型。

- ▶ 第 7 行:实例化 QApplication 类型对象 a。参数 argc 和 argv 代表了经由操作系统传递过来的程序启动命令行参数,具体含义请回顾本书 6.7 节。
- ▶ 第 8 行:实例化窗口对象 w。在本程序中,w 是唯一的窗口对象,因此其事实上承担了程序中的"主窗口"角色。当关闭这个窗口后,应用程序的运行就结束了。
- ▶ 第 10 行:执行窗口对象 w 的 setGeometry()成员函数,设置窗口 w 的位置及大小。在设置完成后,窗口 w 宽 600 像素,高 400 像素,其左上角位于屏幕坐标(200,200)处,坐标也以像素为单位。
- ▶ 第 11 行:执行 setWindowTitle()成员函数设置窗口 w 的标题。
- ▶ 第 13 行:执行 QPushButton 类型的构造函数,新建一个 QPushButton 类型的按钮对象,其指针赋值给 btnExit。新按钮的标题为"Exit",其父对象为窗口 w。该行代码执行后,可以认为窗口 w 拥有了该按钮,该按钮是窗口 w 的下级部件。事实上,一个 QPushButton 按钮同时也是一个 QWidget,类型 QPushButton 的父类为 QAbstractButton,而 QAbstractButton 的父类则为 QWidget。读者可以在 Qt Creator 中按住 Ctrl 键不放,然后用鼠标左键单击第 13 行代码中的 QPushButton,即可追踪至 QPushButton 的类声明,在其类声明中,可见其父类为 QAbstractButton。使用相同方法,又可以追踪到 QAbstractButton 的类声明。

```
explicit QPushButton(const QString &text, QWidget * parent = nullptr);
```

上行代码展示了 QPushButton 的其中一个构造函数的原型,可见其第 2 个参数类型为 QWidget * ,默认值为 nullptr,该参数表明了新建的 QPushButton 的父对象。

要点

细心的读者或许已经注意到第 13 行通过 new 操作符创建的 QPushButton 对象没有通过 delete 操作符回收。在本例中,这并不是错误。由于该按钮的父对象是窗口 w,逻辑上,窗口 w 拥有了该按钮。当窗口 w 被析构时,其析构函数会释放包含该按钮在内的全部子对象。推而广之,**任何加入 Qt 窗口体系的对象,均会在其父窗口析构时被自动回收**。

- ▶ 第 14~15 行:执行 btnExit 的成员函数将按钮的大小设为 200 像素宽,80 像素高,并移动至坐标(200,160)处。请注意,由于 btnExit 按钮是窗口 w 的子部件,其坐标是指其位于窗口 w 内的相对位置,而不是相较于屏幕左上角的绝对位置。
- ▶ 第 16 行:执行 btnExit 的 connect()成员函数,将 btnExit 的"released()"信号与 QApplication 对象 a 的"quit()"槽函数关联起来。在 Qt 的术语体系中,一个事件的发生称为信号(signal),而当这个信号发生之后,被调用执行以处理和响应这个信号的回调函数称为槽(slot)。第 16 行代码的执行,将 btnExit 按钮的 released()信号与 QApplication 对象 a 的 quit()槽函数进行了关联,这种关联关系被记录在 Qt 的内部数据结构当中。当 SimpleGUI 程序被运行后,如果用鼠标左键单击窗口中的 Exit 按钮,下述动作序列将依次发生:

  (1) 当鼠标左键被松开时,操作系统通过鼠标的驱动程序首先获悉了该事件的发生。结合鼠标的当前坐标,操作系统发现该事件发生在窗口 w 内部,而窗口 w 属于 SimpleGUI 进程,因此,操作系统将该事件封装成一条消息,并将其置入对应进程的消息队列当中。

22

(2) 当 SimpleGUI 进程的主线程获得时间片时,其消息循环从消息队列中取得了这一消息。

(3) 经过内部处理,Qt 将上述消息“解读”为 btnExit 按钮上的“released( )”信号:意即鼠标左键在按下该按钮后**松开**了。

(4) 通过查询内部数据结构,程序“发现”btnExit 按钮的“released( )”信号与 QApplication 对象 a 的“quit( )”槽函数相关联。主线程调用执行该槽函数,而该函数的执行,将导致程序的消息循环结束,程序退出。

对于鼠标左键在 btnExit 按钮上**按下**的事件,Windows 操作系统也会通过消息通知给 SimpleGUI 进程。由于该事件对应的信号没有关联任何槽函数,因此什么都不会发生。

▶ 第 18 行:前述对于窗口 w 的操作均位于后台,通过执行 w 对象 show( ) 函数,将程序主窗口显示在桌面上。

▶ 第 19 行:QApplication 对象 a 的 exec( ) 函数包含消息循环,该消息循环表现为“死”循环,只要主线程获得时间片,消息循环就会尝试从消息队列中获取消息。如果取得消息,就按照信号/槽机制调用执行对应的槽函数。如前所述,当 a. quit( ) 槽函数被执行时,a. exec( ) 内的消息循环就会结束,a. exec( ) 函数返回,其返回值将作为 main( ) 函数的返回值。

22.2　树形数据结构

要完成本章实践,需要了解一些数据结构(data structure)的知识。数据结构是指计算机内部表达和组织数据的方式。

22.2.1　树

树(tree)是一种数据结构,它模拟现实世界中的树形结构,其一般形式如图 22-7 所示。为了说明方便,作者把每个节点用字母做了标识。

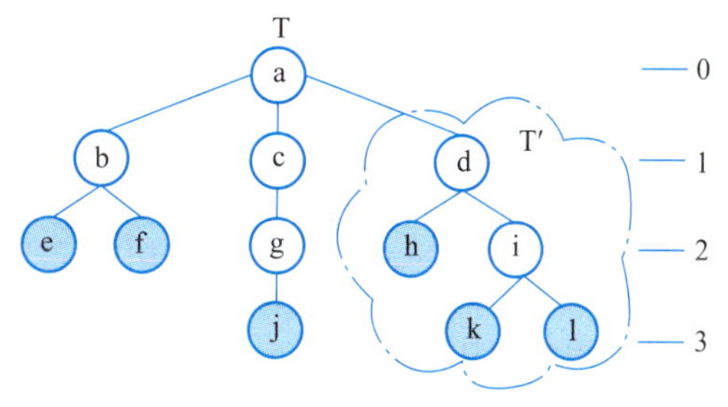

图 22-7　树形结构

T 是一棵树,树上的每个圆圈被称为一个**节点(node)**,其中,a 是树 T 的**根节点(root node)**。节点可以有后代(descendents),其中,直接的后代称为**儿子节点(child)**,图 22-7 中,b、c、d 是节点 a 的儿子,h、i 是节点 d 的儿子节点。有儿子的节点称为**内节点**,没有儿子的节点称为**叶子(leaf)**。图 22-7 中,e、f、k 等节点没有儿子,作者用浅蓝色做了填充,它们是叶子。

T' 是树 T 的一棵**子树(sub tree)**,其根节点为 d,称树 T' 是树 T 中以 d 节点为根的子树。理论上,任何一个节点其及全部后代都可视为一棵树。

22

图 22-7 中右侧的数字 0、1、2、3 表示节点在树中的**深度(depth)**。a 节点的深度为 0，g、h 节点的深度为 2，j、k、l 节点的深度为 3。

22.2.2　树的递归表达

下述 C++代码展示了一个树形数据结构的递归实现。这个程序实现了图 22-7 中树结构的一部分，根节点 a 拥有 b、c、d 三个儿子节点，内节点 b 拥有 e、f 两个儿子节点。

```
//Project - TreeStructure
#include <iostream>
#include <vector>
using namespace std;

class TreeNode {
public:
    string sLabel;
    vector<TreeNode * > children;
    TreeNode(const string& label){
        sLabel = label;
    }

    ~TreeNode(){
        cout << "~TreeNode() of " << sLabel << endl;
        for (auto x:children)
            delete x;
    }
};

int main() {
    auto a = new TreeNode("a");
    auto b = new TreeNode("b");
    a->children.push_back(b);
    a->children.push_back(new TreeNode("c"));
    a->children.push_back(new TreeNode("d"));
    b->children.push_back(new TreeNode("e"));
    b->children.push_back(new TreeNode("f"));
    delete a;
    return 0;
}
```


上述代码的执行结果为：

```
~TreeNode() of a
~TreeNode() of b
~TreeNode() of e
~TreeNode() of f
~TreeNode() of c
~TreeNode() of d
```

- 第 8 行:出于讲述的需要,为 TreeNode 对象添加了 sLabel 成员作为节点标识。
- 第 9 行:容易看出,这是一个递归的数据结构。一个 TreeNode 对象代表树的一个节点,其数据成员 children 是一个向量,包含 0 至多个指向其儿子节点的指针,同时,其儿子节点也拥有 children 向量,其中包含了 0 至多个指向儿子的儿子节点的指针。

  如果一个节点的 children 向量为空,则说明该节点没有儿子节点,它是叶子。

- 第 14~18 行:当一个节点被析构时,其析构函数会逐一遍历并删除其儿子节点,而儿子节点的析构,又会删除儿子节点的儿子节点。
- 第 29 行:本例中,节点 a 为树的根节点,对 a 的删除操作导致 a 的儿子节点 b、c、d 也被回收,而 b 的析构又导致了 b 的儿子节点 e、f 被回收。在析构顺序上,e、f 的析构作为 b 的析构的必要步骤,要早于 c 和 d。请对照执行结果所展示的节点析构顺序理解第 29 行代码的执行过程。

22.2.3　宽度优先遍历

本实践要将创建好的树画出来,这意味着需要逐一列举树的全部节点。从树的根节点出发,逐一访问树的所有节点的过程称为树的遍历。下述 C++代码展示了应用树的**宽/广度优先遍历(breadth first search)**算法对树进行遍历的过程。

```
//Project - BFSTree
#include <iostream>
#include <vector>
#include <queue>
using namespace std;

class TreeNode {
    ... //省略,详见项目 TreeStructure
};

void bfs(const TreeNode * root){
    queue<const TreeNode * > q;
    q.push(root);

    while (! q.empty()){
        const TreeNode t = q.front();
        q.pop();
        cout << "found " << t->sLabel << endl;
        for (auto& x:t->children)
            q.push(x);
    }
}

```

```
24 int main() {
25     auto a = new TreeNode("A");
26     auto b = new TreeNode("B");
27     auto c = new TreeNode("C");
28     auto d = new TreeNode("D");
29     auto e = new TreeNode("E");
30     auto f = new TreeNode("F");
31     a->children.push_back(b);
32     a->children.push_back(d);
33     b->children.push_back(c);
34     d->children.push_back(e);
35     e->children.push_back(f);
36 
37     bfs(a);
38 
39     delete a;
40     return 0;
41 }
```

上述代码的执行结果为：

```
found A
found B
found D
found C
found E
found F
... //省略不重要的执行结果
```

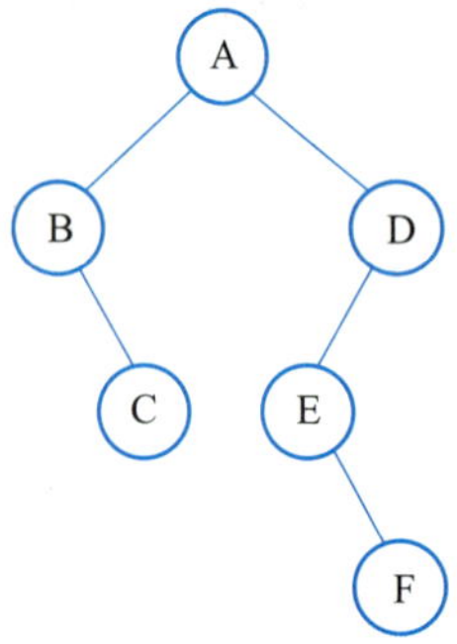

▶ 第 25~35 行：创建了如图 22-8 所示的树形结构。

▶ 第 37 行：执行 bfs( ) 函数，宽度优先遍历以 a 节点为根的树的全部节点。

▶ 第 12 行：q 被定义为元素类型为 const TreeNode * 的队列，队列是一种先进先出的容器，成员甲如果比成员乙稍早入队，则成员甲也会先于成员乙出队。

▶ 第 13 行：开始时，队列 q 中仅包含根节点 root，本例中即为节点 A。

▶ 第 15~21 行：循环遍历，直至队列 q 为空。结合图 22-8 来解释其工作过程。

A
B
D
C
E
F

图 22-8 用于演示宽度优先遍历算法的树

(1) 第 16 行代码 q. front( ) 获得了队列的头元素，接下来第 17 行的 q. pop( ) 则从队列中弹出了头元素。此时，t 指向节点 A，队列 q 为空。

(2) 第 18 行通过 t 访问节点 A，输出其标签。

(3) 第 19~20 行将节点 A 的儿子节点加入队列 q，此时，q = [B,D]。

(4) 队列不空，循环继续，下一个出队的是节点 B，访问节点 B，输出其标签。此时，q = [D]。

(5) 节点 B 的儿子节点 C 被加入队列,此时,q=[D,C]。

(6) 队列不空,循环继续,下一个出队的是节点 D,访问节点 D,输出其标签。此时,q=[C]。

(7) 节点 D 的儿子节点 E 被加入队列,此时,q=[C,E]。

(8) 队列不空,循环继续,下一个出队的是节点 C,访问节点 C,输出其标签。此时,q=[E]。

(9) 节点 C 是叶子,没有儿子节点,所以没有加入新节点至队列 q。此时,q=[E]。

(10) 队列不空,循环继续,下一个出队的是节点 E,访问节点 E,输出其标签。此时,q=[]。

(11) 节点 E 的儿子节点 F 被加入队列,此时,q=[F]。

(12) 队列不空,循环继续,下一个出队的是节点 F,访问节点 F,输出其标签。此时,q=[]。

(13) 节点 F 是叶子,没有儿子节点,所以没有加入新节点至队列 q。此时,q=[]。

(14) 队列空,循环结束。

观察执行结果中各节点的列举顺序,应为 A、B、D、C、E、F,这正好是树的节点一层一层逐层列举的结果。这种逐层列举树的全部节点的遍历方法称为"宽度优先"。与"宽度优先"对应的是"深度优先",后者属于数据结构与算法课程的内容。

练习巩固

22-2 (树的宽度优先遍历)使用宽度优先遍历算法图 22-7 中的子树 T'(从节点 d 出发),手工执行,应写出全部中间步骤及最终的节点列举顺序。

习题讲解 22-2:树的宽度优先遍历

22.3 创建 BuildTree 程序的框架

操作指南 22-2:创建 BuildTree 程序的框架

本指南提供创建 BuildTree 程序框架的详细步骤。在诸如 Qt Creator 这样的 IDE 环境中,图形用户界面通常使用所见即所得的拖曳方式设计。

请读者按照二维码链接所提供的步骤,创建项目 BuildTree。在完成上述二维码链接所列明的全部工作后,项目 BuildTree 的运行结果如图 22-9 所示。

Qt Creator 使用扩展名为.pro 的项目文件来管理项目的文件组成并设置构建参数。在构建项目的过程中,Qt Creator 会尽量避免对那些没有修改过的编译单元(.c 或者.cpp 文件)进行重复编译。多数情况下,这样做有助于提高程序编译和构建的效率。但有时候,Qt Creator 的相关机制会发生错乱,读者会发现对程序的修改无法达到预期目的。此时,下面这些操作有助于解决问题:

在项目结构树中右击项目名称,将得到如图 22-10 所示的快捷菜单,选择"清除"命令可以清除项目的全部中间编译结果,选择"执行 qmake"命令则可以要求 Qt Creator 重新对 ui 文件进行解析。

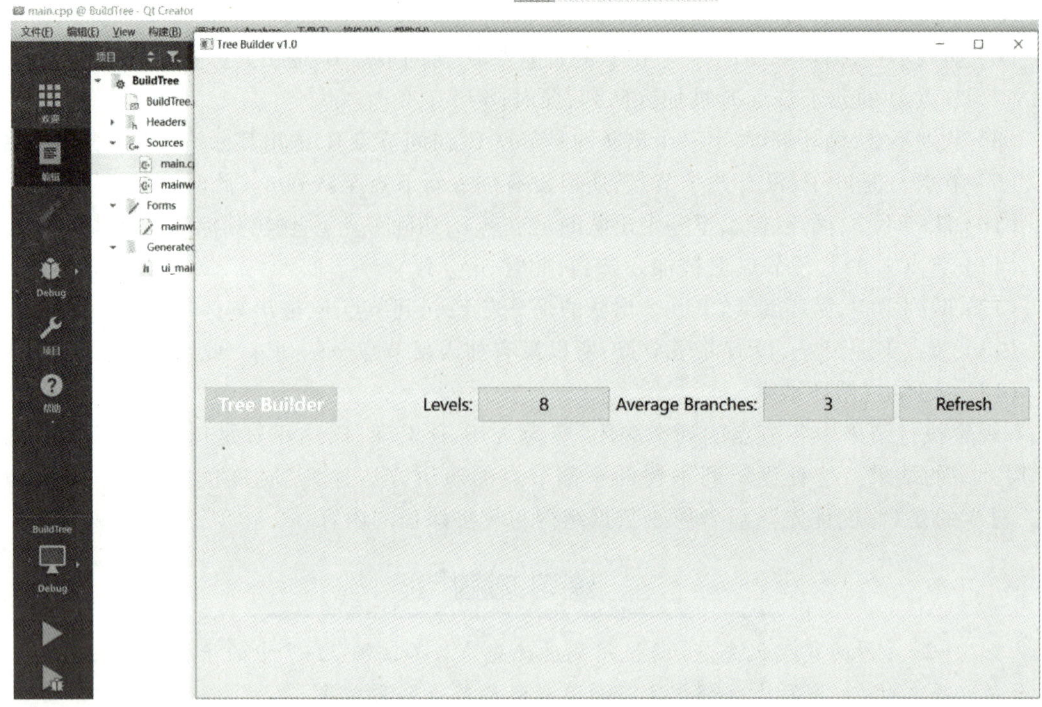

图 22-9　BuildTree 项目运行结果 1

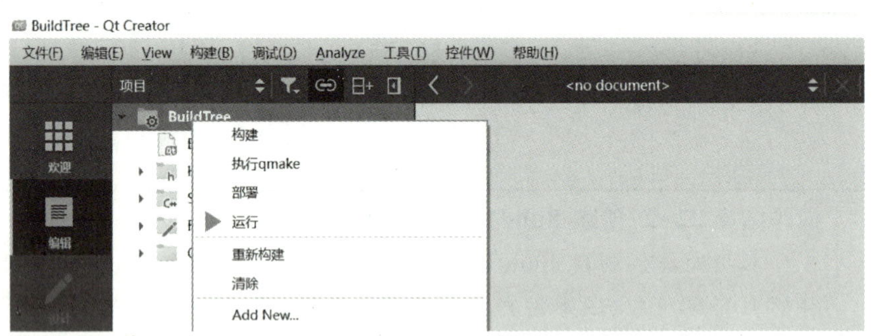

图 22-10　项目快捷菜单

22.3.1　UI 工作原理

Qt 中扩展名为.ui 的文件用于保存界面设计，它描述了一个窗口由哪些子部件来构成，以及这些子部件的显示特性及其相对位置关系。ui 是 User Interface（用户界面）的首字母缩写。

接下来讨论 Qt 把我们对 mainwidget.ui 的设计修改转变成图 22-9 所示的实实在在的程序界面的过程。在 Qt Creator 中双击 mainwidget.ui，该文件会被打开，呈现的界面如图 21-11 所示。

点击左侧的“编辑”按钮，可以看到 mainwidget.ui 文件的原始内容，单击“设计”按钮，又可以回到 mainwidget.ui 的设计状态。mainwidget.ui 文件的原始内容如下（有大量删节）：

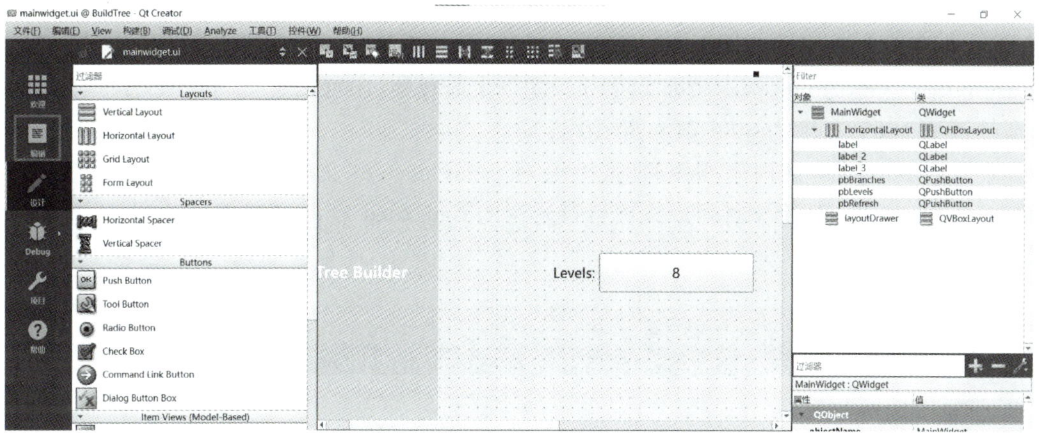

图 22-11　mainwidget. ui 编辑界面

```
<? xml version = "1.0" encoding = "UTF-8"? >
<ui version = "4.0">
<class>MainWidget</class>
<widget class = "QWidget" name = "MainWidget">
  <property name = "geometry">
   <rect>
     <x>0</x>
     <y>0</y>
     <width>1000</width>
     <height>800</height>
   </rect>
... 有删节
      <item>
       <widget class = "QPushButton" name = "pbRefresh">
        <property name = "minimumSize">
... 有删节
        </property>
        <property name = "text">
          <string>Refresh</string>
        </property>
       </widget>
      </item>
... 有删节
</widget>
... 有删节
</ui>
```

Qt 中的 ui 文件是使用 xml(e**x**tensible **m**arkup **l**anguage,可扩展标记语言)语言格式的文本文件。在 Qt Creator 中对窗口界面的设计成果均以 xml 格式保存在 ui 文件中。读者虽然不了解 xml 格式规范，但仍然可以从上述内容中看到一个类型（class）为 QWidget、名称（name）为 MainWidget 的窗口（第 4 行），以及其中包含的 Refresh 按钮，该按钮的类型为 QPushButton，名称为 pbRefresh（第 14 行）。进一步地观察，还可以看到 MainWidget 对象的宽度属性值为 1000，高度为 800（第 9、第 10 行）。

在项目 BuildTree 被构建（build）时，Qt 会对 mainwidget. ui 文件进行分析和解读，生成 ui_mainwidget. h 文件。这个文件可以在项目目录树的 Generated Files 子目录中找到，如图 22-12 所示。

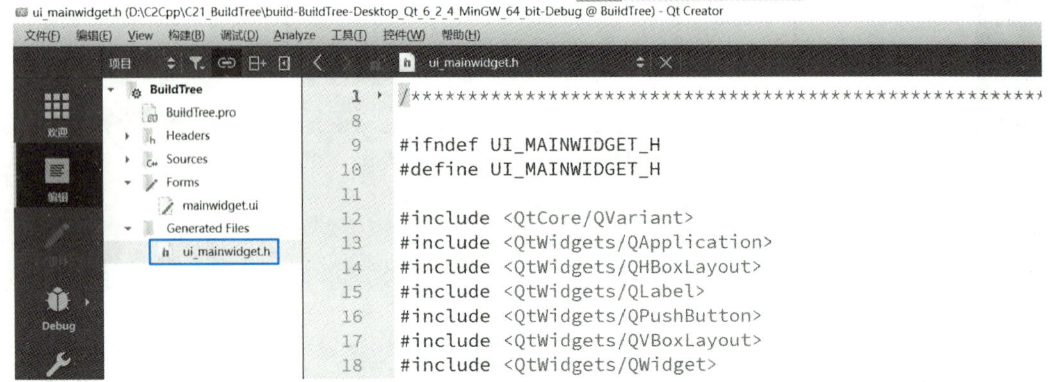

图 22-12 Qt 自动生成文件的位置

接下来研究一下 Qt 自动生成文件 ui_mainwidget. h 的内容（有大量删节）。

```
//ui_mainwidget.h  - Qt 通过 mainwidget.ui 自动生成
class Ui_MainWidget
{
public:
    QVBoxLayout *verticalLayout;
    QHBoxLayout *horizontalLayout;
    //...
    QPushButton *pbRefresh;
    //...
    void setupUi(QWidget *MainWidget) {
        if (MainWidget->objectName().isEmpty())
            MainWidget->setObjectName(QString::fromUtf8("MainWidget"));
        MainWidget->resize(1000, 800);
        //...
        horizontalLayout = new QHBoxLayout();
        horizontalLayout->setObjectName(QString::fromUtf8("horizontalLayout"));
        //...
        pbRefresh = new QPushButton(MainWidget);
        pbRefresh->setObjectName(QString::fromUtf8("pbRefresh"));
        pbRefresh->setMinimumSize(QSize(0, 40));
        horizontalLayout->addWidget(pbRefresh);
```

```
22             //...
23         } // setupUi
24         //...
25     };
26
27     namespace Ui {
28         class MainWidget: public Ui_MainWidget {};
29     } // namespace Ui
```

- 第 2~25 行:定义了一个名为 Ui_MainWidget 的类型,该类型的数据成员以及成员函数都是依照 mainwidget. ui 的内容由 Qt 自动生成的。
- 第 5~8 行:定义了一系列的指针,用于指向窗口内部部件,包括 3 个布局(Layout),3 个标签(QLabel)和 3 个按钮(QPushButton)。容易看出,这些指针的名称与在设计 mainwidget. ui 时设定的 objectName 一致。
- 第 10~23 行:成员函数 setupUi(QWidget * MainWidget)在指定的窗口 MainWidget 内创建其全部内部部件/子对象。可以看到,每个内部部件的属性值均通过代码进行了设置,各内部部件也通过代码加入了对应的布局。总之,setupUi()成员函数将窗口及其内部部件创建/设置得与 mainwidget. ui 描述的一致。
- 第 27~29 行:通过什么都不变的简单继承,为 Ui_MainWidget 类型创建了一个“别名”Ui::MainWidget,即 Ui 名字空间下的 MainWidget 类型。

MainWidget 类型是项目 BuildTree 的主窗口,该类型由文件 mainwidget. h 及 mainwidget. cpp 声明和定义。接下来研究 mainwidget. h 以及 mainwidget. cpp 是如何利用自动生成的 Ui::MainWidget 类型来创建主窗口及其界面元素的。下面是有较多删节的 mainwidget. h 代码:

```
1   //...
2   class MainWidget : public QWidget {
3       Q_OBJECT
4   public:
5       MainWidget(QWidget * parent = nullptr);
6       ~MainWidget();
7
8   private:
9       Ui::MainWidget * ui;
10  };
11  //...
```

- 第 2 行:MainWidget 的父类型是 QWidget。
- 第 9 行:定义了私有数据成员 ui,它是指向 Ui::MainWidget 对象的指针。结合 Ui::MainWidget 类型的定义,可以得出如下结论:MainWidget 的 ui 成员指向该窗口的用户界面部分,通过 ui->pbRefresh 可以访问窗口中的 Refresh 按钮,访问其他窗口内部部件的方法与此相似。

接下来研究 mainwidget. cpp 的代码：

```
1  #include "mainwidget.h"
2  #include "ui_mainwidget.h"
3  
4  MainWidget::MainWidget(QWidget * parent)
5      : QWidget(parent)
6      , ui(new Ui::MainWidget)
7  {
8      ui->setupUi(this);
9  }
10 
11 MainWidget::~MainWidget() {
12     delete ui;
13 }
```

▶ 第 6 行：在 MainWidget 的构造函数初始化列表里，一个 Ui::MainWidget，也就是 Ui_MainWidget 对象被创建，对象指针赋值给了 ui。

▶ 第 8 行：MainWidget 的构造函数紧接着执行 ui->setupUi(this)，也创建 MainWidget 窗口的内部部件。由于 ui->setupUi( ) 函数的内容是根据 mainwidget. ui 文件自动生成的，因此，最终创建出来的窗口同 mainwidget. ui 的描述一致。

▶ 第 12 行：MainWidget 对象被析构时回收 ui 指向的 Ui::MainWidget 对象。

下面再审视一下 main. cpp 的当前内容：

```
1  //Project - BuildTree
2  #include "mainwidget.h"
3  #include <QApplication>
4  
5  int main(int argc, char * argv[]) {
6      QApplication a(argc, argv);
7      MainWidget w;
8      w.show();
9      return a.exec();
10 }
```

▶ 第 7 行：w 的构造函数创建 Ui::MainWidget 对象并赋值给 w 的数据成员 ui，ui->setupUi( ) 的执行将使得 w 窗口的内容与 mainwidget. ui 描述的一致。

▶ 第 8 行：显示程序的主窗口。

▶ 第 9 行：开启消息循环。

总结

在 Qt 中，可以用所见即所得的方式来设计界面，设计的成果是扩展名为 ui 的 XML 格式文件。Qt 会自动以这些 ui 文件为基础，生成对应的 Ui 类，这些类型中的 setupUi( ) 成员函数可以帮助创建与 ui 文件描述一致的窗口界面。

22.3.2　开辟绘图区域

在本小节中，会在主窗口中开辟一个绘图区域，并尝试画一条直线。

操作指南 22-3：创建并添加新类

在标准方式下，一个新类通常由一对.h 和.cpp 文件来构成。多数 IDE 环境提供以标准方式创建并添加新类的快捷方法。

请读者按照二维码链接所介绍的方法，在项目中创建一个名为 TreeDrawer 的新类，在创建类的向导中，应选择 TreeDrawer 的基类（base class）为 QWidget。

其中，treedrawer.h 代码如下：

```
1  #ifndef TREEDRAWER_H
2  #define TREEDRAWER_H
3  #include <QWidget>
4  
5  class TreeDrawer : public QWidget
6  {
7      Q_OBJECT
8  private:
9      void paintEvent(QPaintEvent * e);
10 public:
11     explicit TreeDrawer(QWidget * parent = nullptr);
12     virtual ~TreeDrawer();
13 
14 signals:
15 };
16 
17 #endif // TREEDRAWER_H
```

- ▶ 第 5 行：TreeDrawer 的父类是 QWidget。在本小节的稍后部分，会创建一个 TreeDrawer 对象，将其添加到 MainWidget 主窗口。
- ▶ 第 7 行：如果期望使用 Qt 的信号/槽机制，类定义中必须包括 Q_OBJECT 宏。Q_OBJECT 宏的工作机制较为复杂，普通的应用程序编程者，不必知晓其细节。读者如果感兴趣，可以左手按住 Ctrl 键不放，然后单击 Q_OBJECT，追踪该宏的定义。
- ▶ 第 9 行：TreeDrawer 类重写（override）父类 QWidget 的 paintEvent( ) 函数。在父类 QWidget 中，paintEvent( ) 是虚函数，根据规则，子类的 paintEvent( ) 自动成为虚函数。

要点

当 Qt 认为一个 QWidget 对象显示的内容需要刷新时，会自动调用并执行 QWidget 对象的 paintEvent( )函数。程序员可以在这个函数中添加代码,在窗口上画图。

在操作系统的管理下,图形界面应用程序的界面绘图有固定的时序。通常情况下,程序员不可以手工调用执行这个函数。

treedrawer. cpp 代码如下:

```
1  #include "treedrawer.h"
2  #include <QPainter>
3  #include <QDebug>
4  
5  TreeDrawer::TreeDrawer(QWidget * parent)
6      : QWidget{parent} {
7      qDebug() << "TreeDrawer::TreeDrawer(), ptr = " << this;
8  }
9  
10 TreeDrawer::~TreeDrawer(){
11     qDebug() << "TreeDrawer::~TreeDrawer(), ptr = " << this;
12 }
13 
14 void TreeDrawer::paintEvent(QPaintEvent * e){
15     static int counter = 0;
16     qDebug() << "TreeDrawer::paintEvent(), counter = " << counter++;
17 
18     QPainter painter;
19     painter.begin(this);
20 
21     painter.setPen(QColor(0xff,0,0));
22     painter.drawLine(0,0,width(),height());
23 
24     painter.end();
25 }
```

▶ 第 6 行:在 TreeDrawer 的构造函数初始化列表中,为父对象的构造提供参数。

▶ 第 7 行:qDebug( )函数来自头文件 QDebug,其使用方式类似于 cout。通过这个函数返回的对象,可以在图形界面应用程序的执行过程中向调试控制台输出调试信息。在这里,TreeDrawer 的构造函数向调试控制台报告了该对象被构建的消息。

▶ 第 11 行:析构函数输出对象被析构的调试信息。

▶ 第 14~25 行:在 paintEvent( )函数中添加绘图代码,在窗口中绘图。

▶ 第 15~16 行:向调试控制台报告 paintEvent( )函数被调用的信息以及调用计数。这两行代码的存在是出于教学目的,读者后面会看到,当程序运行起来后,如果用鼠标调整窗口大小,将窗口置于其他程序的后面,再调换至前面,均会导致 paintEvent( )函数的执行。paintEvent( )函数的执行时机完全是由操作系统以及 Qt 来决定的。

- 第18、19、24行：创建一个QPainter对象用于绘图，所有的绘图代码都必须以painter.begin()开始，以painter.end()结尾。painter.begein(this)调用中的this指明了这次绘图的发生地，也就是TreeDrawer子窗口。
- 第21~22行：设置一支红颜色的画笔，然后从子窗口的左上角(坐标0,0)至右下角画一条直线。width()和height()都是QWidget对象的成员函数，分别返回当前窗口的宽度和高度，以像素为单位。图形界面应用程序中颜色的表示方法将在本章后续部分讨论。读者可能对左上角坐标是(0,0)感到疑惑，稍后会讨论Top-Left坐标系。

接下来将对MainWidget进行修改，以便在其构造函数中创建一个TreeDrawer子窗口，并将其添加到主窗口中。

首先是mainwidget.h：

```
1  //...
2  #include <QWidget>
3  #include "treedrawer.h"                  //新增行:引入 treedrawer.h 头文件
4  //...
5  class MainWidget : public QWidget {
6  //...
7  private:
8      Ui::MainWidget *ui;
9      TreeDrawer* treeDrawer = nullptr;    //新增行:声明 treeDrawer 数据成员
10 };
11 //...
```

- 第3行：引入treedrawer.h头文件。
- 第9行：声明treeDrawer数据成员，初始值为nullptr。

mainwidget.cpp也需要修改：

```
1  //...
2  MainWidget::MainWidget(QWidget *parent)
3      : QWidget(parent)
4      , ui(new Ui::MainWidget)
5  {
6      ui->setupUi(this);
7      treeDrawer = new TreeDrawer(this);          //新增行
8      ui->layoutDrawer->addWidget(treeDrawer);    //新增行
9  }
10 //...
```

- 第7行：在MainWidget的构造函数中，新建TreeDrawer对象，并指定其父窗口为this，即MainWidget。MainWidget是QWidget，其作为窗口被显示，拥有窗口的标题栏。treeDrawer也是QWidget对象，其作为MainWidget窗口的子窗口而存在，它在本项目中仅仅表现为一个绘图区域，没有标题栏。由于将treeDrawer加入了MainWidget的树形体系，逻辑上，它是 MainWidget 对象的内部成员，当 MainWidget 被析构时，treeDrawer 会被自动析构。因此，本例中不用也不能手工去删除 treeDrawer 指针。

▶ 第 8 行：将 treeDrawer 加入主窗口内已有的竖向布局 layoutDrawer 当中。该布局限制了 treeDrawer 子窗口在主窗口中的位置。

重新构建并运行程序，即可得到图 22-13 所示的结果。

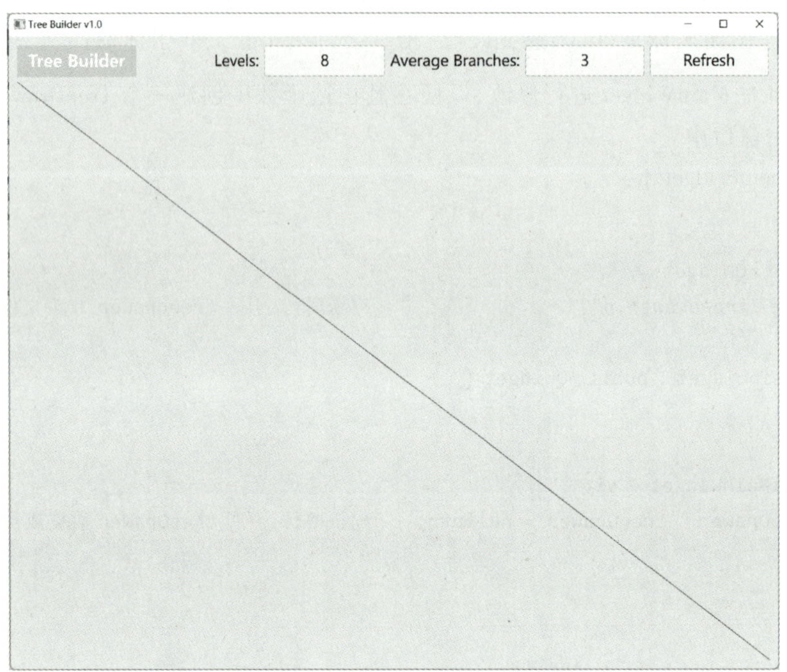

图 22-13　BuildTree 项目运行结果 2

22.3.3　窗口树形结构及布局

为了理解布局在约束窗口子部件位置关系中的作用，有必要再审视一下 mainwidget.ui 中描述的主窗口的树形结构。在 Qt Creator 的项目树形结构树中双击并打开 mainwidget.ui，在 Object Inspector（对象查看器）当中，看到如图 22-14 所示的 MainWidget 主窗口的树形结构。

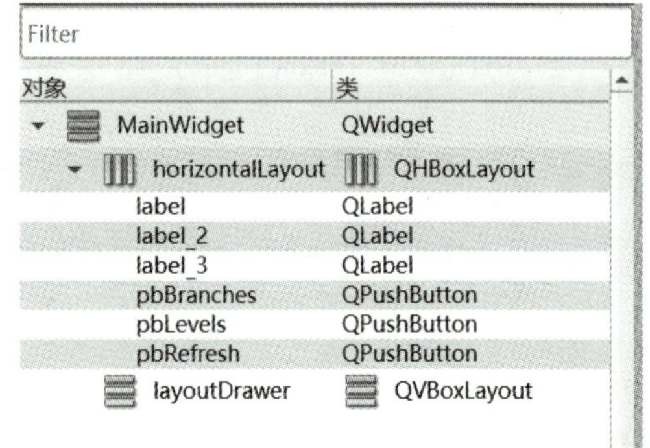

图 22-14　主窗口的树形结构

MainWidget 自身是一个竖向布局（▤），其有两个儿子，按照竖向布局的约束，horizontalLayout 在上，layoutDrawer 在下。horizontalLayout 是一个横向布局（▥），其中有三个标签和三个按钮，这些标签和按钮在 horizontalLayout 的约束下排成了水平的一排。layoutDrawer 是

22

一个竖向布局，其内本来什么都没有，但我们在 MainWidget 的构造函数中新建了一个 TreeDrawer 子窗口，并将其加入了 layoutDrawer。这个新建的 TreeDrawer 子窗口填空了主窗口的大部分下方区域，horizontalLayout 中的内容被“顶”到了窗口的上边沿，其高度受到各按钮的 minimumSize/高度的限制，大约为 40。

22.3.4　Top-Left 坐标系

不同于标准坐标系，图形界面应用程序通常采用如图 22-15 所示的 Top-Left 坐标系。这种坐标系以屏幕或者窗口的左上角为原点、横向为 x 轴、纵向为 y 轴。位置越靠右，x 越大；位置越靠下，y 越大。窗口内任意一点的位置可以用一对 (x,y) 表示，这一对 (x,y) 值被称为该点的坐标。

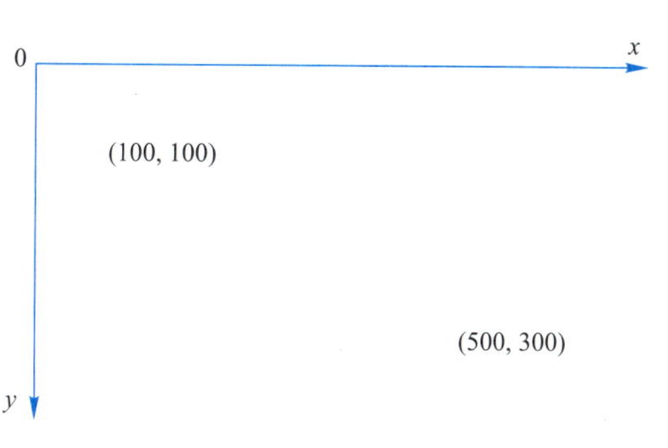

图 22-15　Top-Left 坐标系

对照 TreeDrawer 类型 paintEvent( ) 中的下述代码，结合 Top-Left 坐标系，容易看出 (0,0) 代表了窗口左上角的坐标，而 (width( ), height( )) 则代表了窗口右下角的坐标。因此，图 22-13 中，我们画出来的线以左上角为起点，以右下角为终点。

```
    painter.drawLine(0,0,width(),height());
```

22.3.5　观察调试输出

在 Qt Creator 中运行 BuildTree 项目，然后使用鼠标调整主窗口大小。在调整过程中，可以观察到如图 22-16 所示界面的底部“3 应用程序输出”按钮闪烁。这是因为，在窗口大小变化的过程中，Qt 认为 treeDrawer 子窗口需要重绘，调用执行了 treeDrawer 的 paintEvent( ) 函数。如先前的内容所述，该函数通过 qDebug( ) 向调试控制台输出了调试信息。

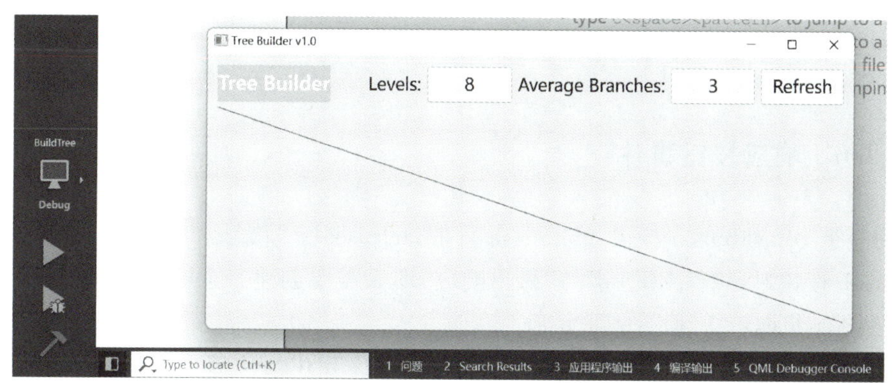

图 22-16　应用程序输出按钮

单击“3 应用程序输出”按钮，可以看到调试输出信息。作者在进行上述操作后，得到下述调试信息。

```
1 10:45:35: Starting D:\C2Cpp\C21_BuildTree\build-BuildTree-Desktop_Qt_6_2_4_MinGW_64_bit-Debug\debug\BuildTree.exe...
2 TreeDrawer::TreeDrawer(), ptr =  TreeDrawer(0x1585d4fb200)
3 1127, FromFilemap
4 TreeDrawer::paintEvent(), counter =  0
5 TreeDrawer::paintEvent(), counter =  1
6 ... 有大量删节
7 TreeDrawer::paintEvent(), counter =  258
8 TreeDrawer::~TreeDrawer(), ptr =  TreeDrawer(0x1585d4fb200)
9 10:49:38: D:\C2Cpp\C21_BuildTree\build-BuildTree-Desktop_Qt_6_2_4_MinGW_64_bit-Debug\debug\BuildTree.exe exited with code 0
```

- 第 1 行：显示了应用程序的启动信息。从中，可以看到 Qt Creator 构建项目 BuildTree 所生成的可执行文件（BuildTree.exe）的路径。
- 第 2 行：这是在 TreeDrawer 构造函数中的主动输出，这个信息报告了一个 TreeDrawer 对象被构造的消息，以及该对象的地址。
- 第 4~7 行：在拖拉调整主窗口大小的过程中，伴随着主窗口大小的变化，主窗口内子窗口 treeDrawer 的大小也发生了变化。Qt 认为 treeDrawer 子窗口需要重绘，自动调用其 paintEvent()函数。该函数输出了上述调试信息，从中可见，计数器一直在递增。
- 第 8 行：treeDrawer 子窗口的析构信息。在整个程序中，并没有主动删除 treeDrawer 指针，但该行调试信息证实：在主窗口被关闭和析构时，主窗口自动回收了其所包含的 treeDrawer 子窗口，没有发生内存泄漏。
- 第 9 行：显示程序结束运行的消息。

练习巩固

习题讲解 22-3：观察消息循环的结束时机

22-3 （观察消息循环的结束时机）修改 BuildTree 项目的 main.cpp，在 a.exec()函数返回后，main()函数 return 前打印一行调试信息：“Message loop ended.”。构建并再次运行，观察上述调试信息的生成时间点。

22.3.6 响应按钮事件

作为一个 QPushButton 按钮，pbRefresh 自带“released()”信号。如果期望操作者按下并释放 Refresh 按钮时，软件对此“事件”做出响应，那么需要创建一个槽函数，并将其与 pbRefresh 按钮的“released()”信号关联起来。

如图 22-17 所示，在 mainwidget.ui 的编辑界面，右击 Refresh 按钮，然后在弹出菜单中选择“转到槽”。

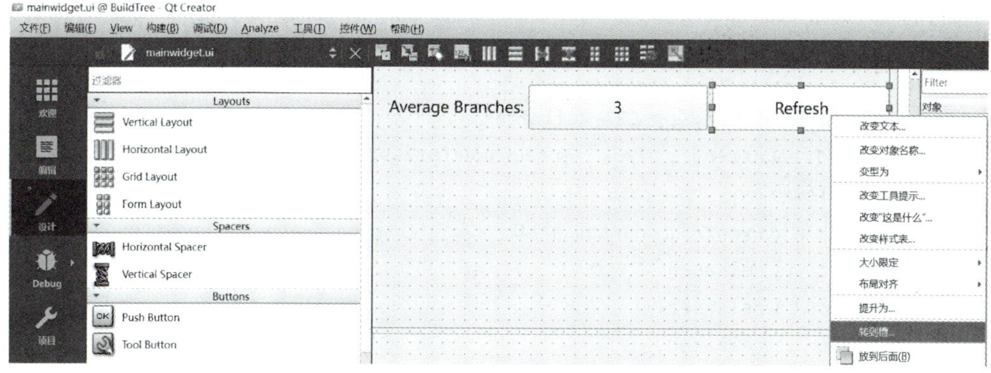

图 22-17　创建关联槽函数

在弹出的如图 22-18 所示的对话框中选择"released( )"信号,然后单击确定按钮。从这个对话框,也可窥见 Qt 界面组件复杂的继承结构,QPushButton 的父类是 QAbstractButton,后者的父类是 QWidget,QWidget 的父类是 QOjbect,每一个父对象都为"Refresh"按钮提供了不同的信号。

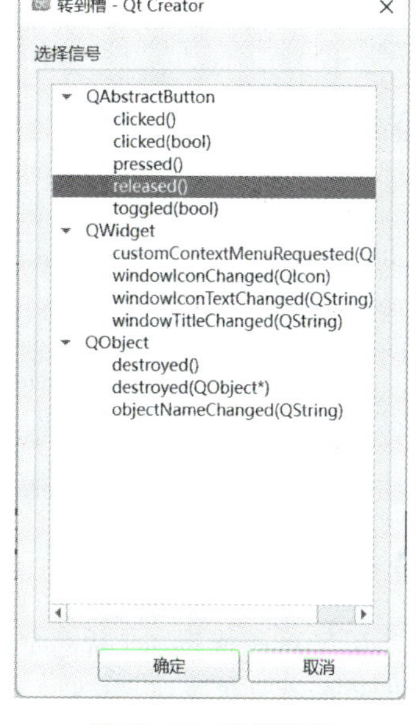

图 22-18　选择信号

接下来,Qt Creator 将我们引导到 mainwidget. cpp 中的 on_pbRefresh_released( ) 成员函数。该成员函数的原型声明已在 mainwidget. h 中自动添加好,见下述代码片段。

```
1  //... mainwidget.h 的代码片段
2  class MainWidget : public QWidget {
3  //...
4  private slots:
5      void on_pbRefresh_released();
6  //...
7  };
8  //...
```

▶ 第 4~5 行:on_pbRefresh_released( ) 函数被声明为 MainWidget 的私有槽(private slots)函数。

我们需要做的就是在 mainwidget. cpp 中为槽函数 on_pbRefresh_released( ) 添加合适的代码。当前阶段,简单输出一行调试信息,"证明"该槽函数在按下按钮并释放后被调用执行。

```
//... mainwidget.cpp 的代码片段
#include <QDebug>
//...
void MainWidget::on_pbRefresh_released()
{
    qDebug() << "Refresh Button is released.";
}
```

运行程序，单击“Refresh”按钮 3 次，然后查看调试输出，可以看到如下调试信息。调试信息的第 5~7 行证实，当按钮被按下并释放时，上述槽函数被调用执行了。

```
1 11:33:39: Starting D:\C2Cpp\C21_BuildTree...
2 TreeDrawer::TreeDrawer(), ptr =  TreeDrawer(0x2aedcf9b140)
3 1127, FromFilemap
4 TreeDrawer::paintEvent(), counter =  0
5 Refresh Button is released.
6 Refresh Button is released.
7 Refresh Button is released.
8 TreeDrawer::~TreeDrawer(), ptr =  TreeDrawer(0x2aedcf9b140)
9 11:33:43: D:\C2Cpp\C21_BuildTree...
```

在 Qt 下，程序员只需要负责为部件的信号添加并关联合适的槽函数。当信号发生时，槽函数的调用是由 Qt 的消息循环和信号/槽机制处理的，程序员通常无须关心相关细节。

要点

Qt 依赖于槽函数的特殊名称格式将其与恰当部件的恰当信号相关联。前述示例中的 on_pbRefresh_released( )槽函数的函数名“告诉”Qt，该槽函数应与 pbRefresh 按钮的“released( )”信号相关联，当该信号发生时，在消息循环中调用执行该函数以响应事件的发生。

事实上，程序员在 mainwidget. h 和 mainwidget. cpp 中手工添加上述槽函数可以获得等同的效果，只要槽函数的命名符合上述规则即可。当然，程序员也可以通过 connect( )函数进行信号和槽的关联，此时，槽函数的命名可以不符合上述规则。

注意

不可以在槽函数中进行耗时较长的操作。因为槽函数是在消息循环中被调用执行的，如果槽函数迟迟不返回，消息循环就无法获取并处理下一条消息，应用程序就表现为“卡”，它无法及时对操作者的操作做出响应。

当程序中需要进行耗时较长的操作时，比如将“健康码”图片进行光学字符识别，找出其中的时间、姓名等信息，应当创建一个单独的线程来进行。与此同时，主线程则轻装上阵，及时响应操作者的操作。线程的创建，以及线程与主线程的通信机制，超出了本书的范畴。

练习巩固

习题讲解 22-4：信号与槽的手工连接

22-4 (信号与槽的手工连接)参考“on_pbRefresh_released( )”在 MainWidget 中定义一个新的槽函数，查询资料使用 connect( )将 pbRefresh 的“released( )”信号与这个新的槽函数相关联。再次运行，观察当“Refresh”按钮被释放时，两个关联槽函数的执行顺序。

22.4　树的递归构造

在绘制递归分形树之前，需要先在“内存”中将树创建出来。使用与创建 TreeDrawer 类相同的方法在项目中创建并添加新类 TreeNode。该类头文件 treenode.h 的内容如下：

```
1  #ifndef TREENODE_H
2  #define TREENODE_H
3  #include <QPoint>
4  #include <QVector>
5
6  class TreeNode {
7  private:
8      QPoint bottom;
9      QPoint top;
10     QPoint drawingTop;
11     int depth;
12     QVector<TreeNode * > children;
13     void generateDescendents();
14     TreeNode * bornSon(const QPoint& btm, const QPoint& top, double angleOffset);
15
16 public:
17     static int maxDepth;
18     static int nBranches;
19     TreeNode(const QPoint& btm, const QPoint& top, int depth=0);
20     ~TreeNode();
21
22     bool isLeaf() const{
23         return children.empty();
24     }
25
26     friend class TreeDrawer;
27 };
28
29 #endif // TREENODE_H
```

▶ 第 3 行：引入 QPoint 头文件。QPoint 在 Qt 中用于表示平面坐标点，其中的 x 坐标和 y 坐标都是整数。

▶ 第 4 行：引入 QVector 头文件。QVector 是 Qt 中的向量容器类型，其用途和用法类似 STL 的 vector。通常认为，以 Qt 版本的 QVector 与 Qt 的其他组件兼容性更好。

▶ 第 17~18 行：类的静态数据成员 maxDepth 表示树所允许的最大深度，其初始值在 treenode. cpp 中被赋值为 7,由于深度最小是 0,这意味着这棵树默认为 8 层。nBranches 表示“建议”的树枝分叉数,即一根树枝将分出多少根树枝。此处之所以用“建议”一词,是因为实际树在生成过程中的分叉数会引入随机成分。

▶ 第 11 行:depth 表示该节点在树中的深度,其最小为 0,最大为 maxDepth。

▶ 第 12 行:children 属性是一个元素类型为 TreeNode * 的向量,用于容纳当前节点的全部儿子节点的指针。如果 children 向量为空,说明该节点为叶子,没有儿子。

▶ 第 8~10 行:**bottom 表示以节点为根的子树的“下”顶点;top 表示以节点为根的子树的“上”顶点;drawingTop 定义为该节点本身(不含其子孙)的描绘用“上顶点”**。注意,这里作者为上、下两字加了引号,那因为程序试图模拟地球引力的作用,树枝可能事实上是倒垂向下的。

为了便于读者理解 bottom、top、drawingTop 属性在描述一个节点/树枝中的作用,作者在树上截了一棵子树,如图 22-19 所示。在该图中,a 是一个 TreeNode 节点,节点 b、c、d 及其子孙都是以 a 为根的子树的一部分。a 节点在树中的实际表现为一段树枝,树枝的描绘起点为 bottom,终点为 drawingTop。从 drawingTop 一直到 top 则是 a 的子孙们的描绘区域。在图 22-7 中,b、c、d 为 a 的儿子,b、c、d 也是 TreeNode 类型,其 bottom 应等于 a 的 drawingTop。在图中容易看出,b、c、d 的 bottom 与 a 的 drawingTop 是同一个点。

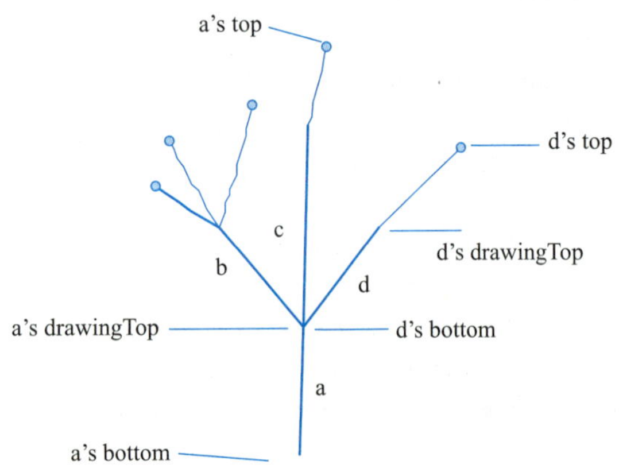

图 22-19　TreeNode 对象及其属性

建议

菜鸟们写出来的程序通常可读性和健壮性都有问题。作者建议,当读者试图定义一个变量、函数、类时,都必须满足一个规则:如果其作用和取值可以简洁明了没有歧义地讲清楚,那么其存在可能是合理的。如果说不清道不明,则需要另寻他法。

“Python 之禅”里有一句话——If the implementation is easy to explain, it may be a good idea,大概说的就是这个意思。C/C++只是学习编程的工具,所以作者并不介意在这里引用“Python 之禅”。

本实践中,TreeNode 的 bottom、top、drawingTop 属性受限于其复杂性,很难用一句话描述,但借助图示,是可以没有歧义地表达清楚的。

▶ 第 13 行:该私有函数将在 TreeNode 的构造函数中被调用,用于递归地生成节点的子节点及后代。

▶ 第 14 行:用当前节点生成一个儿子节点,该儿子节点的“下”顶点是 btm,“上”顶点为 top,相对于当前节点的树枝角度,儿子节点的偏移角为 angleOffset。本实践中,所有角度均采用弧度单位,一个圆周的弧度为 2π。

▶ 第 19 行：TreeNode 的构造函数。显然，btm 指明了拟构造节点的“下”顶点，top 则为“上”顶点，depth 为深度。

▶ 第 22～24 行：isLeaf( )函数用于判断节点是否是叶子，依据是 children 向量是否为空。有读者可能会认为这个函数过于简单，没有存在的必要，直接在代码中使用 children. empty( )来判断更便利，从软件工程的角度看来，这些读者的观点可能是错误的。这个函数存在的目的在于增强代码的可读性，该函数的函数名具有很强的自描述性，相较于 children. empty( )，isLeaf( )更容易让代码阅读者理解。

▶ 第 26 行：为了让 TreeDrawer 能够访问 TreeNode 的私有成员以便“画”树，将 TreeDrawer 声明为 TreeNode 的友元类。

TreeNode 类代码文件 treenode. cpp 的内容如下：

```
#include "treenode.h"
#include <random>
#include <math.h>

int TreeNode::maxDepth = 7;
int TreeNode::nBranches = 3;

TreeNode::TreeNode(const QPoint& btm, const QPoint& top, int depth){
    bottom = btm;
    this->top = top;
    this->depth = depth;
    generateDescendents();
}

void TreeNode::generateDescendents(){
    //递归地生成节点的子节点及后代
    const double pi = 3.1415926535897932;
    int n = int(round(nBranches * (0.5 + rand() / double(RAND_MAX))));
    n = (n>=1? n:1);

    double r = 0.2 + rand()/double(RAND_MAX) * 0.2;
    drawingTop.setX(bottom.x() + int((top.x()-bottom.x()) * r));
    drawingTop.setY(bottom.y() + int((top.y()-bottom.y()) * r));
    if (depth<maxDepth){
        double a = pi * 0.5 / n;
        for (auto i=0;i<n;i++){
            double angleOffset = a * ((n-1)/2.0 - i);
            angleOffset * = (0.9 + rand()/double(RAND_MAX) * 0.2);
            auto t = bornSon(drawingTop, top, angleOffset);
            children.push_back(t);
        }
    }
```

```
33 }
34
35 TreeNode * TreeNode::bornSon(const QPoint& btm, const QPoint& top,
36                              double angleOffset){
37     //为当前节点生成一个子节点,其偏移角为 angleOffset
38     int dx = top.x() - btm.x();
39     int dy = top.y() - btm.y();
40     Q_ASSERT(!(dx==0 && dy==0));
41     double angleSubTree = atan2(dy,dx);
42     double angleSon = angleSubTree + angleOffset;
43     double r = 0.9 + 0.2 * rand()/RAND_MAX;
44     double c = sqrt(dx * dx+dy * dy) * r;
45     int xOffset = int(c * cos(angleSon));
46     int yOffset = int(c * sin(angleSon));
47     QPoint topNew(btm.x() + xOffset,btm.y()+yOffset);
48     return new TreeNode(btm,topNew,depth+1);
49 }
50
51 TreeNode::~TreeNode(){
52     //递归地删除全部子节点
53     for (auto n:children)
54         delete n;
55 }
```

▶ 第 8~13 行:构造函数首先根据参数设置了当前节点的 bottom、top 和 depth 属性。然后调用 generateDescendents()函数递归地生成当前节点的全部儿子节点及其后代。可以想象,如果创建一个根节点,其深度为 0,根节点的构造函数将创建深度为 1 的子节点,深度为 1 的子节点的构造函数又将创建深度为 2 的子子节点,类似于雪崩效应,整棵树都被创建出来了。

接下来详细研究 generateDescendents()函数递归生成子节点的过程。

▶ 第 18~19 行:确定当前节点的分叉数,即需要为当前节点生成多少个儿子。rand()函数用于产生[0,RAND_MAX)的随机整数,rand()/double(RAND_MAX)的取值范围为[0,1),类型为 double,再加上 0.5,取值区间变化为[0.5,1.5)。容易看出,n 是"建议"的平均分叉数的 0.5 至 1.5 倍再四舍五入(round)取整。第 19 行确保 n 至少为 1。

▶ 第 21~23 行:确定当前节点所对应树枝的描绘顶点,即 drawingTop。drawingTop 的确定也引入了随机特性,从点 bottom 出发,向点 top 方向,前进总距离的 0.2~0.4 倍,即确定为 drawingTop 顶点。如前所述,rand()/double(RAND_MAX)为[0,1)之间的随机数,故 r 的取值范围为 0.2~0.4。

▶ 第 24~32 行:如果当前节点的深度 depth 小于规定的最大深度 maxDepth,这说明当前节点应该有儿子,通过循环生成该节点的 n 个儿子,并置入 children 向量。这里的代码比较复杂,涉及弧度和三角函数的知识,我们做概要描述。当前节点/树枝的 drawingTop 即为儿子节点/分叉的 bottom。在当前节点/树枝的 drawingTop 点，沿当前树枝的伸展方向，向左右各 45°，共 90°（即 $\pi/2$）范围内逐一“均布”生成 n 个分叉儿子节点。这里的“均布”是大致的，第 28 行中的 angleOffset 被乘以了 0.9~1.1 的随机数。bornSon( ) 函数以当前树枝的 drawingTop 为 bottom，以“以当前树枝为根的子树”的 top 为 top，生成一个分叉儿子节点，分叉的伸展角度为当前树枝的伸展角度加上偏移角 angleOffset。一个儿子生成完后，第 30 行将其指针加入 children 向量。读者如果非常期望弄明白上述程序中变量 a 和 angleOffset 的取值及计算原理，那么假设 n=4，拿支笔手工模拟一遍第 24~32 行的程序执行，是一个好办法。

第 24 行的 depth<maxDepth 的条件判断十分重要，它确保了由根节点的构造而引发的后代递归生成过程有恰当的边界条件：当且仅当当前节点的深度小于规定的最大深度时，才会尝试生成后代。一个递归过程如果具备恰当的终止条件，称该递归过程会“**收敛**”。

接下来讨论 bornSon( ) 函数。

- 第 38~39 行：从 bottom 至 top 的横向偏移量为 dx，纵向偏移量为 dy。
- 第 40 行：断言 dx，dy 不能同时为 0，这是第 41 行反正切函数可以正常执行的数学基础。理论上，这种情况不会出现，如果 dx 与 dy 同时为 0，则意味着 bottom 和 top 是同一个点。Q_ASSERT( ) 是 Qt 版本的断言函数，它事实上是一个宏。
- 第 41 行：通过反正切计算得到子树的伸展角度 angleSubTree。
- 第 42 行：子树的伸展角度加上儿子的偏移角，得到子节点的伸展角 angleSon。
- 第 43~47 行：有了分枝子节点的伸展角 angleSon，再借助子树的对角线长度 c（实际值乘以 0.9~1.1 的随机数 r），使用正弦及余弦三角函数，计算得到分支子节点的 top，即上述程序中的 topNew。读者如果想把上述代码理解透彻，可能需要在草稿纸上画一个三角形，再结合初中数学中的三角函数，进行相关的公式推导。
- 第 48 行：执行 TreeNode 的构造函数构造一个新的节点，以 topNew 为“上”顶点，新节点的深度为当前节点的深度加 1。
- 第 51~55 行：一个 TreeNode 节点被析构时，递归地销毁其全部子节点。由于子节点的析构也会销毁其后代，因此，只要 delete 树的根节点指针，整棵树就会被完全销毁。

22.5　创建一棵树

将树的创建任务交给 TreeDrawer 子窗口，让其拥有树的根节点。修改 treedrawer.h，添加下述代码片段中备注为新增的行。

```
//... treedrawer.h 代码片段
#include <QWidget>
#include "treenode.h"

class TreeDrawer : public QWidget {
```

```
6        Q_OBJECT
7    private:
8        void paintEvent(QPaintEvent * e);
9        TreeNode * root = nullptr;                  //新增:root 数据成员
10       void resizeEvent(QResizeEvent * e);         //新增:resizeEvent()函数
11       //...
12   public:
13       //...
14       virtual ~TreeDrawer();
15       void newTree();                             //新增:newTree()函数
16   //...
17   };
18   //...
```

- 第 9 行:root 为指向树的根节点的指针,默认值为空。
- 第 10 行:当 TreeDrawer 子窗口的大小发生变化时,resizeEvent( ) 函数会被消息循环自动调用,这个机制跟 paintEvent( )是类似的。
- 第 15 行:newTree( )成员函数用于删除旧树,创建新树。

依照下述代码修改 treedrawer. cpp。

```
//... treedrawer.cpp 代码片段
#include <QResizeEvent>
#include <QQueue>

//...
TreeDrawer::~TreeDrawer(){
    qDebug() << "TreeDrawer::~TreeDrawer(), ptr = " << this;
    if (root)
        delete root;
}
//...
void TreeDrawer::newTree(){
    //删除旧树,创建新树
    if (root){
        delete root;
        root = nullptr;
    }
    auto btm  = QPoint(width()/2,20);
    auto top = QPoint(int(width()/2),int(height() * 0.9));
    root = new TreeNode(btm,top);
    update();
}

```

```
24 void TreeDrawer::resizeEvent(QResizeEvent * e){
25     qDebug() << "TreeDrawer::resizeEvent, w=" << width() << ",h=" << height();
26     newTree();
27 }
```

- 第 8~9 行:在析构函数中回收以 root 为根的树。理论上,root 可能为空,所以在第 8 行先进行非空判定。
- 第 24~27 行:如本章先前内容所述,treeDrawer 子窗口位于 MainWidget 主窗口的 layoutDrawer 布局中,当主窗口第一次被显示时,layoutDrawer 会导致 treeDrawer 子窗口的尺寸发生改变,此时,resizeEvent( )函数会被消息循环自动调用。作为对绘图窗口尺寸变化的回应,调用 newTree( )函数创建一棵新树。因为总是希望树的大小与绘图窗口的大小相适应。如果用鼠标人工调整主窗口的大小,treeDrawer 绘图窗口的大小也会随之变化,此时,resizeEvent( )也会被调用。读者稍后可以在运行程序时通过第 25 行输出的调试信息来观察 resizeEvent( )函数的被执行。第 25 行输出的调试信息还报告了绘图窗口的当前宽度和高度。
- 第 14~17 行:如果 root 不为空,说明存在一棵旧树,销毁之,并将 root 置为 nullptr。
- 第 18 行:确定以 root 为根的树的"下"顶点。假设绘图窗口宽 1 000 像素,则"下"顶点坐标为(500,20)。
- 第 19 行:确定以 root 为根的树的"上"顶点。假设绘图窗口宽 1 000 像素,高 800 像素,则"上"顶点为(500,720)。
- 第 20 行:使用 TreeNode 的构造函数创建根节点。如前所述,这里事实上递归地创建了整棵树。
- 第 21 行:执行 update( )成员函数"通知"消息循环:绘图窗口中的内容(树)有变化,需要刷新,请得空时调用一次 paintEvent( )函数。update( )成员函数来自 TreeDrawer 的父类型 QWidget。

注意

在绘图窗口宽 1 000、高 800 的假设下,树的"下"顶点为(500,20),"上"顶点为(500,720),"上"顶点的 y 坐标大于"下"顶点的 y 坐标,显然这是基于"标准坐标系"的。

为了绘图思路的顺畅,在树的构造过程中以标准坐标系为基础,所有节点的 bottom、top 以及 drawingTop 都对应着节点在标准坐标系中的坐标。但如本章先前所述,图形用户界面通常是 Top-Left 坐标系,会在稍后"画树"时解决这个冲突。

读者如果此时运行程序,什么变化都看不到。因为树还存在于内部数据结构中,尚未画出来。读者如果想观察上述递归生成树的过程,可以在 TreeNode 的构造函数中添加如下代码:

```
//... 在 TreeNode 的构造函数中输出调试信息
#include <QDebug>
//...
TreeNode::TreeNode(const QPoint& btm, const QPoint& top, int depth){
```

```
5        bottom = btm;
6        this->top = top;
7        this->depth = depth;
8        generateDescendents();
9
10       qDebug() << "Create tree node, " << btm.x() << "," << btm.y()
11                << "-->" << top.x() << "," << top.y() << " ,depth=" << depth;
12   }
```

其中,第 2、10、11 行为新增。再次运行程序,读者即可观察到与作者类似的调试输出:

```
Create tree node,  210, 385 --> 216 , 335 ,depth= 7
Create tree node,  210 , 385 --> 180 , 343  ,depth= 7
Create tree node,  214 , 403 --> 197 , 336  ,depth= 6
//...
Create tree node,  540 , 349 --> 755 , 456  ,depth= 2
Create tree node,  470 , 246 --> 687 , 565  ,depth= 1
Create tree node,  470 , 20 --> 470 , 667  ,depth= 0
```

一棵树的节点实在是太多了,过多调试信息的输出可能会拖慢程序的运行,建议读者在观察结束后注释掉上述代码中的第 10、11 行。

22.6 树的遍历与绘制

接下来,修改 TreeDrawer 的 paintEvent( ),把以 root 为根节点的树画在绘图窗口中。

在 treedrawer. h 中添加 drawNode( )和 drawBranch( )函数,下述代码中的第 6、7 行为新增。

```
1   //... treedrawer.h 代码片段
2   class TreeDrawer : public QWidget {
3       Q_OBJECT
4   private:
5       //...
6       void drawNode(const TreeNode * t, QPainter& painter);
7       void drawBranch(const TreeNode * t, QPainter& painter);
8       //...
9   };
```


其中,drawNode( )函数用于在绘图窗口中绘制一个节点,通常是一段树枝,如果节点中有叶子,还会绘制树叶。drawBranch( )函数则用于绘制一个节点的树枝。

按照下述代码修改 treedrawer. cpp。这部分代码新增了 drawBranch( )和 drawNode( )函数实现,同时还修改了 paintEvent( )函数。

```
//... treedrawer.cpp 代码片段
#include <QQueue>
//...
void TreeDrawer::drawBranch(const TreeNode * t, QPainter& painter){
    //分成小段画树枝,模拟粗糙弯曲的效果
    auto g = 0x60 * t->depth/TreeNode::maxDepth;
    painter.setPen(QPen(QColor(g,g,g),pow((TreeNode::maxDepth-t->depth),1.5)));

    auto& btm = t->bottom;
    auto& top = t->drawingTop;

    const int iDist = 10;
    double dx = top.x() - btm.x();
    double dy = top.y() - btm.y();
    double c = sqrt(dx * dx+dy * dy);
    auto n = int(c/iDist);
    double xPrev = btm.x();
    double yPrev = btm.y();
    for (auto i=1;i<n;i++){
        auto x = t->bottom.x() + dx * i/n;
        auto y = t->bottom.y() + dy * i/n;
        x += iDist * (0.5-double(rand())/RAND_MAX) * 0.13;
        y += iDist * (0.5-double(rand())/RAND_MAX) * 0.13;
        painter.drawLine(QPointF(xPrev,height()-yPrev),QPointF(x,height()-y));
        xPrev = x;
        yPrev = y;
    }
    painter.drawLine(QPointF(xPrev,height()-yPrev),
                     QPointF(top.x(),height()-top.y()));
}

void TreeDrawer::drawNode(const TreeNode * t, QPainter& painter){
    drawBranch(t,painter);

    if (t->isLeaf()){
        //对于叶子节点,画树叶
        auto& top = t->drawingTop;
        auto red = 0xf0 * rand()/RAND_MAX;
        painter.setBrush(QBrush(QColor(red,0x90,0x00)));
        painter.drawEllipse(QPointF(top.x(), height()-top.y()),3,3);
    }
}

void TreeDrawer::paintEvent(QPaintEvent * e){
    QPainter painter;
```

```
46     painter.begin(this);
47 
48     if (root){
49         //宽度优先遍历树的全部节点并逐一绘制
50         QQueue<TreeNode * > q;
51         q.enqueue(root);
52 
53         while (! q.empty()){
54             auto t = q.dequeue();
55             drawNode(t,painter);
56             for (auto& x:t->children)
57                 q.enqueue(x);
58         }
59     }
60 
61     painter.end();
62 }
63 //...
```

- 第 44~62 行:从 paintEvent( )函数说起,如果 root 不为空,说明树存在,使用本书 22.2.3 介绍的宽度优先遍历算法遍历以 root 为根的树,对每一个节点,调用 drawNode( )函数将其绘制出来。QQueue 是 Qt 版本的队列容器,其 dequeue( )函数用于元素出队,enqueue( )函数用于元素入队。

```
32 void TreeDrawer::drawNode(const TreeNode * t, QPainter& painter){
33     drawBranch(t,painter);
34 
35     if (t->isLeaf()){
36         //对于叶子节点,画树叶
37         auto& top = t->drawingTop;
38         auto red = 0xf0 * rand()/RAND_MAX;
39         painter.setBrush(QBrush(QColor(red,0x90,0x00)));
40         painter.drawEllipse(QPointF(top.x(), height()-top.y()),3,3);
41     }
42 }
```

- 第 32~42 行:drawNode( )函数在 painter 上绘制节点 t。
- 第 33 行:调用 drawBranch( )函数画节点 t 的树枝部分,细节稍后讨论。
- 第 35 行:t 的 isLeaf( )函数用于判定节点 t 是否是叶子,如果是,画树叶。
- 第 38 行:确定树叶颜色中的红色成分,其值为 0xf0 乘以一个[0,1)的随机数。树叶颜色构成中随机数的参与,会使树叶一部分是绿色,一部分是黄色,当然,还会有浅黄和深黄。

画家可以仅凭“红”“绿”“蓝”调出他们所需要的任意颜色,计算机也可以。QColor(int r,int g,int b,int a=255)可以“调”出一个颜色对象,其中,r、g、b 分别表示颜色中的红色、绿

色和蓝色分量，取值范围均为 0～255，a 表示颜色透明度。

在上述代码的第 39 行，QColor(red,0x90,0x00)产生的颜色对象里，绿色分量为 0x90，蓝色分量为 0，如果 red 等于 0，则最终“调”出来的颜色是绿色，red 的值越大，调出来的颜色就越黄。

与直觉相反，QColor(0,0,0)没有任何颜色分量的参与，其为黑色；QColor(255,255,255)三种颜色都达到极限值，可以理解为物体全反射红光、绿光和蓝光，物体是白色的。

- ▶ 第 39 行：为当前画布(painter)设置指定颜色的画刷(QBrush)。当使用 painter 画线(drawLine)时，使用的是画笔(QPen)，线的颜色和宽度取决于画笔；当使用 painter 画实体图形如椭圆、矩形时，填充区域的颜色和样式取决于画刷。
- ▶ 第 40 行：drawEllipse()函数以节点的“上”顶点为圆心，画一个宽高均为 3 像素的椭圆，由于宽高相等，画出来的事实上是一个正圆。这个实心的正圆就是“树叶”了，其颜色大部分是绿色的，少部分是黄色的。在模拟大自然神奇的调色板方面，稍稍前进了一点点。QPointF 也是 Qt 中的点类型，其坐标是浮点数。

注意

drawEllipse()画树叶时，y 坐标由 top.y()变成了 height()-top.y()，这事实上完成了从标准坐标系到 Top-Left 坐标系的转换。在这两种坐标系中，x 轴方向是一致的，区别在于 y 轴的方向。

假设标准坐标系中的某点坐标是(500,20)，绘图窗口的高为 1 000，经过转换后，其 Top-Left 坐标系坐标为(500,980)，这是一个接近绘图区域下边缘的点。

接下来讨论 drawBranch()函数。

- ▶ 第 6～7 行：为即将绘制的树枝设置颜色和线宽。容易看出，QColor(g,g,g)当中，红绿蓝三个颜色分量是相同的，这意味着树枝是“灰”色的，g 的值越小，物体反光的能力就越差，颜色越接近黑色。g 的值越大，物体的反光能力就越强，“灰”色越浅。
- ▶ 第 6 行：节点的深度越小，g 值越小，这说明越接近树根，树枝颜色越黑，越接近树梢，树枝颜色越浅。
- ▶ 第 7 行：画笔的宽度与节点的深度负相关。容易看出，深度值越小，节点越接近树根，画笔越粗。
- ▶ 第 9～28 行：从节点的“下”顶点 bottom 及描绘顶点 drawingTop，画树枝。为了模仿自然界中树枝粗糙弯曲的效果，以 10 个像素为单位，将整个路程分成很多小段来绘制，并引入一些随机值。请读者留意第 24 行和第 28 行中从标准坐标系到 Top-Left 坐标系的转换。

如果代码录入正确，再次构建并运行程序，即可得到本章起始处图 22-1 所示的随机递归分形树。如果读者使用鼠标拖动改变主窗口的大小，可以看到树在不断变化，这是 TreeDrawer 对象中 resizeEvent()不断删除旧树并创建新树的结果。

将 MainWidget 中 Refresh 按钮的槽函数修改如下。这个槽函数是在 22.3.6 节中创建的。

```
//... mainwidget.cpp 代码片段
void MainWidget::on_pbRefresh_released()
```

```
{
    treeDrawer->newTree();
}
```

再次运行程序，单击 Refresh 按钮，即可得到如图 22-20 所示的新树。

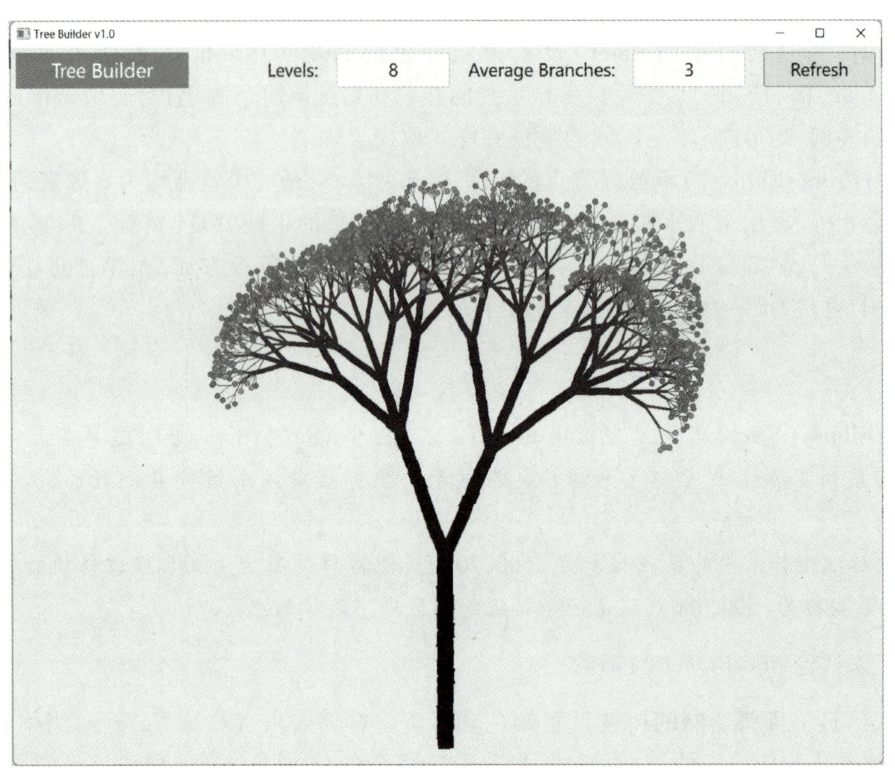

图 22-20　一棵新树

练习巩固

习题讲解 22-5：调整树的生成参数

习题讲解 22-6：颠倒的树

22-5　（调整树的生成参数）在 TreeNode.cpp 中调整树的生成参数，比如各种有关长度、角度和数量的随机数的取值范围，观察这些参数对树的结构的影响。

22-6　（颠倒的树）修改项目代码，在绘制树的过程中不进行标准坐标系至 Top-Left 坐标系的转换，观察绘制出来的颠倒树。

22.7　修改树的参数

主窗口上方还有两个按钮：pbLevels 以及 pbBranches。期望单击这两个按钮，修改树的层数以及建议的平均分叉数。

以 pbLevels 为例,期望的工作模式如下:当操作者单击 pbLevels 按钮(图 22-21 中文本为 8 的按钮)后,软件打开如图 22-21 所示的对话框,对话框中列出了软件允许的全部层数选项。操作者点选其一后,对话框关闭,软件在修改树的层数后创建一棵新树,如图 22-22 所示。

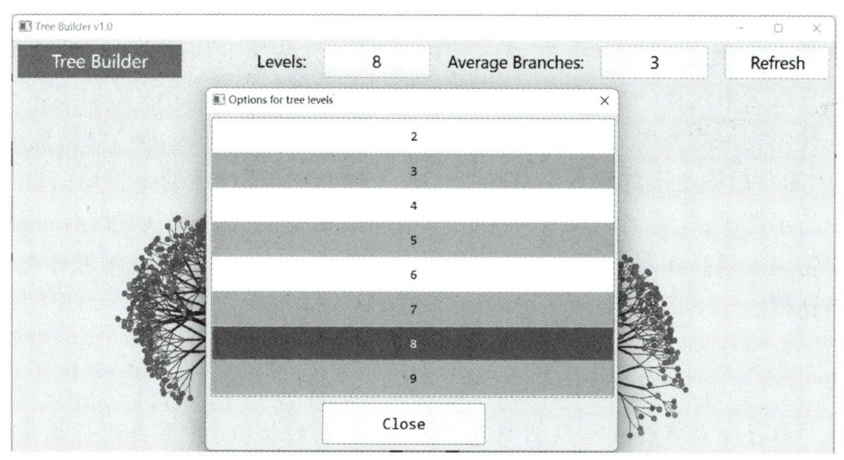

图 22-21　树的层数选项

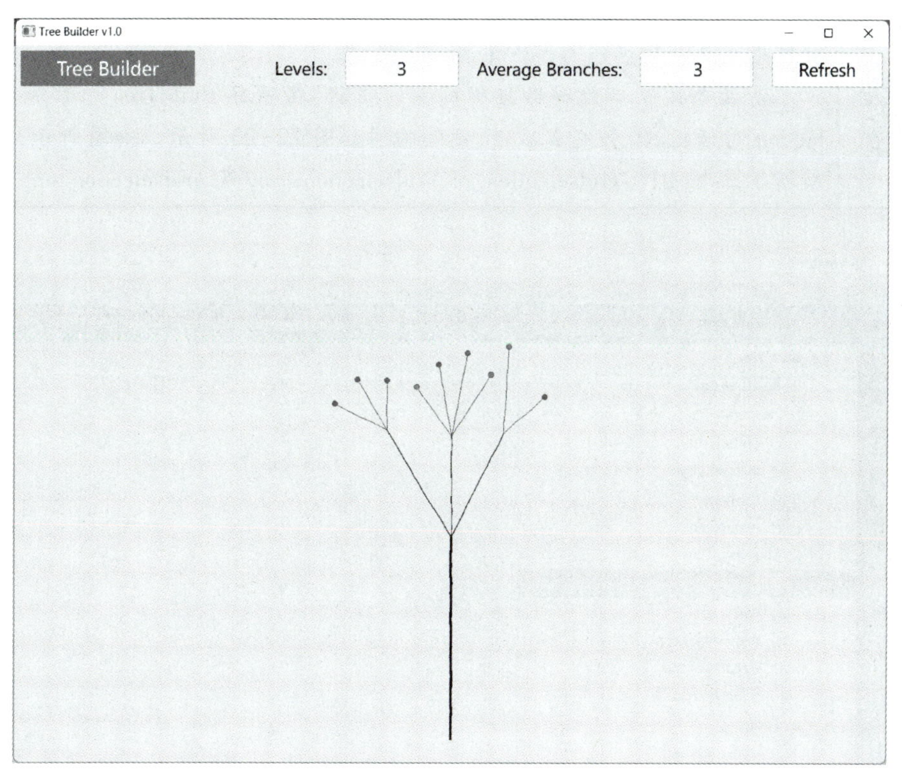

图 22-22　只有三层的树

22.7.1　创建 GridSelection 对话框

代码复用的理念根植于优秀程序员的潜意识里。分析树的层数和建议分叉数的设置需求，会发现两者有相同之处：都是从多个选项中选择一个。这种从多个选项中选择一个的功能需要在软件中很常见，比如在学籍档案管理系统中选择学生的生源地，通常就是在各个省、直辖市、自治区中选择一个。

考虑到代码复用的需要，将这个功能抽象为表格选择（grid selection）对话框。这个名为 GridSelection 的对话框类型的输入参数如下：① 一个包含全部选项的字符串向量；② 一个表示当前选项的字符串；③ 一个 QWidget * 用于指明对话框的父窗口；GridSelection 对话框应返回一个字符串表示操作者的操作选项，当这个字符串为空时，表示操作者什么都没选，直接关闭了对话框。

要点

有经验的程序员通常会先从使用角度考虑类/函数的接口，甚至会先行编写类/函数的测试代码，然后才开始考虑类/函数的实现。在软件工程的术语体系中，这称为“先写测试”（write test first）。

操作指南 22-4：创建 GridSelection 对话框

请读者按照二维码链接所提供的步骤，在项目 BuildTree 中添加 GridSelection 对话框，添加完成后，项目结构树如图 22-23 所示。如图所示，项目里新增了三个文件：gridselection.ui、gridselection.h 以及 gridselection.cpp。

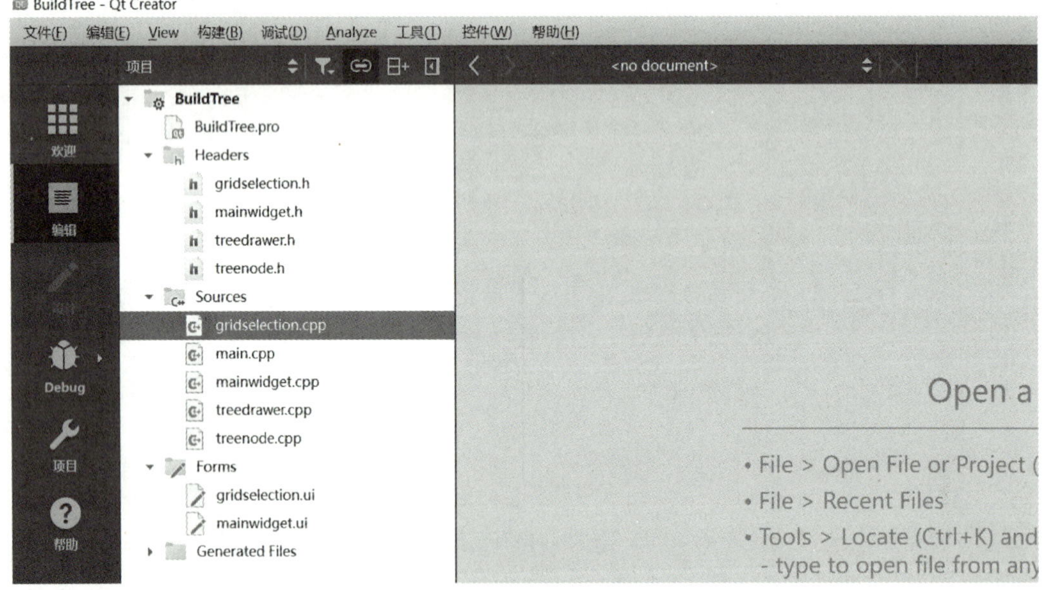

图 22-23　添加 GridSelection 对话框之后的项目结构树

接下来,按下述内容修改 gridselection.h 文件的代码。

```
1  #ifndef GRIDSELECTION_H
2  #define GRIDSELECTION_H
3  #include <QDialog>
4
5  namespace Ui {
6  class GridSelection;
7  }
8
9  class GridSelection : public QDialog
10 {
11     Q_OBJECT
12 public:
13     explicit GridSelection(const QVector<QString>& options,
14                            QWidget * parent = nullptr, QString sCurrent = "");
15     ~GridSelection();
16     QVector<QString> options;
17     QString strSelected = "";
18
19 public slots:
20     void on_pbCancel_released();
21     void on_tableWidget_cellClicked(int row, int column);
22
23 private:
24     Ui::GridSelection * ui;
25     void initGrid(QString sCurrent);
26 };
27
28 #endif // GRIDSELECTION_H
```

- 第 9 行:GridSelection 的父类是 QDialog。QDialog 是 Qt 中的对话框类型。
- 第 11 行:Q_OBJECT 宏确保类支持 Qt 的信号与槽机制。
- 第 16 行:options 向量用于存储对话框的使用者提供的全部选项。QVector 是 Qt 中的向量类型。
- 第 17 行:公有成员 strSelected 用于向对话框的使用者反馈操作者的选择。如果该字符串为空,表示操作者直接单击了“Close”按钮,或者单击了对话框右上角的×按钮关闭了对话框。该成员的初始值为空字符串。
- 第 20 行:关闭按钮槽函数。Qt 依赖于该槽函数的名称将槽函数与 pbCancel,也就是“Close”按钮”的“released()”信号相关联。
- 第 21 行:表格单元格单击槽函数。Qt 依赖于该槽函数的名称将槽函数与 tableWidget 的“cellClicked()”信号相关联。该信号及其参数表示操作者用鼠标单击了 tableWidget 表格的第 row 行第 column 列。

▶ 第 25 行：私有函数 initGrid( )用于初始化选项表格 tableWidget，它将全部选项填入表格，等待操作者选择。

按下述内容修改 gridselection. cpp 文件的代码。

```
#include "gridselection.h"
#include "ui_gridselection.h"

GridSelection::GridSelection(const QVector<QString>& options,
                                       QWidget * parent, QString sCurrent):
    QDialog(parent),
    ui(new Ui::GridSelection){
    ui->setupUi(this);
    this->options = options;
    initGrid(sCurrent);
    setFixedSize(width(),height());
}

GridSelection::~GridSelection(){
    delete ui;
}

void GridSelection::on_pbCancel_released(){
    close();
}

void GridSelection::on_tableWidget_cellClicked(int row, int column){
    if (ui->tableWidget->item(row, column)->text() == "")
        return;

    strSelected = ui->tableWidget->item(row, column)->text();
    close();
}

void GridSelection::initGrid(QString sCurrent){
    int size = int(options.size());
    auto tw = ui->tableWidget;
    if(size <= 12){
        tw->setRowCount(size);
        tw->setColumnCount(1);
    }
    else if(size <= 12 * 10){
        int rCount = (size%10 == 0) ? size/10 : (size/10)+1;
        tw->setRowCount(rCount);
        tw->setColumnCount(10);
```

```
41     }
42     else if(size <= 15 * 13){
43         int rCount = (size%13 == 0) ? size/13 : (size/13)+1;
44         tw->setRowCount(rCount);
45         tw->setColumnCount(13);
46     }
47     else {
48         int rCount = (size%20 == 0) ? size/20 : (size/20)+1;
49         tw->setRowCount(rCount);
50         tw->setColumnCount(20);
51     }
52 
53     int w = tw->width() / tw->columnCount();
54     int h = tw->height() / tw->rowCount();
55     h = (h>50) ? 50 : h;
56 
57     for (int c=0; c<tw->columnCount(); c++){
58         tw->setColumnWidth(c,w);
59         for (int r=0; r<tw->rowCount(); r++){
60             tw->setRowHeight(r,h);
61 
62             auto itm = new QTableWidgetItem();
63             itm->setTextAlignment(Qt::AlignHCenter |
64                                   Qt::AlignVCenter |Qt::AlignCenter);
65             int i = r * tw->columnCount() + c;
66             if (i < size){
67                 itm->setText(options[i]);
68                 tw->setItem(r,c,itm);
69                 if (options[i] == sCurrent)
70                     tw->setCurrentCell(r,c);
71             }
72             else {
73                 itm->setFlags(Qt::NoItemFlags);
74                 itm->setText("");
75                 tw->setItem(r,c,itm);
76             }
77         }
78     }
79 }
```

▶ 第 30~79 行：initGrid()函数预期在构造函数中被调用，其将 options 向量中的字符串填入表格组件(tableWidget)。参数 sCurrent 表示当前选项，initGrid()需要在表格中定位到当前选项，并将该单元格设置为高亮(第 70 行)。该函数针对不同的选项数量，即 options.size()对表格进行适应性调整，包括表格的行列数、行高度和列宽度，然后创建了一系列的 QTableWidgetItem(表格项)并将选项字符串填入。这些表格项对象虽然属于动态对象,但考虑到它们已经“加入”了 tableWidget(第 68 行),属于 tableWidget 的内部成员,在 tableWidget 析构时,会自动回收这些内部成员。就本例而言,initGrid()函数不需要这么复杂,因为预期的 options 的数量不会超过 10 个。事实上,这个 GridSelection 对话框的代码,来自作者开发的一个商业产品,从 GridSelection 对话框设计者的角度看,他有“义务”确保 GridSelection 在所有“合理”的可能输入下都可以正常工作。

此外,initGrid()函数中涉及与 QTableWidget 以及 QTableWidgetItem 相关的各种函数,这些函数的用途和用法请读者查阅 Qt 文档。在浏览器中以“Qt Document”为关键字进行检索,很容易找到 Qt 的官方文档。

```
2 | #include "ui_gridselection.h"
```

- 第 2 行:如 22.3.1 节的描述,ui_gridselection.h 也是由 Qt 依据 gridselection.ui 自动生成出来的。GridSelection 的 ui 成员类型为 Ui::GridSelection,ui 的成员函数 setupUi()负责生成对话框界面。
- 第 4~12 行:GridSelection 的构造函数有 3 个参数,options 是选项字符串向量,parent 为该对话框的父窗口,sCurrent 表示当前选项。
- 第 6 行:构造函数初始化列表为父对象 QDialog 的构造提供父窗口(parent)参数。
- 第 7 行:构造函数初始化列表创建界面(Ui::GridSelection)对象。
- 第 8 行:执行 ui->setupUi()函数生成对话框界面,对话框中的表格组件以及“Close”按钮,都是在这个函数中被创建出来的。
- 第 9 行:将选项列表复制至 options 成员向量。
- 第 10 行:调用 initGrid()函数初始化表格组件并填入全部选项,并将 sCurrent 所表示的当前选项设为高亮。
- 第 11 行:将对话框的尺寸固定为当前尺寸,这意味着操作者不可以通过鼠标拖动改变对话框的大小。
- 第 18~20 行:“Close”按钮的槽函数。当操作者单击并释放“Close”按钮后,该槽函数被消息循环调用,第 19 行执行 QDialog 的 close()函数关闭对话框。此时,公有属性 strSelected 仍为空字符串,表示操作者什么都没选。
- 第 22~28 行:表格组件单元格单击槽函数。当操作者单击表格中的一个单元格后,该槽函数被消息循环调用,参数 row、column 表示被单击的单元格的行号和列号。
- 第 26 行:取得单元格的值,赋值给公有属性 strSelected。
- 第 27 行:执行 QDialog 的 close()函数,关闭对话框。

建议

从人机界面的友好性角度看,对话框在操作者单击一个单元格即自动关闭是具备合理性的。除非意外的错误操作会带来严重后果,否则应尽可能减少操作者的操作负担:尽量减少其单击鼠标或者触动屏幕的次数。

注意

在真实的工作场景中，不太可能像本节一样工作，即一次性地录入一项任务的全部“正确”代码。在实践中，代码的编写通常表现为螺旋式递进，程序员需要保持程序随时可以运行和验证，编写一点代码，就运行验证，正确后再往前一步步推进。

就 GridSelection 对话框这个任务而言，在实践中，作者会先创建一个空对话框，写一段临时代码运行这个对话框，先确保程序能正常执行和测试，接下来才会一步步完善对话框的实际功能。

22.7.2　打开对话框

按照 22.3.6 节介绍的方法，为主窗口的 pbLevels 和 pbBranches 按钮添加如下的槽函数：

```
//... mainwidget.cpp 代码片段
void MainWidget::on_pbLevels_released() {
    QVector<QString> options {"2", "3", "4", "5", "6", "7", "8", "9"};
    GridSelection * dlg=new GridSelection(options,this,ui->pbLevels->text());
    dlg->setWindowTitle("Options for tree levels");
    dlg->exec();
    auto sResult = dlg->strSelected;
    delete dlg;

    if (sResult == "")
        return;

    ui->pbLevels->setText(sResult);
    TreeNode::maxDepth = sResult.toInt()-1;
    treeDrawer->newTree();
}

void MainWidget::on_pbBranches_released() {
    QVector<QString> options {"2", "3", "4", "5"};
    GridSelection * dlg=new GridSelection(options,this,ui->pbBranches->text());
    dlg->setWindowTitle("Options for average number of branches");
    dlg->exec();
    auto sResult = dlg->strSelected;
    delete dlg;

    if (sResult == "")
        return;
```

```
28
29      ui->pbBranches->setText(sResult);
30      TreeNode::nBranches = sResult.toInt();
31      treeDrawer->newTree();
32  }
```

两个槽函数代码基本相同,仅讨论 on_pbBranches_released()。

- 第 19 行:准备选项字符串向量。
- 第 20 行:创建 GridSelection 对话框对象。该对话框对象的父窗口为 MainWidget 主窗口,但对话框本身不会出现在主窗口内部,而是呈现在主窗口上方。这同往 MainWidget 主窗口中加入“界面组件”有所不同。
- 第 21 行:设置对话框的标题。
- 第 22 行:执行对话框的 exec()函数,按“模式”(modal)对话框执行。一个模式对话框被执行后,其会出现在程序界面的最顶层,在关闭该模式对话框之前,其父窗口,即本例中的 MainWidget 主窗口,无法获得操作焦点。
- 第 23 行:在“模式”对话框被运行时,程序会“卡”在第 22 行,当且仅当对话框被关闭后,程序的执行点才会到达第 23 行。此时,虽然对话框从界面上已经被关闭,但 dlg 指向的对话框对象依然存在于内存中。获取对话框对象的公有属性 strSelected 作为结果,该结果反映了操作者在对话框中所做的选择。
- 第 26~27 行:如果 sResult(即 dlg→strSelected)为空,说明操作者什么都没选,直接返回。
- 第 29 行:按新选项设置 pbBranches 按钮的标题,反映平均分叉数的变化。
- 第 30 行:修改 TreeNode 的静态属性 nBranches,调整树的生成参数。
- 第 31 行:执行 treeDrawer 的 newTree()成员函数,删旧树,建新树。该成员函数会执行 treeDrawer 的 update()函数,要求适时刷新绘图界面。

习题讲解 22-7:树的深度优先遍历

练习巩固

22-7 (树的深度优先遍历)查询资料,在 TreeDrawer::paintEvent()使用树的深度优先遍历算法来遍历树的全部节点。

22.8 小 结

至此,本实践的全部任务都完成了,构建并运行程序,单击 pbBranches 按钮,可得如图 22-24 所示的平均分叉选项对话框。

将层数设为 6,平均分叉数设为 5,作者得到了如图 22-25 所示的递归分形树。请读者数一下树的层数和树枝的分叉数,看看树的结构是否符合设定参数的要求。

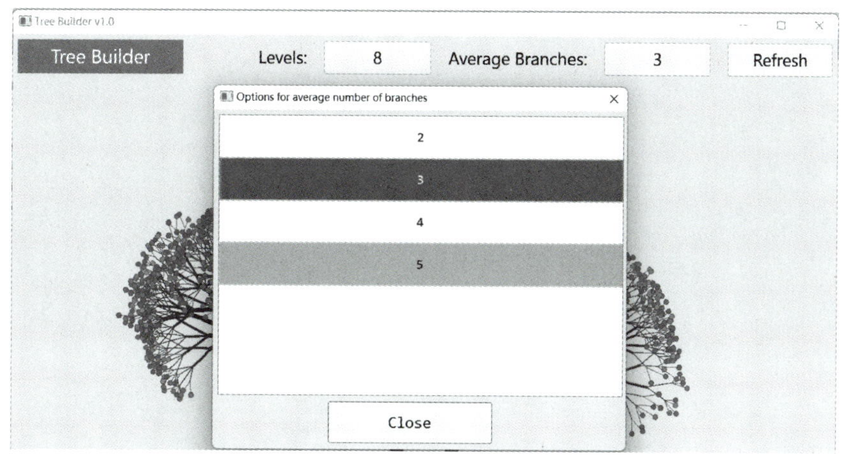

图 22-24　平均分叉选项对话框

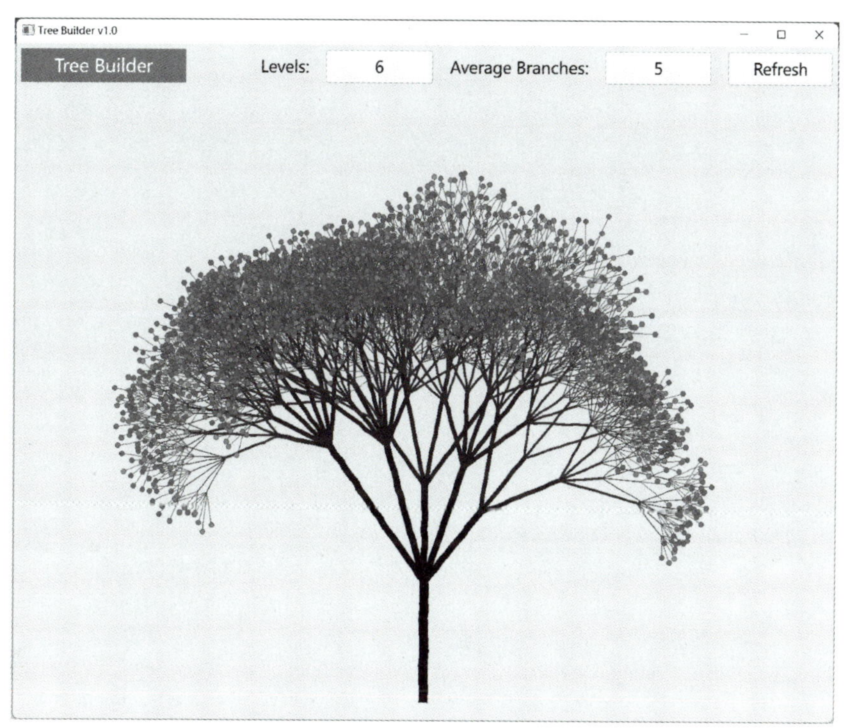

图 22-25　递归分叉树

请读者仔细观察这棵树，从这棵树上“砍”下任何一棵子树，再把它“立”起来，会发现子树本身跟整棵树是相似的。曲折的海岸线、起伏不平的山峦、大地上的河流、纵横交错的人体血管、树叶的脉络，甚至一棵花椰菜，都呈现出这种整体与局部自相似的特性。这种特点，在数学中称为分形(fractal)，分形几何学是一个非常有意思的数学分支。

* 第 23 章　数据分析——唐代诗人的朋友圈

同类相比，同声相应，固天理也。

——庄子

习题讲解 23-1：李白的诗

习题讲解 23-2：提到孟浩然的诗

习题讲解 23-3：白居易的别名

习题讲解 23-4：李白引用孟浩然的诗

习题讲解 23-5：繁忙的主线程

习题讲解 23-6：修改 HTML 标记

学习目标

知识目标

1. 了解 SQLite 关系数据库，建立对数据库系统的初步理解。
2. 了解多线程程序设计技术。
3. 了解 HTML 超文本标记语言。

能力目标

设计一个小型规模的图形界面应用程序。

素质目标

在计算机与传统相结合的领域，回顾与领略传统文化之美。

思维导图

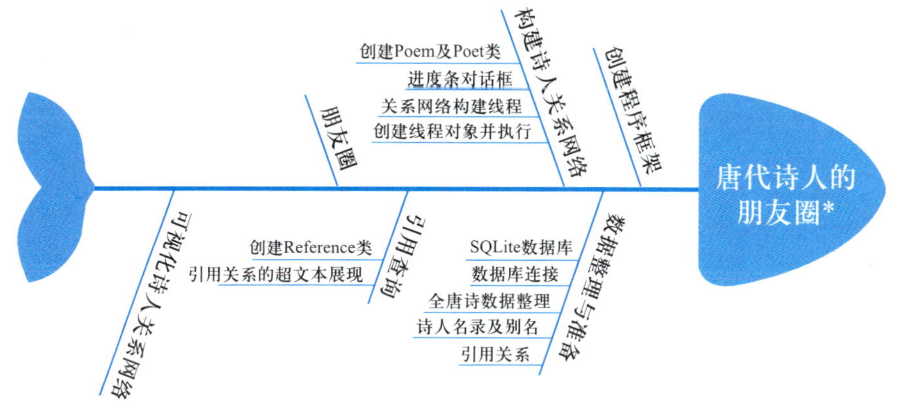

电子正文：唐代诗人的朋友圈

唐诗里还有哪些秘密？本章编写程序对全唐诗进行数据分析，构建诗人的关系网络，还原诗人的“朋友圈”。

参考文献

[1] Bruce Eckel. Thinking in C++[M]. 2nd ed. New York:Prentice Hall Inc.

[2] Thomas H Cormen et al. Introduction to Algorithms[M]. 3rd ed. America:MIT press.

[3] Stanley B Lippman et al. C++ Primer, 5th ed. New York:Pearson Education, Inc.

[4] 陈波,刘慧君. Python 编程基础及应用[M]. 1 版. 北京:高等教育出版社,2020.

[5] Stephen Prata. C Primer Plus[M]. 6th ed. New York:Pearson Education, Inc.

[6] 何钦铭,颜晖. C 语言程序设计[M]. 4 版. 北京:高等教育出版社,2020.

[7] Programming languages C++. ISO/IEC 14882[S]. 2017

[8] Information technology Programming languages C. ISO/IEC 9899[S]. 2018

郑重声明